"十四五"职业教育国家规划教材

建筑装饰装修工程预算

（第三版）

主　编　吴　锐　　王俊松
副主编　何艺梦　　舒凌云
主　审　蒋晓燕

人民交通出版社股份有限公司

北京

内 容 提 要

本书共分 12 章,主要内容包括建筑装饰装修工程预算绪论、建筑装饰装修工程定额、定额计价模式下分项工程计价详解、定额计价模式下分项工程计量详解、定额计价模式下装饰装修工程费用组成详解、《建设工程工程量清单计价规范》(GB 50500—2013)解释、清单计价模式下清单项目计量详解、清单计价模式下工程量清单计价详解、家庭装饰装修工程预算、计算机软件在装饰装修工程中的应用、建筑装饰装修工程招投标与报价、工程结算和竣工决算等内容。本书含教学资源,扫描二维码即可了解资源内容。

本书可作为高职高专院校工程造价、建筑装饰工程技术等土建类专业的教材或教学参考书,也可作为装饰工程预算的培训教材,还可作为工程造价等相关专业技术人员的工具书。

图书在版编目(CIP)数据

建筑装饰装修工程预算 / 吴锐,王俊松主编. — 3
版. — 北京 : 人民交通出版社股份有限公司,2017.8
ISBN 978-7-114-13672-6

Ⅰ. ①建… Ⅱ. ①吴… ②王… Ⅲ. ①建筑装饰—工
程装修—预算编制 Ⅳ. ①TU732.3

中国版本图书馆 CIP 数据核字(2017)第 030351 号

Jianzhu Zhuangshi Zhuangxiu Gongcheng Yusuan
书　　名:**建筑装饰装修工程预算**(第三版)
著 作 者:吴　锐　王俊松
责任编辑:李　坤　李　娜
责任校对:孙国靖
责任印制:刘高彤
出版发行:人民交通出版社股份有限公司
地　　址:(100011)北京市朝阳区安定门外外馆斜街 3 号
网　　址:http://www.ccpcl.com.cn
销售电话:(010)59757973
总 经 销:人民交通出版社股份有限公司发行部
经　　销:各地新华书店
印　　刷:北京市密东印刷有限公司
开　　本:787×1092　1/16
印　　张:29.25
字　　数:657 千
版　　次:2007 年 2 月　第 1 版
　　　　　2010 年 8 月　第 2 版
　　　　　2017 年 8 月　第 3 版
印　　次:2024 年 7 月　第 3 版　第 10 次印刷　累计第 21 次印刷
书　　号:ISBN 978-7-114-13672-6
定　　价:55.00 元

(有印刷、装订质量问题的图书,由本公司负责调换)

高职高专土建类专业系列教材编审委员会

高职高专土建类专业系列教材出版说明

近年来，我国职业教育蓬勃发展，教育教学改革不断深化，国家对职业教育的重视达到前所未有的高度。为了贯彻落实《国务院关于加快发展现代职业教育的决定》的精神，提高我国建设工程领域的职业教育水平，培育出适应新时期职业要求的高素质高技能人才，人民交通出版社股份有限公司深入调研，周密组织，在全国高职高专教育土建类专业教学指导委员会的热情鼓励和悉心指导下，发起并组织了全国四十余所院校一大批骨干教师，编写出版本系列教材。

本系列教材以《高等职业教育土建类专业教育标准和培养方案》为纲，结合专业建设、课程建设和教育教学改革成果，在广泛调查和研讨的基础上进行规划和展开编写工作，重点突出企业参与和实践能力、职业技能的培养，推进教材立体化开发，鼓励教材创新，教材组委会、编审委员会、编写与审稿人员全力以赴，为打造特色鲜明的优质教材做出了不懈努力，希望能够以此推动高职土建类专业的教材建设。

本系列教材已先后推出建筑工程技术、建设工程监理和工程造价三个土建类专业共计四十余种主辅教材，随后将在全面推出土建大类中七类方向的全部专业教材的同时，对已出版的教材进行优化、修订，并开发相关数字资源。最终出版一套体系完整、特色鲜明、资源丰富的优秀高职高专土建类专业新形态教材。

本系列教材适合高职高专院校、成人高校、继续教育学院和民办高校土建类专业学生使用，也可作为相关从业人员的自学、培训教材。

人民交通出版社股份有限公司

2017 年 1 月

前/言

PERFACE

"建筑装饰装修工程预算"这门课程，是建筑装饰工程技术专业的主干课程。本书根据《建设工程工程量清单计价规范》(GB 50500—2013)的实施，并结合本书几年来的使用情况进行了修订改写，保留了第二版的优势，增加了新的教学内容，以使完整的预算知识有机融入实践性教学之中，便于教师授课，学生完全掌握预算技能。

目前，工程造价计价模式仍为定额计价模式和工程量清单计价模式并存。定额计价体系是计划经济的产物，一直沿用至今。清单计价模式经过十多年的工程实践，已总结了一些经验，操作上也更成熟，定额计价和清单计价模式仍有着密不可分的联系，本书分别介绍了两种模式下工程计量与计价的方法。

本书编写遵循"理论知识以简明够用为度"的原则，重点突出案例部分，特点是图文并茂地介绍了装饰装修工程计量与计价的方法，特别适合初学者，教学内容通俗、易懂、实用。同时，本书特别配套资源，使用方便，可用于读者自学，也可以帮助读者直观地理解造价知识和实际操作方法。此外，为方便教师授课，提供了案例及修改增添工具，可以及时根据地方文件和自身授课的特点安排课时和授课内容。本书建筑制图中尺寸以毫米计，标高以米计，不另做说明。

本书适用面广，既可作为建筑装饰工程技术专业的教科书，也可作为工程造价等专业的参考书以及工程造价管理人员、企业管理人员学习工程预算的参考资料，还可作为培训教材使用。

本书由湖北城市建设职业技术学院吴锐、武汉职业技术学院王俊松担任主编，中盈永城咨询集团有限公司何艺梦、湖北城市建设职业技术学院舒凌云担任副主编。全书共分12章，编写分工为：吴锐编写第3、4、7章，王俊松编写第2、6、8、10、11、12章，舒凌云编写第5章，湖北城市建设职业技术学院沈莉编写第9章，四川绵阳职业技术学院秦塑编写第1章。本书配套电子资源及教辅资料由吴锐统筹规划并制作脚本，何艺梦、舒凌云负责创意，湖北城市建设职业技术学院吴蔚、中信建筑设计研究总院刘欢源负责制作。本书由绍兴职业技术学院蒋晓燕主审。

本书在编写过程中得到很多装饰施工企业技术人员的大力支持和帮助，也参考了相关方面的著作和资料，在此向有关作者和朋友表示深深的感谢。

限于作者时间和水平，书中难免存在不妥之处，恳请读者批评指正。

读者可扫码或加书后QQ群观看或下载配套电子资源。

编者

2017年1月

目 录
CONTENTS

2

第1章 绪 论

【知识要点】

1. 建筑装饰装修工程概述(含义、项目分解)。
2. 建筑装饰装修工程预算编制模式(定额及清单计价模式下的装饰装修工程预算)。
3. 建筑装饰装修工程预算文件分类(投资估算、设计概算、施工图预算、施工预算、工程结算和竣工决算)。

【学习要求】

1. 了解本课程的学习方法,考察熟悉的装饰工程,了解建筑装饰装修行业的现状和发展。
2. 熟悉定额和清单计价模式下装饰装修工程预算的内容。
3. 掌握建筑装饰装修工程预算的作用、工程建设项目的有关内容及分解、造价文件的分类。

1.1 建筑装饰装修工程概述

1.1.1 建筑装饰装修工程的含义

建筑装饰装修工程是指为保护建筑物主体结构、完善建筑物的物理性能、使用功能和美化建筑物,采用建筑装修材料和饰物对建筑物的内外表面及空间进行各种处理,它包含了建筑装修、建筑装饰和建筑装潢等三项内容。

建筑装修是指不影响房屋结构的承重部分,为保证建筑房屋使用的基本功能所做的工程,属于建筑工程中的装饰部分,例如地面刷水泥砂浆;墙面刷混合砂浆;木门窗制作工程等。

建筑装饰是指为了美化建筑物,体现个性化视觉效果及增加居住使用舒适感所做的工程。例如地面铺花岗岩;柱面贴银镜;天棚造型吊顶;不锈钢包门套;家具陈设布置等。

建筑装潢的本意是指"裱画",例如墙面挂装饰画;艺术壁毯等。

总之,住宅、商场、超市、剧院、图书馆、酒店、餐厅、娱乐城等空间的装修都是装饰装修工程。装饰装修工程在日常生活中随处可见,其质量影响着我们生活的质量。

1.1.2 建筑装饰装修工程项目

1)工程项目建设的含义

工程项目建设实质上是指固定资产投资,主要包括房屋建筑工程、桥梁、隧道、公路、铁路、水坝、港口、码头、机场及其他土木工程。

工程建设项目应满足下列要求:

①技术上:在一个总体设计或初步设计范围内;

②构成上:由一个或几个相互关联的单位工程所组成;

③在建设过程中:实行统一核算、统一管理。

(1)工程建设项目包含的范围

工程建设项目包括建筑工程,设备、工具、器具的购置,安装工程及其他工程。

①建筑工程。

指各种建筑物的新建、改建和恢复工程,例如,厂房、住宅、学校、医院、道路、桥梁、码头等建筑物和构筑物的建设。

②设备、工具、器具的购置。

例如,生产、动力、起重、运输、实验、医疗等设备、工具和器具的购置。

③安装工程。

例如,设备的装配和安装。

④其他工程。

指与上述工程建设工作有关的相联系工作,例如,勘测设计、筹建机构、土地征用、干部工人培训、生产准备等。

(2)工程建设项目的分类

总体而言,可划分为两大类:一类是指投资建设用于进行以扩大生产能力或增加工程效益为主要目的的新建、扩建工程及有关工作;另一类是指建设资金用于对企、事业单位原有设施进行技术改造或固定资产更新,以及相应配套的辅助性生产、生活福利等工程和有关工作。

①工程建设项目按建设性质不同可分为新建项目、扩建项目、迁建项目、恢复项目和改建项目。

a. 新建项目:一般是指从无到有,新开始建设的项目,包括新建的企、事业和行政单位及新建输电线路、铁路、公路、水库等独立工程。如现有企、事业和行政单位的原有规模很小,经建设后,其新增加的固定资产价值超过其原有固定资产价值(原值)三倍的项目。

b. 扩建项目:一般是指为扩大原有产品生产能力,在厂内或其他地点增建主要生产车间(或主要工程)、矿井、独立的生产线或总厂之下的分厂的企业;事业单位和行政单位在原单位增建业务用房。如学校增建教学用房,医院增建门诊部或病床用房,行政机关增建办公楼等属于扩建工程。

c. 迁建项目:是指为改变生产力布局或由于环境保护和安全生产的需要等原因而搬迁到另地建设的项目。如在搬迁另地的建设过程中,其建设规模无论是维持原规模,还是扩大规模,都属于迁建工程。

d. 恢复项目：是指因自然灾害、战争等原因，使原有固定资产全部或部分报废，又投资建设，进行恢复的项目。

在恢复建设过程中，不论其建设规模是按原规模恢复，还是在恢复的同时进行扩建，都属于恢复工程。

尚未建成投产或交付使用的单位，因自然灾害等原因毁坏后，仍按原设计进行重建的，不属于恢复工程。

尚未建成投产或交付使用的单位，因自然灾害等原因毁坏后，如按新的设计进行重建，应按其建设性质根据新的建设内容确定。

e. 改建项目：一般是指现有企、事业单位为了技术进步，提高产品质量、增加产品种类、促进产品升级换代、降低消耗和成本、加强资源综合利用和三废治理及劳保安全等，采用新技术、新工艺、新设备、新材料等对现有设施、工艺条件等进行技术改造和更新（包括相应配套的辅助性生产、生活设施建设）。

企业为充分发挥现有的生产能力，进行填平补齐而增建不直接增加本单位主要产品生产能力的车间等也属于改建项目。

②工程建设项目按其在国民经济中的作用可划分为生产性建设项目和非生产性建设项目两大类。

a. 生产性建设项目：指直接用于物质生产或直接为物质生产服务的项目，主要包括工业项目（含矿业）、建筑业、地质资源勘探及农林水有关的生产项目、运输邮电项目、商业和物资供应项目等。

b. 非生产性建设项目：指直接用于满足人民物质和文化生活需求的项目，主要包括文教卫生、科学研究、社会福利、公用事业建设、行政机关和团体办公用房建设等项目。

③工程建设项目按建设过程可划分为筹建项目、在建项目、投产项目、收尾项目和停缓建项目。

a. 筹建项目：指尚未开工，正在进行选址、规划、设计等施工前各项准备工作的建设项目。

b. 在建项目：指报告期内实际施工的建设项目，包括报告期内新开工的项目、上期跨入报告期续建的项目、以前停建而在本期复工的项目、报告期施工并在报告期建成投产或停建的项目。

c. 投产项目：指报告期内按设计规定的内容，形成设计规定的生产能力（或效益）并投入使用的建设项目，包括部分投产项目和全部投产项目。

d. 收尾项目：指已经建成投产和已经组织验收，设计能力已全部建成，但还遗留少量尾工需继续进行扫尾的建设项目。

e. 停缓建项目：指根据现有人财物力和国民经济调整的要求，在计划期内停止或暂缓建设的项目。

2）工程建设项目的分解

工程建设项目是指在一个场地或几个场地上按一个总体设计进行施工的各类房屋建筑、土木工程、设备安装、管道、线路敷设、装饰装修等固定资产投资的新建、改建、扩建等各个单项工程的总和。其特征是每一个建设项目都编制有设计任务书、独立的总体设计、独立地组织施工、独立的经济核算、建设单位在行政上具有独立的组织形式和法人资格，例如，在建的某个工厂、学校等,如图 1-1 所示。工程建设项目包含四个层次:单项工程、单位工程、分部工程和分项工程。

图 1-1　某学院新校区建设工程(工程建设项目)

①单项工程。

工程建设项目首先分解为单项工程,一个或几个单项工程构成建设项目。单项工程是指在一个建设项目中,具有独立的设计文件,能够独立地组织施工,竣工后可以独立发挥生产能力或使用效益的项目,例如生产车间、学生宿舍、办公楼、商住大厦(图 1-2)等。

图 1-2　某商住两用大厦工程

②单位工程。

单项工程继续分解为单位工程,一个或几个单位工程构成单项工程。单位工程是指具有独立设计文件,可以独立组织施工,但完工后一般不能独立发挥生产能力或使用效益的工程,例如,办公楼的土建工程、建筑装饰装修工程、给排水工程、电气照明工程等,如图 1-3 所示。

图 1-3　某校区信息楼土建工程(单位工程)

③分部工程。

单位工程继续分解为分部工程,一个或几个分部工程构成单位工程。一般是按单位工程的各个部位、结构形式、使用材料的不同进行划分。例如一般装饰工程可划分为楼地面工程、墙柱面工程、幕墙工程、天棚工程、门窗工程、油漆涂料工程、柜类等其他工程,如图 1-4 所示。

图 1-4　某室内工程地面、墙面、顶面装饰(分部工程)

④分项工程。

分部工程继续分解为分项工程,一个或若干个分项工程构成分部工程。分项工程是指分部工程中,按照施工方法、使用材料、结构构件等不同因素划分的,用较简单的施工过程就能完成,以适当的计量单位就能计算工程消耗的最基本构成项目。一般而言,它没有独立存在的意义,只是建筑安装工程的一种基本构成要素,是为了确定建筑安装工程造价而设定的一种产品。

例如,建筑装饰装修工程中的楼地面分部工程有块料面层分项工程,该分项工程又分为大理石、花岗石、彩釉砖、缸砖、广场砖、木地板、PVC 普通地板、地毯、木踢脚线等子分项工程。如图 1-5 所示。

综上所述,掌握工程建设项目的分解,对工程项目建设各个阶段造价的确定具有重要的作用。本课程研究的是装饰装修工程,装饰装修工程是从单位工程开始分解的。

工程建设项目各层次之间的关系,具体如图 1-6 所示。

图 1-5 某室内文化墙、胡桃木门窗套、花架等(分项工程)

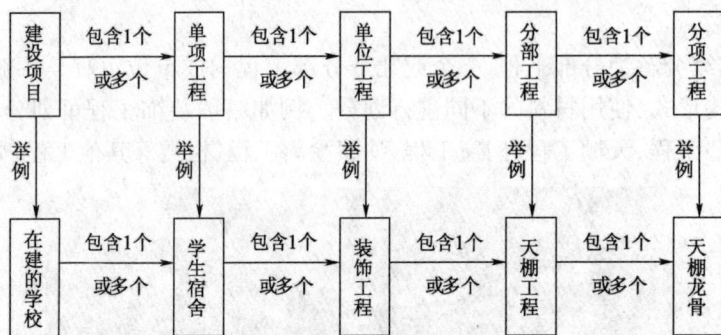

图 1-6 工程建设项目组成之间的关系

1.2 建筑装饰装修工程预算概述

建筑装饰装修工程预算是指根据拟定的招标文件,《建设工程工程量清单计价规范》(GB 50500—2013)(以下简称《计价规范》),建筑装饰装修工程设计图纸,国家或行政主管部门颁发的有关计价依据,当时当地的人工、材料、机械市场单价,施工组织设计等资料,在投标截止之前预先确定的装饰装修工程所需费用的造价文件。根据发包人和承包人的不同需求,分为招标控制价和投标报价。

1.2.1 建筑装饰装修工程预算的作用

1)是工程投资控制和衡量设计方案的依据

由于建筑装饰装修工程设计在风格流派、功能要求、材料类别、装修档次、人文环境等各个方面的不同,导致工程造价上的差异较大,建筑装饰装修工程预算体现了设计上一些元素的价格,从而可对投资项目不同的设计方案进行比较和分析,选出功能适用、形式美观、经济合理的设计方案。

2)是申请银行贷款和实施财政监督的依据

我国现行的拨、贷款办法是通过各级建设银行办理的。经审定的建筑装饰装修工程预算，是建设银行办理拨、贷款以及监督建设单位和施工单位合理使用建设资金的依据。

3)是进行工程招投标、签订工程施工合同、预支工程价款的依据

建筑装饰装修工程预算对甲方而言是招标控制价，对乙方是投标报价，它是一个基础性的文件，包括预先确定的全部施工内容所发生的费用。

4)是甲、乙双方竣工结算、审核、审计的依据

工程竣工后，甲、乙双方要办理竣工结算，以了结经济合同手续，同时竣工结算的经济文件应经项目主管部门或政府审批部门依法对其审核、审计。

5)是施工企业进行工程进度控制和内部经济核算的依据

建筑装饰装修工程预算是装饰施工企业编制施工进度计划、材料供应计划、劳动力计划、机械台班计划、财务计划并进行施工准备、组织施工力量、组织工程备料的依据。

对装饰施工企业进行经济核算和成本分析、考核，是加强经营管理、降低工程成本的重要前提，建筑装饰装修工程预算能够提供工程所需的人工、材料、机械设备的消耗量，由此可以进行各种消耗指标的比较和施工方案的技术经济分析，加强企业的管理，实现利润的最大化。

1.2.2 不同模式下装饰装修工程预算编制概述

1)定额计价模式下装饰装修工程预算的编制

定额计价模式下装饰装修工程预算分别由发包人编制招标控制价和承包人编制投标报价。装饰装修工程预算是双方按照各地区、各部门、各时期编制的地区单位估价表计算分部分项工程费，再根据各地区、各部门、各时期编制的《费用定额》以及相关行业规定，人工、材料、机械市场信息价格等资料编制的装饰装修工程造价文件。

2)清单计价模式下装饰装修工程预算的编制

清单计价模式下装饰装修工程预算也分别由发包人编制招标控制价和承包人编制投标报价。招标控制价是指招标人根据《计价规范》编制工程量清单，并参照地区单位估价表、《费用定额》、人工、材料、机械市场信息价格等相关文件完成清单项目综合单价的报价以及整个工程的造价计算。投标报价是指投标人根据招标人提供的清单，参照地区单位估价表、《费用定额》、人工、材料、机械市场信息价格、投标人编制的施工组织设计等相关文件完成清单项目综合单价的报价及整个工程的造价计算，并根据投标策略报价。工程量清单所需的全部费用，包括分部分项工程费、措施项目费、其他项目费、规费和税金。

《建设工程工程量清单计价规范》(GB 50500—2013)是住房和城乡建设部于2013年7月颁布发行的，工程量清单计价模式已有十多年的推广经验。

无论是定额计价模式还是清单计价模式都是目前工程造价管理的重要手段。

1.2.3 学习建筑装饰装修工程预算课程的方法

1)坚持理论与实践相结合的学习方法

由于本课程操作性和地区性很强的特点，编制建筑装饰装修工程预算文件时强调实践性，

也就是说，学完这门课程的基础知识以后，就应该结合本地区计价相关的各项规定，在实际工程中实践运用。

2）加强与其他相关知识相联系的学习方法

建筑装饰装修工程预算的编制，要求编制人员具备装饰材料知识、装饰工程构造知识、装饰工程施工技术知识、装饰工程施工组织与管理知识、工程招投标知识以及识读装饰工程图纸的能力和计算机操作等能力，才能更好地掌握本门课程的知识要点并应用于实际。

1.3 建筑装饰装修工程造价文件

1.3.1 工程造价的含义

工程造价是指某一建设项目从开始设想到竣工直到使用阶段所花费（指预期花费和实际花费）的全部固定资产投资费用，即该项目通过建设形成相应的固定资产和无形资产所需要的一次性费用总和。由于工程建设项目在建设期的不同层次划分，所以工程造价也有单件性、多次性、分部组合性的计价特点。

1.3.2 建设项目造价文件的分类

工程建设项目造价文件分为：投资估算、设计概算、施工图预算、施工预算、竣工结算、竣工决算。

1）投资估算

投资估算是指在可行性研究阶段和编制设计任务书阶段，由可行性研究主管部门或建设单位对建设项目投资数额进行估计的经济文件。投资估算一般由建设单位编制。

2）设计概算

设计概算是指在工程初步设计或扩大初步设计阶段，根据初步设计或扩大初步设计图纸及技术文件、预算定额及有关取费标准等而编制的概算造价经济文件。设计概算一般由设计单位编制。

3）施工图预算

施工图预算是指在工程施工图设计完成后工程开工前由发包人、承包人根据招标文件、施工图图纸、施工技术方案、工程预算定额及有关取费标准而编制的工程经济性文件。装饰装修工程造价文件中施工图预算是招投标文件中不可或缺的一种计价文件。

施工图预算由发包人编制称为招标控制价。由承包人编制称为投标报价。

4）施工预算

施工预算是指在施工阶段，根据施工图纸、施工方案、施工定额而编制的，用以体现施工中所需消耗的人工、材料、机械台班的数量标准。施工预算一般是由施工单位编制。

5）竣工结算

竣工结算是指一个建设项目（或一个单项工程、单位工程、分部工程、分项工程）在竣工验收阶段，由施工单位根据合同、设计变更、技术核定单、现场签证、隐蔽工程记录、预算定额、材料价格、有关取费标准等竣工资料编制,经建设单位或委托的监理单位签认,作为结算工程造价依据的经济文件。竣工结算是由施工单位编制的。

6)竣工决算

竣工决算是指建设项目在竣工验收合格后,由建设单位或委托方根据各局部工程竣工结算和其他工程费用等实际开支的情况,进行计算和编制的综合反映该建设项目从筹建到竣工投产或交付使用全过程中各项资金使用情况和建设成果的总结性经济文件。竣工决算是由建设单位编制的。

综上所述,建设项目的造价文件在不同的建设阶段有不同的形式和内容,具体如图1-7所示。

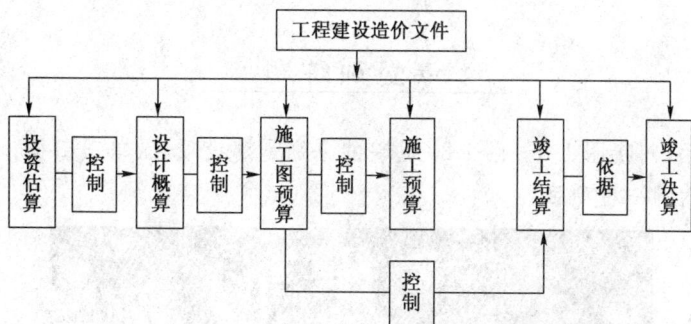

图1-7　建设项目各造价文件之间的关系

小 知 识

我国的"建筑装饰装修"行业的管理制度目前还在完善中,例如,建筑装饰装修设计师资格的认证,目前仅仅是中国室内装饰协会的认证资格,而没得到国家行政管理部门的认可,不具备法律效力;家装与工装造价文件的编制不尽相同,工装预算按国家规范编制,家装则因各个装饰公司的具体情况不一样而各不相同。值得一提的是,造价工程师执业资格制度的施行对促进装饰装修工程造价规范管理起到了很大的作用。

◀ 课堂练习题 ▶

1. 以下关于投资估算的说法正确的是(　　)。

A. 投资估算是在施工图设计阶段完成的

B. 投资估算不是根据平方米、立方米、产量等指标进行的

C. 投资估算是由施工企业编制的

D. 投资估算是控制设计总概算的重要依据

2. 下列属于分部工程的是(　　)。

A. 将军红花岗岩地面　　　　　　　B. 天棚工程

C. 墙面刷乳胶漆　　　　　　　　　D. 木线条

3.工程建设项目不包括以下内容(　　　)。

    A. 建筑工程　　　　B. 安装工程　　　　C. 施工图预算　　　　D. 园林工程

4.清单计价模式下编制装饰装修工程预算的方法是(　　　)。

    A. 工料单价法　　　B. 实物法　　　　C. 理论计算法　　　　D. 综合单价法

5.以下属于扩建项目的是(　　　)。

    A. 学校增建教学用房

    B. 医院增建门诊部或病床用房

    C. 尚未建成投产或交付使用的迁建工程,因自然灾害等原因毁坏后,按新的设计进行重建

    D. 新增加的固定资产价值超过其原有固定资产价值(原值)三倍以上的工程

◀ 课堂训练题 ▶

根据老师提示,判断图 1-8~图 1-20 反映的分别是建设项目、单项工程、单位工程、分部工程和分项工程中的哪一种项目。

图　1-8

图　1-9

图 1-10

图 1-11

图 1-12

图 1-13

图 1-14

图 1-15

图 1-16

图 1-17

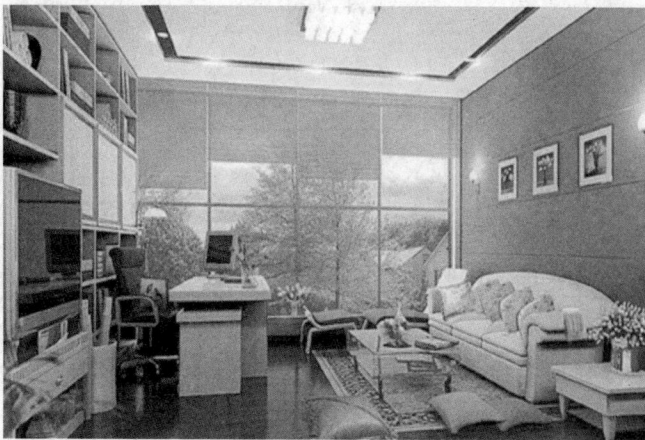

图 1-18

图　1-19

图　1-20

◀ 复习思考题 ▶

1. 什么是建筑装饰装修工程预算?

2. 建筑装饰装修工程预算的作用是什么?

3. 什么是工程项目建设?工程项目建设的内容和分类有哪些?

4. 建设项目是如何分解的?

5. 建设项目造价文件的分类有哪些?装饰工程造价文件含哪几类?

第2章
建筑装饰装修工程定额

【知识要点】

1. 建筑装饰装修工程定额概述（概念、定额形成与发展、定额的性质、作用、分类）。
2. 建筑装饰装修工程施工定额（概念、作用、编制、组成、定额手册内容及应用）。
3. 建筑装饰装修工程消耗量定额（概念、组成、编制原则及依据、编制方法和步骤、作用）。

【学习要求】

1. 了解建筑装饰装修工程定额的形成和发展。
2. 熟悉建筑装饰装修工程定额、施工定额、消耗量定额的作用及各定额间的相互关系。
3. 掌握施工定额、消耗量定额的编制。

2.1 装饰装修工程定额概述

装饰装修工程定额是指在一定的施工技术与装饰艺术综合作用下，为完成质量合格的单位产品所消耗在装饰装修工程基本构造要素上的人工、材料和机械的数量标准及费用额度。基本构造要素，是指装饰装修分项工程或结构构件。

以楼地面工程为例，该分部工程的装饰装修分项工程分为垫层、找平层、整体面层、块料面层、橡塑面层、地毯及附件、木地板和其他面层。如"镶贴块料面层"分项还可以按照不同的结构部位、工艺做法、材质等分为地面、楼梯、台阶、踢脚线或大理石、花岗岩、汉白玉、蓝田石、预制水磨石等更细的子项目，这些子项目的工作内容、质量、安全要求以及人工、材料、机械的耗用量在定额中都有明确规定。

例如水泥砂浆镶贴陶瓷锦砖踢脚线工程 $100m^2$ 需用：

普通工人	14.12 工日
技术工人	28.68 工日
白水泥	14.00kg
陶瓷锦砖	$102m^2$
棉纱头	1.00kg

水	3.00m³
水泥砂浆 1∶4	1.21m³
水泥浆	0.1m³
灰浆搅拌机(拌筒容量200L 小)	0.22 台班

该项消耗量定额还规定其工作内容:清理基层、调运水泥砂浆、贴陶瓷锦砖、擦缝、清理净面。

定额是依据国家有关现行产品标准、设计规范、施工及验收规范、技术操作规程、质量评定标准和安全操作规程编制的,采用的建筑装饰装修材料、半成品、成品均为符合国家质量标准和相应设计要求的合格产品。

2.1.1 装饰装修工程定额的形成与发展

在人类社会发展初期,生产者是分散的、孤立的,个体生产者不需要定额,他们往往凭借个人的经验积累进行生产。随着简单商品经济的发展,作坊主或工场的工头依据他们自己的经验指挥和监督他人劳动和物资消耗。但这些劳动和物资消耗同样是依据个人经验而建立的,并不能科学地反映生产和生产消耗之间的数量关系。这一时期是定额产生的萌芽阶段。

19 世纪末至 20 世纪初,随着科学管理理论的产生和发展,定额与定额管理才由自觉管理走向了科学制定与科学管理的阶段。美国工程师泰勒(1856—1915 年)进行了企业管理的研究,其目标是为提高劳动生产率,提高工人的劳动效率。他通过科学试验,对工作时间、操作方法、工作时间的组成部分等进行细致的研究,制定出最节约工作时间的标准操作方法。同时,在此基础上,要求工人取消那些不必要的操作程序,制定出水平较高的工时定额,用工时定额来评价工人工作的好坏。

20 世纪 70 年代出现的系统管理理论,把管理科学与行为科学有机结合起来,从事物整体出发,系统地对劳动者、材料、机器设备、环境、人际关系等对工时产生影响的重要因素进行定性和定量相结合的分析与研究,从而选定适合本企业实际的最优方案,以此产生最佳效果,取得最好的经济效益。所以定额伴随管理科学的产生而产生,伴随管理科学的发展而发展。定额是企业管理科学化的产物,也是科学管理企业的基础和必要条件。

在我国古代工程建设中,已十分重视工料消耗计算。早在北宋时期,李诫在公元 1100 年修编的《营造法式》,就可看作是古代的工料定额。它既是古代土木建筑工程的巨著,也是工料计算方面的巨著。清工部《工程做法则例》中,有许多内容也是说明工料计算方法的。直到今天,《仿古建筑及园林工程预算定额》仍将这些古代工料管理文献资料作为编制依据之一。

我国建筑工程定额,是在新中国成立以后从零开始到现在逐渐建立和日趋完善的。最初,吸取了苏联定额的经验,20 世纪 70 年代后期,又参考了欧洲多国和美、日等国家有关定额方面的管理科学内容。在各个时期,结合我国建筑工程施工的实际情况,编制了适合我国国情的切实可行的定额。

随着工程造价计价改革的发展和新形势的需要,1992 年原建设部颁发了《全国统一建筑工程装饰预算定额》,为新兴的装饰行业的计价提供了依据。为适应建筑工程改革的进一步深化,遵循市场经济原则,有利于全国统一市场的建立和市场竞争,规范市场建筑产品计价依据和市场行为,1995年原建设部又组织编制和颁发了《全国统一建筑工程基础定额》(土建工程)和《全国统一建筑工程预算工程量计算规则》,为实行量、价分离和工程实体消耗和施工措施消耗定额提供了依据,为逐步实行工程按个别成本报价、通过市场竞争形成价格起到了促进作用。2002年,原建设部颁发了《全国统一装饰装修工程消耗定额》。2015年9月1日,住房和城乡建设部印发施行了《房屋建筑与装饰工程消耗量定额》(编号为 TY01-31-2015)。2016年4月13日,住房和城乡建设部标准定额司颁发了关于征求《建设工程定额体系框架》《建设工程定额命名和编码规则》《建设工程工程量清单规范体系》意见的函,标志着今后对定额的管理会更加合理和规范。

2.1.2 装饰装修工程定额的性质

1)科学性

建筑装饰装修工程定额是装饰装修工程进入科学管理阶段的产物,它的科学性,首先表现在用科学的态度制定定额,尊重客观实际,定额水平合理;其次表现在制定定额的技术方法上,利用现代科学管理的成就,形成一套系统的、完整的、在实践中行之有效的方法;第三表现在定额制定和贯彻一体化,制定是为了提供贯彻的依据,贯彻是为了实现管理的目标,也是对定额的信息反馈。

2)指导性

随着我国建设市场的不断成熟和规范,建筑装饰装修工程定额原来具备的法令性特点逐渐弱化,转而对整个建筑装饰装修市场和具体装饰装修产品交易具有指导作用。

建筑装饰装修工程定额指导性的客观基础是定额的科学性,只有科学的定额才能正确地指导客观的交易行为。它的指导性体现在两个方面:①建筑装饰装修工程定额作为国家各地区和行业颁布的指导性依据,可以规范装饰装修市场的交易行为,在具体的装饰装修产品定价过程中也可以起到相应的参考作用,同时统一定额还可作为政府投资项目定价以及造价控制的重要依据;②在现行的工程量清单计价方式下,承包人报价的主要依据是企业定额,但企业定额的编制和完善仍然离不开统一定额的指导。

3)统一性和时效性

建筑装饰装修工程定额的统一性和时效性,主要表现在国家对装饰装修工程定额的管理上,对其由行政职能向宏观调控职能的客观需要上。在市场经济条件下的装饰装修工程定额,只有统一尺度才能对装饰装修工程项目的决策、设计和工程招标、投标进行比较和引导。

另外,它的统一性还表现在既要有全国统一的装饰装修工程定额,也应有地区统一和部门统一的装饰装修工程定额,这是市场经济规律对各具特色的装饰装修工程的客观要求。

4)群众性

建筑装饰装修工程定额的制定和执行,具有广泛的群众基础。定额的水平是装饰装修行业群众生产技术水平的综合反映。定额的编制,是在群众直接参与下进行的,使得定额既能从实际出发,又能把国家、企业、个人三者的利益结合起来。定额一旦颁发,就要依靠群众运用于实践当中。总之,定额来自群众,又贯彻于群众。

5)可变性与相对稳定性

建筑装饰装修工程定额水平的高低,是根据一定时期的社会生产力水平确定的。随着科学技术的进步,社会生产力水平的提高,当原有的定额已不适应生产需要时,就要对它进行修改和补充。但社会生产力的发展有一个由量变到质变的过程,因此,定额的执行也有一个相应的实践过程。所以,定额既不是固定不变的,但也决不能朝令夕改,既有时效性,又有一定的稳定性。

定额是工程造价管理的重要参考之一,它的性质影响了造价管理方法的选择。

2.1.3 装饰装修工程定额的作用

1)是企业计划管理的基础

建筑施工企业为了组织和管理装饰装修工程施工生产活动,必须编制各种计划,而计划的编制又要依据各种定额来计算人力、物力和财力的需用量。

2)是提高劳动生产率的重要手段

施工应贯彻执行定额规定,改善劳动组织,减小劳动强度,使用更少的劳动量,生产更多的产品。只有促使企业职工采用新技术、新工艺,改进操作方法,才能提高劳动生产率。

3)是衡量设计方案优劣的标准

使用定额和各种概算指标对一个工程的若干设计方案进行技术经济分析,就能选择出经济合理的最优设计方案。

4)是科学组织施工和管理施工的有效工具

在组织施工时,无论是计算、平衡资源需用量,组织供应材料,合理配备劳动组织,调配劳动力,签发工程任务单和限额领料单,还是组织劳动竞赛,考核工料消耗,计算和分配劳动报酬等,都要以各种定额为依据。

5)是企业实行经济核算的重要基础

企业进行工程成本核算时,要以定额为标准,分析比较企业各项成本,肯定成绩,找出差距,提出改进措施,不断降低各种消耗,提高企业的经济效益。

2.1.4 装饰装修工程定额的分类

建筑装饰装修工程定额可以按照不同的原则和方法对它进行科学分类。

1)按定额反映的生产要素消耗内容分类

按定额反映的生产要素消耗内容分,可以把建筑装饰装修工程定额划分为劳动消耗定额、材料消耗定额和机械消耗定额三种,统称为基础定额。

(1)劳动消耗定额。简称为劳动定额(也称人工定额),是指完成一定的合格产品(工程实体或劳务)规定活劳动消耗的数量标准。

劳动定额的表现形式包括时间定额和产量定额,时间定额与产量定额互为倒数。

(2)材料消耗定额。简称为材料定额,是指完成一定合格产品所需材料的数量标准。

材料是装饰装修工程建设中使用的原材料、成品、半成品、构配件、燃料以及水、电等动力资源的统称。

(3)机械消耗定额。又称为机械台班定额。机械消耗定额是指为完成一定合格产品所消耗的施工机械台班的数量标准。

机械消耗定额的表现形式包括时间定额和产量定额。

2)按定额的编制程序和用途分类

按定额的编制程序和用途分,可以把建筑装饰装修工程定额分为施工定额、预算定额、概算定额、概算指标、投资估算指标五种。

(1)施工定额。施工定额是指在正常的施工条件下,为完成单位合格产品(施工过程)所必须消耗的人工、材料和机械台班的数量标准。施工定额以工序为研究对象,它是施工企业组织生产和加强管理,在企业内部使用的一种定额,属于企业定额的性质,是建筑装饰装修工程定额中的基础性定额。施工定额也称施工消耗定额。

施工定额是由劳动定额、机械定额和材料定额三个相对独立的部分组成的。

(2)预算定额。预算定额是指在正常的施工条件下,为完成一定计量单位的分项工程或结构构件所需消耗的人工、材料、机械台班的数量标准。从编制程序上看,预算定额是以施工定额为基础综合扩大编制的,同时它也是编制概算定额的基础。预算定额也称为预算消耗量定额。

预算定额包括劳动定额、机械台班定额、材料消耗定额三个基本部分。

(3)概算定额。概算定额是指在正常的施工条件下,为完成一定计量单位的扩大结构构件、扩大分项工程或分部工程所需消耗的人工、材料、机械台班的数量标准。它是编制扩大初步设计概算、确定装饰装修工程项目投资额的依据。概算定额的项目划分的粗细,与扩大初步设计的深度相适应,一般是在预算定额的基础上综合扩大而成的,每一综合分项概算定额都包含了数项预算定额。概算定额也称为概算消耗定额。

(4)概算指标。概算指标是指在正常的施工条件下,为完成一定计量单位的建筑物或构筑物所需消耗的人工、材料、机械台班的数量标准。概算指标的内容包括劳动、机械台班、材料定额三个基本部分,同时还列出了各结构分部的工程量及单位建筑工程(以体积或面积计)的造价。概算指标的设定和初步设计的深度相适应,一般是在概算定额和预算定额的基础上编制的,比概算定额更加综合扩大。概算指标是一种计价性定额。

(5)投资估算指标。它是在项目建议书和可行性研究阶段编制投资估算、计算投资需用量时使用的一种定额。它非常概略,往往以独立的单项工程或完整的工程项目为计算对象,编制内容是所有项目费用之和。它的概略程度和可行性研究阶段相适应。投资估算指标往往根据历史的预、决算资料和价格变动等资料编制,但其编制基础仍然离不开预算定额、概算定额。

3)按照主编单位和管理权限分类

按照主编单位和管理权限分,建筑装饰装修工程定额可以分为全国统一定额、地区统一定额、企业定额和补充定额四种。

(1)全国统一定额是由国家建设行政主管部门,综合全国工程建设中技术和施工组织管理的情况编制的,并在全国范围内执行的定额。

(2)地区统一定额包括省、自治区、直辖市定额。地区统一定额主要是考虑地区性特点和全国统一定额水平做适当调整和补充编制的。

(3)企业定额是指由施工企业考虑本企业具体情况,参照国家、部门或地区定额的水平制定的定额。

施工企业所建立的内部企业定额应反映企业的施工水平、人员素质及机械装备水平和企业管理水平,是建筑安装企业考核劳动生产率、确定工程成本、投标报价的依据。在计划经济时代,企业定额仅是对国家统一定额或地区性定额的一种补充,它仅用于施工企业内部施工管理。在市场经济条件下,随着工程造价管理体制改革不断深入,从 2003 年 7 月 1 日起,我国开始推行建设工程工程量清单计价。该方法实施的关键在于企业自主报价,而施工企业要想在激烈的市场竞争中获胜,必须根据企业自身的技术力量、机械装备、管理水平来制定能体现自身特点的企业定额,并且为了适应《计价规范》实施后的市场竞争的发展态势,施工企业编制的企业定额应同时具有传统意义的"施工定额"和"预算定额"的双重作用和性质。

(4)补充定额是指随着设计、施工技术的发展,现行定额不能满足需要的情况下,为了补充缺陷所编制的定额。

补充定额只能在指定的范围内使用,可以作为以后修订定额的基础。

本章重点介绍与装饰装修工程密切相关的施工定额和预算消耗量定额。

2.2 装饰装修工程施工定额

建筑装饰装修工程施工定额是指以同一性质的施工过程或工序为测定对象,在正常的施工条件下,为完成一定计量单位的某施工过程或工序所需人工、材料和机械台班等消耗的数量标准。

建筑装饰装修工程施工定额是直接用于施工管理的一种定额,是编制其他定额的基础,也可以称为基础定额。

2.2.1 施工定额手册

建筑装饰装修工程施工定额手册主要内容由文字说明、分章节定额和附录三部分组成。文字说明包括总说明、分册说明和分章说明。分章节定额包括定额表的文字说明、定额表和附录。定额项目表见表 2-1。

水 刷 石 表 2-1

工作内容:包括清扫、刮底、弹线、嵌条、配色、筛色粉、抹面、起线、刷石、压实等全部操作过程。

工日/10m²

项 目	墙面及墙裙		柱			遮阳板(垂直)	序 号
	分格	不分格	方柱		圆形、多边形		
			分格	不分格			
综合	3.020	2.530	4.290	3.430	4.850	4.850	一
抹水刷石	2.470	1.990	3.500	2.740	3.880	3.880	二
运砂浆	0.319	0.319	0.451	0.411	0.582	0.582	三
调制砂浆	0.226	0.225	0.342	0.247	0.388	0.388	四
编号	156	157	158	159	160	161	

1)文字说明

总说明:主要包含定额编制依据、适用范围、编制施工预算的说明。

分册说明和分章说明:包含了工程量计算规则、各部分工作内容。

2)定额项目表

表头:说明定额子目的分部名称、工作内容、计量单位。

表身:定额编号,定额项目名称,计量单位,人工、材料、机械消耗量。

附注:定额的特殊要求。

3)附录及加工表

附录:名词解释、图示、砂浆和混凝土配合比表及有关参考资料。

加工表:执行某些定额项目时,需增加工日的表格。

施工定额应用非常广泛,尤其是用于施工组织设计中人力、物力的安排。

2.2.2 装饰装修工程施工定额的作用

1)是编制施工组织设计和施工作业计划的依据

编制施工组织设计和施工作业计划,是施工组织管理的中心环节,编制中所安排的人工、材料和机械台班需用量,都必须依据施工定额来计算。

2)是编制施工预算的依据

施工预算确定了单位工程人工、材料、机械的需用量,认真执行施工预算,能更合理地组织施工生产,有效地控制资源和资金消耗,节约成本。

3)是签发施工任务书和限额领料单的依据

施工任务书是记录班组完成任务情况和结算班组工人工资的凭证。施工任务书的签发,是施工队伍落实到工人班组的具体步骤。施工任务的下达和工人计件工资的结算都需要根据施工定额计算。限额领料单是施工队随施工任务书同时签发的领取材料的凭证。其领料数量是班组完成施工任务所需材料消耗的最高限额,也需依施工定额的规定填写。工人节约材料的奖励,仍以施工定额来衡量。

4)是计算工人劳动报酬和奖励、实行按劳分配的依据

施工定额是计算计件工资的基础,也是对工人超额奖励的依据。施工定额的贯彻执行,使工效和材料消耗的考核有了尺度,并把工人的劳动付出和劳动所得直接联系起来,体现了多劳多得,少劳少得的分配原则。

5)是编制预算定额的基础

利用施工定额编制预算定额,可以减少现场测量定额的大量工作,使预算的定额更符合现实的施工生产和经营管理水平。

施工定额的定额水平直接影响着生产一线的人工、材料、机械的消耗,因此施工定额是编制其他定额的基础。

2.2.3 装饰装修工程施工定额的编制

1)装饰装修工程施工定额的编制原则

(1)施工定额的水平必须遵循平均先进的原则

定额水平是对定额消耗量的高低、松紧程度的描述。它指在正常的施工条件下,完成单位质量合格产品所必须消耗的人工、材料和机械台班等的数量标准。它是对施工管理水平、生产

技术水平,劳动生产率水平和职工思想觉悟水平的综合反映。

在确定定额水平时,要本着有利于提高劳动生产率,降低消耗,便于考核劳动成果,有利于科学管理的原则。考虑那些已经成熟、被广泛推广的先进技术和经验以及市场竞争的环境要求,经认真地研究、比较和反复平衡后进行制定。使定额水平在正常条件下,具有多数企业或个人努力能够达到或超过、少数落后的企业或个人经过努力也能接近的,鼓励先进、勉励中间、鞭策落后的平均先进的理想水平。

(2)施工定额的编制要遵循实事求是、独立自主的原则

定额来源于生产实践,又用于组织生产。因此,在定额的编制过程中,除了要进行全面的比较和反复平衡以外,还要本着实事求是的原则,深入实际,调查各项影响因素,注意挖掘企业的潜力,考虑在现有的技术条件下能够达到的程度,经过科学分析、计算和试验,编制出切合实际的,不完全局限于劳动定额和预算定额水准的施工定额。

(3)施工定额的内容和形式要贯彻简明适用的原则

施工定额是直接在工人群众中施行的。这就要求它的内容和形式上要做到简明适用、灵活方便、通俗易懂;做到及时将已成熟的新材料、新结构和新技术以及缺少的定额项目,尽可能地补编到定额中。淘汰实际中不用、陈旧过时的项目,使得划分的定额项目少而全、严密明确、简明扼要、粗细适度,定额的各项指标具有灵活性,以满足劳动组织、班组核算、计取劳动报酬和简化计算工作的要求,同时满足不同工程和地区的使用要求。注意计量单位的选择、系数的利用、说明和附注的合理设计,防止在执行中发生争议的现象。

(4)施工定额的编制要贯彻专群结合、以专为主的原则

定额的编制工作具有很强的技术性、政策性和经济性。这就要求施工定额的编制应由专门的机构和人员负责组织、协调指挥、掌握方针政策、制定编制方案,以具有丰富专业技术知识和管理经验的人员为主,对日常的定额资料做好积累、分析、整理、测定、管理、编制、颁发和执行工作,以具有丰富实践经验的工人为辅,发挥其民主权利,取得他们的密切配合和支持,从而可克服片面性,确保定额的质量,使定额的管理、使用和执行工作具有良好的群众基础。

2)装饰装修工程施工定额的编制依据

(1)现行的装饰装修工程劳动定额、材料消耗定额和机械台班消耗定额。

(2)现行的建筑装饰装修工程施工验收规范、质量检验评定标准、技术安全操作规程。

(3)现场测定的定额资料和有关的统计数据。

(4)建筑装饰工人技术等级标准。

(5)有关的技术资料,如标准图、半成品配合比资料等。

3)装饰工程装修施工定额的组成及编制方法

施工定额是由劳动消耗定额、材料消耗定额和机械台班消耗定额组成的。

(1)劳动定额

劳动定额也称人工定额。劳动定额是表示建筑装饰装修工人劳动生产率的一个先进合理的指标,反映的是装饰装修工人劳动生产率的社会平均先进水平,是施工定额的重要组成部分。

①劳动定额的形式。

可分为时间定额和产量定额,见表2-1。

a.时间定额。时间定额是指在正常装饰装修施工条件(生产技术和劳动组织)下,某种专

业、某种技术等级的工人班组或个人为完成单位合格装饰产品所必须消耗的工作时间。定额时间包括人工的有效工作时间(准备与结束时间、基本工作时间、辅助工作时间)、必需的休息与生理需要时间和不可避免的中断时间。

时间定额以"工日"为单位,按现行制度规定,每个工日工作时间为 8 小时。

$$单位产品时间定额(工日) = 1/每工日产量$$

或　　　　　　$$单位产品时间定额(工日) = 小组成员工日数总和/机械台班产量$$

b. 产量定额。产量定额是指在正常装饰装修施工条件(生产技术和劳动组织)下,工人在单位时间内完成合格装饰装修产品的数量。其计量单位为:产品计量单位/工日。

时间定额与产量定额互为倒数。

例如已知干挂 $1m^2$ 花岗岩内墙面的时间定额是 0.0824 工日,则每工日产量定额应是 $1/(0.0824$ 工日$/m^2) = 12.13m^2/$工日。

②劳动定额的测定方法。

劳动定额水平的测定方法较多,比较常用的方法有技术测定法、经验估计法、统计分析法和比较类推法四种。

a. 技术测定法。是指在正常的施工条件下,对施工过程各工序时间的各个组成要素,进行现场观察测定,分别测定出每一工序的工时消耗,然后对测定的资料进行分析整理来制定定额的方法,该方法是制定定额最基本的方法。

b. 经验估计法。是根据老工人、施工技术员和定额员的实践经验,并参照有关技术资料、综合施工图纸、施工工艺、施工技术组织条件和操作方法等进行分析,座谈讨论和反复平衡来制定定额的方法。它适用于产品品种多、批量小的施工过程以及某些次要的定额项目。

c. 统计分析法。是指把过去一定时期内实际施工中的同类工程或生产同类产品的实际工时消耗和产品数量的统计资料(如施工任务书、考勤报表和其他有关的统计资料)与当前生产技术水平相结合,进行分析研究制定定额的方法。该方法适用于条件正常、产品稳定、批量较大、统计工作制度健全的施工过程。

d. 比较类推法。又称为"典型定额法"。它是以同类产品或工序定额作为依据,经过分析比较,以此推算出同一组定额中相邻项目定额的一种方法。该方法适用于产品品种多、批量小的施工过程。

③劳动定额的作用。

a. 时间定额:以工日为单位,便于统计总工日数、核算工人工资、编制进度计划。

【例 2-1】 某工程有 $230m^2$ 水刷石墙面(分格),某班组每天有 13 名工人在现场施工。试计算完成该工程所需施工天数。

解 根据表 2-1 查得,墙面水刷石(分格)时间定额为 3.02 工日$/10m^2$。

完成 $230m^2$ 水刷石墙面(分格)所需总工日数 $= 3.02 \times 23 = 69.46($工日$)$。

每天有 13 名工人在现场施工,故每天的工日数为 13,则:

$$需要的天数 = 69.46 \div 13 \approx 6(天)$$

b. 产量定额:以产品数量的计量单位为单位,便于施工小组分配任务,签发施工任务单,考核工人的劳动生产率。

【例 2-2】 某抹灰班组有 15 名工人,抹某住宅楼混砂墙面,施工 30 天完成任务,已知产量定额为 10.2m²/工日。试计算抹灰班应完成的抹灰面积。

解 15 名工人施工 30 天的总工日数＝15×30＝450(工日)

$$抹灰面积＝10.2×450＝4590(m²)$$

(2)材料消耗定额

材料消耗定额是指在正常装饰装修施工条件和节约、合理使用装饰材料的条件下,完成质量合格的单位产品所必须消耗的一定品种规格的材料、成品、半成品或配件等的数量标准。其计量单位为实物的计量单位。

①材料消耗定额的性质。

施工材料的消耗,可分为直接用于建筑装饰工程的材料,即材料净用量和生产过程中不可避免的废料和不可避免的损耗,即材料的损耗量。

②确定材料消耗量的基本方法。

a.非周转性材料消耗量的确定。

非周转材料也称直接性消耗材料,它是指在建筑工程施工中,一次性消耗并直接用于工程实体的材料,如面砖、砂、石、水泥砂浆等。

非周转性材料是通过现场技术测定、实验室试验、现场统计和理论计算等方法确定材料净用量定额和材料损耗定额数据的。以面砖为例:

$$面砖的净用量＝\frac{100}{(块料长＋灰缝)×(块料宽＋灰缝)}$$

$$面砖消耗量＝\frac{面砖净用量}{1－损耗率}$$

【例 2-3】 石膏装饰板规格为 500mm×500mm,其拼缝宽度为 2mm,其损耗率为 2%,计算 10m² 需用石膏板块数。

解 根据面砖耗用量计算公式,石膏板块数计算如下:

$$石膏装饰板消耗量＝\frac{10}{(0.5+0.002)×(0.5+0.002)}×(1+2\%)＝40.47(块)≈41 块$$

b.周转性材料。

周转性材料是指在施工中不是一次性消耗的材料,它是随着多次使用而逐渐消耗的材料,并在使用过程中不断补充,多次重复使用。例如,各种脚手架、支撑、活动支架等。

周转材料消耗指标,应当按照多次使用,分期摊销计算。

(3)机械台班消耗定额

机械台班消耗定额,是指施工机械在正常的装饰装修施工条件下和合理的劳动组织条件下,完成单位合格产品所必需的工作时间(台班);或在单位台班,应完成合格产品的数量标准。

①机械台班定额的表现形式。

机械台班消耗定额有两种表达形式,即机械时间定额和机械产量定额。

a.机械时间定额。

机械时间定额是指在正常装饰装修施工条件下,在合理的劳动组织和合理使用机械的前提下,某种施工机械完成单位合格装饰产品所必须消耗的工作时间,包括有效工作时间、不可避免的中断时间和不可避免的空转时间等。

时间定额的单位是"台班",一个台班是一台机械工作 8 个小时。

b. 机械产量定额。

机械产量定额是指在正常的装饰装修施工条件下,在合理的劳动组织和合理使用机械的前提下,某种施工机械在每个台班时间内,必须完成合格装饰装修工程产品的数量标准。

机械时间定额与机械产量定额互为倒数:

$$机械产量定额 = \frac{1}{机械时间定额}$$

②确定机械台班定额消耗量的基本方法。

a. 确定正常的施工条件。主要是拟定工作地点的合理组织和合理的工人编制。

b. 确定机械 1h 纯工作正常生产率。是在正常施工组织条件下,具有必需的知识和技能的技术工人操纵机械 1h 的生产率。

c. 确定施工机械的正常利用系数。是机械在工作班内对工作时间的利用率。机械的利用系数和机械在工作班内的工作状况有着密切的关系。所以,应首先拟定机械工作班内的正常工作状况,保证合理利用工时。

d. 计算施工机械台班定额。

施工机械台班产量定额 = 机械 1h 纯工作正常生产率×工作纯工作时间

或施工机械台班产量定额 = 机械 1h 纯工作正常生产率×工作班延续时间×机械正常利用系数

③单位产品时间定额。

单位产品时间定额(工日) = 小组成员工日数总和/机械台班产量

【例 2-4】 轮胎式起重机吊装大型屋面板,机械纯工作 1h 的正常生产率为 12.362 块,工作班 8h 实际工作时间为 7.2h ,工人小组由 13 人组成,求机械台班的产量定额和人工时间定额。

解   机械台班的产量定额 = 12.362×7.2 = 89(块/台班)

人工时间定额 = 小组成员工日数总和/台班产量 = 13/89 = 0.146(工日/块)

施工定额的编制方法为实物法,定额表现形式为劳动消耗量、材料消耗量、机械台班消耗量,时间定额与产量定额在实际工程中起着不同的作用。

2.2.4 装饰装修工程施工定额的应用

施工定额的一般应用为定额的直接套用、换算和补充。

1)定额的直接套用

当工程项目的设计要求、施工条件和施工方法与定额项目的内容和规定完全一致时,可直接套用施工定额分析工料。

【例 2-5】 某宿舍楼砖外墙刷干粘石(分格),干粘石工程量为 3200m² ,试计算其工料数量,干粘石定额项目表见表 2-2。

干 粘 石 表2-2

工作内容：包括清扫、打底、弹线、嵌条、筛洗石渣、配色、抹光、起线、粘石等。 单位：10m²

编 号	项 目			人工			水泥(kg)	砂子(kg)	石子(kg)	107胶(kg)	甲基硅醇钠(kg)
				综合(工日)	技工(工日)	普工(工日)					
147	砖墙面墙裙干粘石分格			2.62	2.08	0.54	92	324	60		
148	混凝土墙面	不打底	干粘石	1.85	1.48	0.37	53	104	60	0.26	
149			机喷石	1.85	1.48	0.37	49	46	60	4.25	0.4
150	柱		方柱	3.96	3.10	0.86	96	340	60	60	
151			圆柱	4.21	3.24	0.97	92	324	60	60	
152	窗盘心			4.05	3.11	0.94	92	324	60		60

注：1. 墙面(裙)、方柱以分格为准，不分格者，综合时间定额乘以0.85。

2. 窗盘心以起线为准，不带线者，综合时间定额乘以0.8。

解 根据表2-2施工定额提供的定额消耗量，工、料数量计算如下：

$$综合工日用量 = \frac{2.62}{10} \times 3200 = 838.40(工日)$$

$$水泥用量 = \frac{92}{10} \times 3200 = 29440kg = 29.44(t)$$

$$砂子用量 = \frac{324}{10} \times 3200 = 103680kg = 103.68(t)$$

$$石子用量 = \frac{60}{10} \times 3200 = 19200kg = 19.2(t)$$

2）定额的换算

当工程项目的设计要求、施工条件和施工方法与定额项目的内容和规定不完全相符时，可按定额规定进行换算。

【例2-6】 某宿舍楼砖外墙刷干粘石(不分格)，干粘石工程量为3200m²，试计算其工料数量，干粘石定额项目见表2-2。

解 根据表2-2施工定额提供的定额消耗量及表注1规定：墙面(裙)、方柱以分格为准，不分格者，综合时间定额乘以0.85。做法与规定不同需要调整，因此，该工程工、料数量计算如下：

$$综合工日用量 = \frac{2.62}{10} \times 3200 \times 0.85 = 712.64(工日)$$

$$水泥用量 = \frac{92}{10} \times 3200 = 29440kg = 29.44(t)$$

$$砂子用量 = \frac{324}{10} \times 3200 = 103680kg = 103.68(t)$$

$$石子用量 = \frac{60}{10} \times 3200 = 19200kg = 19.2(t)$$

要正确使用装饰装修工程施工定额，首先必须熟悉定额的文字说明，了解定额项目的工作内容、有关规定、工程量计算规则、施工方法等，只有这样，才能正确地套用和换算定额。

3)定额的补充

由于新结构、新工艺、新材料的产生,当工程项目的设计要求、施工条件和施工方法与定额项目的内容和规定完全不相符时,可编制补充定额。编制方法同施工定额。

2.3 装饰装修工程预算消耗量定额

2.3.1 装饰装修工程预算消耗量定额的含义

建筑装饰装修工程预算消耗量定额是指在正常的施工条件下,为了完成一定计量单位的合格的建筑装饰装修工程产品所必需的人工、材料(或构、配件)、机械台班的数量标准。

随着社会经济的发展,人们的生活水平和人们对生活环境要求的不断提高,建筑装饰装修工程的标准也随之提升。建筑装饰装修成为一个独立的设计与施工行业,具备独立招投标的条件。现有的建筑装饰装修工程消耗量定额的制定、颁布,适应了建筑装饰装修工程设计与施工行业的快速发展,满足了建筑装饰装修工程造价管理的需要。

建筑装饰装修工程消耗量定额可以根据不同的划分方式进行分类:按照生产要素可以分为人工消耗量定额、材料消耗量定额和机械台班消耗量定额;按照编制程序与用途可以分为施工消耗量定额、预算消耗量定额、概算消耗量定额;按主编单位可分为全国统一消耗量定额、地区统一消耗量定额、专业消耗量定额、企业消耗量定额等。本教材编写的是预算消耗量定额。

2.3.2 装饰装修工程预算消耗量定额的组成

装饰装修工程预算消耗量定额的基本内容包括目录表、总说明、分章说明及分项工程量计算规则、消耗量定额项目表和附录。

1)总说明

装饰装修工程预算消耗量定额的总说明,实质是消耗量定额的使用说明。在总说明中,主要阐述建筑装饰装修工程预算消耗量定额的用途和适用范围,编制原则和编制依据,消耗量定额中已经考虑的有关问题的处理办法和尚未考虑的因素,使用中应该注意的事项和有关问题的规定等。

2)分章说明

装饰装修工程预算消耗量定额将单位装饰装修工程按其不同性质、不同部位、不同工种和不同材料等因素,划分为分部工程,分部以下按工程性质、工作内容及施工方法、使用材料不同等,划分为若干节。如墙、柱面工程分为装饰抹灰面层、镶贴块料面层、墙柱面装饰、幕墙等章节。在节以下按材料类别、规格等不同分成若干分项工程项目或子目。如墙柱面装饰抹灰分为水刷石、干粘石、斩假石等项目,水刷石项目又分列墙面、柱面、零星项目等子项。

章(分部)工程说明,它主要说明消耗量定额中各分部(章)所包括的主要分项工程,以及使用消耗量定额的一些基本规定,并列出了各分部分项的工程量计算规则和方法。

3)预算消耗量定额项目表

预算消耗量定额项目表是具体反映各分部分项工程(子目)的人工、材料、机械台班消耗量指标的表格,通常以各分部工程、按照若干不同的分项工程(子目)归类、排序所列的项目表,它是消耗量定额的核心,其表达形式见表2-3。

天然石材消耗量定额项目表　　　表2-3

工作内容:清理基层、试排修边、锯板修边铺贴饰面、清理净面。　　　计量单位:m³

定额编号			1-001	1-002	1-003	1-004
项目			大理石楼地面			
			周长 3200mm 以内		周长 3200mm 以外	
			单色	多色	单色	多色
名　称	单位	代码	数　量			
人工 综合人工	工日	000001	0.2490	0.2600	0.2590	0.2680
材料 白水泥	kg	AA0050	0.1030	0.1030	0.1030	0.1030
大理石板 500×500(综合)	m²	AG0202	1.0200	1.0200	—	—
大理石板 1000×1000(综合)	m²	AG0205	—	—	1.0200	1.0200
大理石板拼花(成品)	m²	AG3381	—			
石料切割锯片	片	AN5900	0.0035	0.0035	0.0035	0.0035
棉纱头	kg	AQ1180	0.0100	0.0100	0.0100	0.0100
水	m³	AV0280	0.0260	0.0260	0.0260	0.0260
锯木	m³	AV0470	0.0060	0.0060	0.0060	0.0060
水泥砂浆 1:3	m³	AX0684	0.0303	0.0303	0.0303	0.0303
素水泥浆	m³	AX0720	0.0010	0.0010	0.0010	0.0010
机械 灰浆搅拌机 200L	台班	TM0200	0.0052	0.0052	0.0052	0.0052
石料切割机	台班	TM0640	0.0168	0.0168	0.0168	0.0168

预算消耗量定额项目表一般来说都包括以下方面:

(1)表头

项目表的上部为表头,实质为消耗量标准的分节内容,包括分节名称、分节说明(分节内容),主要说明该节的分项工作内容。

(2)项目表的分部分项消耗量指标栏

①表的右上方为分部分项名称栏,其内容包括分项名称、定额编号、分项做法要求,其中右上角表明的是分项计量单位。

1——032

```
分项工程编码
分部工程编码
```

图2-1 "数符型"编号法表达形式

建筑装饰装修工程预算消耗量定额分部分项项目的编号采用的是"数符型"编号法。在数符型编码中,通常前面的数字表示章(分部)工程的顺序号,后面的数据表示该分部(章)工程中某分项工程项目或子目的顺序号,中间由一个短线相隔。其表达形式如图2-1所示:

28

②项目表的左下方为工、料、机名称栏,其内容包括:工料名称、工料代号、材料规格及质量要求。

③项目表的右下方为分部分项工、料、机消耗量指标栏,其内容包括表明完成单位合格的某分部分项工程所需消耗的工、料、机的数量指标。

④项目表的底部为附注,它是分项消耗量定额的补充,具有与分项消耗量指标同等的地位。

2.3.3 装饰装修工程预算消耗量定额的作用

1)是组织和管理施工的重要依据

为了更好地组织和管理建筑装饰装修工程施工,必须编制施工进度计划,在此过程中,直接或间接地要以消耗量定额作为计算人力、物力和资金需要量的依据。

2)是评定优选装饰装修工程设计方案的依据

工程项目的装饰装修设计是否经济,可以依据装装修工程消耗量定额来确定设计的技术经济指标,通过对装装修工程多个设计方案的技术经济指标的比较,确定设计方案的经济合理性,择优选用方案。

3)是编制装饰装修工程分项单价的依据

装饰装修工程预算消耗量定额中规定了工程分项划分原则、方法及其分项人工、材料、机械设备的消耗量标准,按照各地现行的人工、材料、机械台班单价就可以确定各装饰装修工程分项的单位价格。

4)是建筑企业和工程项目部实行经济责任制的重要依据

施工企业对外承揽工程、对内分包工程,编制装饰装修工程投标报价和工程成本计划、成本控制及办理工程竣工结算等工作,均以装饰装修工程消耗量定额为依据。

5)是施工生产企业总结先进生产方法的手段

预算消耗量定额是在一定条件下,通过对施工生产过程的观测、分析综合制定的,从而比较科学地反映出生产技术和劳动组织的先进合理程度。我们可以利用消耗量定额标定的方法,对同一工程产品在同一施工操作条件下的不同生产方式的过程进行观测、分析和总结,从而找到比较先进的生产方法。或者对某种条件下形成的某种生产方法,通过对过程消耗量状态的比较来确定它的先进性。特别对于建筑装饰装修工程而言,施工过程中新材料、新方法、新工艺应用极为频繁,总结先进生产方法非常紧迫和必要。

2.3.4 装饰装修工程预算消耗量定额的编制

1)装饰装修工程预算消耗量定额的编制原则

(1)消耗量定额的编制代表社会平均水平

预算消耗量定额的平均水平,是指在正常的施工条件下,合理的施工组织和工艺条件、平均劳动熟练程度和劳动强度下,完成单位分项工程基本构造要素所需要的劳动时间。

预算消耗量定额的水平以大多数施工单位的施工定额为基础。但是,预算消耗量定额绝不是简单地套用施工定额的水平。首先,要考虑消耗量定额中包含了更多的可变因素,需要保留合理的幅度差。其次,消耗量定额应当是平均水平,而施工定额是平均先进水平,两者相比,预算消耗量定额水平相对要低一些,但是应限制在一定范围内。

(2)简明适用原则

简明适用是指在编制消耗量定额时,对于那些主要的、常用的、价值量大的项目,分项工程划分宜细;次要的,不常用的,价值量相对较小的项目则可以放粗一些。

定额项目的多少,与定额的步距有关,步距大,定额的子目就会减少,精确程度就会降低;步距小,定额子目则会增加,精确度也会提高。所以,确定步距时,对主要工种、主要项目、常用项目,定额步距要小一些;对于次要工种、次要项目、不常用项目,定额步距可以适当大一些。

预算消耗量定额要项目齐全。要注意补充那些因采用新技术、新结构、新材料而出现的新的定额项目。如果项目不全,缺项多,就会使计价工作缺少充足的可靠的依据。补充定额一般因资料所限,费时费力,可靠性较差,容易引起争执。

对定额的活口也要设置适当。所谓活口,即在定额中规定当符合一定条件时,允许该定额另行调整。在编制中要尽量不留活口,对实际情况变化较大、影响定额水平幅度大的项目,确需留的,也应从实际出发尽量少留;即使留有活口,也要注意尽量规定换算方法,避免采取按实计算。

简明适用性还要求合理确定消耗量定额的计算单位,简化工程量的计算,尽可能地避免同一种材料用不同的计量单位和一量多用。尽量减少定额附注和换算系数。

(3)坚持统一性和差别性相结合的原则

所谓统一性,就是从培育全国统一市场、规范计价行为出发,计价定额的制定规划和组织实施由国务院建设行政主管部门归口,并负责全国统一定额制定或修订,颁发有关工程造价管理的规章制度办法等。这样就有利于通过定额和工程造价的管理实现建筑安装工程价格的宏观调控。通过编制全国统一定额,使装饰装修工程具有一个统一的计价依据,也使考核设计和施工的经济效果有一个统一的尺度。

所谓差别性,就是在统一性的基础上,各部门和省、自治区、直辖市主管部门可以在自己所管辖的范围内,根据本部门和地区的具体情况,制定部门和地区性定额、补充性制度和管理办法,以适应我国幅员辽阔,地区间部门发展不平衡和差异大的实际情况。

2)装饰装修工程预算消耗量定额的编制依据

建筑装饰装修工程预算消耗量定额的编制依据有:

(1)现行设计规范、施工及验收规范、质量评定标准和安全操作规程。

(2)现行劳动定额和施工定额。

(3)具有代表性的典型工程施工图及有关标准图。

(4)新技术、新结构、新材料和先进的施工方法等。

(5)有关科学实验、技术测定的统计、经验资料。

(6)现行的消耗量定额及有关文件规定等。

3)装饰装修工程预算消耗量定额的编制步骤

(1)准备工作阶段

在这个阶段的主要工作是:

①拟定编制方案。

②抽调人员根据专业需要划分编制小组和综合组。

（2）收集资料阶段

在这个阶段的主要工作是：

①普遍收集资料。

②专题座谈会。邀请建设单位、设计单位、施工单位及其他有关单位的有经验的专业人士开座谈会，就以往定额存在的问题提出意见和建议，以便在编制新定额时改进。

③收集现行的规定、规范和政策法规资料。

④收集定额管理部门积累的资料。主要包括：日常定额解释资料；补充定额资料；新结构、新工艺、新材料、新机械、新技术用于工程实践的资料。

⑤专项查定及实验。主要指混凝土配合比和砂浆试验资料。除收集试配资料外，还应收集一定数量的现场实际配合比资料。

（3）定额编制阶段

在这个阶段的主要工作是：

①确定编制细则。主要包括统一编制表格及编制方法；统一计算口径、计量单位和小数点的要求；有关统一性规定，即名称统一，用字统一，专业用语统一，符号代码统一，简化字要规范，文字要简练明确。

②确定定额的项目划分和工程量计算规则。

③定额人工、材料、机械台班消耗用量的计算、复核和测算。

（4）定额报批阶段

在这个阶段的主要工作是：

①审核定稿。

②预算消耗量定额水平测算，新定额编制成稿，必须与原定额进行对比测算，分析水平升降原因。一般新定额的水平应该不低于历史上已经达到过的水平，并略有提高。

（5）修改定稿，整理资料阶段

在这个阶段的主要工作是：

①印发征求意见。定额编制初稿完成后，需要征求各有关方面意见和组织讨论，反馈意见。在统一意见的基础上整理分类，制定修改方案。

②修改整理报批。按修改方案的决定，将初稿按照定额的顺序进行修改，并经审核无误后形成报批稿，经批准后交付印刷。

③撰写编制说明。为顺利地贯彻执行定额，需要撰写新定额编制说明。

④立档、成卷。定额编制资料是贯彻执行定额中需查对资料的唯一依据，也为修订编制定额提供历史资料数据，应作为技术档案永久保存。

定额的编制经历了准备、收集资料、内容编制、定额报批以及修改定稿、整理资料五个阶段，以上各阶段工作相互有交叉，有些工作还有多次反复，最终形成定额。

4）装饰装修工程预算消耗量定额的编制方法

（1）确定预算消耗量定额的计量单位

消耗量定额的计量单位关系到造价工作的繁杂和准确性。因此，要正确地确定各分部分项工程计量单位。一般依据以下建筑结构形状的特点确定：

①凡建筑结构构件的断面有一定形状和大小，但是长度不定时，可按延长米为计量单位。

如楼梯栏杆、木装饰条等。

②凡建筑结构构件的厚度有一定规格,但是长度和宽度不定时,可按面积以平方米为计量单位。如地面、楼面、墙面和天棚面抹灰等。

③凡建筑结构构件的长度、厚(高)度和宽度都变化时,可按体积以立方米计量单位。如箱式招牌。

④凡建筑结构没有一定规格,而其构造又较复杂时,可按个、台、座、组、樘为计量单位。如门窗、美术字等。

消耗量定额中各项人工、材料、机械的计量单位选择,相对比较固定。人工、机械按"工日""台班"计量,各种材料的计量单位与产品计量单位基本一致,精确度要求高、材料贵重,多取三位小数。如木材立方米取三位小数。一般材料取两位小数。

(2)按典型设计图纸和资料计算工程数量

计算工程数量,是为了通过计算出典型设计图纸所包括的施工过程的工程量,以便在编制消耗量定额时,有可能利用施工定额的人工、机械和材料消耗指标确定消耗量定额所含工序的消耗量。

(3)确定预算消耗量定额各项目人工、材料和机械台班消耗量指标

确定消耗量定额人工、材料、机械台班消耗量指标时,必须先按施工定额的分项逐项计算出消耗量指标,然后,再按消耗量定额的项目加以综合。但是,这种综合不是简单的合并和相加,而需要在综合过程中增加两种定额之间的适当的水平差。消耗量定额的水平,首先取决于这些消耗量的合理确定。

人工、材料和机械台班消耗量指标,应根据定额编制原则和要求,采用理论与实际相结合、图纸计算与施工现场测算相结合、编制人员与现场工作人员相结合等方法进行计算和确定,使定额既符合政策要求,又与客观情况一致,便于贯彻执行。

(4)编制定额表和拟定有关说明

消耗量定额项目表的一般格式是:横向排列为各分项工程的项目名称,竖向排列为分项工程的人工、材料和施工机械消耗量指标。有的项目表下部,还有附注以说明设计有特殊要求时怎样进行调整和换算。

预算消耗量定额的说明包括定额总说明、分部工程说明及各分项工程说明。涉及各分部需说明的共性问题列入总说明,属某一分部需说明的事项列章节说明。说明要求简明扼要,但是必须分门别类注明,尤其是对特殊的变化,力求使用简便,避免争议。

由此可见,预算消耗量定额编制的主要工作是确定消耗量定额的计量单位、人工、材料和机械台班消耗量指标及编制定额表和拟定有关说明。

5)装饰装修工程预算定额消耗量指标的确定

(1)人工工日消耗量的计算

①以劳动定额为基础计算人工工日消耗量。

a.以劳动定额为基础的人工工日消耗量的确定包括基本用工和其他用工。

基本用工。基本用工是指完成一定计量单位的分项工程或结构构件所必需消耗的技术工种用工。这部分工日数按综合取定的工程量和相应劳动定额进行计算。

$$基本用工消耗量=\sum(各工序工程量×相应的劳动定额)$$

劳动定额的制定方法包括技术测定法、比较类推法、统计分析法、经验估计法。

b.其他用工。其他用工包括辅助用工、超运距用工和人工幅度差。

a)辅助用工。辅助用工是指劳动定额中没有包括而在消耗量定额内又必须考虑的工时消耗。例如材料加工中的筛砂、冲洗石子、化淋灰膏等。计算公式如下：

$$辅助用工 = \sum (各材料加工数量 \times 相应的劳动定额)$$

b)超运距用工。超运距用工是指编制消耗量定额时，材料、半成品、成品等运距超过劳动定额所规定的运距，而需要增加的工日数量。其计算公式如下：

$$超运距 = 消耗量定额取定的运距 - 劳动定额已包括的运距$$

$$超运距用工消耗量 = \sum (超运距材料数量 \times 相应的劳动定额)$$

c)人工幅度差。人工幅度差是指劳动定额作业时间未包括而在正常施工情况下不可避免发生的各种工时损失。内容包括：

（a）各种工种的工序搭接及交叉作业互相配合发生的停歇用工。

（b）施工机械在单位工程之间转移及临时水电线路移动所造成的停工。

（c）质量检查和隐蔽工程验收工作的用工。

（d）班组操作地点转移用工。

（e）工序交接时对前一工序不可避免的修整用工。

（f）施工中不可避免的其他零星用工。

人工幅度差计算公式如下：

$$人工幅度差 = (基本用工 + 辅助用工 + 超运距用工) \times 人工幅度差系数$$

人工幅度差是消耗量定额与劳动定额最明显的差额，人工幅度差一般为 10%～15%。

综上所述：

$$
\begin{aligned}
人工消耗量指标 &= 基本用功 + 其他用工 \\
&= 基本用工 + 辅助用工 + 超运距用工 + 人工幅度差用工 \\
&= (基本用工 + 辅助用工 + 超运距用工) \times (1 + 人工幅度差系数)
\end{aligned}
$$

②以现场测定资料为基础计算人工消耗量。

这种方法是采用计时观察法中的测时法、写实记录法、工作日记录法等测时方法测定工时的消耗数值，再加一定人工幅度差来计算消耗量定额的人工消耗量。它仅适用于劳动定额缺项的消耗量定额项目编制。

消耗量定额中人工工日消耗量是指在正常施工条件下生产单位合格产品所必须消耗的人工工日数量，是由分项工程所综合的各个工序劳动定额包括的基本用工、其他用工两部分组成。

人工的工日数可以有两种确定方法。一种是以劳动定额为基础确定；另一种是以现场观察测定资料为基础计算。

（2）材料消耗量指标的确定

①材料消耗量指标的含义。

材料消耗量指标是指在合理和节约使用材料的前提下，生产单位合格产品所必须消耗的建筑材料的数量标准。

材料消耗量按用途划分为以下四种：

a. 主要材料：指直接构成工程实体的材料，其中也包括半成品、成品等。

b. 辅助材料：指构成工程实体除主要材料外的其他材料，如钢钉、钢丝等。

c. 周转材料：指多次使用但不构成工程实体的摊销材料，如脚手架等。

d. 其他材料：指用量较少，难以计量的零星材料，如棉纱等。

②材料消耗量指标计算的方法。

凡有标准规格的材料，按规范要求计算定额计量单位的耗用量，如块料面层等。凡设计图纸标注尺寸及下料要求的，按设计图纸尺寸计算材料净用量，如门窗制作用材料、方、板料等。

a. 换算法。各种胶结、涂料等材料的配合比用料，可以根据要求条件换算，得出材料用量。

b. 测定法。包括试验室试验法和现场观察法。指各种强度等级的混凝土及砌筑砂浆配合比的耗用原材料数量的计算，须按照规范要求试配经过试压合格以后并经过必要的调整后得出的水泥、砂子、石子、水的用量。对新材料、新结构又不能用其他方法计算定额消耗用量时，须用现场测定方法来确定，根据不同条件可以采用写实记录法和观察法，得出定额的消耗量。

(3) 机械台班消耗量指标的确定

机械台班消耗量指标是指完成一定计量单位的分项工程或结构构件所必需的各种机械台班的消耗数量。

机械台班消耗量的确定一般有两种基本方法：一种是以施工定额的机械台班消耗定额为基础来确定；另一种是以现场实测数据为依据来确定。

①以施工定额为基础确定机械台班消耗量。

这种方法以施工定额中的机械台班消耗用量加机械幅度差来计算消耗量定额的机械台班消耗量。其计算公式如下：

消耗量定额机械台班消耗量＝施工定额中机械台班用量＋机械幅度差×

施工定额中机械台班用量

＝施工定额中机械台班用量×(1＋机械幅度差)

机械幅度差是指施工定额中没有包括，但实际施工中又必须发生的机械台班用量。主要考虑以下内容：

a. 施工机械中机械转移工作面及配套机械相互影响损失的时间。

b. 在正常施工条件下机械施工中不可避免的工作间歇时间。

c. 检查工程质量影响机械操作时间。

d. 临时水电线路在施工过程中移动所发生的不可避免的机械操作间歇时间。

e. 冬季施工发动机械的时间。

f. 不同厂牌机械的工效差别，临时维修、小修、停水、停电等引起机械停歇时间。

g. 工程收尾和工作量不饱满所损失的时间。

大型机械的幅度差系数为：钢筋加工机械 10%，吊装机械 30%，木作、小磨石机械 10%，砂浆搅拌机由于按小组配用，以小组产量计算机械台班产量，不另增加机械幅度差。

②以现场实测数据为基础确定机械台班消耗量。

如遇施工定额缺项的项目,在编制消耗量定额的机械台班消耗量指标时,则需通过对机械现场实地观测得到机械台班数量,在此基础上加上适当的机械幅度差,来确定机械台班消耗量指标。

【例 2-7】 编制单扇无亮无纱胶合板门的消耗量定额。

门洞尺寸 900mm×2100mm,门的详图见标准图集。计量单位为樘,工作内容包括制作、安装、材料消耗量中不包括五金消耗,另执行五金消耗量定额。施工操作方法为:集中制作、配备各种制作机械,现场手工安装。质量要求达到质量检验评定标准合格以上。根据一般施工组织设计的平面布置,取定材料和半成品的运输距离分别为 50m 和 100m,如场内材料运输距离不同时,采用增减工料来进行调整。按照提供的设计详图,计算材料用量。根据施工定额计算人工、材料、机械台班消耗量,合理确定人工幅度差系数,材料损耗率和机械幅度差系数。对不同施工条件和其他原因变化时,采用增减工料的计算。

(1)定额项目人工工日消耗量计算

定额项目人工工日消耗量计算见表 2-4。

定额项目人工工日消耗量计算表　　　　　　　　　　　　　表 2-4

章名称:＿＿＿＿＿＿＿		节名称:＿＿＿＿＿＿＿			项目名称:**胶合板门**		
子目名称:**0.9m×2.1m 无亮单扇**					定额单位:**樘**		
工作内容	杉门框、胶合板门扇的制作、安装。包括原材料自取料到加工地点 50m 以内的运输及框、扇制作后运至 100m 以内的堆放,垂直运至楼层指定位置安装						
操作方法质量要求	在加工厂集中采用机械制作,现场手工安装; 按先按框计算						
施工操作工序名称及工作量				劳 动 定 额			
名　称	数量	单位	定额编号	工种	时间定额	工日数	
序号	(1)	(2)	(3)	(4)	(5)	(6)	(7)=(2)×(6)
劳动力计算	三块料门框制 6m 内	0.1	樘		木	0.915×1.11	0.1016
	打搂子眼	0.06	100 个		木	0.35	0.021
	门扇制作 1.7m² 内	0.1	10 扇		木	3.77×1.11	0.4185
	木砖制作	0.04	100 块		木	0.0714	0.0029
	门框安装 6m 内	1	樘		木	0.0769	0.0769
	门扇安装	1	扇		木	0.139	0.139
	门框边刷臭油水	0.054	100m		防水	0.333	0.018
	木砖浸臭油水	0.004	100 只		防水	0.588	0.0024
	门框超运距 60~100m	0.01	100 樘		普	0.76	0.0076
	门扇超运距 60~100m	0.01	100 扇		普	0.40	0.004
小计							0.7919
人工幅度差 10%:0.079				劳动定额人工合计			0.871
年　　月　　日			复核者:			计算者:	

(2)定额项目材料消耗量计算

定额项目材料消耗量计算见表2-5。

定额项目材料消耗量计算表 表2-5

章名称：＿＿＿＿＿＿＿＿＿＿＿＿ 节名称：＿＿＿＿＿＿＿＿＿ 项目名称：**胶合板门**

子目名称：**0.9m×2.1m无亮单扇** 定额单位：**樘**

	名称	规格	单位	计算量	耗损量	使用量		名称及规格	单位	数量	单位（元）	金额（元）
材料	锯材		m³	0.10403	0.06	0.1103	其他材料费					
	铁钉		kg	0.1383	0.02	0.14						
	胶合板		m²	3.354	0.15	3.86						
	乳白胶		kg	0.210	0.02	0.21						
	臭油水		kg	0.49	0.03	0.50						

年 月 日 复核者： 计算者：

注：按图计算，使用量中包括的刨光损耗和后备长度。

(3)机械台班消耗量的计算

①根据劳动定额机械施工工序定额的综合计算，木工机械的台班产量见表2-6。

单扇无亮胶合板门机械台班产量 表2-6

机械名称及规格	圆锯机 φ500mm	平刨机 450mm	压刨机三面 400mm	开榫机 160mm	打眼机 φ150mm	裁口机多面 400mm
台班产量	68	25	28	20	18	60

每樘门需要机械台班消耗量计算（机械幅度差取10%）：

圆锯机 φ500mm 1/68×(1+10%)=0.016 台班

平刨机 450mm 1/25×(1+10%)=0.044 台班

压刨机 三面400mm 1/28×(1+10%)=0.039 台班

开榫机 160mm 1/20×(1+10%)=0.055 台班

打眼机 φ50mm 1/18×(1+10%)=0.061 台班

裁口机 多面400mm 1/60×(1+10%)=0.018 台班

②垂直运输机械台班的计算。

a.考虑对于六层以下采用卷扬机做垂直运输，经调查取定每台班垂直运输单扇无亮胶合板63樘（因系调查统计测算资料，不计机械幅度差），卷扬机5L：

1/63=0.016 台班

b.采用塔式起重机做垂直运输，经调查取定每台班运送160樘，塔式起重机：

1/160=0.006 台班

(4)有关增减工料的计算

①原材料超运距增加工日的计算。根据劳动定额超运距加工表,拟定按每超过30m计算超运距用工。

锯材　　　　　　　$0.1103×0.042×(1+10\%)=0.005$(工日)

胶合板　　　　　　$0.013×0.133×(1+10\%)=0.002$(工日)

②框、扇料超运距增加工日的计算。按每超过30m计算超运距用工。

框　　　　　　　　$0.01×0.38×(1+10\%)=0.004$(工日)

扇　　　　　　　　$0.01×0.20×(1+10\%)=0.002$(工日)

③门规格变化用料变化的计算。

如胶合板门为 800mm×2100mm,则应相应减少木材和胶合板,经过计算800mm×2100mm 门需锯材 $0.1012m^3$,胶合板 $2.942m^2$。

故门每增减宽100mm需增减锯材$(0.10403-0.1012)×1.06=0.003(m^3)$,需要增减胶合板$(3.354-2.942)×1.15=0.47(m^2)$。

(5)编制单扇无亮无纱胶合板门的消耗量定额表

单扇无亮无纱胶合板门的消耗量定额见表2-7。

单扇无亮无纱胶合板门的消耗量定额表

表2-7

胶合板门			
工作内容:1.门框、扇的制作安装,刷防腐油; 　　　　　2.锯材的场内运输; 　　　　　3.门框、扇的运输距离100mm			
定额编号			
项目			单扇无亮无纱胶合板门 900mm×2100mm
名　称	代　号	单　位	数　量
综合人工		工日	0.871
锯材		m³	0.1103
铁钉		kg	0.14
胶合板		m²	3.86
乳白胶		kg	0.21
臭油水		kg	0.50
圆锯机 φ500mm		台班	0.016
平刨机 450mm		台班	0.044
压刨机三面400mm		台班	0.039
开榫机160mm		台班	0.055

续上表

胶合板门			

工作内容:1.门框、扇的制作安装,刷防腐油;

2.锯材的场内运输;

3.门框、扇的运输距离100mm

定额编号			单扇无亮无纱胶合板门 900mm×2100mm
项目			
名　称	代　号	单　位	数　量
打眼机 φ50mm		台班	0.061
裁口机多面 400mm		台班	0.018
卷扬机 5t		台班	0.016
塔式起重机		台班	0.006

注:1.木材运距每增加30m,增加人工0.005工日;胶合板运距每增加30m,增加人工0.002工日。

2.门框运距每增加30m,增加人工0.004工日;门扇运距每增加30m,增加人工0.002工日。

3.门宽每增(减)10m,则相应增(减)锯材0.003m³,胶合板0.47m²。

建筑装饰装修工程预算消耗量定额在我国的建筑装饰装修工程建设中具有十分重要的地位和作用,因此在编制定额的过程中必须十分重视细节。

小 知 识

1.《营造法式》是北宋官方颁布的一部建筑设计、施工的规范书,是中国古籍中最完整的一部建筑技术专著。宋哲宗元祐六年(1091年),将作监第一次编成《营造法式》,由皇帝下诏颁行,此书史曰《元祐法式》。北宋绍圣四年(1097年)又诏李诫重新编修,于宋崇宁二年(1103年)刊行全国。

《营造法式》主要分为5个主要部分,即释名、制度、功限、料例和图样共34卷,前面还有"看样"和目录各1卷。

2.建设工程定额体系框架。

为提高工程计价依据的管理水平,促进国家、行业、地区建设工程计价工作规范统一及协调有序开展,满足不同需求,住房和城乡建设部定额司组织编写《建设工程定额体系框架》《建设工程定额命名和编码规则》《建设工程工程量清单规范体系》,并于2016年4月已形成征求意见稿。

(1)《建设工程定额体系框架》,如图2-2所示。

(2)定额体系是指所有工程定额按照一定的秩序和内部联系构成的一个或若干个科学的有机整体,如图2-3所示。

(3)各行业主管部门、省级住房城乡建设行政主管部门应按本定额体系框架编制完善行业和地区的定额体系框架图和定额体系表,并报国务院住房城乡建设行政主管部门,如图2-4、图2-5、图2-6所示。

(4)定额体系的制定应遵循切实可行、长期稳定、便于调整的原则。

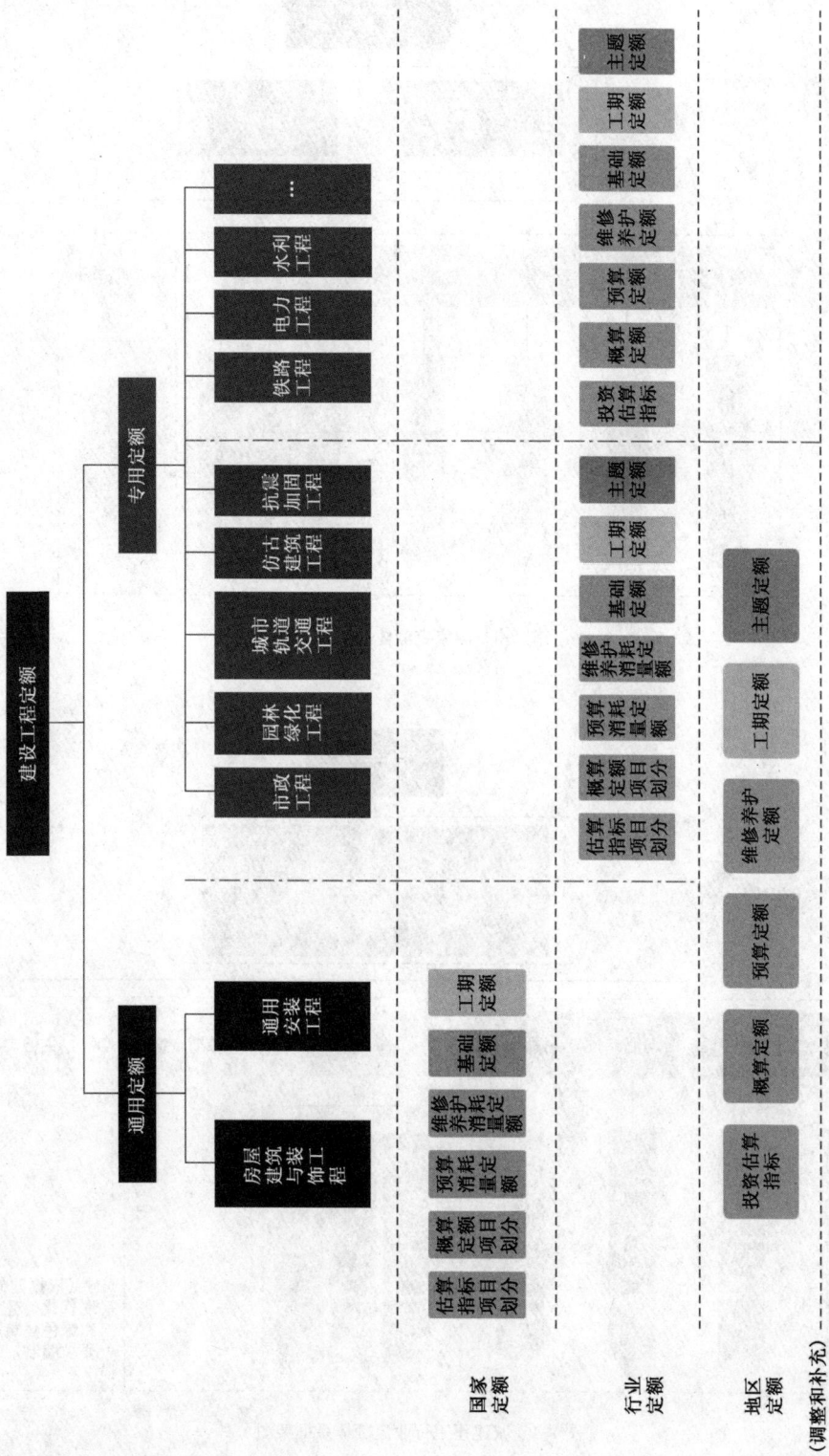

图 2-2 定额体系总框架示意图

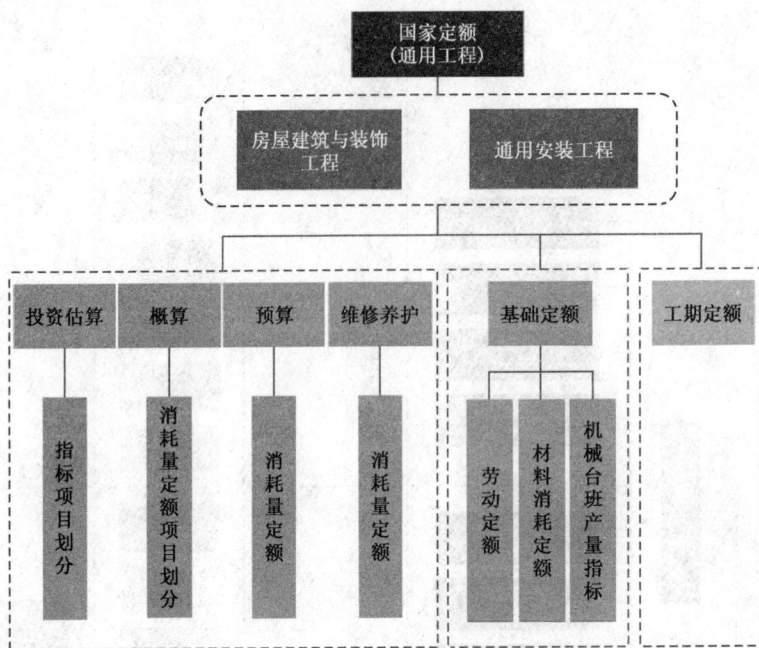

图 2-3 国家定额体系框架图

40

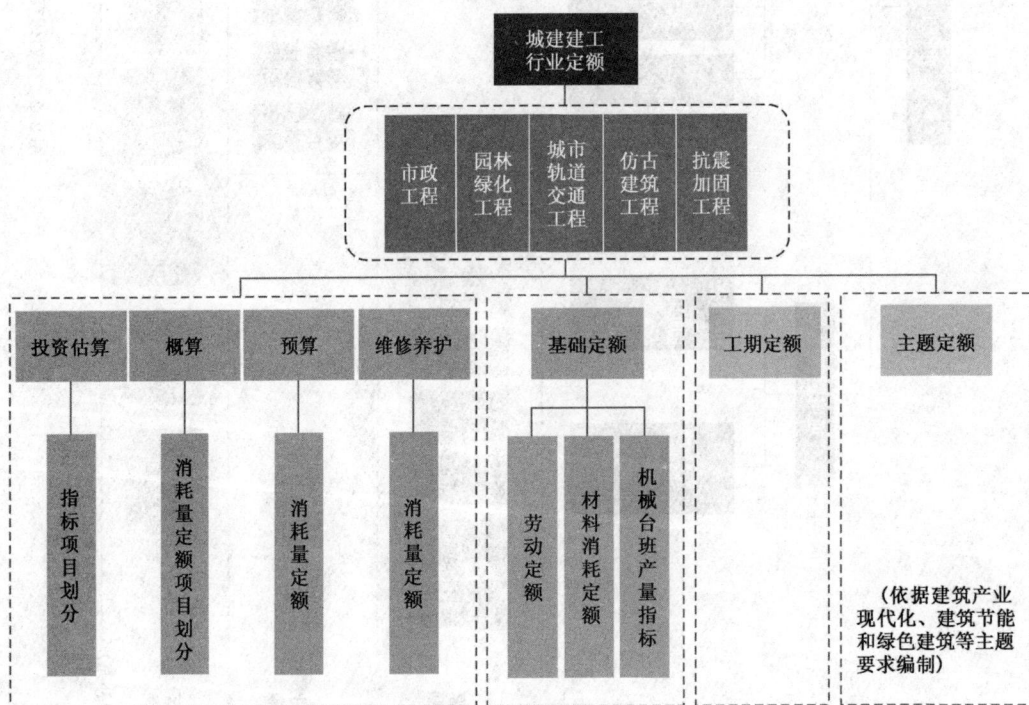

图 2-4 城建建工行业定额体系框架图

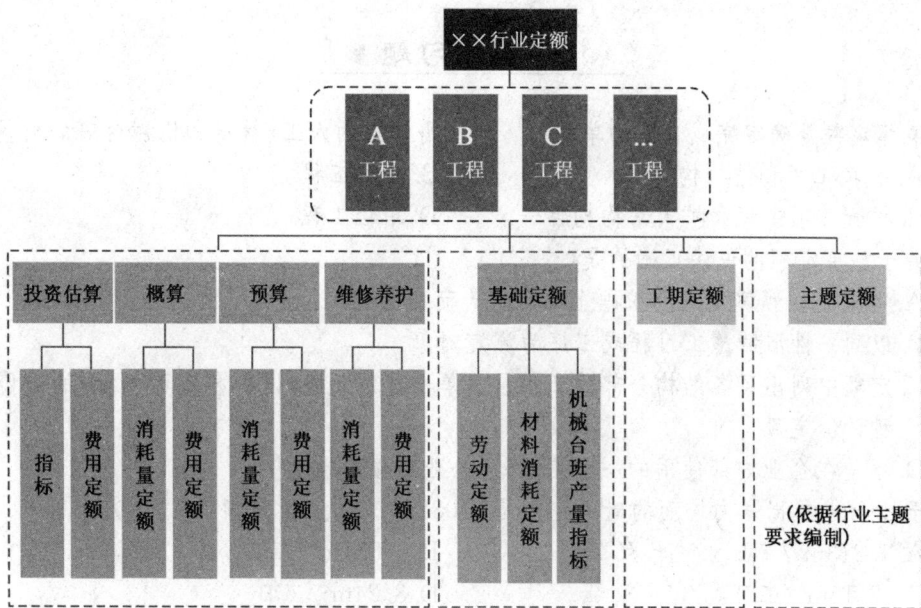

图 2-5　其他行业定额体系框架图

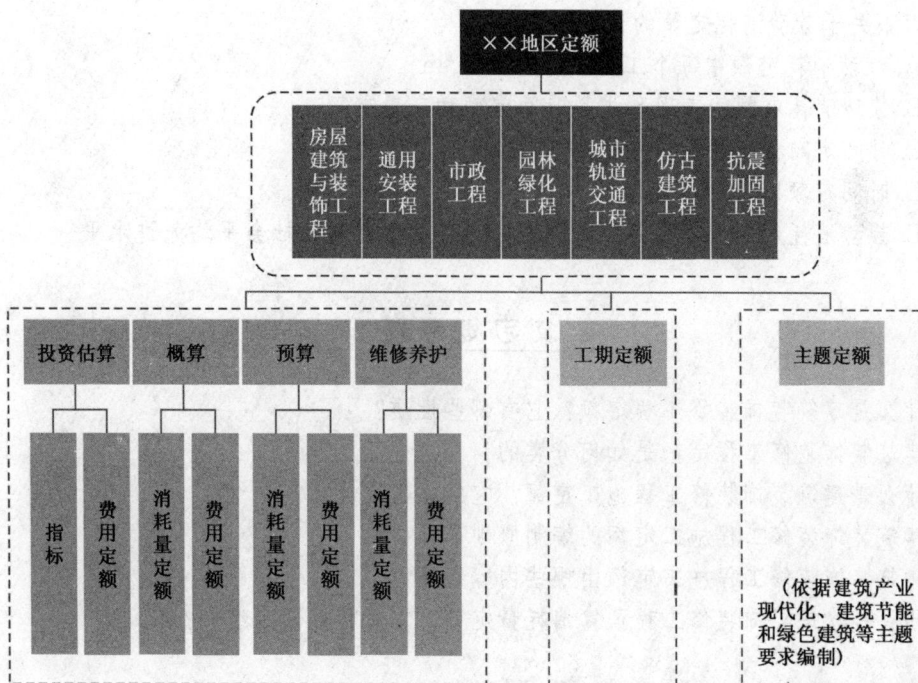

图 2-6　地区定额体系框架图

◀ 课堂练习题 ▶

1. 概算定额是确定完成合格的单位(　　)所需消耗的人工、材料和机械台班的数量标准。

　A. 分项工程和结构构件　　　　　　　B. 单项工程

　C. 扩大分项工程和扩大结构构件　　　D. 单位工程

2. 关于施工定额的说法正确的是(　　)。

　A. 一般是在预算定额的基础上综合扩大而成的

　B. 以同一性质的施工过程或工序为测定对象

　C. 定额中列出了各结构分部的工程量及单位建筑工程(以体积或面积计)的造价,是一种计价定额

　D. 不是在企业内部使用的一种定额,无企业定额的性质

3. 干挂 $1m^2$ 花岗岩内墙面的时间定额是 0.0824 工日,产量定额是(　　)。

　A. 1.213 m^2/工日　　　　　　　　B. 0.824 m^2/工日

　C. 12.13 m^2/工日　　　　　　　　D. 8.24 m^2/工日

4. 2 个工人工作 4h 为(　　)。

　A. 0.5 工日　　　　　　　　　　　　B. 1 工日

　C. 2 工日　　　　　　　　　　　　　D. 4 工日

5. 以下关于劳动消耗定额的说法正确的是(　　)。

　A. 劳动消耗定额中每个工日工作时间为 8h

　B. 劳动消耗定额的表现形式是时间定额和产量定额

　C. 时间定额和产量定额互成倒数

　D. 时间定额以"工日"为单位

　E. 劳动消耗定额反映的是装饰装修工人劳动生产率的社会平均先进水平

◀ 复习思考题 ▶

1. 什么是建筑装饰装修工程定额? 它有哪些性质?

2. 建筑装饰装修工程定额是如何分类的?

3. 什么是建筑装饰装修工程施工定额? 它的作用是什么?

4. 建筑装饰装修工程施工定额的编制原则是什么?

5. 建筑装饰装修工程施工定额由哪些内容组成?

6. 什么是建筑装饰装修工程预算消耗量定额? 它有哪些部分组成?

第3章
定额计价模式下分项工程计价详解

1.地区单位估价表的概念。

2.地区单位估价表的组成及表现形式(表头、项目表、附注)。

3.地区单位估价表的作用。

4.地区单位估价表的使用(定额的直接套用、换算、补充、工料分析、分部分项工程费)。

1.了解地区单位估价表的含义。

2.熟悉地区单位估价表的组成及表现形式(表头、项目表、附注)。

3.掌握地区单位估价表的使用方法。

3.1　地区单位估价表

在定额计价模式下分项工程计价主要依据地区单位估价表。

3.1.1　地区单位估价表的含义

地区单位估价表是指以建筑装饰装修工程消耗量定额中所规定的人工、材料和施工机械台班消耗量指标为依据,以表格的形式表现的消耗在一定计量单位的分项工程或结构构件上的人工、材料、机械的数量标准以及以货币形式表示的费用额度。由于单位估价表是根据国家或地区现行的定额,结合各地区工资标准、材料预算价格、机械台班预算价格编制的,所以称为地区单位估价表。地区单位估价表具有地区性和时间性,编制完成后经当地主管部门审核、批准即成为工程计价的依据,在规定的地区范围内执行,并且不得任意修改。地区单位估价表是地区编制施工图预算的基础资料。

3.1.2 单位估价表的作用

1)可确定分部分项工程单价

定额计价模式下装饰装修工程计价主要是指确定分部分项工程单价,其次是确定单位工程单价。分部分项工程单价是计算工程总造价的基础,因此确定分部分项工程单价是编制装饰装修工程施工图预算的关键,查找地区单位估价表可以完成这项工作。

2)可进行工料分析

地区单位估价表中含有人工、材料、机械的定额消耗量,可作为具体分项工程计算人工、材料、机械耗用量的依据。

3)可计算价差

定额计价模式下需要计算人工、材料、机械市场价与定额取定价之间的差值(价差),因此首先要计算出人工、材料、机械在整个工程中的消耗量,这一点需要通过地区单位估价表来完成。

4)是清单中综合单价的组价依据

由于目前企业定额尚在形成过程中,在清单计价体系中计算分部分项工程的单价(即综合单价)主要参考地区单位估价表中人工、材料、机械的消耗量,详见第5章。

5)是编制招标控制价的依据及投标报价的参考

根据地区单位估价表计算出的工程造价是招投标必不可少的基础资料,在招投标活动中占据重要的地位。

地区单位估价表既含有消耗量指标,又含有费用额度,熟练使用其确定分项工程单价,对计算分部分项工程费、确定工程总造价起着至关重要的作用。

3.1.3 地区单位估价表的内容

地区单位估价表由于地区差异,各省名称也不尽相同,如《四川省建筑装饰工程计价定额》《福建省装饰装修工程消耗量定额》《湖北省建筑工程消耗量定额及统一基价表(装饰、装修)》等。由于地区单位估价表含有定额的全部内容,因此很多省将单位估价表习惯性地称为定额,具体表现形式以湖北省2013年10月1日执行的定额为例进行说明,见表3-1。

1)地区单位估价表的组成

由表3-1可知,地区单位估价表是由表头、表身和附注组成。

(1)表头。在项目表的上部,包括分节(分项)名称、工作内容说明、分部分项工程定额计量单位。表头详解见表3-2。

(2)表身。是以表格的形式表示的,表中包含定额编号,分项名称,分项做法要求,基价,基价组成内容,人工、材料、机械名称、单位、定额取定单价及消耗量指标。以表3-1中"A13-35"项目为例,表身内容详解见表3-3。

(3)附注。在表身的下方,是分项内容的补充,等同于定额项目说明。以表3-1中附注为例,附注内容详解见表3-4。

水 磨 石 面 层

表 3-1

工作内容:清理基层、调运石子浆、刷素水泥浆、找平、抹面、磨光、补砂眼、理光、
上酸草、打蜡、擦光、嵌条、调色,彩色镜面水磨石还包括油石抛光。　　　单位:100m²

定额编号			A13-35	A13-36	A13-37	A13-38
项目			水磨石面层			
			楼地面			
			不嵌条	嵌条	分格调色	彩色镜面
			厚度 30mm			
基价(元)			6327.97	7202.64	7670.95	11853.92
其中	人工费		3837.44	4598.16	4894.64	7560.80
	材料费		2174.46	2288.41	2460.24	3561.78
	机械费		316.07	316.07	316.07	73.34
名　称		单位	单价(元)	数　量		
人工	普工	工日	60.00	15.550	18.630	19.830	30.640
	技工	工日	92.00	31.570	37.830	40.270	62.200
材料	水泥白石子浆 1:2	m³	641.28	1.430	1.430	—	—
	白水泥彩石子浆 1:2	m³	761.44	—	—	1.430	1.630
	水泥砂浆 1:3	m³	296.69	1.820	1.820	1.820	1.820
	平板玻璃 δ=3mm	m²	21.18	—	5.380	5.380	5.380
	金刚石 200mm×75mm×50mm	块	13.37	3.000	3.000	3.000	5.000
	金刚石三角形	块	12.34	30.000	30.000	30.000	45.000
	油石	块	11.54	—	—	—	63.000
	油漆溶剂油	kg	8.40	0.530	0.530	0.530	0.530
	水泥 32.5	kg	0.46	26.000	26.000	26.000	26.000
	草酸	kg	5.09	1.000	1.000	1.000	1.000
	水泥浆	m³	692.87	0.200	0.200	0.200	0.200
	硬白蜡	kg	10.53	2.650	2.650	2.650	2.650
	煤油	kg	9.50	4.000	4.000	4.000	4.000
	清油	kg	18.16	0.530	0.530	0.530	0.530
	水	m³	3.15	5.600	5.600	5.600	8.900
	草袋	m²	2.15	22.000	22.000	22.000	22.000
	棉纱头	kg	6.00	1.100	1.100	1.100	1.100
机械	灰浆搅拌机	台班	110.40	0.540	0.540	0.540	0.580
	平水面磨石机 3kW	台班	23.79	10.780	10.780	10.780	28.050

注:彩色镜面水磨石系指高级水磨石,除质量达到规范要求外,其操作工序一般按"五浆五磨"研磨,七道"抛光"工序施工。

表 头 内 容 详 解

表 3-2

表 头 组 成	表 头 组 成 详 细 内 容
分节(分项)名称	水磨石面层
工作内容说明	工作内容:清理基层、调运石子浆、刷素水泥浆、找平、抹面、磨光、补砂眼、理光、上草酸、打蜡、擦光、嵌条、调色,彩色镜面水磨石还包括油石抛光
定额计量单位	单位:100m²

45

Building Decoration Engineering Budget

第 3 章　定额计价模式下分项工程计价详解

表身组成		表头组成详细内容			
定额编号		"A13-35"表示定额编号,"A"表示建筑与装饰工程,"A13"表示建筑装饰工程单位估计表的第13章节楼地面专业工程顺序号,"35"楼地面第35个分项工程或子目的顺序号,"-"为连接符号			
项目名称		厚度为30mm楼地面水磨石不嵌条子项			
费用额度部分	基价	"6327.97",表示100 m² 厚度为30mm楼地面水磨石不嵌条分项单价为6327.97元,写作 A13-35=6327.97元/100m²			
	人工费	3837.44元/100m²	基价＝人工费＋材料费＋机械费,人工费、材料费、机械费计算详见本节		
	材料费	2174.46元/100m²			
	机械费	316.07元/100m²			
名称			单位	单价(元)	消耗量
生产要素消耗量部分	人工	普工	工日	60.00	消耗量为15.550,写作"15.550 工日/100 m²",表示每施工完成100 m² 厚度为30mm楼地面水磨石不嵌条分项工程需消耗普工15.550 工日,以下人工、材料、机械消耗解释同普工
		技工	工日	92.00	31.570 工日/100m²
	材料	水泥白石子浆1:2	m³	641.28	1.430m³/100m²
		白水泥彩石子浆1:2	m³	761.44	"—"表示无该种材料
		水泥砂浆1:3	m³	296.69	1.820m³/100m²
		金刚石 200mm×75mm×50mm	块	13.37	3.000 块/100m²
		金刚石三角形	块	12.34	30.000 块/100m²
		油漆溶剂油	kg	8.40	0.530kg/100m²
		水泥32.5	kg	0.46	26.000kg/100m²
		草酸	kg	5.09	1.000kg/100m²
		水泥浆	m³	692.87	0.200m³/100m²
		硬白醋	kg	10.53	2.650kg/100m²
		煤油	kg	9.50	4.000kg/100m²
		清油	kg	18.16	0.530kg/100m²
		水	m³	3.15	5.600m³/100m²
		草袋	m³	2.15	22.000m²/100m²
		棉纱头	kg	6.00	1.100kg/100m²
	机械	灰浆搅拌机	台班	110.40	0.540 台班/100m²
		平水面磨石机 3kW	台班	23.79	10.780 台班/100m²

附 注 组 成	附 注 详 细 内 容
"注:"标识,在表身下方	彩色镜面水磨石系指高级水磨石,除质量达到规范要求外,其操作工序一般按"五浆五磨"研磨,七道"抛光"工序施工

2)估价表中各项内容详述

(1)定额编号

为了便于查找、核对和审查定额项目,定额编制时对每一分项工程进行了编号。在编制装饰装修工程施工图预算时,必须正确填写定额编号,以便检查定额选套是否准确合理。定额编号的方法通常有以下两种。

①"三符号"编号法。

"三符号"编号法,是以预算定额中的分部工程序号、分项工程序号(或页码)、分项工程的子项目序号等三个号码进行定额编号的,其表达形式如图 3-1 所示。

分部　　　　　　分项(或页码)　　　　　　子项目

图 3-1　三符号编号法表达形式

例如某省的建筑工程预算定额中单裁口五块料以上的木门框制安装项目,定额编号为:7-1-2,"7"表示木结构工程在第七分部;"1"表示木门窗分项目,分项目号为 1;"2"表示单裁口五块料以上木门框制作安装子目,其顺序号为 2。

②"二符号"编号法。

"二符号"编号法,是在"三符号"编号法的基础上,去掉一个分项工程序号,采用定额中分部工程序号和子项目序号两个号码进行定额编号,见表 3-2 中"A13-35"分项举例,其表达形式如图 3-2 所示。

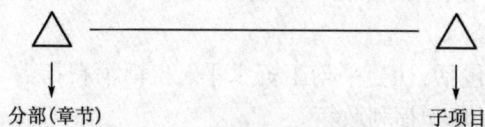

分部(章节)　　　　　　　　子项目

图 3-2　二符号编号法表达形式

(2)分项工程项目名称

分项工程项目名称是根据图纸设计的内容和典型工程设计内容确定的,如果定额上没有的可以进行补充。表 3-1 中水磨石面层分项,根据不同的工艺做法列出不同的子项名称见表 3-5。

子 项 工 程 名 称　　　　　　表 3-5

定 额 编 号	分项工程名称	定 额 编 号	分项工程名称
A13-35	厚度为 30mm 楼地面水磨石不嵌条	A13-37	厚度为 30mm 楼地面水磨石分格调色
A13-36	厚度为 30mm 楼地面水磨石嵌条	A13-38	厚度为 30mm 楼地面水磨石彩色镜面

(3)基价

基价是指分部分项工程定额单位的预算价值,实际上就是分项工程的单价,它是由人工费、材料费和机械费组成的,是由消耗量定额的人工工日、材料、机械台班的消耗量分别乘以相应的工日单价、材料预算价格、机械台班预算价格后汇总而成的。即：

$$分项工程定额基价＝人工费＋材料费＋机械费$$
$$人工费＝\sum(分项工程定额人工工日数×人工单价)$$
$$材料费＝\sum(分项工程定额材料用量×相应的材料预算价格)$$
$$机械费＝\sum(分项工程定额机械台班使用量×相应机械台班预算价格)$$

以表 3-1 为例进行说明,具体计算见表 3-6。

人工费、材料费、机械费计算表　　　　　　　　　　表 3-6

名　称	计　算　式	小计(元)
人工费	15.550(普工工日数)×60(普工人工单价)＋31.570(技工工日数)×92(技工人工单价)	3837.44
材料费	1.430(1:2水泥白石子浆消耗量)×641.28(1:2水泥白石子浆单价)＋1.82(水泥砂浆1:3消耗量)×296.69(水泥砂浆1:3单价)＋3.000(金刚石200mm×75mm×50mm消耗量)×13.37(金刚石200mm×75mm×50mm单价)＋30.000(三角形金刚石消耗量)×12.34(三角形金刚石单价)＋0.53(油漆溶剂油消耗量)×8.4(油漆溶剂油单价)＋26.00(32.5水泥消耗量)×0.46(32.5水泥单价)＋1.000(草酸消耗量)×5.09(草酸单价)＋0.2(水泥浆消耗量)×692.87(水泥浆单价)＋2.65(硬白蜡消耗量)×10.53(硬白蜡单价)＋4.000(煤油消耗量)×9.50(煤油单价)＋0.530(清油消耗量)×18.16(清油单价)＋5.60(水消耗量)×3.15(水单价)＋22.000(草袋消耗量)×2.15(草袋单价)＋1.100(棉纱头消耗量)×6.00(棉纱头单价)	2174.46
机械费	0.54(灰浆搅拌机200L)×110.40(灰浆搅拌机200L单价)＋10.780(平水面磨石机3kW台班数)×23.79(平水面磨石机3kW单价)	316.07
基价	人工费＋材料费＋机械费	6327.97

(4)人工日工资单价(人工单价)

人工日工资单价是指预算定额中一个建筑安装工人在一个工作日应计入的全部人工费用,包括计时工资或计件工资、奖金、津贴补贴、加班加点工资和特殊情况下支付的工资。计算方法详见建标〔2013〕44 号文:住房和城乡建设部、财政部印发《建筑安装工程费用项目组成》文件,以下简称《费用组成》。

人工单价的影响因素包括:社会平均工资水平、生活消费指数、人工单价的组成内容、劳动力市场供需变化、社会保障和福利政策。

工人岗位工资标准设 8 个岗位,技能工资分初级工、中级工、高级工、技师和高级技师五类工资标准共 26 档。建筑业全年每月平均工作天数为:(年日历天数 365 天－休息日 104 天－法定节日 11 天)÷12 月＝20.83 天。

(5)材料的预算价格(材料单价或定额取定价)

材料的预算价格是指材料(包括构件、成品及半成品等)从其货源地(或交货地点)到达施工工地仓库或者工地指定堆放场地后的出库价格。材料的预算价格包括:材料原价、运杂费、运输损耗费、采购及保管费,计算方法详见《费用组成》。

材料单价的影响因素包括:材料生产成本的波动、国内外市场供需变化、运输费用的变化、流通环节的复杂性等。

(6)施工机械台班单价

施工机械台班单价是指一台施工机械,在正常运转条件下一个工作班中所发生的全部费用,按 8h 工作制计算。施工机械台班单价由七项费用组成,包括折旧费、大修理费、经常修理费、安拆费及场外运费、人工费、燃料动力费和税费,计算方法详见《费用组成》。

施工机械台班单价的影响因素包括:修理费用的变化、运输费用的变化、燃料动力费的变化、人工费的调整等。

(7)人工、材料、施工机械消耗量

人工、材料、施工机械消耗量的确定,详见第 2 章。

3.2 地区单位估价表的使用

地区单位估价表的使用,也称"套定额",实际上就是运用地区单位估价表计算基价,即根据图纸所列分项工程的名称、定额的章节说明来确定分项工程的基价,这是单位估价表最直接的使用方式。定额的套用有三种方式:直接套用、换算和补充。套用定额时应注意以下问题。

(1)查阅定额前,应首先认真阅读定额总说明、分部工程说明和有关附注内容;熟悉和掌握定额的适用范围、定额已考虑和未考虑的因素以及有关规定。

(2)要明确定额中的用语和符号的含义。

(3)要了解和记忆常用分项工程定额所包括的工作内容,人工、材料、施工机械台班消耗数量和计量单位,以及有关附注的规定,做到正确地套用定额项目。

(4)要明确定额换算范围,正确应用定额附录资料,熟练进行定额项目的换算和调整。

3.2.1 直接套用定额的方法

当分项工程设计要求的工程内容、技术特征、施工方法、材料规格等与拟套的定额分项工程规定的工作内容、技术特征、施工方法、材料规格等完全相符时,则可直接套用定额。这种情况是编制施工图预算最常见的。直接套用定额项目的方法和步骤如下:

(1)根据施工图纸设计的工程项目内容,从定额目录中查出该工程项目所在定额中的页数及其部位,选定相应的定额项目与定额编号。

(2)判断施工图纸设计的工程项目内容与定额规定的内容,是否相一致。当完全一致时,可直接套用定额基价。在套用定额基价前,必须注意核实分项工程的名称、规格、计量单位与定额规定的名称、规格、计量单位是否一致。

(3)将定额编号和定额基价,其中包括人工费、材料费和施工机械使用费分别填入工程预算表内。

【例 3-1】 参考表 3-7 的定额项目表,试确定某装饰工程台阶面水泥砂浆镶贴陶瓷地砖的基价及人工费、材料费、机械费。

解 以某地区《装饰装修工程消耗量定额及统一基价表》为例,见表 3-7。

①从定额目录中,查出水泥砂浆陶瓷地砖台阶面的定额编号为 A13-109。

②通过判断可知,水泥砂浆陶瓷地砖台阶面分项工程内容符合定额规定的内容,即可直接套用定额项目。

③从表 3-3 中查得水泥砂浆陶瓷地砖台阶面的定额基价为:A13-109＝10806.26 元/100m²;

其中人工费:3762.4 元/100m²;材料费:6986.45 元/100m²;机械费:57.41 元/100m²。

陶瓷地砖楼地面 表 3-7

工作内容:清理基层、试排弹线、锯板修边、铺贴饰面、清理净面。 单位:100m²

定额编号				A13-108	A13-109	A13-110	A13-111
项目				陶瓷地砖			
				楼梯	台阶	零星项目	踢脚线
				水泥砂浆			
基价(元)				11363.98	10806.26	11701.68	7785.78
其中	人工费(元)			4845.52	3762.4	6832.72	3485.76
	材料费(元)			6465.47	6986.45	829.22	4275.73
	机械费(元)			52.99	57.41	39.74	24.29
名 称		单位	单价(元)		数 量		
人工	普工	工日	60	19.64	15.25	27.69	14.12
	技工	工日	92	39.86	30.95	56.21	28.68
材料	陶瓷地砖	m²	37.49	144.7	156.9	106	102
	水泥砂浆 1:4	m³	250.13	2.76	2.99	2.02	1.21
	水泥浆	m³	692.87	0.14	0.15	0.11	0.1
	白水泥	kg	0.62	14.1	15.5	11	14
	石料切割锯片	片	150	1.43	1.4	1.6	0.32
	水	m³	3.15	3.6	3.9	2.9	3
	电	度	0.97	7.4	8.27	3.31	5.48
	棉纱头	kg	6	1.4	1.5	2	1
	锯木屑	m³	3.93	0.8	0.9	0.67	0.6
机械	灰浆搅拌机 200L	台班	110.4	0.48	0.52	0.36	0.22

3.2.2 定额换算的方法

当施工图纸设计要求与拟套的定额项目的工程内容、材料规格、施工工艺等不完全相符时,则不能直接套用定额。这时应根据定额规定进行计算。如果定额规定允许换算,则应按照定额规定的换算方法进行换算;如果定额规定不允许换算,则该定额项目不能进行调整换算。经过换算后的定额项目的定额编号应在原定额编号的右下角注明一个"换"字,以示区别,如 A14-21换。

定额换算的基本思路是:根据设计图纸所示装饰分项工程的实际内容,选定某一相关定额子目,按定额规定换入应增加的人工费、材料费和机械费,减去应扣除的人工费、材料费和机械费。

下面介绍几种常用的换算方法。

1)系数换算法

系数换算法是根据定额规定的系数,对定额项目中的人工、材料、机械或工程量等进行调整的一种方法,其换算步骤如下:

(1)根据施工图纸设计的工程项目内容,查找每一分部工程说明、工程量计算规则,判断是否需要增减系数,调整定额项目或工程量。

(2)计算换算后的定额基价,一般可按下式进行计算:

换算后定额基价=换算前定额基价±[定额人工费(或机械费)×相应调整系数]

(3)写出换算后定额编号,右下角写明"换"字。

(4)如果工程量进行调整,直接乘系数即可。

【例3-2】 某装饰工程拖把池槽边镶贴面砖,面砖的周长为1200mm,试计算其基价。

解 ①根据工程项目内容,查找某地区《装饰装修工程消耗量定额及统一基价表》第二章说明五:零星项目镶贴面砖按墙面相应项目人工乘以系数1.11,材料乘以系数1.14。所以必须对定额人工费、材料费进行调整。

②如表3-8所示,依题意,根据分项工程名称,查找定额编号A14-171,定额基价为7774.53元/100 m²,其中人工费为3005.96元/100 m²,材料费为4756.43元/100 m²,则:

$$A14\text{-}171_{换}=7774.53+3005.96\times(1.11-1)+4756.43\times(1.14-1)$$
$$=8771.09(元/100\ m^2)$$

镶贴块料面层 表3-8

工作内容:1.清理修补基层表面、刷素水泥浆一遍;

2.选料、抹结合层砂浆、贴面砖、擦缝、清洁表面。 单位:100 m²

定额编号				A14-170	A14-171	A14-172	A14-173
项目				面砖 周长在(mm以内) 水泥砂浆			
				800	1200	1600	2000
基价(元)				7535.98	7774.53	7456.17	9371.46
其中	人工费(元)			3176.16	3005.96	2834.24	2658.24
	材料费(元)			4347.68	4756.43	4609.79	6701.08
	机械费(元)			12.14	12.14	12.14	12.14
	名 称	单位	单价(元)		数 量		
人工	普工	工日	60	12.87	12.18	11.48	10.77
	技工	工日	92	26.13	24.73	23.32	21.87
材料	白水泥	kg	0.62	20.6	20.6	20.6	10.3
	全瓷墙面砖 200×150	m²	37.49	103.5	—	—	—
	全瓷墙面砖 300×300	m²	41.24	—	104	—	—
	全瓷墙面砖 400×400	m²	39.83	—	—	104	—
	全瓷墙面砖 450×450	m²	60	—	—	—	104
	水泥砂浆 1:1	m³	431.87	0.51	0.51	0.51	0.51
	水泥浆	m³	692.87	0.1	0.1	0.1	0.1
	白水泥	kg	0.62	20.6	20.6	20.6	10.3
	石料切割锯片	片	150	1	1	1	1
	水	m³	3.15	0.9	0.9	0.9	0.9
	电	度	0.97	6.53	6.53	6.53	6.53
	棉纱头	kg	6	1	1	1	1
机械	灰浆搅拌机 200L	台班	110.4	0.11	0.11	0.11	0.11

2)装饰用砂浆配合比的换算

装饰用砂浆设计厚度与定额相同,而配合比与定额不同时的换算方法。用公式表示如下:

换算后的定额基价＝换算前原定额基价＋(应换入砂浆的单价－应换出砂浆的单价)×
应换算砂浆的定额用量

【例 3-3】 某工程混凝土面天棚设计 1∶1 水泥砂浆抹灰,试计算定额基价。

解 如表 3-9 所示,根据某地区《装饰装修工程消耗量定额及统一基价表》,混凝土面天棚水泥砂浆抹灰应套用 A16-2 子目,该子目面层和底层分别用 1∶2 水泥砂浆与 1∶3 水泥砂浆抹灰,与设计 1∶1 水泥砂浆不同,所以需要换算。

天棚抹灰面层抹灰　　　　表 3-9

工作内容:1.清理修补基层表面、堵眼、调运砂浆、清扫落地灰;

　　　　　2.抹灰找平、罩面及压光(包括小圆角抹光)。　　　　　单位:100 m²

定额编号			A16-1	A16-2	A16-3
项目			混凝土面天棚		
			石灰砂浆	水泥砂浆	混合砂浆
基价(元)			1361.65	1709.31	1508.61
其中	人工费(元)		1030.36	1192.32	960.2
	材料费(元)		312.52	489.39	515.29
	机械费(元)		18.77	27.6	33.12
名　称	单位	单价(元)	数　量		
人工	普工	工日	60	4.17	4.83	3.89
	技工	工日	92	8.48	9.81	7.9
材料	水泥石灰砂浆 1∶1∶4	m³	271.35	1.03	—	1.01
	水泥石灰砂浆 1∶0.5∶3	m³	304.59	—	—	0.79
	水泥砂浆 1∶2	m³	370.86	—	0.51	—
	水泥砂浆 1∶3	m³	296.69	—	1.01	—
	石灰纸筋浆	m³	162.15	0.2	—	—
	水	m³	3.15	0.19	0.19	0.19
机械	灰浆搅拌机 200L	台班	110.4	0.17	0.25	0.3

①查定额子目:

A16-2=1709.31 元/100 m²

1∶2 水泥砂浆消耗量:0.51m³/100 m²,单价为 370.86 元/100 m²;

1∶3 水泥砂浆消耗量:1.01 m³/100 m²,单价为 296.69 元/100 m²。

如表 3-10 所示,查某地区《建筑工程消耗量定额及统一基价表》附表的抹灰砂浆配合比表,定额分项 6-18 中 1∶1 水泥砂浆基价＝431.84 元/m³,单价为 431.84 元/100 m²。

抹灰砂浆配合比表

表 3-10

单位:m³

定额编号			6-18	6-19	6-20	6-21	6-22	6-23
项目			水泥砂浆					
			1∶1	1∶1.5	1∶2	1∶2.5	1∶3	1∶4
基价(元)			431.84	397.00	370.86	334.04	296.69	250.13
名　称	单位	单价(元)	数　量					
材料	水泥 32.5	kg	0.46	782.000	664.000	577.000	485.000	404.000	303.000
	中(粗)砂	m³	93.19	0.760	0.970	1.120	1.180	1.180	1.180
	水	m³	3.15	0.410	0.370	0.340	0.310	0.280	0.250

②换算后的基价:A16-2$_换$＝1709.31＋(431.84－370.86)×0.51＋(431.84－296.69)×1.01＝1814.71(元/100 m²)。

3)装饰用砂浆厚度的换算

当施工图设计的装饰用砂浆的配合比同定额相同,但厚度不同时,这时的人工、材料、机械台班的消耗量均发生了变化,因此,不仅要调整人工、材料、机械台班的定额消耗量,还要调整人工费、材料费、机械费和定额基价。

换算方法是:根据定额中规定的每增减 1mm 厚度的费用及人工、材料、机械的定额用量进行换算。

【例 3-4】 某工程水磨石墙面玻璃分格设计要求 14mm 厚的 1∶3 水泥砂浆打底,12mm厚的 1∶1.5 水泥白石子浆面层,其他做法与定额相同,试计算该项目的定额基价。

解 根据某地区《装饰装修工程消耗量定额及统一基价表》,见表 3-11,水磨石墙面采用玻璃分格套用定额子目 A14-107,该子目的砂浆配合比与设计相同,且砂浆厚度与设计不同,需根据表 3-11、表 3-12、表 3-13 消耗量定额项目 A14-107、A14-58、A14-118进行换算。

A14-107$_换$＝12770.36＋68.64×2＋121.43×2＝13150.5(元/100 m²)

4)材料用量换算法

当施工图纸设计的工程项目的主材用量,与定额规定的主材消耗量不同而引起定额基价的变化时,必须进行材料用量换算。其换算的方法步骤如下:

(1)根据施工图纸设计的工程项目内容,查找说明及工程量计算规则,判断是否需要进行定额换算。

(2)计算工程项目主材的实际用量和定额单位实际消耗量,一般可按下式进行计算:

单位主材实际消耗量＝主材实际用量/工程项目工程量×工程项目定额计量单位

(3)计算换算后的定额基价,一般可按下式进行计算:

换算后的定额基价＝换算前定额基价±(单位主材实际消耗量－单位主材定额消耗量)×相应主材单价

装饰抹灰水磨石 表 3-11

工作内容：清理、修补、湿润基层表面、堵墙眼、调运砂浆、清扫落地灰；
　　　　　分层抹灰、刷浆、找平、配色抹面、起线、压平、压实、磨光(包括门窗侧壁抹灰)。

单位：100 m²

定额编号				A14-107	A14-108	A14-109	A14-110
项目				水磨石			
				墙面		柱面	零星项目
				墙面玻璃分格 12+10 (mm)	玻璃不分格 12+10 (mm)		
基价(元)				12770.36	11587.19	12469.69	13495.17
其中	人工费(元)			10991.96	9939.04	10877.88	11903.36
	材料费(元)			1729.82	1599.57	1545.44	1545.44
	机械费(元)			48.58	48.58	46.37	46.37
名　称		单位	单价(元)	数　量			
人工	普工	工日	60	44.54	40.27	44.08	48.23
	技工	工日	92	90.43	81.77	89.49	97.93
材料	水泥 32.5	kg	0.46	25	25	25	25
	水泥砂浆 1:3	m³	296.69	1.39	1.39	1.33	1.33
	水泥浆	m³	692.87	0.11	0.11	0.1	0.1
	水泥白石子浆 1:1.5	m³	716.53	1.15	1.15	1.11	1.11
	平板玻璃 δ=3mm	m²	21.18	6.15	—	—	—
	金刚石(三角形)	块	12.34	10.1	10.1	10.1	10.1
	硬白蜡	kg	10.53	2.65	2.65	2.65	2.65
	草酸	kg	5.09	1	1	1	1
	煤油	kg	9.5	4	4	4	4
	清油	kg	18.16	0.53	0.53	0.53	0.53
	油漆溶剂油	kg	8.4	0.6	0.6	0.6	0.6
	801 胶	kg	2.6	2.48	2.48	2.21	2.21
	水	m³	3.15	16.73	16.73	16.72	16.72
	棉纱头	kg	6	1	1	1	1
机械	灰浆搅拌机 200L	台班	110.4	0.44	0.44	0.42	0.42

一般抹灰砂浆厚度调整

表 3-12

工作内容:调运砂浆。

单位:100m²

定额编号				A14-57	A14-58	A14-59
项目				抹灰层每增减1mm		
				石灰砂浆 1:2.5	水泥砂浆 1:3	混合砂浆 1:1:6
基价(元)				48.87	68.64	71.90
其中	人工费(元)			28.36	30.80	42.40
	材料费(元)			18.30	35.63	27.29
	机械费(元)			2.21	2.21	2.21
	名称	单位	单价(元)	数量		
人工	普工	工日	60.00	0.120	0.130	0.170
	技工	工日	92.00	0.230	0.250	0.350
材料	石灰砂浆 1:2.5	m³	166.05	0110	—	—
	水泥砂浆 1:3	m³	296.69	—	0.120	—
	水泥石灰砂浆 1:1:6	m³	227.19	—	—	0.120
	水	m³	3.15	0.010	0.010	0.010
机械	灰浆搅拌机 200L	台班	110.40	0.020	0.020	0.020

装饰抹灰砂浆厚度调整

表 3-13

工作内容:调运砂浆。

单位:100m²

定额编号				A14-117	A14-118	A14-119
项目				厚度每增减1mm		
				水泥豆石浆	水泥白石子浆	玻璃碴浆
基价(元)				94.08	121.43	134.91
其中	人工费(元)			33.24	33.24	31.72
	材料费(元)			58.63	85.98	100.98
	机械费(元)			2.21	2.21	2.21
	名 称	单位	单价(元)	数 量		
人工	普工	工日	60.00	0.140	0.140	0.130
	技工	工日	92.00	0.270	0.270	0.260
材料	水泥绿豆砂浆 1:1.25	m³	488.58	0.120	—	—
	水泥白石子浆 1:1.5	m³	716.53	—	0.120	—
	水泥玻璃渣浆 1:1.25	m³	841.53	—	—	0.120
机械	灰机搅拌机 200L	台班	110.40	0.020	0.020	0.020

【例3-5】 某工程采用大理石栏板(弧形),其工程量为246.68 m²,根据设计图纸计算的弧形大理石栏板的实际用量为278.98 m²(包括各种损耗),试确定其换算后的定额基价。

解 根据某地区《装饰装修工程消耗量定额及统一基价表》,见表 3-14,查出大理石栏板(弧形)定额项目编号为 A19-194,通过材料用量进行换算。

①查出定额子目:

$$A19\text{-}194 = 27048.93(元/100m)$$

其弧形大理石栏板的定额消耗量=82m²/100m,单价:153 元/m²。

②计算弧形大理石栏板定额单位的实际消耗量:

弧形大理石栏板定额单位实际消耗量=278.98/246.68×100=113.094(m²/100m)

③计算换算后定额基价:

$$A19\text{-}194_{换} = 27048.93 + (113.094 - 82) \times 153 = 31806.312(元/100m)$$

栏 杆、栏 板 　　　　　　　　　　　　　表 3-14

工作内容:制作、放样、下料、安装、清理。　　　　　　　　　　　　　单位:100m

定额编号			A19-193	A19-194	A19-195	A19-196
项目			大理石栏板		木栏板	
			直形	弧形	车花	不车花
基价(元)			19813.33	27048.93	18138.48	17881.34
其中	人工费(元)		10448.72	13584.32	5123.02	4856.88
	材料费(元)		9364.61	13464.61	13015.46	13.15.46
	机械费(元)		—	—	—	—
名　称	单位	单价(元)		数　量		
人工	普工	工日	60	42.34	55.04	—	—
	技工	工日	92	85.96	111.76	32.03	30.42
	高级技工	工日	138	—	—	15.77	14.98
材料	直形大理石栏板	m²	103	82	—	—	—
	弧形大理石栏板	m²	153	—	82	—	—
	固定铁件	kg	5.5	160	160	—	—
	玻璃胶 350g	支	14.3	2.7	2.7	—	—
	铁钉	kg	6.92	—	—	5.7	5.7
	车花木栏杆 ϕ40	m	36	—	—	360	—
	不车花木栏杆 ϕ40	m	36	—	—	—	360
	乳胶	kg	8.01	—	—	2	2

3.2.3 套用补充定额项目

当分项工程的设计内容与定额项目规定的条件完全不相同时,或者由于设计采用新结构、新材料、新工艺在地区消耗量定额中没有同类项目,可编制补充定额。

编制补充定额的方法通常有以下两种。

(1)按照本节介绍的编制方法计算项目的人工、材料和机械台班消耗量指标,然后分别乘以地区人工工资单价、材料预算价格、机械台班使用费,然后汇总得补充项目的预算基价。

（2）补充项目的人工、机械台班消耗量，以同类型工序、同类型产品定额水平消耗量标准为依据，套用相近的定额项目，材料消耗量按施工图进行计算或实际测定。

补充项目的定额编号一般为"章号—节号—补×"，×为序号。

【例3-6】 某工程为镀锌钢龙骨铝塑板隐框幕墙，试计算其基价。

解 参考2013年《湖北省建筑工程消耗量定额及统一基价表（装饰、装修）》并考虑人、材、机市场情况进行分析，具体见表3-15。

镀锌钢龙骨铝塑板隐框幕墙（带衬板）单价分析表 表3-15

单位：100m²

序号	名称及规格	单位	数量	单价(元)	总价(元)
一	人工				
1	普工	工日	33.26	60	1995.6
2	技工	工日	89.14	92	8200.88
3	高级技工	工日	10.65	138	1469.7
	小计				11666.18
二	材料				
1	铝拉铆钉	个	659	0.07	46.13
2	盘头自攻自钻螺钉 $\phi5.2\times25$	套	651.6	0.05	32.58
3	膨胀螺栓 M12×110	套	110.2	1.85	203.87
4	泡沫条 $\phi18$	m	163.2	0.8	130.56
5	美纹纸 2.2 100m/卷	卷	40	22	880
6	电焊条	kg	78	6.5	507
7	镀锌钢材加工件	kg	192	5.91	1134.72
8	镀锌钢板	kg	873.6	5.2	4542.72
9	复合铝板	m²	125.2	98.48	12329.7
10	铝合金型材	kg	206.9	27.56	5702.16
11	不锈钢标准螺栓 M12	套	57.2	3.7	211.64
12	不锈钢螺栓 M6×90	套	112	1.35	151.2
13	防锈漆	kg	10	14.03	140.3
14	硅酮耐候胶 590mL	支	59.4	30.81	1830.11
15	硅酮结构胶 590mL	支	22.4	41.08	920.19
16	其他材料费	元	100	1	100
	小计				28862.88
三	机械				
1	交流弧焊机容量 32kV·A(小)	台班	4.5	197.85	890.33
2	开槽机	台班	8.5	285.46	2426.41
3	型材切割机 J3G4-400	台班	0.5	46	23
	小计				3339.74

序号	名称及规格	单位	数量	单价(元)	总价(元)
四	措施项目费				969.38
4.1	单价措施项目费	人工费＋材料费＋施工机具使用费			
4.1.1	人工费	技术措施项目人工费			
4.1.2	材料费	技术措施项目材料费			
4.1.3	施工机具使用费	技术措施项目机械费			
4.2	总价措施项目费	安全文明施工费＋其他总价措施项目费			969.38
4.2.1	安全文明施工费	(人工费＋施工机具使用费)×5.81%			871.84
4.2.2	其他总价措施项目费	(人工费＋施工机具使用费)×0.65%			97.54
五	总包服务费				
六	企业管理费	(人工费＋施工机具使用费)×13.47%			2021.3
七	利润	(人工费＋施工机具使用费)×15.8%			2370.94
八	规费	(人工费＋施工机具使用费)×10.95%			1643.15
九	索赔与现场签证				
十	不含税工程造价	分部分项工程费＋措施项目费＋总包服务费＋企业管理费＋利润＋规费＋索赔与现场签证			50873.58
十一	税前包干项目	税前包干价			
十二	税金	不含税工程造价＋税前包干价×3.5411%			1801.48
十三	税后包干项目	税后包干价			
十四	含税工程造价	不含税工程造价＋税金＋税前包干项目＋税后包干项目			52675.06

3.2.4 地区单位估价表的其他应用

1)计算分部分项工程费

分部分项工程费是指在施工过程中直接构成工程实体和有助于达到装饰工程设计效果所消耗的各种费用,包括人工费、材料费和机械费等。

(1)工料单价法计算分部分项工程费

①计算公式。

$$分部分项工程费＝基价×分项工程量$$

②举例。

【例3-7】 如表3-16所示,某装饰工程平面大理石浮雕工程量为150m²,试确定其分部分项工程费。

壁画、国画、浮雕   表 3-16

工作内容：放样、制模、制作成型、修饰、刷漆、清理、安装。   单位：m²

项目				平面浮雕		
				大理石浮雕	人造大理石浮雕	玻璃钢浮雕
基价(元)				3044.78	3261.39	3526.38
其中	人工费(元)			1929.24	2250.78	3526.38
	材料费(元)			935.38	852.97	1213.16
	机械费(元)			180.16	157.64	276.8
名　称		单位	单价(元)	数　量		
人工	技工	工日	92	12.06	14.07	12.73
	高级技工	工日	138	5.94	6.93	6.27
材料	水泥 32.5	t	459.11	0.5	0.5	0.3
	中(粗)砂	m³	93.19	0.5	0.5	0.25
	天然大理石	m²	103	1	—	—
	人造大理石	m²	103	—	1	—
	电	度	0.97	39.36	29.76	—
	泥胎	m²	30	1.8	2.5	8.6
	玻璃钢胶	kg	50	8	6	12.5
	其他材料费(占材料费)	%	1	64.0514	69.9548	169.132
机械	抛光机	台班	22.52	8	7	—
	造型模具	台班	346	—	—	0.8

解　以表 3-16 某地区《装饰装修工程消耗量定额及统一基价表》为例，查出平面大理石浮雕的基价＝3044.78 元/m²，故

平面大理石浮雕分部分项工程费＝3044.78 元/m²×150m²＝456717 元

(2)实物法计算分部分项工程费

①计算公式。

$$分部分项工程费＝人工费＋材料费＋机械费$$

$$人工费＝\sum(分项工程定额人工工日数×人工单价×工程量)$$

$$材料费＝\sum(分项工程定额材料用量×相应的材料市场价格×工程量)$$

$$机械费＝\sum(分项工程定额机械台班使用量×相应机械台班市场价格×工程量)$$

②举例。

【例 3-8】　如表 3-17 所示，某装饰工程 δ＝9mm 胶合板(毛地板)铺在木龙骨上，工程量为 200m²，已知工程所在地技工人工费为 92 元/工日，高级技工人工费为 138 元/工日，地板钉市场价为 0.11 元/个，直钉市场价为 15 元/盒，胶合板 δ＝9mm 市场价为 28.29 元/m²，防腐油市场价为 2.06 元/kg，乳胶市场价为 8.01 元/kg，其他材料费市场价为 1 元，电动空气压缩机

排气量 0.6m³/min 市场价为 129.93 元/台班，试确定其直接工程费。

毛 地 板 表 3-17

工作内容：清理基层、修整找平、钻孔、安楔、防腐处理、铺钉毛地板。 单位：100m²

定额编号				A13-160	A13-161	A13-162
项目				毛地板铺在木龙骨上		
				木芯板	胶合板 δ＝9mm	薄板
基价(元)				6565.28	3554.93	7148.54
其中	人工费(元)			1286.16	3554.93	7148.54
	材料费(元)			5232.14	2363.42	5601.04
	机械费(元)			46.98	64.97	46.98
	名 称	单位	单价(元)	数 量		
人工	技工	工日	92	8.04	7.04	9.38
	高级技工	工日	138	3.96	3.47	4.62
材料	木芯板 δ＝18mm	m³	48.8	102	—	—
	胶合板 δ＝9mm	m³	19.94	—	102	—
	薄板	m³	3145	—	—	1.7
	乳胶	kg	8.01	6	6	6
	地板钉	个	0.11	1700	1700	1700
	直钉	盒	15	—	5	—
	防腐油	kg	2.06	4.6	4.6	4.6
	其他材料费	元	—	10	10	10
机械	木工圆锯机直径 500mm(小)	台班	29.36	1.6		1.6
	电动空压机 0.6m³/min	台班	129.93	—	0.5	—

注：中密度板、十二夹板套用木芯板子目，材料换算，其他不变。

解 以表 3-17 某地区《装饰装修工程消耗量定额及统一基价表》为例，查出该分项工程定额编号为 A13-161，技工定额消耗量为 7.04 工日/100 m²，高级技工定额消耗量为 3.47 工日/100m²，地板钉定额消耗量为 1700 个/100m²，直钉定额消耗量为 5 盒/100m²，胶合板 δ9 定额消耗量为 102m²/100m²，防腐油定额消耗量为 4.6kg/100m²，乳胶定额消耗量为 6kg/100m²，其他材料费定额消耗量为 10 元/100 m²，电动空气压缩机排气量 0.6m³/min 定额消耗量为 0.5 台班/100m²。

人工费＝(92×7.04＋138×3.47)×200/100 ＝2253.08(元)

材料费＝(0.11×1700＋15×5＋28.29×102＋2.06×4.6＋8.01×6＋1×10)×200/100 ＝6430.232(元)

机械费＝(129.93×0.5)×200/100 ＝129.93(元)

$$分部分项工程费＝人工费＋材料费＋机械费$$
$$＝2253.08＋6430.232＋129.93$$
$$＝8813.242(元)$$

2)工料分析

(1)工料分析的定义

工料分析是指对施工中构成工程实体的分部分项工程的人工和材料的消耗量以及措施项目中耗用的人工和材料进行计算。

工料分析是以分部分项工程的人工、材料的定额消耗量作为计算基础的,由此也可进一步理解在企业定额尚未编制完善之前消耗量定额所起的重要作用。

(2)工料分析的作用

①是编制施工组织设计的依据。

工程开工前必须合理配置劳动力,有计划地购置材料和设备,完整地编制施工组织设计,有序地组织工程施工,所以工料分析得到的数据为这些工作的开展提供了保障。

②是计算分部分项工程费的依据。

从实物法计算分部分项工程费的案例中可以看到这一点,同时工料分析也为目前我国推行的清单计价模式提供了基础。

③是定额计价模式下价差调整的依据。

分部分项工程的单价是定额基价,它不能满足市场要求,不能反映真实的工程价值,因此必须根据市场情况按照相关文件进行合理调整,其方法就是根据各地区各部门颁发的费用定额中的价差调整原则进行调整。工料分析是价差调整的依据,在第 5 章中将进一步学习。

④是考核各项经济指标的依据。

根据工料分析得到的单位工程的人工和材料的消耗量与建筑面积或室内净面积的比值就可得出各项经济技术指标,为工程投资控制和招投标等活动提供参考。

(3)工料分析的方法及表现形式

①工料分析的方法。

工料分析是根据各分部分项工程的实物工程量和相应定额中的项目所列的用工工日及材料数量,计算各分部分项工程所需的人工及材料数量,相加汇总便得出单位工程所需要的各类人工和材料的数量。其计算公式如下:

$$分项工程人工消耗量＝\sum(分项工程量×定额人工消耗量)$$
$$单位工程人工消耗量＝\sum(分项工程人工消耗量)$$
$$分项工程材料消耗量＝\sum(分项工程量×定额材料消耗量)$$
$$单位工程材料消耗量＝\sum(分项工程材料消耗量)$$

②工料分析计算举例。

【例 3-9】 如表 3-18 所示,某装饰工程预制混合砂浆混凝土面天棚拉毛工程量为 $200m^2$,参考表 3-19 抹灰砂浆配合比,计算该分项工程人工用量、机械用量、水泥和砂的用量。

天 棚 抹 灰 面 层　　　　　表 3-18

工作内容:1.清理修补基层表面、堵眼、调运砂浆、清扫落地灰。
　　　　　2.抹灰找平、罩面拉毛。　　　　　　　　单位:100m²

定额编号			A16-6	A16-7	A16-8	A16-9
项目			混凝土面天棚拉毛			
			现浇	预制	现浇	预制
			石灰砂浆		混合砂浆	
基价(元)			1423.23	1458.81	1618.79	1649.97
其中	人工费(元)		1131.32	11311.32	1122.16	1126.44
	材料费(元)		270.93	305.41	462.41	483.79
	机械费(元)		20.98	22.08	34.22	39.74
名　称	单位	单价(元)	数　量			
人工	普工	工日	60	4.58	4.58	4.55	4.56
	技工	工日	92	9.31	9.31	9.23	9.27
材料	水泥石灰砂浆1:3:9	m³	219.28	—	—	1.13	1.24
	水泥砂浆1:3:6	m³	227.19	—	—	—	0.93
	水泥石灰砂浆1:1:2	m³	297.26	—	—	0.72	—
	石灰砂浆1:2.5	m³	166.05	1.13	1.24	—	—
	石灰纸筋浆	m³	162.15	0.51	0.61	—	—
	水	m³	3.15	0.19	0.19	0.19	0.19
机械	灰浆搅拌机200L	台班	110.4	0.19	0.2	0.31	0.36

解　以表3-18某地区《装饰装修工程消耗量定额及统一基价表》为例,查出该分项工程定额编号为A16-9,普工定额消耗量为4.56工日/100m²,技工定额消耗量为9.27工日/100m²,水定额消耗量为0.19m³/100m²,水泥石灰砂浆1:1:6定额消耗量:0.93m³/100m²,水泥石灰砂浆1:3:9定额消耗量1.24m³/100m²,灰浆搅拌机200L定额消耗量为0.36台班/100m²。则

①人工。

$$普工消耗量 = 200 \times 4.56/100 = 9.12(工日)$$
$$技工消耗量 = 200 \times 9.27/100 = 18.54(工日)$$

②材料。

a.水泥石灰砂浆1:1:6消耗量 $=200\times0.93/100=1.86m³$,参考表3-19抹灰砂浆配合比6-13可知:

$$32.5水泥用量 = 202.000 \times 1.86 = 375.72(kg)$$
$$中(粗)砂用量 = 1.180 \times 1.86 = 2.195(m³)$$
$$石灰膏用量 = 0.170 \times 1.86 = 0.3162(m³)$$
$$水用量 = 0.270 \times 1.86 = 0.5022(m³)$$

b.水泥石灰砂浆1:3:9消耗量 $=200\times1.24/100=2.48(m³)$,参考表3-19抹灰砂浆配合比6-17可知:

$$32.5\ 水泥用量 = 134.000 \times 2.48 = 332.32 (kg)$$

$$中(粗)砂用量 = 1.180 \times 2.48 = 2.93 (m^3)$$

$$石灰膏用量 = 0.340 \times 2.48 = 0.84 (m^3)$$

$$水用量 = 0.240 \times 2.48 = 0.595 (m^3)$$

c. 水消耗量 $= 200 \times 0.19 / 100 = 0.38 (m^3)$

③机械。

$$灰浆搅拌机\ 200L\ 消耗量 = 200 \times 0.36 / 100 = 0.72 (m^3)$$

抹灰砂浆配合比表

表 3-19

单位：m³

定额编号			6-13	6-14	6-15	6-16	6-17
项目			水泥石灰砂浆				
			1:1:6	1:2:1	1:2:3	1:2:6	1:3:9
基价(元)			227.19	267.25	251.14	237.67	219.28
名称	单位	单价(元)	数量				
材料	水泥 32.5	kg	0.46	202.000	341.000	261.000	192.000	134.000
	中(粗)砂	m³	93.19	1.180	0.330	0.760	1.120	1.180
	石灰膏	m³	138.00	0.170	0.570	0.430	0.320	0.340
	水	m³	3.15	0.270	0.310	0.290	0.260	0.240

小 知 识

地区单位估价表和预算消耗量定额的区别和联系

地区单位估价表和预算消耗量定额的区别是：预算消耗量定额是人、材、机消耗量的标准（简称三量）；地区单位估价表是人、材、机费用的标准（简称三价），并含有三量。

它们的联系是：预算消耗量定额是编制地区单位估价表的基础。

◄ 课堂练习题 ►

1. 下列不是材料单价组成的是( )。
   - A. 材料原价
   - B. 新材料检验试验费
   - C. 材料运杂费
   - D. 材料采购人员的工资

2. 基价是由( )组成的。
   - A. 人工费
   - B. 人工幅度差
   - C. 材料费
   - D. 机械费
   - E. 构件增值税

3. 建筑业全年每月平均工作天数为(　　　)。

    A. 20.33 天　　　　　　　　　　B. 20.92 天

    C. 20.53 天　　　　　　　　　　D. 20.83 天

4. 表示装饰工程地面分部分项工程定额编码的是(　　　)。

    A. D3-15　　　　　　　　　　　B. E3-15

    C. C3-15　　　　　　　　　　　D. A13-68

    E. B3-15

5. 定额套用的方式有(　　　)。

    A. 直接套用　　　　　　　　　　B. 估计

    C. 换算　　　　　　　　　　　　D. 补充

    E. 分析

◀ 复习思考题 ▶

1. 什么是地区单位估价表? 它由哪些内容组成?

2. 地区单位估价表如何使用?

3. 根据本地区定额,查找计算与下列装饰装修工程名称相对应的定额编号及基价。

(1)木芯板门窗套(无骨架)外贴柚木板。

(2)水泥砂浆彩铀砖楼地面。

(3)铝质防静电活动地板。

(4)硬木拼花地板粘贴在水泥面上。

(5)不锈钢钢管扶手有机玻璃拦板。

4. 什么是工料分析? 有哪些作用?

5. 某工程砖墙面采用水刷白石子,设计要求 14mm 厚的 1∶2 水泥砂浆打底,12mm 厚的 1∶1.5 水泥白石子浆面层,其他做法与定额相同,根据本地区单位估价表计算该项目的定额基价。

6. 某工程中圆弧形砖墙水刷石工程量为 550m²,试根据本地区定额计算该分项工程人工、主材需用量。

第 4 章
定额计价模式下分项工程计量详解

【知识要点】

1.建筑装饰装修工程量概述(工程量、作用)。

2.装饰装修工程量计算概述(依据、原则、方法及手段)。

3.装饰装修工程量计算的主要规则(建筑面积、地面、墙面、顶面及其他装饰项目的分项划分和计算方法)。

【学习要求】

1.了解装饰装修工程工程量计算方式的发展。

2.熟悉装饰装修工程计价工程量计算规则。

3.掌握装饰装修工程量计算的方法。

4.1 装饰装修工程量概述

4.1.1 装饰装修工程量的概念

工程量全面反映了装饰装修工程的工作内容、实体构成、实体数量、施工组织及措施项目构成等,它是以自然的、物理的计量单位来表示的分项工程或结构构件的数量。

物理的计量单位是指以物体的物理属性作为计量单位,在装饰装修工程中是指装饰装修分项工程或结构构件的物理法定计量单位,如米(m)、平方米(m^2)和立方米(m^3)。通常以长度计算分项工程量的计量单位用米表示;以面积计算分项工程量的计量单位用平方米表示;以体积计算分项工程量的计量单位用立方米表示。比如在工程量计算规则中规定不锈钢栏杆扶手以米计算,单位为 m;轻钢龙骨双面矿棉板隔断以平方米计算,单位为 m^2;1/2 混水砖墙以立方米计算,单位为 m^3 等。

自然的计量单位是指以装饰施工对象本身自然组成情况为计量单位,如个、组、套、台、块、副等。比如在工程量计算规则中规定玻璃加工分项工程中的玻璃钻孔分项按"个"计算;门窗工程中门定位器安装分项工程按"副"计算;门锁安装分项工程按"把"计算;石材刻字按"个"计

Building Decoration Engineering Budget

算;扶手弯头按"个"计算;店牌制作安装分项工程按"块"计算等。

装饰装修工程量的计算是一项非常细致的基础性工作,它是将装饰设计图纸的内容按消耗量定额的分项工程划分,并按统一的计算规则进行计算。工程量的计算对于装饰装修工程来说都具有非常重要的意义,我们在学习工程量计算之前必须掌握工程量的概念及相关知识。

4.1.2 装饰装修工程量计算的作用

工程量是装饰装修工程造价文件形成的基础,是招投标文件中不可或缺的重要数据,是建筑装饰施工企业生产经营的关键保障,是企业实行成本核算的必要依据。所以,工程量的计算具有以下六点重要作用:

(1)是反映装饰装修工程的内容及数量的重要指标。

工程量计算必须依据《建筑装饰装修工程消耗量定额》(以下简称《定额》)所规定的计算规则及分部分项工程的项目设置和内容。以施工图纸为计算基础、以计算规则为计算依据,正确计算出的工程量能够量化装饰装修工程的相关内容,是一项重要的工程技术数据指标。

(2)是进行装饰装修工程造价计算的基础。

装饰装修工程造价计算的结果是否准确,主要取决于两个因素:一个是分项工程的数量,另一个是分项工程的单价。由于装饰装修工程造价计算过程中的分部分项工程费是由分项工程的工程量与单价相乘得到的,所以工程量计算的准确程度直接影响着装饰装修工程造价计算的结果。

(3)是装饰施工企业合理化生产经营的重要参考数据。

一般来说,装饰装修工程工期较短,所以建筑装饰施工企业常常根据分部分项工程工程量的计算结果,运用《定额》来确定分部分项工程的人工、材料、机械台班的耗用量并编制施工作业计划,合理组织劳动生产、安排施工进度、安排材料采购及材料进场时间等,准确的工程量为保质保量按时完成装饰装修工程提供重要的参考数据。

(4)是建设单位与装饰施工企业进行工程结算的重要依据。

正常情况下,建设单位给装饰施工企业拨款有三个过程,开工前拨付材料预付款,施工过程中拨付工程进度款,工程完工后拨付剩余款项。装饰材料的预付款主要是根据材料用量计算出来的,而材料的用量又是依据工程量计算出来的。在施工过程中建设单位考核施工企业按进度所完成的工程量,核准后进行拨款;最后建设单位还要根据已结款项,核准剩余工程量及工程变更项目,然后对装饰施工企业进行余款结算。

(5)是装饰施工企业财务管理和成本核算的重要依据。

财务部门根据造价文件所提供的工程量对工程的成本进行监控,为经营、材料等部门的收入和支出提供有效的参考数据,同时各部门的反馈意见又给财务管理和成本核算工作提供了重要的参考依据。财务部门根据报表核算施工班组的承包成本,从而核算整个工程的成本,有效地进行公司财务管理和工程成本控制。

(6)是决策层进行项目管理的参考数据。

公司决策层可根据生产计划部门提供的工程量以及财务部门统计的各个阶段工人班组完成进度工程量所消耗的资源及费用的各种报表,对某工程项目的现场情况以及技术工人的工作进展情况进行分析,总结经验,更加有序合理地进行现场管理,从而节约成本,提高企业的经济效益。

总之,工程量在装饰装修工程的各个阶段都起着举足轻重的作用。工程结算、施工进度计划、资源(劳动力、材料、构配件等)需求量计划及主要技术经济指标等都是以工程量计算结果为依据的。因此,必须按有关规定准确计算工程量。

4.2 装饰装修工程量计算概述

工程量的计算绝不是单纯的技术性数字的计算,它包含了很多意义,比如每个工程分项的工作内容、计算规则、施工工艺等,因此在学习如何计算工程量之前我们应该具备一定的基础知识,了解工程量计算的依据、步骤和方法以及工程量计算方法的发展。

4.2.1 建筑装饰装修工程量计算的依据

装饰装修工程量计算的依据总结起来有以下七个方面。

1)招标文件

建筑装饰装修工程招标文件表达发包人对装饰装修工程的期望值,反映发包人对投标人参与工程施工的全部要求。招标文件包含投标须知,招标项目的性质、数量,技术规格或技术要求,招标价格的要求及其计算方式,评标的标准和方法,交货、竣工或提供服务的时间,投标人应当提供的有关资格和资信证明文件,投标保证金的数额或其他形式的担保,投标文件的编制要求,提供投标文件的方式、地点和截止时间,开标、评标的日程安排,主要合同条款等。招标文件是由前附表、投标须知、合同主要条款、合同格式、采用工程量清单招标的应当提供工程量清单、技术规范、设计图纸、评标标准和方法、投标文件的格式组成,其中合同条款、技术规格、设计图纸等是发包人和承包人都共同关注的焦点,因为双方要以此为依据来计算工程量,最终确定招标控制价和投标报价,而且施工图的完善程度直接影响了招投标工作的结果。

2)施工合同

施工合同是招标文件的重要组成部分。招标文件就是要约,合同就是通过招标投标形式来要约和承诺的,它是建设单位和施工单位权益的重要保障。施工合同中一般应明确规定工程的结算方式、设计变更处理办法、施工组织设计等内容,它实际上是工程量计算内容的补充,因此决不能被忽视。

3)装饰装修工程设计施工图纸及其说明

装饰装修工程设计方案考究,各种造型变化较多,图纸内容涉及面广,所以施工图纸及其说明是装饰装修工程量计算的主要资料。图纸上所有的工程信息都应该完整和准确,造价人员在计算工程量前必须认真审图,仔细阅读图纸说明,这是正确计算装饰装修工程量的前提。一般来说,经建设单位、设计单位、施工单位三方会审后的图纸才能作为工程量计算的依据。

4)工程量计算规则

装饰装修工程量的计算应以定额中规定的工程量的计算规则为标准。各省、市、自治区定额主管部门颁发的《建筑装饰装修工程消耗量定额》的计算规则是装饰装修工程计量的依据。

5)施工组织设计方案

施工组织设计是确定某些分项工程的重要依据,是施工准备及施工过程中必备的技术经济管理文件,是签订施工合同的重要内容之一。施工组织设计方案中明确规定了各分项工程的施工方法及各种技术措施,这些都是工程量计算的基础资料。比如某商场装修项目,在进行现场勘测时,发现局部柱子尺寸偏大,按图纸无法施工,所以必须进行调整,调整中增加了柱子施工的工程量,从而也增加了装饰装修工程造价中分项工程的数量。

6)现场签证

现场签证是对施工过程中遇到的某些特殊情况实施的书面依据,由此发生的价款也成为工程造价的组成部分。由于现代装饰装修工程规模和投资都较大,技术含量高,设备、材料价格变化快,工程合同不可能对未来整个施工期可能出现的情况都做出预见和约定,因此工程预算也不可能对整个施工期发生的费用做详尽的预测,而且在实际施工中,主客观条件的变化又会给整个施工过程带来许多不确定的因素。

我们常见的签证形式有工程技术签证、工程经济签证、工程技术经济签证、工程工期签证、隐蔽工程签证等。比如某装饰装修工程因工程变化或其他原因造成拆除、清理以及工程本体以外的工作量,一般来说合同的计价原则中已包含了此部分的价格,所以我们在工程经济签证中需要对实际装饰装修工程中发生的工程量予以签证认可。总之,在项目实施整个施工过程中,一般都会发生现场签证而最终以价款的形式体现在工程结算中,工程量的增减就是其中的一种表现形式,也是计算签证价款的基础。

7)工程造价计算的其他资料

装饰装修工程量的计算是一个烦琐的过程,需要参考的资料也很多,除以上介绍的依据以外还有标准图集、生产厂家提供的一些特殊材料的安装图集等。另外,随着计算机算量软件的逐步应用,计算机算量的一些技巧性知识也是正确计算工程量的重要资料。

4.2.2 装饰装修工程量计算的原则和方法

1)装饰装修工程量计算的原则

工程量计算是装饰装修工程造价计算中最烦琐、最细致的工作,分项工程项目列项是否齐全准确,计算结果是否正确,直接关系到装饰装修工程造价的编制质量和速度。为保证装饰装修工程造价计算的准确高效,工程量计算应遵循以下原则。

(1)要按照一定的顺序进行计算

计算装饰装修工程量时为了避免漏项或重复计算,必须遵循一定的计算顺序,如分楼层、分房间、分部位等顺序进行计算,保证列项的准确性。

(2)计算口径要一致,避免重复列项或漏项

在计算工程量时,根据施工图纸列出的分项工程的口径(指分项工程所包括的工作内容和范围),必须与现行消耗量定额中相应分项工程的口径相一致。例如砖墙面挂贴花岗岩分项工程,某省消耗量定额中包括了刷素水泥浆一道(结合层),则计算砖墙面挂贴花岗岩分项工程量时,也应包括这些工作内容,不应另列项目重复计算。如果消耗量定额中有一些分项工程,例如缸砖台阶,设计中包括刷素水泥浆一道,而消耗量定额工程内容中没有包括,就应该另算。

因此，在计算工程量时，除了熟悉施工图纸以外，还要掌握消耗量定额中每个分项工程所包括的工程内容和范围，了解定额子目中分项工程的综合划分，做到列项时不重复、不遗漏，准确合理。

（3）工程量计算与计算规则要一致，避免错算

按施工图纸计算工程量时所采用的计算规则，必须与本地区现行消耗量定额计算规则相一致。例如，计算踢脚板工程量，某省现行的消耗量定额的计算规则是：踢脚板按延长米计算，洞口、空圈长度不予扣除，洞口、空圈、垛、附墙烟囱等侧壁长度亦不增加，所以在计算过程中就不能按实际长度或面积计算。只有这样，才能有统一的计算标准，保证工程量计算的准确性。

（4）计量单位要一致

计算工程量时所列出的各分项工程的计量单位必须与《定额》中相应项目的计量单位相一致。例如，消耗量定额中阳台栏杆、扶手分项工程的计量单位是延长米，则计算工程量时所用的计量单位也应该是延长米。另外，消耗量定额的计量单位在编制时进行了调整，使用的是扩大单位，如 $10m^3$、$1000m^3$、$100m^2$、$10m$ 等，在运用时必须注意，避免出错。

（5）工程量计算精确度要统一

工程量的计算结果，除钢材（以 t 为计量单位）、木材（以 m^3 为计量单位）取三位小数外，其余项目一般取小数点后两位为准。

2）装饰装修工程量计算的方法及技巧

装饰装修工程设计是综合性很强的专业技术，涉及社会学、心理学、环境学等多种学科，它需要满足使用功能、精神功能、现代技术、地区特点以及民族性等要求，所以某种设计理念在施工图纸上所表达的工程内容是非常复杂的，多样化的设计给工程量的计算增添了难度，因此在计算工程量时一定要条理清晰，方法得当，否则就会重复计算或漏项，使计算结果不正确，或者花费很多不必要的时间和精力。

（1）一般情况下，装饰装修工程的内装修按分层分房间计算最后合并汇总比较合适，这样计算不容易漏项且方便校对；对于材料变化不大的工程，可以采用按构造、材料分类计算的方法计算，这样可以减少工程量的汇总工作，同时充分利用一些基础数据或已经计算完成的数据，可以提高计算速度。

（2）装饰装修工程的外装修一般分不同的立面进行计算，同样方便列项和避免漏算，而且便于工程量的审核。

（3）装饰装修工程还可按施工方案的要求分段计算。

（4）由几种结构类型组成的装饰装修工程可按不同结构类型分别计算。

总之，装饰装修工程的工程量因其复杂多变的设计及不同的施工方案而产生了不同的计算方法，在实际工程中应当遵循计算原则灵活运用计算方法，才能正确计算工程量。

4.2.3 建筑装饰装修工程量计算的步骤

装饰装修工程量的计算方法比较多，一般都按照以下步骤进行计算。

1）列出分部分项工程项目的名称

按照合同，根据装饰装修施工图纸及工程量计算规则，并结合施工方案的有关内容，遵循

适当的计算顺序,列出单位工程施工图的分项工程项目的名称。比如水泥砂浆镶贴一色花岗岩地面、墙夹板面层粘贴波音软片、石膏板吸声天棚(不包括龙骨架)等。

2)列出工程量计算式

分项工程项目列出后,可以根据施工图纸所示的部位、尺寸和数量,按照工程量计算规则,列出工程量计算式。工程量计算通常采用计算表格进行,这样既便于校对、又可减少计算过程中的重复现象,也便于统一格式,方便审核。

3)计算出正确的结果并校对汇总

列出工程量计算式后计算出正确的结果,然后将相同的分项工程的工程量累计在一起,得到每一分项工程的合计数量,填好相应的计算表,校对后套用定额、进入计价程序。套用定额、计价程序等内容详见第5章。

4.2.4 建筑装饰装修工程量计算方式的发展

正确、快速地计算工程量是装饰装修工程项目管理、工程造价控制的首要工作,也是编制装饰装修工程预决算、招投标报价的基础性工作。工程量计算具有烦琐、耗时、工作量较大等特点,占整份工程预算书的50%～70%,因此需要耐心、细致地工作,尤其要不断改进工程量计算的方式,才能有效提高装饰装修工程造价计算的质量和速度。工程量计算方式的发展历程经历了以下三个阶段。

1)手工计算工程量

手工算量从古代到目前一直是我国工程量计算的主要形式,它具有一些优点和缺点。

(1)优点

①手工算量的长期应用和发展,使许多熟练的预算员找到了许多快速算量的方法并能准确地运用于装饰装修工程造价计算中。

②预算人员参与了整个算量过程,熟悉图纸及所有分项工程每一步的计算数据,对计算结果比较信赖,即使有错,也是小范围的,纠错并不困难。

③计算书的书写形式也比较符合一般的思维习惯,可以运用长期积累下来的经验算法,容易发现问题,同时也便于审核校对及预算审定工作,满足现阶段整个市场的需求状况。

④可以灵活地适应各种装饰结构形式的变化,尤其对一些特殊的结构形式也比较容易妥当处理。

(2)缺点

①算量过程非常烦琐,重复性劳动极大,消耗时间多。

②由于手工求得计算结果,预算人员容易犯低级计算错误,造成汇总表、取费表等的重新调整,增大工作量。

③很难避免预算人员对图纸、对定额理解偏差等造成的错误。

2)软件表格算量法

20世纪90年代初,随着计算机的普及,IT技术逐渐渗透到各领域中,计算软件逐渐被人们认识和运用,软件表格法算量就是在这个阶段出现和发展起来的。这种方法一般需要预算员在软件中输入算量表达式,程序进行自动汇总计算,形成报表并可以打印。

（1）优点

①预算员参与了整个算量过程,熟悉图纸及各种数据,同时减轻了预算员计算大量数据的工作量。

②工程量自动进行汇总,修改增减项目比较简便。

③软件应用门槛非常低,很容易掌握,是对手工算量较大的改进。

④比较符合预算员的操作习惯。

（2）缺点

①预算员必须罗列出每个构件的工程量,还必须一边翻图纸一边往计算机中输入计算数据同时考虑扣减关系,工作仍然很烦琐,录入过程中也容易出错。

②这种方法只是手工算量方法的一种改进和延伸,没有减少重复工作量。

由此可以看出,这种方法虽然提高了预算员的算量效率,但是并没有从根本上解脱预算员的烦琐劳动。表格算量法的缺点促成了自动算量软件的出现和发展。

3）软件自动算量

软件自动算量是目前建筑装饰企业大力推广的算量方法,它具有很大的发展潜力。这种方法以装饰装修工程量计算规则为依据,预算人员通过画图确定构件实体的位置,并输入与算量有关的构件属性,软件通过默认的计算规则,自动计算得到构件实体的工程量,自动进行汇总统计,得到分项工程的工程量。这种算量方法简化了算量输入,可以大幅度提高预算员的算量效率,目前正越来越多地引起预算人员的关注。但是,由于计算机算量是比较新的一种计算形式,而预算人员的计算机操作水平相对不高,这样就避免不了对软件的操作错误;虽然有些三维软件可以直接利用设计院提供的 CAD 图,但如果在设计院没有提供 CAD 图纸的情况下,由预算人员自己画图,就增加了预算员的操作难度和工作量,也容易出错。另外,对于一些特殊的结构,运用软件算量仍然会产生一些误差。而且,由于依赖于软件,预算员往往会忽略计算内容的含义。

随着计算机软件的进一步发展,算量方式也会一步改进,预算人员的算量工作会越来越轻松,从繁杂的劳动中解脱出来后更要研究工程量的计算规则、列项技巧。计算软件在装饰工程中的应用详见第 10 章。

4.3 装饰装修工程量计算的主要规则和方法

4.3.1 建筑面积的计算

长期以来,《建筑面积计算规则》(现为 GB/T 50353—2013)在建筑工程造价管理方面起着重要的作用,在装饰装修工程中的作用也是显而易见的。本节主要对建筑面积的定义、作用、与计算建筑面积有关的一些术语、建筑面积计算规则的发展状况及计算方法进行介绍。

1）建筑面积的定义和组成

在建筑装饰装修工程造价计算中,建筑面积是指工业厂房、仓库、公共建筑、居住建筑,农业生产使用的房屋、粮种仓库、地铁车站等建筑物的展开面积,即建筑物各层面积的总和或外墙勒脚以上结构外围水平投影面积之和,按单层建筑物和多层建筑物(包括地下室和半地下室)划分。单层建筑物的建筑面积是指建筑物勒脚以上外墙结构的外围水平投影面积,多层建筑物的首层与单层相同,二层及以上是指外墙结构的外围水平投影面积之和。

建筑面积是由使用面积、结构面积和辅助面积所组成的。下面分别定义使用面积、结构面积和辅助面积。

(1)使用面积

使用面积是指供人们居住、工作、学习、休闲娱乐、购物等的建筑室内各层空间的净面积。不包括在结构面积内的烟囱、通风道、管道井,这些均计入使用面积。

(2)结构面积

结构面积是指建筑物各层中,不包括墙面装饰厚度在内的外墙、内墙、柱子、玻璃幕墙、垃圾道、通风道、烟囱等结构构件所占的水平截面面积(或投影面积)的总和。

(3)辅助面积

辅助面积是指楼梯、走廊、过道等交通面积及不直接提供人们生活的室内净面积的总和,如厨房、卫生间、厕所、储藏室等。

2)建筑面积的作用

建筑面积不仅是一个重要的建筑技术指标,同时也是一个重要的建筑经济指标。正确的计算建筑面积,具有特别重要的技术经济意义。

(1)建筑面积能直接反映建设项目规模的大小,可作为控制建设项目投资的重要指标。

不同的建筑面积决定着不同的建设规模,比如江苏省费用定额规定建筑物使用通风面积在 15000m² 以上的通风工程属于一类工程;建筑物使用空调面积在 15000m² 以内,5000m² 以上的单独中央空调分项安装工程属于二类工程,由此可见,建筑面积是工程类别大小判定的一个重要依据。

(2)建筑面积是进行设计评价的重要指标。

工程项目进行设计评价主要考虑使用率,使用率是使用面积与建筑面积之比,通常也称为平面系数,用 K 来表示,$K=$ 使用面积/建筑面积,K 值大,则表示设计的使用效益和经济效益越高,它的重要参考价值体现在房地产开发、业主购房等领域。

(3)建筑面积是一项重要的技术经济指标。

建筑面积作为重要的技术经济指标,主要表现在建筑物的单方造价上,单方造价是指建筑装饰装修工程总造价与建筑面积的比值。公式如下:

$$单方造价 = \frac{总造价}{总建筑面积}(元/m^2)$$

单方造价可以作为判断是否对工程项目进行投资的最直观的衡量标准,也可作为投标报价期望值的最简单的判断依据。

(4)是计算工程量的重要指标。

装饰装修工程中的脚手架、垂直运输工程量是以建筑面积来计算的,楼地面整体面层和找平层的工程量是以使用面积和辅助面积来计算的,详见本章工程量计算规则解释及应用。

3)与建筑面积计算有关的术语

为了准确计算建筑物的建筑面积,《建筑工程建筑面积计算规范》(GB/T 50353—2013)对相关术语做了明确规定。

（1）建筑面积　construction area

建筑物（包括墙体）所形成的楼地面面积，包括附属于建筑物的室外阳台、雨篷、檐廊、室外走廊、室外楼梯等。

（2）自然层　floor

按楼地面结构分层的楼层。

（3）结构层高　structure story height

楼面或地面结构层上表面至上部结构层上表面之间的垂直距离。

①建筑物最底层的层高。

a.有基础底板的，按基础底板上表面结构至上层楼面的结构标高之间的垂直距离确定。

b.没有基础底板的，按室外设计地面标高至上层楼面结构标高之间的垂直距离确定。

②最上一层的层高。

按楼面结构标高至屋面板板面结构标高之间的垂直距离，遇有以屋面板找坡的屋面，层高指楼面结构标高至屋面板最低处板面结构标高之间的垂直距离。

（4）围护结构　building enclosure

围合建筑空间的墙体、门、窗。

（5）建筑空间　space

以建筑界面限定的、供人们生活和活动的场所。具备可出入、可利用条件（设计中可能标明了使用用途，也可能没有标明使用用途或使用用途不明确）的围合空间，均属于建筑空间。

（6）结构净高　structure net height

楼面或地面结构层上表面至上部结构层下表面之间的垂直距离。

（7）围护设施　enclosure facilities

为保障安全而设置的栏杆、栏板等围挡。

（8）地下室　basement

室内地平面低于室外地平面的高度超过室内净高的 1/2 的房间。

（9）半地下室　semi-basement

室内地平面低于室外地平面的高度超过室内净高的 1/3，且不超过 1/2 的房间。

（10）架空层　stilt floor

仅有结构支撑而无外围护结构的开敞空间层。

（11）走廊　corridor

建筑物中的水平交通空间。

（12）架空走廊　elevated corridor

专门设置在建筑物的二层或二层以上，作为不同建筑物之间水平交通的空间。

（13）结构层　structure layer

整体结构体系中承重的楼板层。特指整体结构体系中承重的楼层，包括板、梁等构件。结构层承受整个楼层的全部荷载，并对楼层的隔声、防火等起主要作用。

（14）落地橱窗　french window

突出外墙面且根基落地的橱窗。落地橱窗是指在商业建筑临街面设置的下槛落地、可落在室外地坪也可落在室内首层地板，用来展览各种样品的玻璃窗。

（15）凸窗（飘窗）　bay window

凸出建筑物外墙面的窗户。凸窗（飘窗）既作为窗，就有别于楼（地）板的延伸，也就是不能把楼（地）板延伸出去的窗称为凸窗（飘窗）。凸窗（飘窗）的窗台应只是墙面的一部分且距（楼）地面应有一定的高度。

（16）檐廊　eaves gallery

建筑物挑檐下的水平交通空间。檐廊是附属于建筑物底层外墙有屋檐作为顶盖，其下部一般有柱或栏杆、栏板等的水平交通空间。

（17）挑廊　overhanging corridor

挑出建筑物外墙的水平交通空间。

（18）门斗　air lock

建筑物入口处两道门之间的空间。

（19）雨篷　canopy

建筑出入口上方为遮挡雨水而设置的部件，即建筑物出入口上方、凸出墙面、为遮挡雨水而单独设立的建筑部件。雨篷划分为有柱雨篷（包括独立柱雨篷、多柱雨篷、柱墙混合支撑雨篷、墙支撑雨篷）和无柱雨篷（悬挑雨篷）。如凸出建筑物，且不单独设立顶盖，利用上层结构板（如楼板、阳台底板）进行遮挡，则不视为雨篷，不计算建筑面积。对于无柱雨篷，如顶盖高度达到或超过两个楼层时，也不视为雨篷，不计算建筑面积。

（20）门廊　porch

建筑物入口前有顶棚的半围合空间。门廊是在建筑物出入口，无门、三面或两面有墙，上部有板（或借用上部楼板）围护的部位。

（21）楼梯　stairs

由连续行走的梯级、休息平台和维护安全的栏杆（或栏板）、扶手以及相应的支托结构组成的作为楼层之间垂直交通使用的建筑部件。

（22）阳台　balcony

附设于建筑物外墙，设有栏杆或栏板，可供人活动的室外空间。

（23）主体结构　major structure

接受、承担和传递建设工程所有上部荷载，维持上部结构整体性、稳定性和安全性的有机联系的构造。

（24）变形缝　deformation joint

防止建筑物在某些因素作用下引起开裂甚至破坏而预留的构造缝，即在建筑物因温差、不均匀沉降以及地震而可能引起结构破坏变形的敏感部位或其他必要的部位，预先设缝将建筑物断开，令断开后建筑物的各部分成为独立的单元，或者是划分为简单、规则的段，并令各段之间的缝达到一定的宽度，以能够适应变形的需要。根据外界破坏因素的不同，变形缝一般分为伸缩缝、沉降缝、抗震缝三种。

（25）骑楼　overhang

建筑底层沿街面后退且留出公共人行空间的建筑物。骑楼是指沿街二层以上用承重柱支撑骑跨在公共人行空间之上,其底层沿街面后退的建筑物。

(26)过街楼 overhead building

跨越道路上空并与两边建筑相连接的建筑物。过街楼是指当有道路在建筑群穿过时为保证建筑物之间的功能联系,设置跨越道路上空使两边建筑相连接的建筑物。

(27)建筑物通道 passage

为穿过建筑物而设置的空间。

(28)露台 terrace

设置在屋面、首层地面或雨篷上的供人室外活动的有围护设施的平台。露台应满足四个条件:一是位置,设置在屋面、地面或雨篷顶;二是可出入;三是有围护设施;四是无盖。这四个条件须同时满足。如果设置在首层并有围护设施的平台,且其上层为同体量阳台,则该平台应视为阳台,按阳台的规则计算建筑面积。

(29)勒脚 plinth

在房屋外墙接近地面部位设置的饰面保护构造。

(30)台阶 step

联系室内外地坪或同楼层不同标高而设置的阶梯形踏步。台阶是指建筑物出入口不同标高地面或同楼层不同标高处设置的供人行走的阶梯式连接构件。室外台阶还包括与建筑物出入口连接处的平台。

4)建筑面积计算规则的发展

我国的《建筑面积计算规则》是在 20 世纪 70 年代依据苏联的做法结合我国的情况制定的,十一届三中全会以后,国家经济需要发展,建筑工程造价计算需要规范,所以,我国重新修订编制了《全国统一建筑工程预算定额》(内含建筑面积计算规则)。1982 年国家经委基本建设办公室(82)经基设字 58 号印发了《建筑面积计算规则》,对 20 世纪 70 年代制定的《建筑面积计算规则》进行了修订。我国建筑业经过几十年的发展,建筑结构不断更新,建筑技术不断提高,造价管理上了一个新的台阶,所以针对新构造而配套的新的计算规则也不断出台。1995 年原建设部颁布了《全国建筑工程预算工程量计算规则》(土建工程 GJDcz-101-95),其中含有"建筑面积计算规则",对 1982 年的《建筑面积计算规则》进行了修订。随着 2003 年 7 月 1 日《建筑工程工程量清单计价规范》(GB 50500—2003)的施行,为满足工程造价计价工作的需要,充分反映新的结构、新材料、新技术和新的施工方法等对建筑面积计算的影响,使建筑面积的计算更加科学合理,并考虑了建筑面积计算的习惯和国际上通用的一些做法,同时与《住宅设计规范》(GB 50096—1996)和《房产测量规范》(GB/T 17986—2000)的有关内容做了协调,使建筑面积的计算范围和计算方法更加完善和统一,对建筑装饰市场发挥更大的作用,因此,原建设部第 326 号文颁布了《建筑工程建筑面积计算规范》(GB/T 50353—2005),自 2005 年 7 月 1 日起实施。最新一次的修订,是在总结《建筑工程建筑面积计算规范》(GB/T 50353—2005)实施情况的基础上进行的,鉴于建筑发展中出现的新结构、新材料、新技术、新的施工方法,为了解决建筑技术的发展产生的面积计算问题,本着不重算,不漏算的原则,规范编制组经深入调查研究,认真总结经验,并在广泛征求意见的基础上修订,对建筑面积的计算范围和计算方法进行了修改统一和完善,颁布了《建筑工程建筑面积计算规范》(GB/T 50353—2013),并于 2014 年 7 月 1 日正式施行。

5)建筑面积计算规定及方法

建筑面积的计算适用于新建、扩建、改建的工业与民用建筑工程,在计算过程中应统一计算方法,遵循科学、合理的原则,并应符合国家现行的有关标准规范的规定,未尽事宜可向定额管理部门反映以便得到及时的解决。

建筑面积的计算分为两部分,一部分是应计算建筑面积的项目,另一部分是不计算建筑面积的项目。

建筑面积的计算,在主体结构内形成的建筑空间,满足计算面积结构层高要求的均应按规定计算建筑面积。主体结构外的室外阳台、雨篷、檐廊、室外走廊、室外楼梯等按相应条款计算建筑面积。当外墙结构本身在一个层高范围内不等厚时,以楼地面结构标高处的外围水平面积计算。

(1)建筑物的建筑面积应按自然层外墙结构外围水平面积之和计算。结构层高在 2.20m 及以上的,应计算全面积;结构层高在 2.20m 以下的,应计算 1/2 面积。

①单层建筑物内未设有局部楼层者,如图 4-1 所示,计算规则如下:

a.单层建筑物高度在 2.20m 及以上者应按其外墙勒脚以上结构外围水平面积计算。

计算规则:当 $h \geqslant 2.20$m,计算全面积,$S = a \times b$。

b.单层建筑物高度不足 2.20m 者应按其结构外围水平面积的一半计算。

计算规则:当 $h < 2.20$m,计算 1/2 的面积,$S = \dfrac{1}{2}(a \times b)$。

式中:h——单层建筑物的高度,这里是指单层建筑物的结构层高。

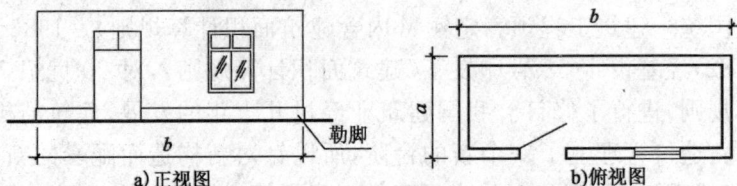

a)正视图 b)俯视图

图 4-1 单层建筑物建筑面积计算示意图

②多层建筑物内未设有局部楼层者,计算规则和方法同单层,计算结果为自然层外墙结构外围水平面积之和。

(2)建筑物内设有局部楼层时(图 4-2),对于局部楼层的二层及以上楼层,有围护结构的应按其围护结构外围水平面积计算,无围护结构的应按其结构底板水平面积计算,且结构层高在 2.20m 及以上的,应计算全面积,结构层高在 2.20m 以下的,应计算 1/2 面积。

①有围护结构的应按其围护结构外围水平面积计算。

计算规则:当 $h_1 \geqslant 2.20$m,计算全面积,$S = (L_1 + L_2) \times (a + b) + L_2 \times a$;

当 $h_1 < 2.20$m,计算 1/2 面积,$S = (L_1 + L_2) \times (a + b) + \dfrac{1}{2} L_2 \times a$。

式中:h_1——单层建筑物内局部楼层的二层及以上楼层的层高。

②无围护结构的应按其结构底板水平面积计算。

计算规则:$h_1 \geqslant 2.20$m,计算全面积;

$h_1 < 2.20$m,计算 1/2 面积。

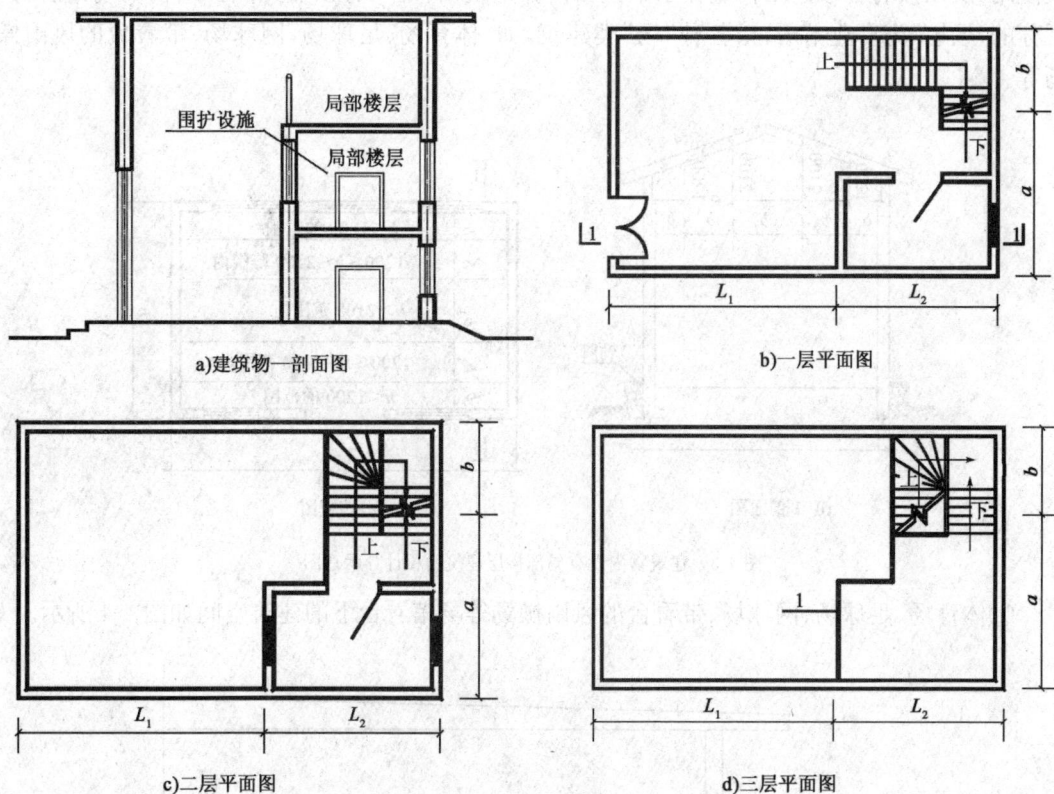

a)建筑物—剖面图　　b)一层平面图　　c)二层平面图　　d)三层平面图

图 4-2　建筑物内设有局部楼层建筑面积计算示意图

需要注意的是局部楼层的一层建筑面积不需另算,它已包括在单层建筑物的建筑面积计算之内。

(3)对于形成建筑空间的坡屋顶(图 4-3),结构净高在 2.10m 及以上的部位应计算全面积;结构净高在 1.20m 及以上至 2.10m 以下的部位应计算 1/2 面积;结构净高在 1.20m 以下的部位不应计算建筑面积。

计算规则:$h \geqslant 2.10\text{m}$,按其围护结构外围水平面积计算全部建筑面积;

$1.2\text{m} \leqslant h < 2.1\text{m}$,按围护结构外围水平面积 1/2 面积计算建筑面积;

$h < 1.2\text{m}$,不计算建筑面积。

式中:h——坡屋顶内净高。

(4)对于场馆看台下的建筑空间,结构净高在 2.10m 及以上的部位应计算全面积;结构净高在 1.20m 及以上至 2.10m 以下的部位应计算 1/2 面积;结构净高在 1.20m 以下的部位不应计算建筑面积。室内单独设置的有围护设施的悬挑看台,应按看台结构底板水平投影面积计算建筑面积。有顶盖无围护结构的场馆看台应按其顶盖水平投影面积的 1/2 计算面积。

场馆看台下的建筑空间因其上部结构多为斜板,所以采用净高的尺寸划定建筑面积的计算范围和对应规则。室内单独设置的有围护设施的悬挑看台,因其看台上部设有顶盖且可供人使用,所以按看台板的结构底板水平投影计算建筑面积。"有顶盖无围护结构的场馆看台"所称的"场馆"为专业术语,指各种"场"类建筑,如:体育场、足球场、网球场、带看台的风雨操场等。

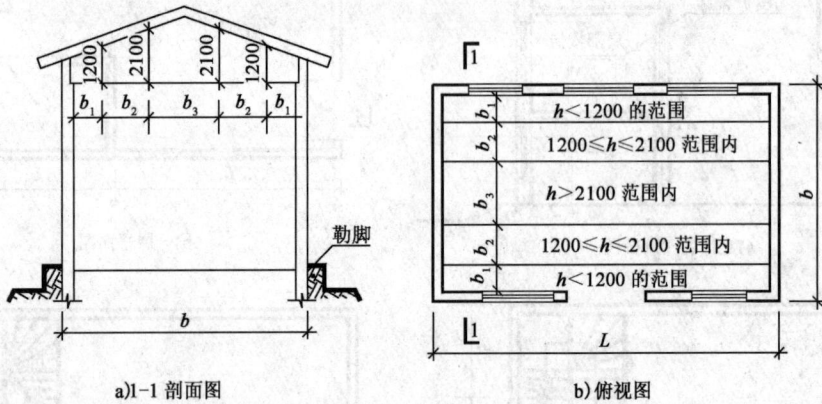

a)1-1 剖面图   b)俯视图

图 4-3　建筑物内设有局部楼层建筑面积计算示意图

①体育场、足球场、网球场、带看台的风雨操场等场馆看台下的建筑空间如图 4-4 所示。

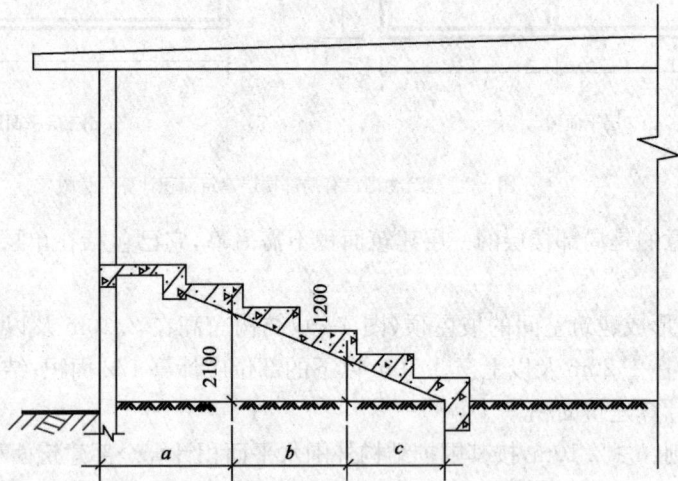

图 4-4　体育场、足球场、网球场等场馆看台下建筑面积计算示意图

计算规则:$h \geqslant 2.10\text{m}$,计算全面积;

$1.2\text{m} \leqslant h < 2.1\text{m}$,按 1/2 面积计算建筑面积;

$h < 1.2\text{m}$,不计算建筑面积。

式中:h——结构净高。

②室内单独设置的有围护设施的悬挑看台的建筑空间如图 4-5 所示。

计算规则:按看台结构底板水平投影面积计算建筑面积。

$$\text{建筑面积 } S = b \times L$$

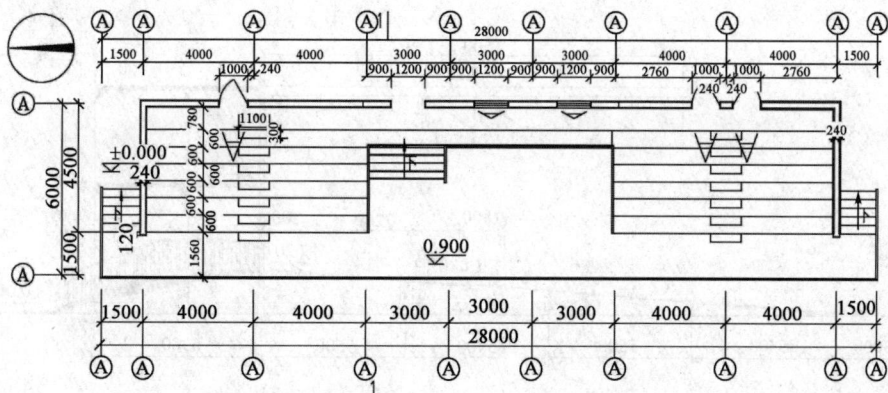

a)看台平面图

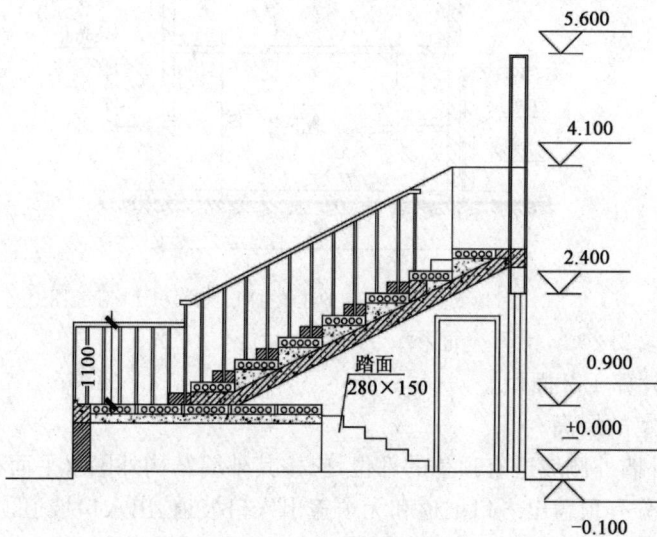

b)看台剖面图

图4-5　有围护设施的悬挑看台的建筑空间建筑面积计算示意图

③有顶盖无围护结构的场馆看台的建筑空间如图4-6所示。

计算规则:按其顶盖水平投影面积的1/2计算面积。

$$建筑面积\ S=\frac{1}{2}(b \times L)$$

(5)地下室、半地下室应按其结构外围水平面积计算。结构层高在2.20m及以上的,应计算全面积;结构层高在2.20m以下的,应计算1/2面积,如图4-7所示。

地下室作为设备、管道层,地下室的各种竖向井道,地下室的围护结构不垂直于水平面的各种建筑面积的计算方法详见后面的讲解。

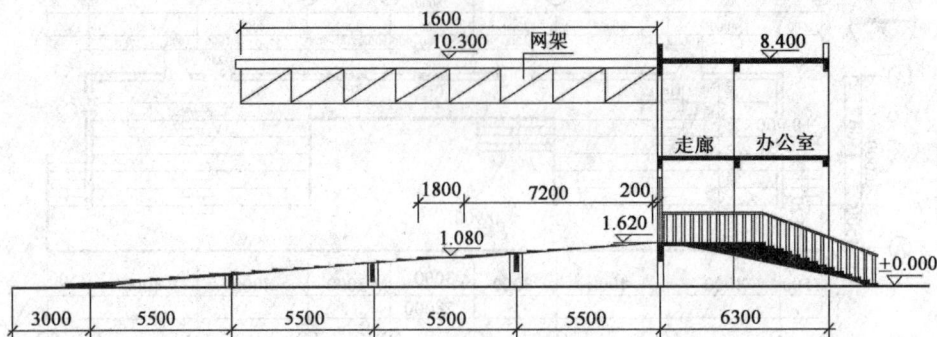

图 4-6 无围护结构的场馆看台的建筑空间建筑面积计算示意图

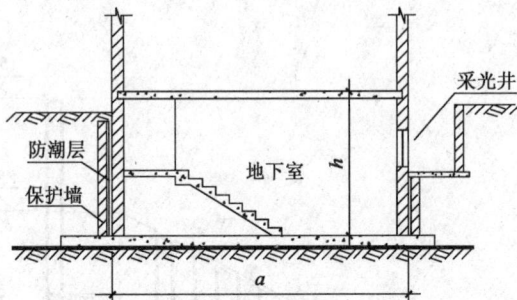

图 4-7 地下室、半地下室的建筑空间建筑面积计算示意图

计算规则：$h \geq 2.20$m，计算全面积；

$h < 2.20$m，计算 1/2 面积。

式中：h——地下室的层高。

(6)出入口外墙外侧坡道有顶盖的部位，应按其外墙结构外围水平面积的 1/2 计算面积。

出入口坡道分有顶盖出入口坡道和无顶盖出入口坡道，出入口坡道顶盖的挑出长度，为顶盖结构外边线至外墙结构外边线的长度；顶盖以设计图纸为准，对后增加及建设单位自行增加的顶盖等，不计算建筑面积。顶盖不分材料种类(如钢筋混凝土顶盖、彩钢板顶盖、阳光板顶盖等)。地下室出入口建筑空间如图 4-8 所示。

①出入口外墙外侧坡道有顶盖的部位的建筑空间如图 4-8 中"1"所示。

计算规则：按其外墙结构外围水平面积的 1/2 计算面积。

$$S_1 = \frac{1}{2}B \times L$$

②出入口外墙外侧坡道无顶盖的部位的建筑空间如图 4-8 所示。

计算规则：不计算建筑面积。

$$S_2 = 0$$

③后增加及建设单位自行增加的顶盖等的建筑空间：

计算规则：不计算建筑面积。

$$S_2 = 0$$

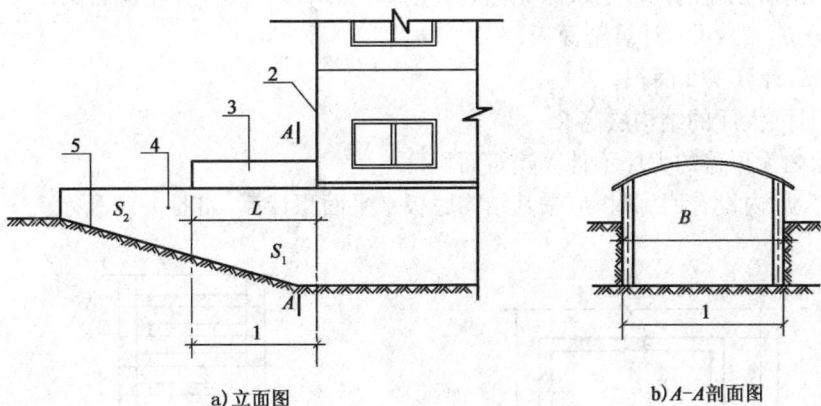

a)立面图

b)A-A剖面图

图 4-8　地下室出入口建筑空间建筑面积计算示意图

1-计算 1/2 投影面积部位;2-主体建筑;3-出入口顶盖;4-封闭出入口侧墙;5-出入口坡道

(7)建筑物架空层及坡地建筑物吊脚架空层,应按其顶板水平投影计算建筑面积。结构层高在 2.20m 及以上的,应计算全面积;结构层高在 2.20m 以下的,应计算 1/2 面积。

本条既适用于建筑物吊脚架空层(图 4-9)、深基础架空层(图 4-10)建筑面积的计算,也适用于目前部分住宅、学校教学楼等工程在底层架空或在二楼或以上某个甚至多个楼层架空(图 4-10),作为公共活动、停车、绿化等空间的建筑面积的计算。架空层中有围护结构的建筑空间按相关规定计算。

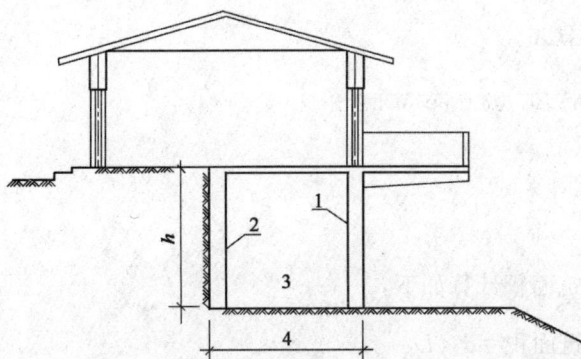

图 4-9　建筑物吊脚架空层建筑面积计算示意图

1-柱;2-墙;3-吊脚架空层;4-计算建筑面积部位

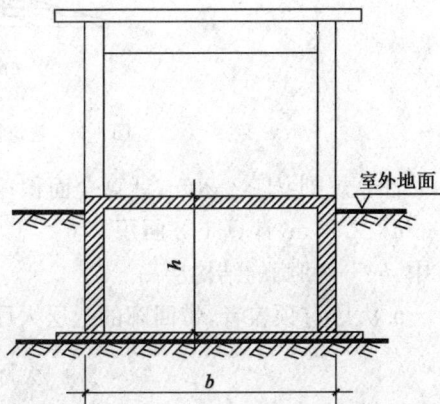

图 4-10　深基础架空层建筑面积计算示意图

计算规则:$h \geqslant 2.20$m,计算全面积;

$h < 2.20$m,计算 1/2 面积。

式中:h——加以利用的吊脚架空层的结构层高。

(8)建筑物的门厅、大厅应按一层计算建筑面积,门厅、大厅内设置的走廊应按走廊结构底板水平投影面积计算建筑面积。结构层高在 2.20m 及以上的,应计算全面积;结构层高在 2.20m 以下的,应计算 1/2 面积。

①建筑物内有顶盖的门厅、大厅,无论其高度如何,均按一层计算建筑面积;

计算规则:$h \geqslant 2.20\text{m}$,计算全面积;

$h < 2.20\text{m}$,计算 1/2 面积。

式中:h——门厅、大厅的结构层高。

②建筑物内无顶盖的大厅不计算建筑面积;

③门厅、大厅内设有回廊时,应按其结构底板水平面积计算,如图 4-11 所示。

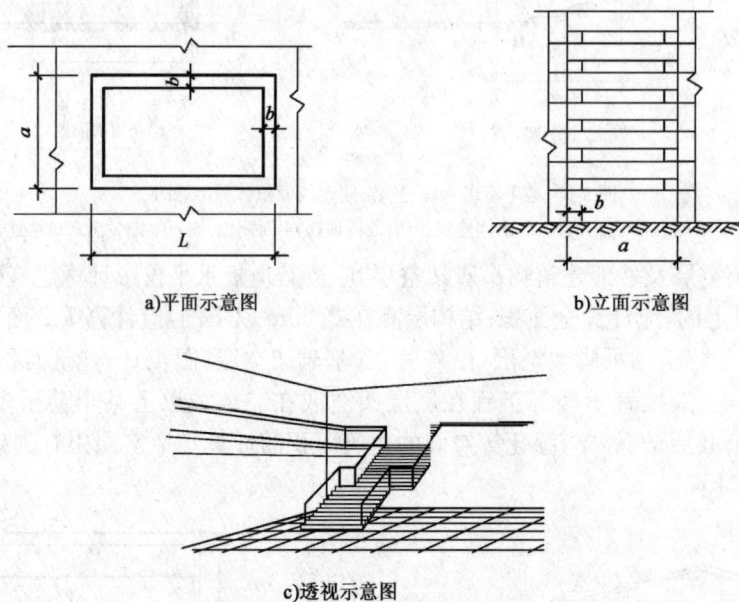

a)平面示意图　　　　　　b)立面示意图

c)透视示意图

图 4-11　建筑物门厅、大厅建筑面积计算示意图

计算规则:$h \geqslant 2.20\text{m}$,计算全面积;

$h < 2.20\text{m}$,计算 1/2 面积。

式中:h——回廊的结构层高。

a. 大厅有顶盖者,带回廊的七层大厅建筑面积计算如下:

$$大厅建筑面积 = a \times L$$

大厅回廊二层至七层按其自然层计算建筑面积,建筑面积 $= (L+a-2b) \times 2 \times b \times 6$。

b. 大厅无顶盖者,带回廊的七层大厅建筑面积计算如下:

$$建筑面积 = (L+a-2b) \times 2 \times b \times 7$$

(9)对于建筑物间的架空走廊,有顶盖和围护设施的,应按其围护结构外围水平面积计算全面积;无围护结构、有围护设施的,应按其结构底板水平投影面积计算 1/2 面积。

①有围护结构的,按其围护结构外围水平面积计算,如图 4-12 所示。

计算规则:$h \geqslant 2.20\text{m}$,计算全面积;

$h < 2.20\text{m}$,计算 1/2 面积。

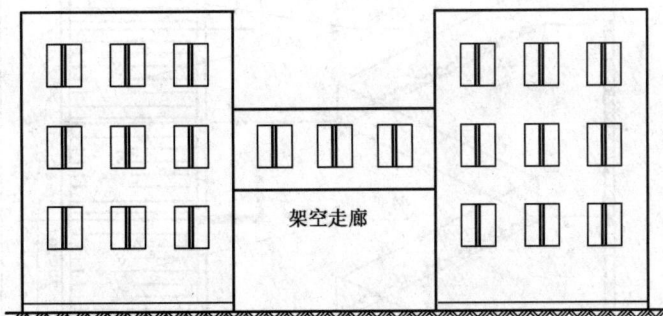

图 4-12　有围护结构的架空走廊

式中:h——架空走廊的结构层高。

②无围护结构、侧面为玻璃型钢栏杆等有维护设施、有顶盖的架空走廊应按其结构底板水平面积的1/2计算,如图 4-13a)所示。

③作为通道使用,无顶盖、无围护结构、侧面为玻璃型钢栏杆等维护设施的架空走廊不计算建筑面积,如图 4-13b)所示。

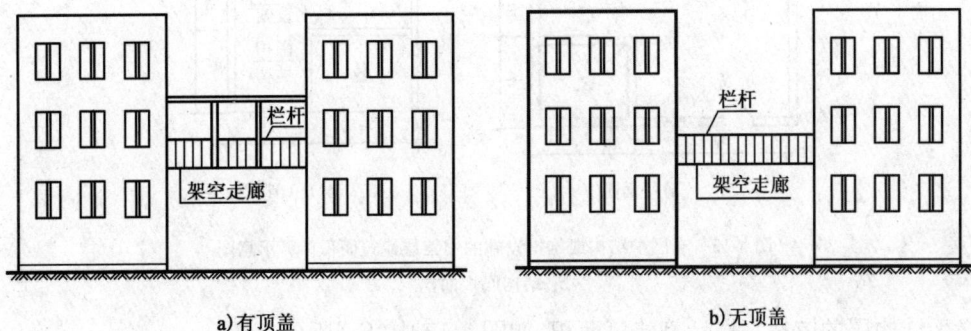

a)有顶盖　　　　　　　　　　　　　b)无顶盖

图 4-13　无围护结构的架空走廊

(10)对于立体书库、立体仓库、立体车库,有围护结构的,应按其围护结构外围水平面积计算建筑面积;无围护结构、有围护设施的,应按其结构底板水平投影面积计算建筑面积。无结构层的应按一层计算,有结构层的应按其结构层面积分别计算。结构层高在 2.20m 及以上的,应计算全面积;结构层高在 2.20m 以下的,应计算 1/2 面积。

本条主要规定了图书馆中的立体书库、仓储中心的立体仓库、大型停车场的立体车库等建筑的建筑面积计算规定。起局部分隔、存储等作用的书架层、货架层或可升降的立体钢结构停车层均不属于结构层,故该部分分层不计算建筑面积。

①有围护结构的,应按其围护结构外围水平面积计算建筑面积,如图 4-14 和图 4-15b)所示。

②无围护结构、有围护设施的,应按其结构底板水平投影面积计算建筑面积,如图 4-15 中"1"所示。

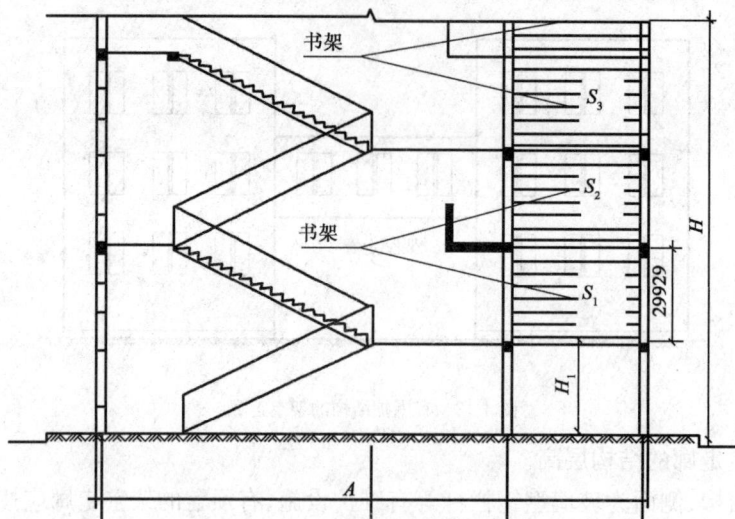

图 4-14 有围护结构的书架层建筑面积计算示意图

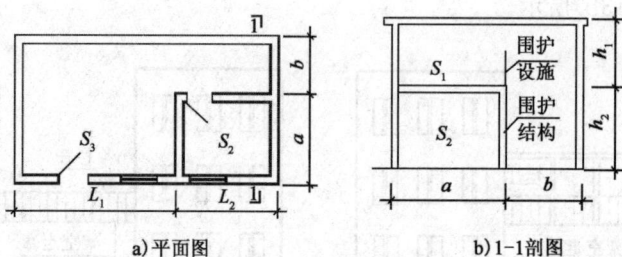

a)平面图   b)1-1剖图

图 4-15 有围护结构或维护设施的书架层建筑面积计算示意图

S_1-结构底板面积

③无结构层的应按一层计算建筑面积,如图 4-15 中"S_3"所示。

计算规则:$h \geqslant 2.20\text{m}$,计算全面积;

$h < 2.20\text{m}$,计算 1/2 面积。

式中:h——立体书库、立体仓库、立体车库的结构层高

④有结构层的,应按其结构层面积分别计算,如图 4-14 所示。

计算规则:$h \geqslant 2.20\text{m}$,计算全面积,$S = S_1 + S_2 + S_3$;

$h < 2.20\text{m}$,计算 1/2 面积。

式中:h——立体书库、立体仓库、立体车库的结构层高。

⑤起局部分隔、存储等作用的书架层、货架层或可升降的立体钢结构停车层均不属于结构层,故该部分分层不计算建筑面积,如图 4-16 所示。

(11)有围护结构的舞台灯光控制室,应按其围护结构外围水平面积计算。结构层高在 2.20m 及以上的,应计算全面积;结构层高在 2.20m 以下的,应计算 1/2 面积。

我国很多剧院、歌舞厅将舞台灯光控制室设在这种有顶有墙的舞台夹层上或设在耳光室内,如图 4-17 所示。

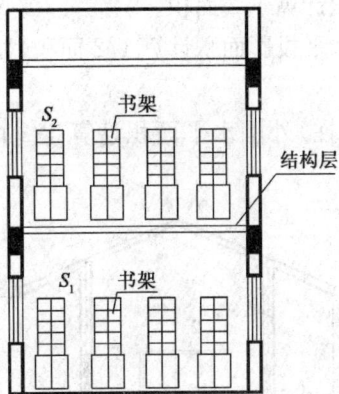

图 4-16 起局部分隔、存储等作用的书架层等
建筑面积计算示意图

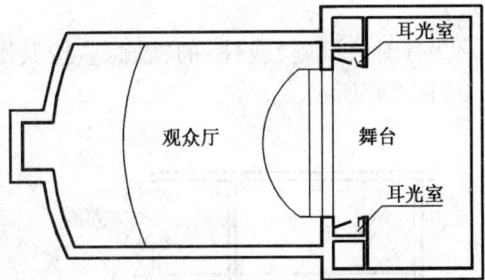

图 4-17 舞台灯光控制室建筑面积计算示意图

计算条件:$h \geqslant 2.20\text{m}$,计算全面积;

$h < 2.20\text{m}$,计算 1/2 面积。

式中:h——舞台灯光控制室的结构层高。

(12)附属在建筑物外墙的落地橱窗,应按其围护结构外围水平面积计算。结构层高在 2.20m 及以上的,应计算全面积;结构层高在 2.20m 以下的,应计算 1/2 面积,如图 4-18 所示。本条仅适用于落地橱窗。不落地按飘窗处理。

计算条件:$h \geqslant 2.20\text{m}$,计算全面积;

$h < 2.20\text{m}$,计算 1/2 面积。

式中:h——落地橱窗的结构层高。

(13)窗台与室内楼地面高差在 0.45m 以下且结构净高在 2.10m 及以上的凸(飘)窗,应按其围护结构外围水平面积计算 1/2 面积,如图 4-19 所示。

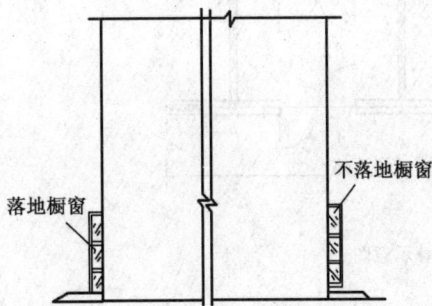

图 4-18 落地窗建筑面积计算示意图

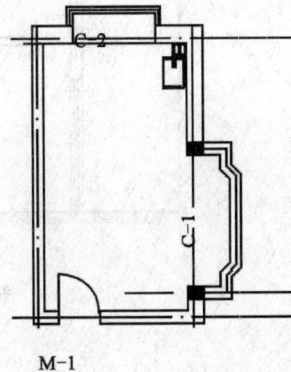

图 4-19 飘窗 C-1、C-2 平面图

计算条件:$h \geqslant 2.20\text{m}$,计算全面积;

$h < 2.20\text{m}$,计算 1/2 面积。

式中:h——凸(飘)窗的结构层高。

(14)有围护设施的室外走廊(挑廊),应按其结构底板水平投影面积计算 1/2 面积;有围护

第4章 定额计价模式下分项工程计量详解

设施(或柱)的檐廊,应按其围护设施(或柱)外围水平面积计算 1/2 面积。

①有围护设施的室外走廊(挑廊),应按其结构底板水平投影面积计算 1/2 面积,如图 4-20 所示。

②有围护设施(或柱)的檐廊,应按其围护设施(或柱)外围水平面积计算 1/2 面积,如图 4-21 中"4"所示。

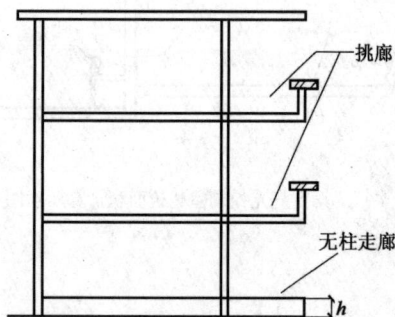

图 4-20　挑廊、走廊建筑面积计算示意图

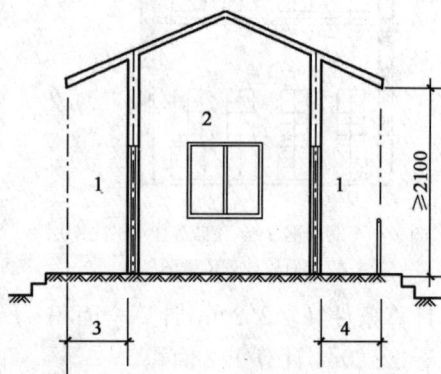

图 4-21　走廊(挑廊)建筑面积计算示意图

1-檐廊;2-室内;3-不计算建筑面积部位;4-计算 1/2 建筑面积部位

(15)门斗应按其围护结构外围水平面积计算建筑面积,且结构层高在 2.20m 及以上的,应计算全面积;结构层高在 2.20m 以下的,应计算 1/2 面积,如图 4-22 和图 4-23 所示。

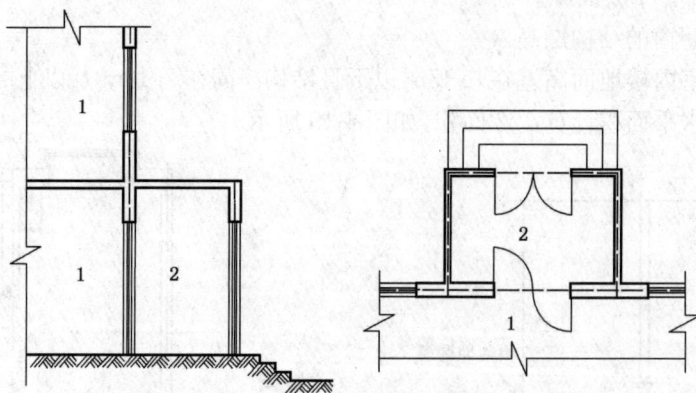

图 4-22　门斗建筑面积计算示意图 1

1-室内;2-门斗

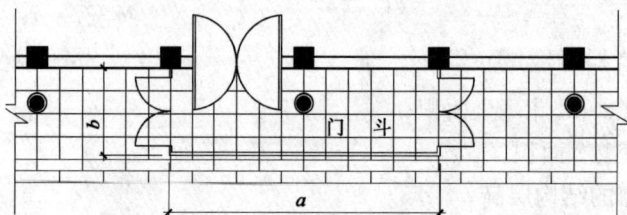

图 4-23　门斗建筑面积计算示意图 2

计算条件：$h \geqslant 2.20\text{m}$，计算全面积；

$h < 2.20\text{m}$，计算 1/2 面积。

式中：h——门斗的结构层高。

(16)门廊应按其顶板的水平投影面积的 1/2 计算建筑面积；有柱雨篷应按其结构板水平投影面积的 1/2 计算建筑面积；无柱雨篷的结构外边线至外墙结构外边线的宽度在 2.10m 及以上的，应按雨篷结构板的水平投影面积的 1/2 计算建筑面积。

①门廊按其顶板的水平投影面积的 1/2 计算建筑面积，如图 4-24 所示。

图 4-24 门廊建筑面积计算示意图

门廊建筑面积不受顶板跨度的限制。

②雨篷分为有柱雨篷和无柱雨篷，如图 4-25 所示。有柱雨篷，没有出挑宽度的限制，也不受跨越层数的限制，均计算建筑面积。无柱雨篷，其结构板不能跨层，并受出挑宽度的限制，设计出挑宽度大于或等于 2.10m 时才计算建筑面积。出挑宽度，系指雨篷结构外边线至外墙结构外边线的宽度，弧形或异形时，取最大宽度。

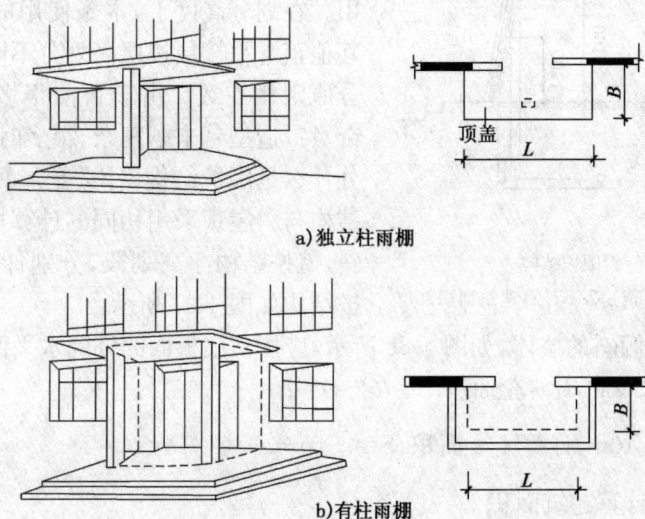

a)独立柱雨棚

b)有柱雨棚

图 4-25 有柱雨棚建筑面积计算示意图

（17）设在建筑物顶部的、有围护结构的楼梯间、水箱间、电梯机房等，结构层高在 2.20m 及以上的应计算全面积；结构层高在 2.20m 以下的，应计算 1/2 面积。

①按围护结构的外围水平面积计算，如图 4-26 所示。

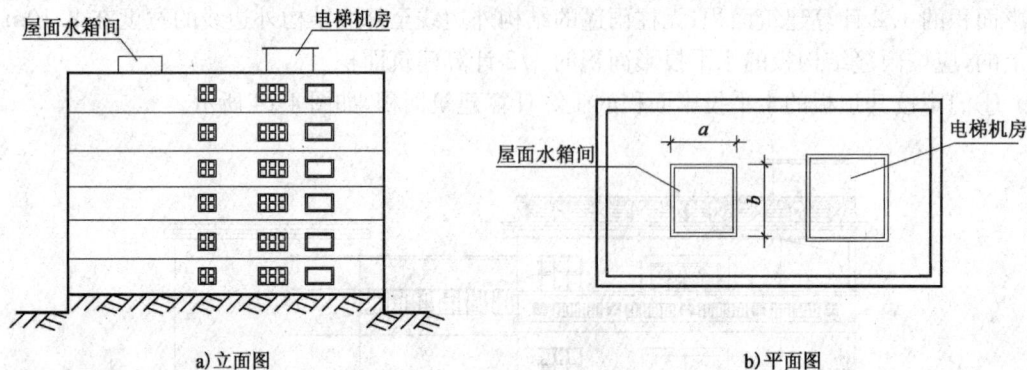

a)立面图   b)平面图

图 4-26　有围护结构的楼梯间、水箱间、电梯机房等建筑面积计算示意图

计算规则：$h \geqslant 2.20$m，计算全面积，$S = a \times b$；

$h < 2.20$m，计算 1/2 面积，$S = (a \times b)/2$。

式中：h——楼梯间、水箱间、电梯机房的层高。

②如遇建筑物屋顶的楼梯间是坡屋顶，应按坡屋顶的相关条文计算面积。

（18）围护结构不垂直于水平面的楼层，应按其底板面的外墙外围水平面积计算。结构净高在 2.10m 及以上的部位，应计算全面积；结构净高在 1.20m 及以上至 2.10m 以下的部位，应计算 1/2 面积；结构净高在 1.20m 以下的部位，不应计算建筑面积。

本条计算规则外壳对于向内、向外倾斜均适用。在划分高度上，本条使用的是"结构净高"，与其他正常平楼层按层高划分不同，但与斜屋面的划分原则一致。由于目前很多建筑设计追求新、奇、特，造型越来越复杂，很多时候根本无法明确区分什么是围护结构、什么是屋顶，因此对于斜围护结构与斜屋顶采用相同的计算规则，即只要外壳倾斜，就按结构净高划段，分别计算建筑面积。斜围护结构如图 4-27 所示。

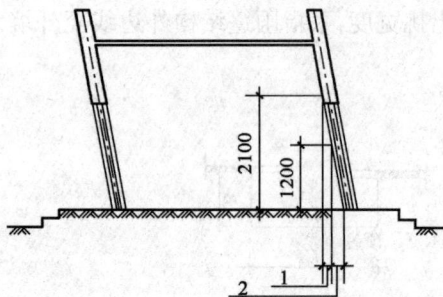

图 4-27　斜围护结构
1-计算 1/2 建筑面积部位；2-不计算建筑面积部位

①向建筑物外倾斜的墙体，如图 4-28 所示，应按其底板面的外围水平面积计算。

计算规则：$h \geqslant 2.10$m，计算全面积，$S = (b-a) \times L$；

$1.20\text{m} \leqslant h < 2.10$m，计算 1/2 面积，$S = \dfrac{1}{2}(b-a) \times L$。

$h < 1.20$m，不计算建筑面积。

式中：h——建筑物的层高。

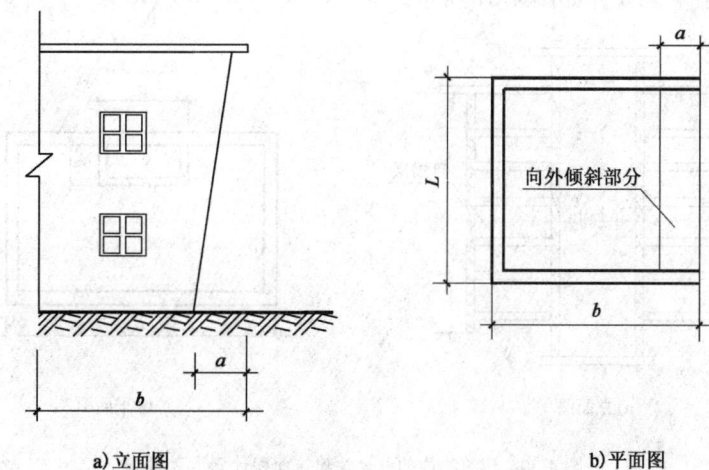

a)立面图　　　　　　　　　　　　b)平面图

图 4-28　外壳外倾建筑物建筑面积计算示意图

②若遇有向建筑物内倾斜的墙体,如图 4-29 所示,计算规则同①。

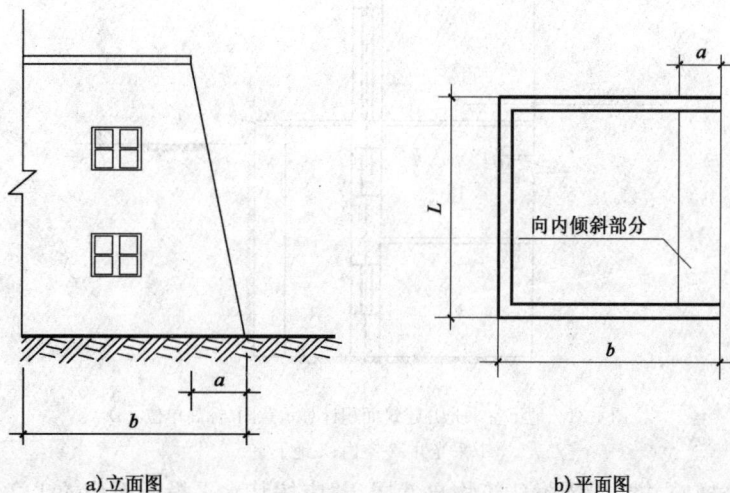

a)立面图　　　　　　　　　　　　b)平面图

图 4-29　外壳内倾建筑物建筑面积计算示意图

(19)建筑物的室内楼梯、电梯井、提物井、管道井、通风排气竖井、烟道,应并入建筑物的自然层计算建筑面积。有顶盖的采光井应按一层计算面积,且结构净高在 2.10m 及以上的,应计算全面积;结构净高在 2.10m 以下的,应计算 1/2 面积。

①建筑物内的电梯井、观光电梯井、提物井、管道井、通风排气竖井、垃圾道、附墙烟囱等应按建筑物的自然层计算建筑面积(图 4-30),自然层一般是指结构层。

计算式如下:

$$电梯井建筑面积=自然层建筑面积=6\times a\times b$$

②如遇建筑物屋顶的楼梯间是坡屋顶,应按坡屋顶的相关条文计算面积。

建筑物的楼梯间层数按建筑物的层数计算。有顶盖的采光井包括建筑物中的采光井和地

Building Decoration Engineering Budget

下室采光井。地下室采光井如图 4-31 所示。

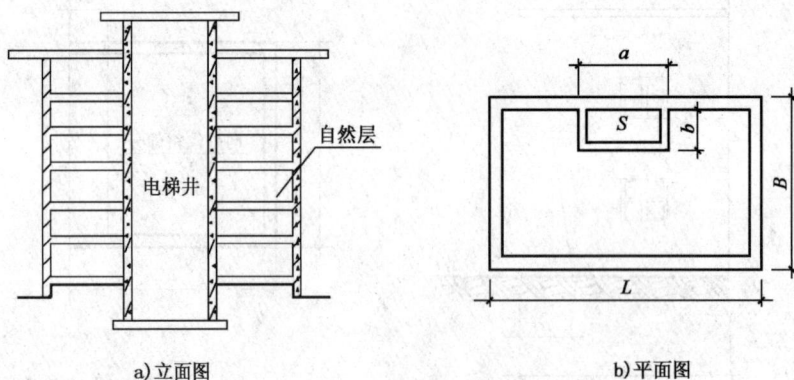

a)立面图   b)平面图

图 4-30   建筑物内的电梯井建筑面积计算示意图

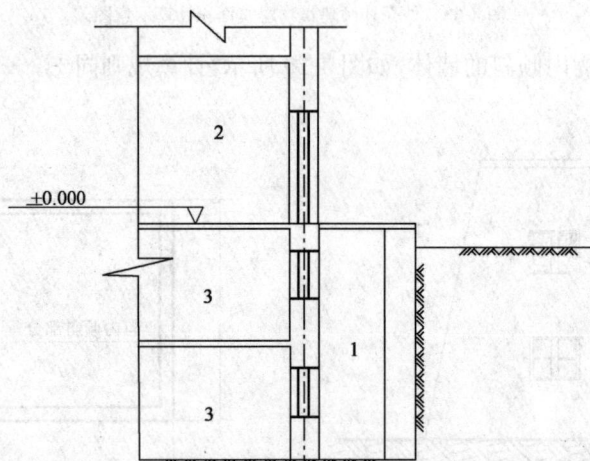

图 4-31   地下室采光井建筑面积计算示意图(标高单位:m)

1-采光井;2-室内;3-地下室

(20)室外楼梯应并入所依附建筑物自然层,并应按其水平投影面积的 1/2 计算建筑面积。

室外楼梯作为连接该建筑物层与层之间交通不可缺少的基本部件,无论从其功能、还是工程计价的要求来说,均需计算建筑面积。层数为室外楼梯所依附的楼层数,即梯段部分投影到建筑物范围的层数。利用室外楼梯下部的建筑空间不得重复计算建筑面积;利用地势砌筑的为室外踏步,不计算建筑面积,如图 4-32 所示。

①有永久性顶盖的室外楼梯应按建筑物自然层的水平投影面积的 1/2 计算。

②室外楼梯,最上层楼梯无永久性顶盖,或不能完全遮盖楼梯的雨篷,上层楼梯不计算面积,上层楼梯可视为下层楼梯的永久性顶盖,下层楼梯应计算面积。

楼梯的计算规则如图 4-33 所示。

(21)在主体结构内的阳台,应按其结构外围水平面积计算全面积;在主体结构外的阳台,应按其结构底板水平投影面积计算 1/2 面积。如图 4-34 和图 4-35 所示。

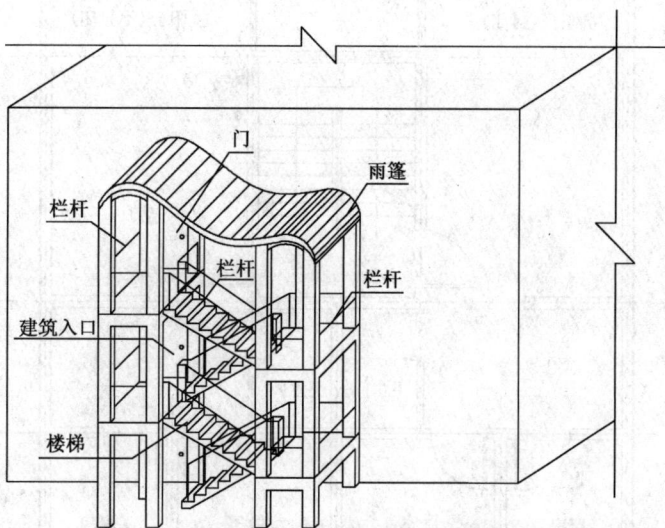

图 4-32　室外楼梯建筑面积计算示意图

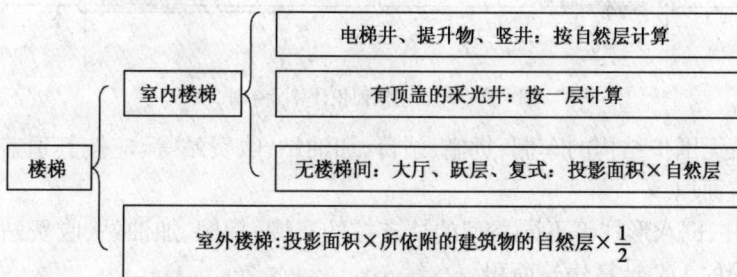

图 4-33　楼梯计算规则

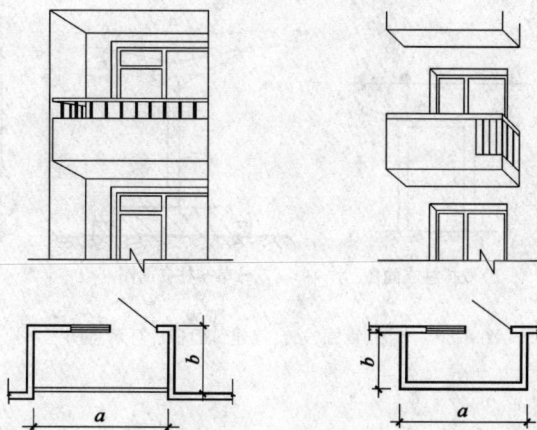

图 4-34　阳台建筑面积计算示意图 1

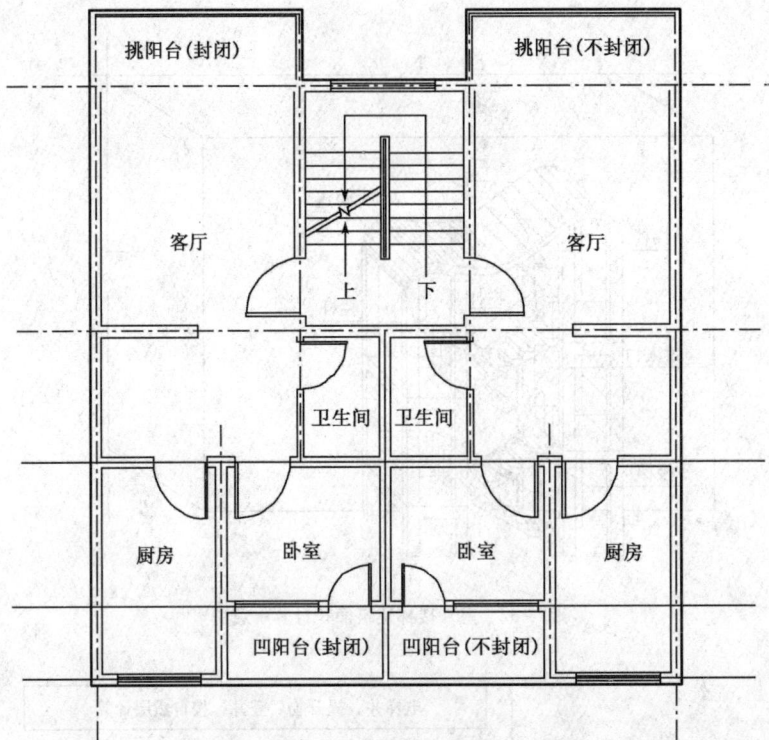

图 4-35 阳台建筑面积计算示意图 2

(22)有顶盖无围护结构的车棚、货棚、站台、加油站、收费站等,应按其顶盖水平投影面积的 1/2 计算建筑面积。

①正 V 形柱、倒八形柱等不同类型的柱支撑的车棚、货棚、加油站、收费站等均应按其顶盖水平投影面积的 1/2 计算建筑面积。

②在车棚、货棚、站台、加油站、收费站内设有围护结构的管理室、休息室等,另按相关条款计算面积,如图 4-36 所示。

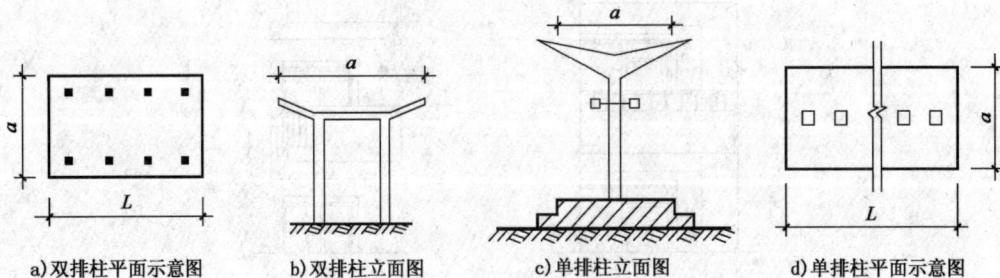

a)双排柱平面示意图   b)双排柱立面图   c)单排柱立面图   d)单排柱平面示意图

图 4-36 车棚、货棚、站台等建筑面积计算示意图

计算如下:

$$车棚、货棚、站台建筑面积 = \frac{1}{2}(a \times L)$$

(23)以幕墙作为围护结构的建筑物,应按幕墙外边线计算建筑面积。

幕墙以其在建筑物中所起的作用和功能来区分,直接作为外墙起围护作用的幕墙,按其外边线计算建筑面积;设置在建筑物墙体外起装饰作用的幕墙,不计算建筑面积。

以幕墙作为围护结构的建筑物(图 4-37),应按幕墙外边线计算建筑面积。

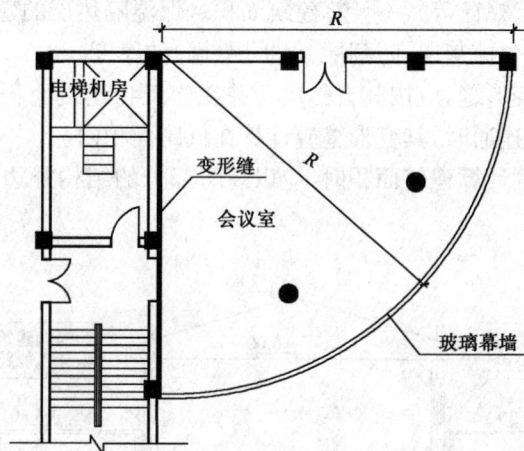

图 4-37　幕墙作为围护结构的建筑物建筑面积计算示意图

(24)建筑物的外墙外保温层,应按其保温材料的水平截面积计算,并计入自然层建筑面积。

保温隔热层的建筑面积是以保温隔热材料的厚度来计算的(图 4-38),不包含抹灰层、防潮层、保护层(墙)的厚度。复合墙体不属于外墙外保温层整体视为一个外墙结构按照墙体执行。

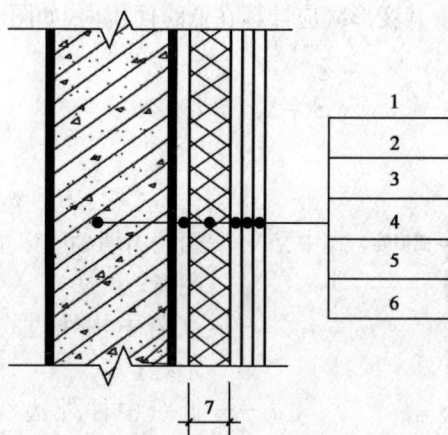

图 4-38　建筑外墙外保温建筑面积计算示意图

1-墙体;2-黏结胶浆;3-保温材料;4-标准网;5-加强网;6-抹面胶浆;7-计算建筑面积部位

为贯彻国家节能要求,鼓励建筑外墙采取保温措施,《建筑工程建筑面积计算规范》(GB/T 50353—2013)将保温材料的厚度计入建筑面积,但计算方法较 2005 版规范有一定变化。建筑物外墙外侧有保温隔热层的,保温隔热层以保温材料的净厚度乘以外墙结构外边线长度按建筑物的自然层计算建筑面积,其外墙外边线长度不扣除门窗和建筑物外已计算建筑面积构件(如阳台、室外走廊、门斗、落地橱窗等部件)所占长度。当建筑物外已计算建筑面积的构件(如阳台、室外走廊、门斗、落地橱窗等部件)有保温隔热层时,其保温隔热层也不再计算建筑面积。外墙是斜面者按楼面楼板处的外墙外边线长度乘以保温材料的净厚度计算。外墙外保温以沿高度方向满铺为准,某层外墙外保温铺设高度未达到全部高度时(不包括阳台、室外走廊、门斗、落地橱窗、雨篷、飘窗等),不计算建筑面积。保温隔热层的建筑面积是以保温隔热材料的厚度来计算的,不包含抹灰层、防潮层、保护层(墙)的厚度。

(25)与室内相通的变形缝,应按其自然层合并在建筑物建筑面积内计算。对于高低联跨的建筑物,当高低跨内部连通时,其变形缝应计算在低跨面积内。

①当高低跨需要分别计算建筑面积时,应以高跨部分的结构外边线为界分别计算建筑面积,如图 4-39 所示。

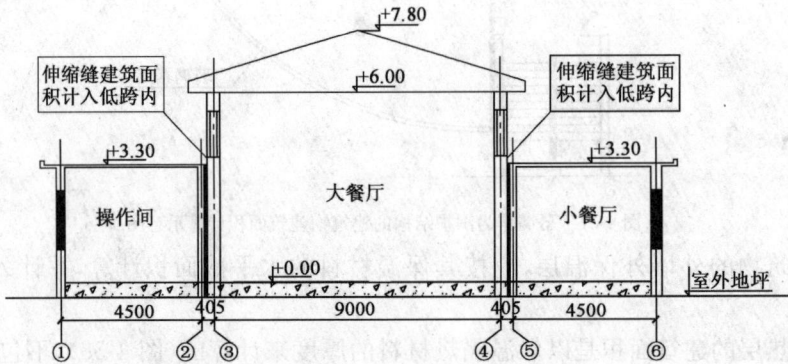

图 4-39 高低联跨的建筑物建筑面积计算示意图

②当高低跨内部连通时,其变形缝应计算在低跨面积内,如图 4-40 所示。

高跨建筑面积:

$$S_1 = (a_1 + a_3) \times b_1$$

低跨建筑面积:

$$S_2 = a_2 \times b$$

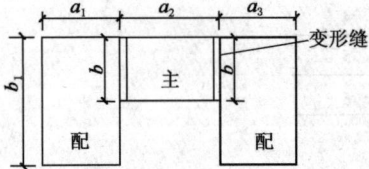

图 4-40 高低跨内部连通时建筑面积
计算示意图

式中:b_1——两端山墙勒脚以上外墙结构外边线间的水平距离;

a_1、a_3——高跨中柱外边线间的水平宽度,不包含变形缝;

a_2——低跨中柱外边线之间包括变形缝的水平宽度。

(26)对于建筑物内的设备层、管道层、避难层等有结构层的楼层(图 4-41),结构层高在 2.20m 及以上的,应计算全面积;结构层高在 2.20m 以下的,应计算 1/2 面积。

设备层、管道层虽然其具体功能与普通楼层不同,但在结构上及施工消耗上并无本质区别,且《建筑工程建筑面积计算规范》(GB/T 50353—2013)定义自然层为"按楼地面结构分层的楼层",因此设备、管道楼层归为自然层,其计算规则与普通楼层相同。在吊顶空间内设置管道的,则吊顶空间部分不能被视为设备层、管道层。

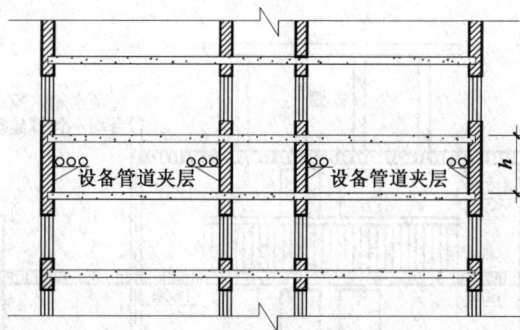

图 4-41　建筑物内的设备管道夹层

(27)下列项目不应计算建筑面积

①与建筑物内不相连通的建筑部件。

指的是依附于建筑物外墙外不与户室开门连通,起装饰作用的敞开式挑台(廊)、平台,以及不与阳台相通的空调室外机搁板(箱)等设备平台部件。

②骑楼、过街楼底层的开放公共空间和建筑物通道。

骑楼、过街楼是比较特殊的结构,解释见术语,如图 4-42 和图 4-43 所示。

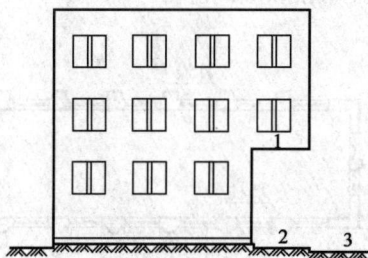

图 4-42　骑楼建筑面积计算示意图
1-骑楼;2-人行道;3-街道

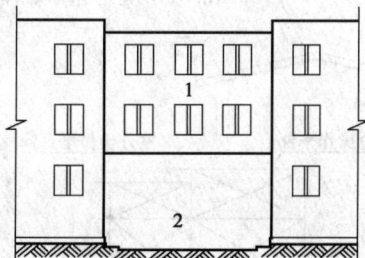

图 4-43　过街楼建筑面积计算示意图
1-过街楼;2-建筑物通道

③舞台及后台悬挂幕布和布景的天桥、挑台等。

指的是影剧院的舞台及为舞台服务的可供上人维修、悬挂幕布、布置灯光及布景等搭设的天桥和挑台等构件设施;

④露台、露天游泳池、花架、屋顶的水箱及装饰性结构构件(图 4-44)。

⑤建筑物内的操作平台、上料平台、安装箱和罐体的平台(图 4-45)。

建筑物内不构成结构层的操作平台、上料平台(包括工业厂房、搅拌站和料仓等建筑中的设备操作控制平台、上料平台等),其主要作用为室内构筑物或设备服务的独立上人设施,因此不计算建筑面积。

⑥勒脚、附墙柱、垛、台阶、墙面抹灰、装饰面、镶贴块料面层、装饰性幕墙,主体结构外的空调室外机搁板(箱)、构件、配件,挑出宽度在 2.10m 以下的无柱雨篷和顶盖高度达到或超过两个楼层的无柱雨篷(图 4-46)。

⑦窗台与室内地面高差在 0.45m 以下且结构净高在 2.10m 以下的凸(飘)窗,窗台与室内地面高差在 0.45m 及以上的凸(飘)窗。

⑧室外爬梯、室外专用消防钢楼梯(图 4-47)。

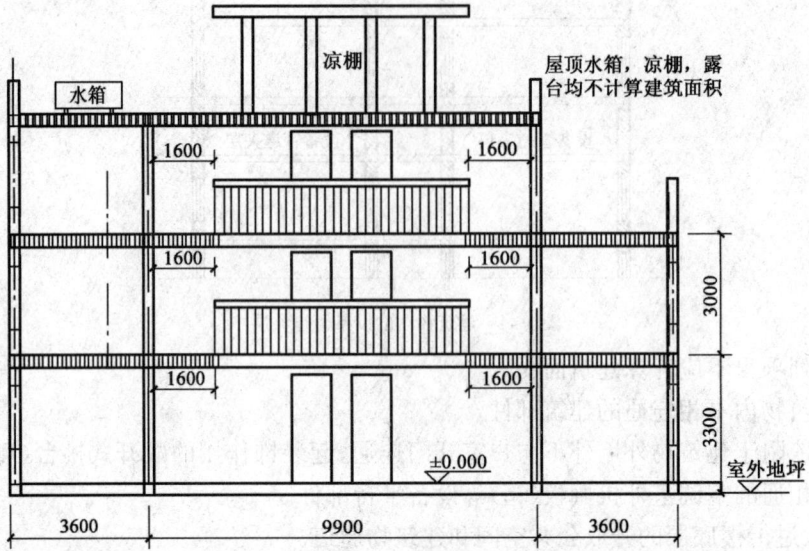

图 4-44　建筑物屋顶水箱、凉棚、露台建筑面积计算示意图

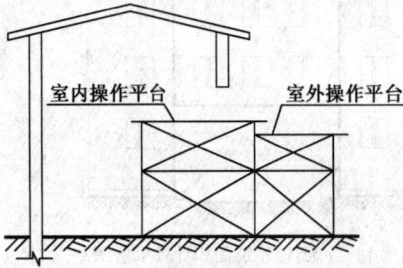

图 4-45　建筑物内的操作平台、上料平台等
建筑面积计算示意图

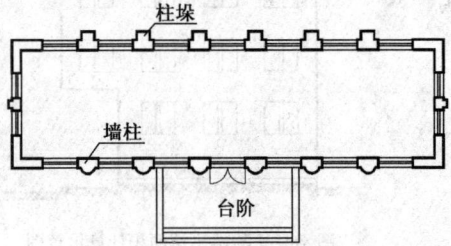

图 4-46　突出墙面的构配件建筑面积计算示意图

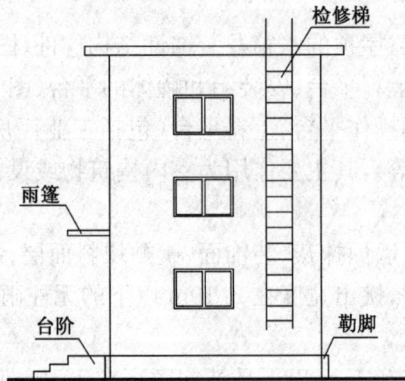

图 4-47　室外爬梯、室外消防钢楼梯示意图

⑨无围护结构的观光电梯。

⑩建筑物以外的地下人防通道,独立的烟囱、烟道、地沟、油(水)罐、气柜、水塔、储油(水)池、储仓、栈桥等构筑物。

4.3.2 楼地面工程量计算

本章采用的是《房屋建筑与装饰工程消耗量定额》(TY-01-31—2015)(以下简称《消耗量定额》),下面将对装饰装修工程列项和各分项工程的计算进行全面介绍。

1.楼地面工程列项

1)楼地面工程分项内容

楼地面工程分项内容是工程量计算时列项的依据,《消耗量定额》对分项工程的内容和项目划分给予了明确的规定,共列出了96个子目,具有实际的指导意义。《消耗量定额》是从结构部位和材料类型、规格及型号等方面进行划分的,我们可以根据表4-1进行系统地认知和学习,掌握列项方法和技巧。

楼地面装饰工程(0111)   表4-1

分　项	定额编号	子项名称
找平面及整体面层 (011101)	11-1	20mm混凝土或硬基层上平面砂浆找平层
	11-2	20mm填充材料上平面砂浆找平层
	11-3	每增减1mm平面砂浆找平层
	11-4	30mm细石混凝土地面找平层
	11-5	每增减1mm细石混凝土地面找平层
	11-6	20mm混凝土或硬基层上水泥砂浆楼泥地面
	11-7	20mm填充材料上水泥砂浆楼地面
	11-8	每增减1mm水泥砂浆楼地面
	11-9	面层4mm水泥基自流平砂浆
	11-10	每增减1mm水泥基自流平砂浆
	11-11	15mm带嵌条水磨石楼地面
	11-12	15mm带嵌条分色水磨石楼地面
	11-13	20mm带嵌条彩色镜面水磨石楼地面
	11-14	20mm带嵌条分色彩色镜面水磨石楼地面
	11-15	每增减1mm水磨石
	11-16	底15mm面10mm菱苦土地面
块料面层 (011102)	11-17	0.36m² 以内石材楼地面(每块面积)
	11-18	0.64m² 以内石材楼面积(每块面积)
	11-19	0.64m² 以外石材楼地面(每块面积)
	11-20	100m² 拼花石材楼地面
	11-21	100个点缀石材楼地面
	11-22	100m² 碎拼石材楼地面

分　项	定额编号	子项名称
块料面层 (011102)	11-23	100m² 石材地面精磨
	11-24	100m 打胶
	11-25	100m² 勾缝
	11-26	波打线(嵌边)石材
	11-27	光面石材底面刷养护液
	11-28	麻面石材底面刷养护液
	11-29	石材表面刷养护液
	11-30	0.10m² 以内陶瓷地面砖
	11-31	0.36m² 以内陶瓷地面砖
	11-32	0.64m² 以内陶瓷地面砖
	11-33	0.64m² 以外陶瓷地面砖
	11-34	0.36m² 以内 8mm 厚单层钢化砖镭射玻璃砖
	11-35	0.36m² 以外 8mm 厚单层钢化砖镭射玻璃砖
	11-36	0.36m² 以内(8+5)mm 厚夹层钢化砖镭射玻璃砖
	11-37	0.36m² 以外(8+5)mm 厚夹层钢化砖镭射玻璃砖
	11-38	勾缝缸砖
	11-39	不勾缝缸砖
	11-40	不拼花陶瓷锦砖
	11-41	拼花陶瓷锦砖
	11-42	水泥花砖
	11-43	拼图案广场砖
	11-44	不拼图案广场砖
像素面层 (011103)	11-45	橡胶板
	11-46	橡胶卷材
	11-47	塑料板
	11-48	塑料卷材
其他材料面层 (011104)	11-49	不固定化纤地毯
	11-50	不带垫固定化纤地毯
	11-51	带垫固定化纤地毯
	11-52	成品安装铺在细木工板上条形实木地板
	11-53	成品安装铺在龙木骨上(单层)条形实木地板
	11-54	成品安装铺在水泥地面上条形复合地板
	11-55	成品安装铺在木楞上(单层)条形复合地板
	11-56	铝合金防静电活动地板安装

98

分　项	定额编号	子项名称
踢脚线 (011105)	11-57	水泥砂浆
	11-58	石材
	11-59	陶瓷地面砖
	11-60	玻璃地砖
	11-61	缸砖
	11-62	陶瓷锦砖
	11-63	塑料板
	11-64	木踢脚线
	11-65	金属踢脚线
	11-66	防静电踢脚线
楼梯面层 (011106)	11-67	20mm 水泥砂浆
	11-68	每增减 1mm 水泥砂浆
	11-69	石材
	11-70	石材弧形楼梯
	11-71	陶瓷地面砖
	11-72	100m² 不带垫化纤地毯
	11-73	100m² 带垫化纤地毯
	11-74	套压棍铜质地毯配件
	11-75	100m 压板铜质地毯配件
	11-76	木板面层
	11-77	橡胶板面层
	11-78	塑料板面层
台阶装饰 (011107)	11-79	20mm 水泥砂浆
	11-80	每增减 1mm 水泥砂浆
	11-81	石材
	11-82	石材弧形台阶
	11-83	陶瓷地面砖
	11-84	20mm 剁假石
零星装饰目录 (011108)	11-85	20mm 水泥砂浆
	11-86	石材
	11-87	陶瓷地面砖
	11-88	缸砖
分格嵌条、防滑条 (011109)	11-89	2mm×12mm 水磨石铜嵌条楼地面嵌金属分隔条
	11-90	T 形 5mm×10mm 块料地面铜分隔条楼地面嵌金属分隔条
	11-91	4mm×6mm 铜嵌条楼梯、台阶踏步防滑条

99

Building Decoration Engineering Budget

分 项	定额编号	子 项 名 称
分格嵌条、防滑条 (011109)	11-92	5mm×50mm 青铜板(直角)楼梯、台阶踏步防滑条
	11-93	6mm×110mm 铸铜条板楼梯、台阶踏步防滑条
	11-94	金刚砂楼梯、台阶踏步防滑条
酸洗打蜡(011110)	11-95	楼地面酸洗打蜡
	11-96	楼梯台阶酸洗打蜡

2)楼地面项目列项举例

根据定额的有关规定,仔细读图后正确列项是基本的预算技能,下面举例供大家参考学习。

【例 4-1】 根据图 4-48 列出需要计算工程量的项目名称。

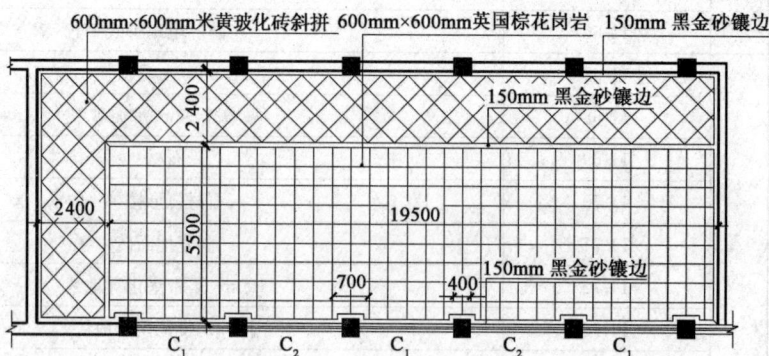

图 4-48 花岗岩地面施工图

解 根据图 4-48 所提供的信息,可列出以下需要计算工程量的工程项目。

(1)600×600 英国棕花岗岩地面

(2)600×600 米黄玻化砖斜拼地面

(3)150mm 黑金砂镶边地面

2.楼地面工程量计算规则及应用

1)楼地面

(1)计算规则

①楼地面找平层及整体面层。

按设计图示尺寸以面积计算,扣除凸出地面构筑物、设备基础、室内管道、地沟等所占面积,不扣除间壁墙及单个面积 0.3m² 以内的柱、垛、附墙烟囱及孔洞所占面积。门洞、空圈、暖气包槽、壁龛的开口部分不增加面积。

②块料面层、橡塑面层。

a.块料面层、橡塑面层及其他材料面层按设计图示尺寸以面积计算。门洞、空圈、暖气包槽、壁龛的开口部分并入相应的工程量内。

b.石材拼花按最大外围尺寸以矩形面积计算。有拼花的石材地面,按设计图示尺寸扣除拼花的最大外围矩形面积计算面积。

c.点缀按"个"计算,计算主体铺贴地面面积时,不扣除点缀所占面积。

d. 石材底面刷养护液包括侧面涂刷,工程量按设计图示尺寸以底面积计算。

e. 石材表面刷保护液按设计图示尺寸以表面积计算。

f. 石材勾缝按石材设计图示尺寸以面积计算。

③块料楼地面做酸洗打蜡者,按设计图示以表面积计算。

(2)计算规则解释

①"不扣除 0.3m² 以内的孔洞所占的面积"是指穿过楼地面的上、下水管道等所占的面积,其面积往往小于 0.3m²,这里所指的"0.3m² 以内"是指孔洞面积小于或等于 0.3m²,如果孔洞面积大于 0.3m²,则需要被扣除。

②"拼花部分"是指为了达到一定的装饰效果,在商场、酒店等公用建筑的大厅或民用建筑的起居室等处采用不同的天然石材种类和不同的颜色拼成的完整的装饰图案,定额按成品考虑。

③"点缀"是指镶拼面积小于 0.015m² 的石材地面,也是为了地面有些小变化而设计的,所占面积极小,给施工增加难度,因此计算整个地面时不予扣除。因点缀面积太小,而且镶贴复杂,所以在计算主体铺贴地面面积时不予扣除且镶贴点缀另列项计算。

④不同的材质和结构做法不同,应分开列项计算。

(3)计算公式

$$楼地面装饰面层净面积=房间净面积-柱、垛及 0.1m² 以上的孔洞所占的面积+$$
$$门、空圈、暖气包槽、壁龛开口面积$$
$$拼花部分面积=实际拼贴的完整图案的总面积$$

拼花部分面积一般为圆形或方形。

$$点缀工程量=镶拼个数$$
$$石材底面刷养护液面积=a \times b$$

式中:a——石材底面长;

b——石材底面宽。

(4)计算实例

【例 4-2】 如图 4-48 所示为某酒店装饰装修工程大堂花岗岩地面部分施工图,根据计算规则列项并计算分项工程的工程量。

解 600mm×600mm 的英国棕花岗岩面积$=(19.5-0.15) \times (5.5-0.15)-0.7 \times$
$$0.15 \times 6$$
$$=102.89(m²)$$

600mm×600mm 黄玻化砖斜拼$=(19.5+2.4-0.15 \times 2) \times (2.4-0.15 \times 2)+5.5 \times (2.4-$
$$0.15 \times 2)$$
$$=56.91(m²)$$

150mm 黑金砂镶边面积$=(19.5+2.4) \times (5.5+2.4)-102.89-56.91-0.4 \times 0.15 \times 6 \times 2$
$$=12.49(m²)$$

【例 4-3】 图 4-49 所示为某居室地面施工图,试计算其木地板的工程量。

解 实木地板工程量$=8.3 \times 11.5-3 \times 4-0.6 \times 0.2 \times 2-0.2 \times 0.3 \times 2-0.3 \times 0.6$
$$=82.91(m²)$$

【例 4-4】 如图 4-50 所示,计算点缀的工程量。

解 黑金砂点缀工程量=6 个

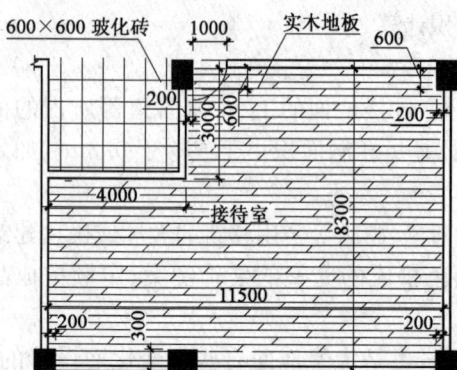

图 4-49 实木地面施工图

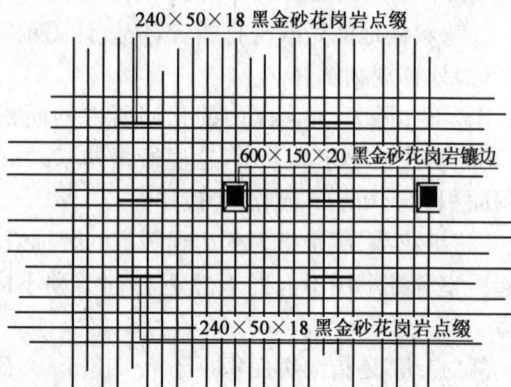

图 4-50 黑金砂花岗岩点缀施工图

2)楼梯

(1)计算规则

楼梯面层按设计图示尺寸以楼梯(包括踏步、休息平台及小于或等于 500mm 的楼梯井)水平投影面积计算。楼梯与楼地面相连时,算至梯口梁内侧边沿;无梯口梁者,算至最上一层踏步边沿加 300mm。

(2)计算规则说明

①"楼梯面积按水平投影面积计算"是指为简化计算,不按楼梯的踢面、踏面展开,而是以楼梯间踏步、休息平台及小于 500mm 宽的楼梯井的水平平面面积计算。计算时分三种情况。第一种,有走道墙的,楼梯与走道的分界线以走道墙的边线为界;第二种,无走道墙有梯口梁的,以梯口梁为界,楼梯面积包括梯口梁;第三种,无走道墙且无梯口梁的,以最上一层踏步外沿 300mm 为界。

②"休息平台"是指楼梯"一跑"与"另一跑"之间歇脚的平台。

③"楼梯井"是指楼梯两跑之间转弯时结构设计的空隙。其宽度小于或等于 500mm 时,楼梯工程量不需要扣除该部分投影面积;当其宽度大于 500mm 时,则需要被扣除。

(3)计算公式

①直形楼梯。

直形楼梯水平投影面积

=(楼梯间长度×楼梯间宽度−500mm 以上宽的楼梯井投影面积)×n

式中:n——楼层数量,如为不上人屋面,需扣减一层。

②弧形楼梯。

弧形楼梯水平投影面积=$\pi \times (R^2 - r^2)$

式中:r——梯井半径且大于 250mm;

R——螺旋楼梯半径。

(4)计算实例

【例4-5】 计算图4-51的花岗岩楼梯装饰面层的工程量(有走道墙的楼梯)。

解 楼梯花岗岩面积$=6.4\times(3.0-0.12\times2)-0.36\times0.18\times2-0.62\times3$

$\qquad\qquad=15.67(m^2)$

【例4-6】 计算图4-52花岗岩楼梯装饰面层的工程量(无走道墙有梯口梁的楼梯)。

解 楼梯花岗岩面积$=5.0\times3.7-0.3\times0.2\times2$

$\qquad\qquad=18.38(m^2)$

【例4-7】 计算图4-53花岗岩楼梯装饰面层的工程量(无走道墙、无梯口梁的楼梯)。

解 楼梯花岗岩面积$=3.7\times(5.0+0.3)-0.3\times0.2\times2$

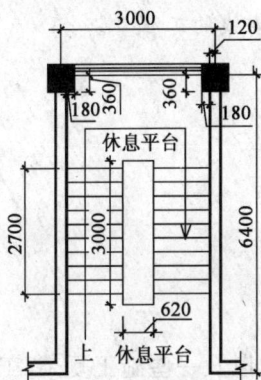

$\qquad\qquad=19.49(m^2)$

图4-51 有走道墙的花岗岩楼梯施工图

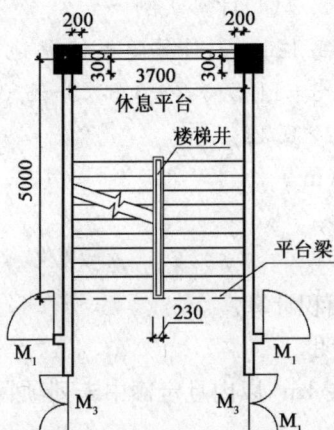

图4-52 无走道墙有梯口梁的花岗岩楼梯施工图

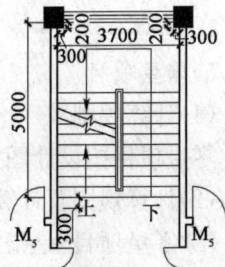

图4-53 无走道墙、无梯口梁的花岗岩楼梯施工图

3)台阶

(1)计算规则

台阶面层按设计图示尺寸以台阶(包括最上层踏步边沿加300mm)水平投影面积计算。

(2)计算规则说明

①"台阶面层按水平投影面积计算"是指为简化计算,不按台阶的踢面、踏面展开,而是以台阶的水平投影面积计算。

②"包括踏步及最上一层踏步沿300mm"是指台阶的水平投影长度的取定除台阶本身的踏步投影长度以外还要加上最上层外延的300mm。

③台阶的宽度指台阶的设计净宽度,不包括梯带、牵边、花池等。

(3)计算公式

$\qquad\qquad$台阶面层面积$=$(台阶的水平投影长度$+$300mm)$\times$台阶宽度

(4)计算实例

【例4-8】 计算图4-54的花岗岩台阶装饰面层的工程量。

解 台阶花岗岩面积$=2.36\times(0.35\times2+0.3)$

$\qquad\qquad=2.36(m^2)$

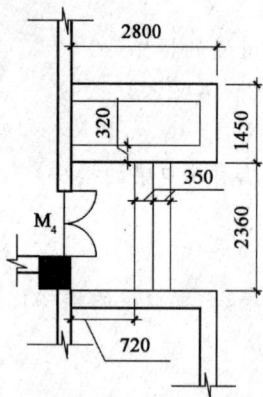

图 4-54　花岗岩台阶施工图

4)踢脚线

(1)计算规则

踢脚线按设计图示尺度乘以高度以面积计算。楼梯靠墙踢脚线(含锯齿形部分)贴块料按设计图示面积计算。

(2)计算规则说明

无论是成品踢脚线还是非成品踢脚线一律按实贴面积计算。

(3)计算公式

楼地面踢脚线工程量＝实贴延长米×高

楼梯靠墙踢脚线工程量＝实贴延长米×高＋锯齿形部分面积

(4)计算实例

【例 4-9】　某工程木踢脚线高 120mm,计算图 4-49 楼地面木踢脚线的工程量。

解　木踢脚线工程量＝[(8.3＋11.5)×2＋0.3×2－1.0]×0.12

＝39.2×0.12

＝4.7(m²)

5)零星项目

(1)计算规则

零星项目按设计图示尺寸面积计算。

(2)计算规则及计算方法说明

①"零星项目"是指定面积在 1m² 以内且定额中未列项目的工程以及一些施工复杂、工料耗用量相比较多的项目。

②楼梯侧面、台阶牵边、小便池、蹲台、池槽等的面层工程量属于零星项目。

(3)计算公式

零星项目工程量＝Σ各分项工程展开面积

(4)计算实例

【例 4-10】　如图 4-55 所示,计算花岗岩楼梯侧面装饰面层的工程量。

解　楼梯侧面面层工程量＝0.10×3.1＋0.3×0.15×(1/2)×9

＝0.51(m²)

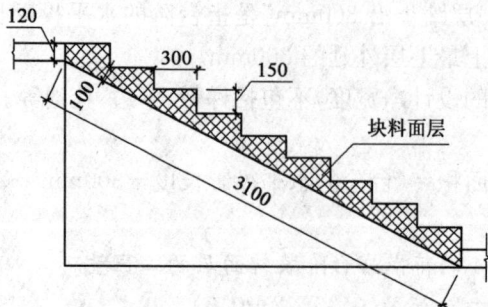

图 4-55　花岗岩楼梯侧面施工图

【例 4-11】 如图 4-56 所示,计算花岗岩台阶牵边装饰面层的工程量(台阶被遮挡面不做饰面)。

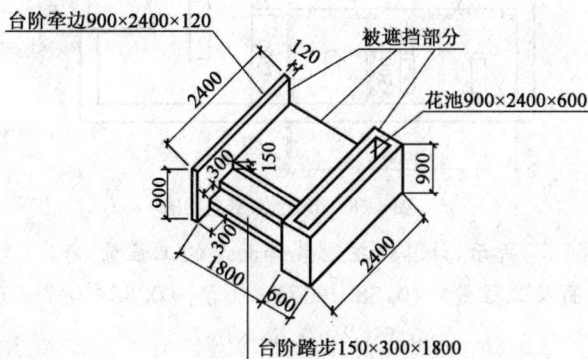

图 4-56 花岗岩台阶牵边施工图

解 台阶牵边工程量 $=0.9\times2.4\times2+0.12\times(0.9+2.4)-0.3\times0.15-0.3\times0.3-0.45\times$
$$(2.4-0.3\times3)$$
$$=3.91(\text{m}^2)$$

【例 4-12】 如图 4-57 所示,计算小便池釉面砖装饰面层的工程量。

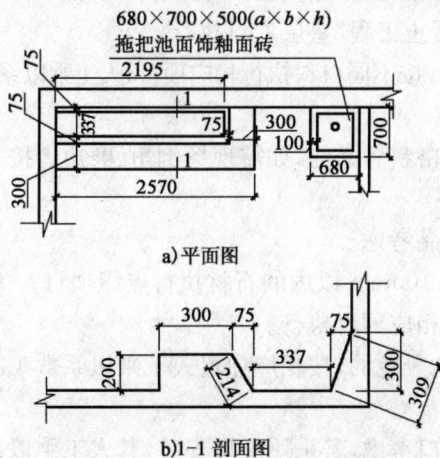

a)平面图

b)1-1 剖面图

图 4-57 花岗岩台阶牵边施工图

解 小便池釉面砖工程量 $=2.195\times0.309+2.195\times0.214+(0.337\times2+0.075\times2)\times$
$$0.2/2\times2+2.57\times0.3+(0.337+0.075\times2)\times$$
$$0.3+(0.787+2.57)\times0.2$$
$$=2.901(\text{m}^2)$$

【例 4-13】 如图 4-58 所示,计算蹲台装饰面层的工程量。

解 蹲台装饰面层的工程量 $=(3.0+0.06)\times(1.2+0.06)+(3.0+1.2+0.06\times2)\times0.15$
$$=4.5(\text{m}^2)$$

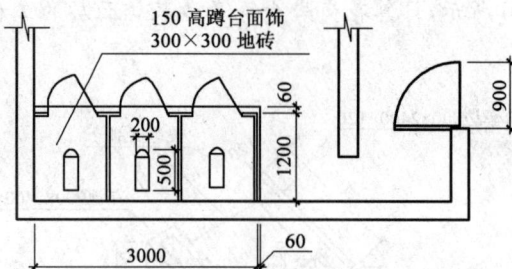

图 4-58 蹲台地面砖施工图

【例 4-14】 如图 4-57 所示，计算拖把池装饰面层的工程量。

解 拖把池装饰面层工程量＝(0.68+0.7)×0.5+(0.68+0.7-0.1×4)×

$$0.5×2+0.68×0.7$$

$$=2.15(m^2)$$

3. 楼地面装饰工程说明

(1)本章定额包括找平层及整体面层，块料面层，橡塑面层，其他材料面层，踢脚线，楼梯面层，台阶装饰，零星装饰项目，分格嵌条、防滑条，酸洗打蜡十节。

(2)水磨石地面水泥石子浆的配合比，设计与定额不同时，可以调整。

(3)同一铺贴面上有不同种类、材质的材料，应分别按本章相应项目执行。

(4)厚度≤60mm 的细石混凝土按找平层项目执行，厚度＞60mm 的按《消耗量定额》中的"第五章 混凝土及钢筋混凝土工程"垫层项目执行。

(5)采用地暖的地板垫层，按不同材料执行相应项目，人工乘以系数 1.3，材料乘以系数 0.95。

(6)块料面层。

①镶贴块料项目是按规格料考虑的，如需现场倒角、磨边者按本定额"其他装饰工程"相应项目执行。

②石材楼地面拼花按成品考虑。

③镶嵌规格在 100mm×100mm 以内的石材执行点缀项目。

④玻化砖按陶瓷地面砖相应项目执行。

⑤石材楼地面需做分格、分色的，按相应项目人工乘以系数 1.10。

(7)木地板。

①木地板安装按成品企口考虑，若采用平口安装，其人工乘以系数 0.85。

②木地板填充材料按本定额"保温、隔热、防腐工程"相应项目执行。

(8)弧形踢脚线、楼梯段踢脚线按相应项目人工、机械乘以系数 1.15。

(9)石材螺旋形楼梯，按弧形楼梯项目人工乘以系数 1.2。

(10)零星项目面层适用于楼梯侧面、台阶的牵边，小便池、蹲台、池槽，以及面积在 0.5m² 以内且未列项目工程。

(11)圆弧形等不规则地面镶贴面层、饰面面层按相应项目人工乘以系数 1.15，块料消耗量损耗按实调整。

(12)水磨石地面包含酸洗打蜡，其他块料项目如需做酸洗打蜡者，单独执行相应酸洗打蜡项目。

4.3.3 墙柱面工程量计算

1.墙柱面工程列项

1)墙柱面工程分项内容

墙柱面工程分项内容是墙柱面工程量计算时列项的依据,《消耗量定额》对分项工程的内容和项目划分给予了明确的规定,共列出了234个子目,具有实际的指导意义。《消耗量定额》是从结构部位、装饰材料和施工工艺等方面进行划分的,我们可以根据表4-2进行系统地认知和学习,掌握列项方法和技巧。

墙面构造做法　　墙面装饰实景图

墙、柱面装饰与隔断、幕墙工程(0112)　　　　　　　　　　　　　表 4-2

分　项		定额编号	子项名称
墙、柱面装饰与隔断、幕墙工程(0112)	墙面抹灰	12-1	(14＋6)mm 内墙
		12-2	(14＋6)mm 外墙
		12-3	(每增减 1mm 厚)内墙
		12-4	(每增减 1mm 厚)外墙
		12-5	100m² 毛石墙
		12-6	100m² 钢板网墙
		12-7	100m² 轻质墙
		12-8	100m 装饰线条抹灰
		12-9	贴玻纤网格布
		12-10	挂钢丝网
		12-11	挂钢板网
		12-12	水刷石
		12-13	干粘白石子
		12-14	斩假石
		12-15	砖墙面拉条
		12-16	混凝土墙面拉条
		12-17	砖墙面甩毛
		12-18	混凝土墙面甩毛
		12-19	玻璃嵌缝分格嵌缝
		12-20	分格分割嵌缝
		12-21	15mm 厚打底找平
		12-22	墙面界面剂
		12-23	素水泥浆界面剂
	柱(梁)面抹灰 (0112020)	12-24	多边形、圆柱形(梁)面独立柱(梁)
		12-25	矩形柱(梁)面独立柱(梁)
		12-26	水刷石柱面
		12-27	干粘白石子柱面
		12-28	斩假石柱面

107

Building Decoration Engineering Budget

分　项		定额编号	子　项　名　称
墙、柱面装饰与隔断、幕墙工程(0112)	零星抹灰 (011203)	12-29	零星抹灰
		12-30	水刷石零星项目
		12-31	干粘白石子零星项目
		12-32	斩假石联零星项目
	墙面块料面层 (011204)	12-33	挂贴石材
		12-34	拼碎石材
		12-35	预拌砂浆(干混)粘贴石材
		12-36	粉状型建筑胶贴剂粘贴石材
		12-37	密缝 1.0m² 以下挂钩式干挂石材
		12-38	嵌缝 1.0m² 以下挂钩式干挂石材
		12-39	(3～5cm 厚)1.5m² 以下挂钩式干挂石材
		12-40	(3～5cm 厚)1.5m² 以上挂钩式干挂石材
		12-41	密缝 1.0m² 以下背栓式干挂石材
		12-42	嵌缝 1.0m² 以下背栓式干挂石材
		12-43	(3～5cm 厚)1.5m² 以下背栓式干挂石材
		12-44	(3～5cm 厚)1.5m² 以上背栓式干挂石材
		12-45	水泥石膏砂浆陶瓷锦砖
		12-46	粉状型建筑胶贴剂陶瓷锦砖
		12-47	水泥石膏砂浆玻璃马赛克
		12-48	粉状型建筑胶贴剂玻璃马赛克
		12-49	预拌砂浆(干混)瓷板每块面积 0.025m² 以内
		12-50	粉状型建筑胶贴剂瓷板每块面积 0.025m² 以内
		12-51	预拌砂浆(干混)瓷板每块面积 0.025m² 以外
		12-52	粉状型建筑胶贴剂瓷板每块面积 0.025m² 以外
		12-53	5mm 面砖灰缝预拌砂浆(干混)面砖每块面积 0.01m² 以内
		12-54	10mm 以内面砖灰缝预拌砂浆(干混)面砖 每块面积 0.01m² 以内
		12-55	5mm 面砖灰缝粉状型建筑胶贴剂面砖 每块面积 0.01m² 以内
		12-56	10mm 以内面砖灰缝粉状型建筑胶贴剂面砖 每块面积 0.01m² 以内
		12-57	5mm 面砖灰缝预拌砂浆(干混)面砖 每块面积 0.02m² 以内
		12-58	10mm 以内面砖灰缝预拌砂浆(干混)面砖 每块面积 0.02m² 以内

分　项		定额编号	子项名称
墙、柱面装饰与隔断、幕墙工程(0112)	墙面块料面层(011204)	12-59	5mm 面砖灰缝粉状型建筑胶贴剂面砖每块面积 0.02m² 以内
		12-60	10mm 以内面砖灰缝粉状型建筑胶贴剂面砖每块面积 0.02m² 以内
		12-61	≤0.06m² 每块面积预拌砂浆(干混)面砖
		12-62	≤0.02m² 每块面积预拌砂浆(干混)面砖
		12-63	≤0.64m² 每块面积预拌砂浆(干混)面砖
		12-64	＞0.64m² 每块面积预拌砂浆(干混)面砖
		12-65	≤0.06m² 每块面积粉状型建筑胶贴剂面砖
		12-66	≤0.20m² 每块面积粉状型建筑胶贴剂面砖
		12-67	≤0.64m² 每块面积粉状型建筑胶贴剂面砖
		12-68	＞0.64m² 每块面积粉状型建筑胶贴剂面砖
		12-69	5mm 以内加浆勾缝面砖
		12-70	10mm 以内加浆勾缝面砖
		12-71	背栓式干挂面砖
		12-72	预拌砂浆(干混)凹凸假麻石
		12-73	粉状型建筑胶贴剂凹凸假麻石
		12-74	钢骨架
		12-75	套后置件
	柱梁面镶贴块料(011205)	12-76	挂贴石材柱面
		12-77	拼碎石材柱面
		12-78	挂钩式干挂石材柱面
		12-79	背栓式干挂石材柱面
		12-80	包圆柱石材包圆柱饰面
		12-81	方柱包圆柱石材包圆柱饰面
		12-82	水泥石膏砂浆方柱(梁)面陶瓷锦砖
		12-83	粉状型建筑胶贴剂方柱(梁)面陶瓷锦砖
		12-84	水泥石膏砂浆方柱(梁)面玻璃马赛克
		12-85	粉状型建筑胶贴剂方柱(梁)面玻璃马赛克
		12-86	预拌砂浆(干混)方柱(梁)面
		12-87	粉状型建筑胶贴剂方柱(梁)面
		12-88	勾缝预拌砂浆(干混)矩形柱
		12-89	密缝预拌砂浆(干混)矩形柱
		12-90	勾缝预拌砂浆(干混)圆形柱
		12-91	密缝预拌砂浆(干混)圆形柱

109

分　　项		定额编号	子项名称
	柱梁面镶贴块料 （011205）	12-92	勾缝粉状型建筑胶贴剂矩形柱
		12-93	密缝粉状型建筑胶贴剂矩形柱
		12-94	勾缝粉状型建筑胶贴剂圆形柱
		12-95	密缝粉状型建筑胶贴剂圆形柱
		12-96	预拌砂浆（干混）凹凸假麻石柱面
		12-97	粉状型建筑胶贴剂凹凸假麻石柱面
	镶贴零星料块 （011206）	12-98	挂贴石材
		12-99	拼碎石材
		12-100	预拌砂浆（干混）粘贴石材
		12-101	粉状型建筑胶贴剂粘贴石材
		12-102	柱墩
		12-103	柱帽
		12-104	水泥石膏砂浆陶瓷锦砖
		12-105	粉状型建筑胶贴剂陶瓷锦砖
		12-106	水泥石膏砂浆玻璃马赛克
墙、柱面装饰与隔断、幕墙工程（0112）		12-107	粉状型建筑胶贴剂玻璃马赛克
		12-108	预拌砂浆（干混）瓷板
		12-109	粉状型建筑胶贴剂粘贴瓷板
		12-110	勾缝预拌砂浆（干混）面砖
		12-111	密缝预拌砂浆（干混）面砖
		12-112	勾缝粉状型建筑胶贴剂面砖
		12-113	密缝粉状型建筑胶贴剂面砖
		12-114	预拌砂浆（干混）凹凸假麻石块
		12-115	粉状型建筑胶贴剂凹凸假麻石块
	墙饰面（011207）	12-116	30 木龙骨平均中距(cm 以内)断面 7.5cm² 以内
		12-117	40 木龙骨平均中距(cm 以内)断面 7.5cm² 以内
		12-118	30 木龙骨平均中距(cm 以内)断面 13cm² 以内
		12-119	40 木龙骨平均中距(cm 以内)断面 13cm² 以内
		12-120	45 木龙骨平均中距(cm 以内)断面 13cm² 以内
		12-121	30 木龙骨平均中距(cm 以内)断面 20cm² 以内
		12-122	40 木龙骨平均中距(cm 以内)断面 20cm² 以内
		12-123	45 木龙骨平均中距(cm 以内)断面 20cm² 以内
		12-124	50 木龙骨平均中距(cm 以内)断面 20cm² 以内
		12-125	40 木龙骨平均中距(cm 以内)断面 30cm² 以内
		12-126	45 木龙骨平均中距(cm 以内)断面 30cm² 以内

110

分 项		定额编号	子 项 名 称
墙、柱面装饰与隔断、幕墙工程(0112)	墙饰面(011207)	12-127	50 木龙骨平均中距(cm 以内)断面 30cm² 以内
		12-128	55 木龙骨平均中距(cm 以内)断面 30cm² 以内
		12-129	50 木龙骨平均中距(cm 以内)断面 45cm² 以内
		12-130	60 木龙骨平均中距(cm 以内)断面 45cm² 以内
		12-131	80 木龙骨平均中距(cm 以内)断面 45cm² 以内
		12-132	竖 603 横 1500 中距(mm 以内)轻钢龙骨
		12-133	单向 500 中距(mm 以内)铝合金龙骨
		12-134	单向 1500 中距(mm 以内)型钢龙骨
		12-135	玻璃棉毡隔离层
		12-136	石膏板基层
		12-137	5mm 胶合板基层
		12-138	9mm 胶合板基层
		12-139	细木工板基层
		12-140	油毡隔离层
		12-141	在胶合板上粘贴镜面玻璃
		12-142	在抹灰面上粘贴镜面玻璃
		12-143	在胶合板上粘贴镭射玻璃
		12-144	在抹灰面上粘贴镭射玻璃
		12-145	100m² 墙面不锈钢面板
		12-146	100m 不锈钢卡口槽不锈钢面板
		12-147	100m² 墙面、墙裙贴人造革
		12-148	100m² 墙面、墙裙贴丝绒
		12-149	100m² 墙面、墙裙塑料板面
		12-150	100m² 墙面、墙裙木质饰面板
		12-151	硬木条吸声墙面
		12-152	硬木板条墙面
		12-153	石膏板墙面
		12-154	竹片内墙面
		12-155	天花铝板墙面
		12-156	铝合金装饰板墙面
		12-157	胶合板基层上铝合金复合板墙面
		12-158	木龙骨基层上铝合金复合板墙面
		12-159	镀锌铁皮墙面
		12-160	纤维板
		12-161	刨花板

分 项		定额编号	子 项 名 称
墙、柱面装饰与隔断、幕墙工程(0112)	墙饰面 (011207)	12-162	杉木薄板
		12-163	木丝板
		12-164	塑料扣板
		12-165	钉在木梁上石棉板墙面
		12-166	安在钢梁上石棉板墙面
		12-167	柚木皮
		12-168	岩棉吸声板
		12-169	FC板
		12-170	超细玻璃棉板
		12-171	木制饰面板拼色、拼花
		12-172	装饰线条分格墙面丝绒面料软包(木龙骨五夹板衬底)
		12-173	装饰板分格墙面丝绒面料软包(木龙骨五夹板衬底)
	柱(梁)饰面 (011208)	12-174	方柱包圆铜圆柱包铜
		12-175	钢龙骨圆柱包铜
		12-176	木龙骨圆柱包铜
		12-177	镶钛金条不锈钢条板包方柱镶条
		12-178	包圆角不锈钢条板包方柱镶条
		12-179	镶不锈钢条板钛金条板包方柱镶条
		12-180	包圆角钛金条板包方柱镶条
		12-181	镶不锈钢条板柚木夹板包方柱镶条
		12-182	镶钛金条板柚木夹板包方柱镶条
		12-183	镶磨砂钢板不锈钢板包方柱镶条
		12-184	镶磨砂钢板钛金钢板包方柱镶条
		12-185	镶钛金条柚木板包圆柱镶条
		12-186	镶防火板条柚木板包圆柱镶条
		12-187	镶钛金条防火板包圆柱镶条
		12-188	镶不锈钢防火板包圆柱镶条
		12-189	镶钛金条波音板包圆柱镶条
		12-190	镶防火板条波音板包圆柱镶条
		12-191	包圆柱波音板包圆柱镶条
		12-192	包圆柱波音软片包圆柱镶条
		12-193	人造革木龙骨三夹板衬里包圆柱
		12-194	饰面夹板木龙骨三夹板衬里包圆柱
		12-195	防火板木龙骨三夹板衬里包圆柱
		12-196	铝板木龙骨三夹板衬里包圆柱

分　　项		定额编号	子项名称
墙、柱面装饰与隔断、幕墙工程(0112)	柱(梁)饰面(011208)	12-197	镜面玻璃木龙骨胶合板衬里包方柱
		12-198	镭射玻璃木龙骨胶合板衬里包方柱
		12-199	饰面夹板木龙骨胶合板衬里包方柱
		12-200	防火板木龙骨胶合板衬里包方柱
		12-201	铝板木龙骨胶合板衬里包方柱
		12-202	在胶合板上粘贴镜面玻璃
		12-203	在抹灰面上粘贴镜面玻璃
		12-204	在胶合板上粘贴镭射玻璃
		12-205	在抹灰面上粘贴镭射玻璃
		12-206	方形梁、柱面不锈钢面板
		12-207	圆形梁、柱面不锈钢面板
		12-208	柱帽、柱脚及其他不锈钢面板
		12-209	柱面贴人造革
	幕墙工程(011209)	12-210	全隐框玻璃幕墙
		12-211	半隐框玻璃幕墙
		12-212	明框玻璃幕墙
		12-213	铝塑板铝板幕墙
		12-214	铝单板铝板幕墙
		12-215	100m² 挂式全玻璃幕墙
		12-216	100m² 点式全玻璃幕墙
		12-217	100m×100mm×240mm 防火隔离带
	隔断(011210)	12-218	半玻木骨架玻璃隔断
		12-219	全玻木骨架玻璃隔断
		12-220	普通玻璃全玻璃隔断
		12-221	钢化玻璃全玻璃隔断
		12-222	防弹玻璃隔断
		12-223	铝合金玻璃隔断
		12-224	铝合金板条隔断
		12-225	直栅漏空花式木隔断
		12-226	100×100 井格(mm×mm)花式木隔断
		12-227	200×200 井格(mm×mm)花式木隔断
		12-228	分割嵌缝玻璃砖隔断
		12-229	全砖玻璃砖隔断
		12-230	全玻塑钢隔断
		12-231	半玻塑钢隔断

113

分　项		定额编号	子　项　名　称
墙、柱面装饰与隔断、幕墙工程(0112)	隔断(011210)	12-232	全塑钢板塑钢隔断
		12-233	木龙骨基层榉木板面浴厕隔断
		12-234	不锈钢磨砂玻璃浴厕隔断

2)墙柱面项目列项参考

列项是装饰装修工程预算的一个关键步骤,墙柱面项目列项正确与否直接影响装饰装修工程的总造价,下面举例供大家参考学习。

【例 4-15】 根据图 4-59 所示,列出需要计算工程量的项目名称(门窗工程暂不考虑)。

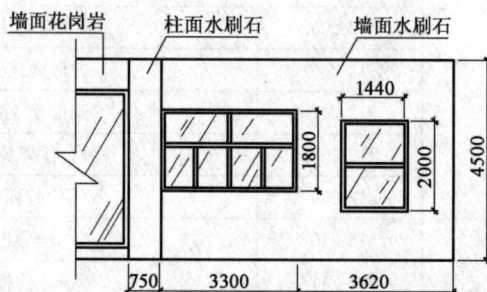

图 4-59　外墙面水刷石立面施工图

解　根据图 4-59 所提供的工程内容,可列出以下需要计算工程量的工程项目。

(1)外墙面水刷石

(2)外墙面花岗岩

2.墙柱面工程量计算规则及应用

1)抹灰

(1)计算规则

①内墙面、墙裙抹灰面积应扣除门窗洞口和单个面积 $0.3m^2$ 以上的孔洞和墙与构件交接处的面积。且门窗洞口、空洞、孔洞的侧壁面积亦不增加,附墙柱的侧面抹灰应并入墙面、墙裙抹灰工程量内计算。

②内墙面、墙裙的长度以主-主墙间的图示净长计算,墙面高度按室内地面至天棚底面净高计算,抹灰面积应扣除墙裙抹灰面积,如墙面和墙裙抹灰种类相同者,工程量合并计算。

③外墙抹灰面积按垂直投影面积计算,应扣除门窗洞口、外墙群(墙面和墙裙抹灰种类相同者合并计算)和单个面积 $0.3m^2$ 以上的孔洞所占面积,不扣除单个面积小于或等于 $0.3m^2$ 的孔洞所占据,门窗洞口及孔洞侧壁面积亦不增加。附墙柱侧面抹灰面积应并入外墙面抹灰工程量内。

④柱抹灰按结构断面周长乘以抹灰高度计算。

⑤装饰线条抹灰按设计图示尺寸以长度计算。

⑥装饰抹灰分格嵌缝按抹灰面面积计算。

⑦"零星项目"按设计图示尺寸以展开面积计算。

（2）计算规则解释

①"扣除门窗洞口和 $0.3m^2$ 以上的孔洞所占的面积,门窗洞口及孔洞侧壁面积亦不增加"是指为了简化计算,小于或等于 $0.3m^2$ 的孔洞所占的面积、门窗洞口及孔洞侧壁的人料机耗用量已综合考虑在定额分项中,因此不需增加计算这部分面积。其中"门窗洞口及孔洞侧壁"是指做法与内外墙相同,沿墙的厚度方向的面积。

②"净长"是指扣除墙厚以后主墙间的净尺寸。

③"结构断面周长"是指施工图所标注的柱子的构件图示结构尺寸。

④"外墙面抹灰的垂直投影面积"是指外墙的外边线与檐高的乘积。

⑤"女儿墙内侧垂直投影面积"是指女儿墙内墙长和墙高的乘积,泛水、挑砖部分不展开,压顶部分需另列项计算,如图 4-60 所示。

⑥"阳台栏板内侧垂直投影面积"是指阳台栏板内侧长与栏板高度的乘积,花格所占孔洞面积已由系数综合考虑了,不予扣除,压顶或扶手需另列项计算。

⑦"附墙柱侧面抹灰面积"是指部分嵌在墙中并有一部分突出墙面的柱的两侧的面积。

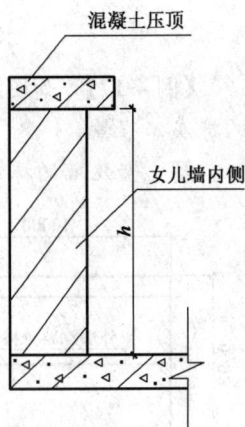

图 4-60　女儿墙内侧抹灰示意图

⑧装饰抹灰分格、嵌缝是为了达到施工质量要求及美化墙面而做的构造,以装饰抹灰面积进行计算。

（3）计算公式

①内墙面、墙裙抹灰。

内墙面抹灰工程量＝内墙净长线×净高－门窗洞口和 $0.3m^2$ 以上的孔洞所占的面积＋附墙柱侧面抹灰面积

内墙裙抹灰工程量＝墙净长线×墙裙高度－门窗洞口和 $0.3m^2$ 以上的孔洞所占的面积＋附墙柱侧面抹灰面积

②外墙面、墙裙抹灰。

外墙面抹灰工程量＝外墙外边线×檐高－门窗洞口和 $0.3m^2$ 以上的孔洞所占的面积＋附墙柱侧面抹灰面积

外墙裙抹灰工程量＝外墙外边线×墙裙高度－门窗洞口和 $0.3m^2$ 以上的孔洞所占的面积＋附墙柱侧面抹灰面积

③柱面抹灰。

柱墙面抹灰工程量＝结构断面周长×柱高

④装饰线条抹灰。

装饰线条抹灰工程量＝设计图示长度

⑤装饰抹灰分格嵌缝。

装饰抹灰分格嵌缝工程量＝抹灰面面积

⑥零星项目。

零星项目工程量＝设计图示尺寸以展开面积

（4）计算实例

【例4-16】 如图4-59所示，计算外墙面水刷石装饰抹灰的工程量（柱垛侧面宽140mm）。

解 水刷石抹灰工程量＝$4.5 \times (3.3+3.62)-3.3 \times 1.8-1.44 \times 2.0+$

$(0.75+0.14 \times 2) \times 4.5$

$=26.96(\text{m}^2)$

【例4-17】 如图4-60所示，某建筑物女儿墙内侧长30m，高h为0.8m，试计算该女儿墙的抹灰工程量。

解 女儿墙的抹灰工程量＝$30 \times 0.8=24(\text{m}^2)$

【例4-18】 如图4-61所示，试算某建筑物外墙装饰嵌缝工程量。

解 外墙装饰嵌缝工程量＝$10 \times 8=80(\text{m}^2)$

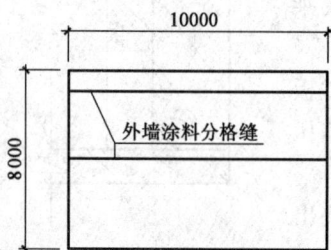

图4-61 外墙面水刷石立面施工图

2）块料面层

（1）计算规则

①挂贴石材零星项目中柱墩、柱帽是按圆弧形成品考虑的，按其圆的最大外径以周长计算；其他类型的柱帽、柱墩工程量是按设计图示尺寸以展开面积计算。

②镶贴块料面层，按镶贴表面积计算。

③柱镶贴块料面层按设计图示饰面外围尺寸乘以高度以面积计算。

（2）计算规则解释

①"柱饰面外围饰面尺寸"是指装饰装修施工图所标注的构件图示尺寸，即装饰饰面成活尺寸。如图4-62和图4-63所示。

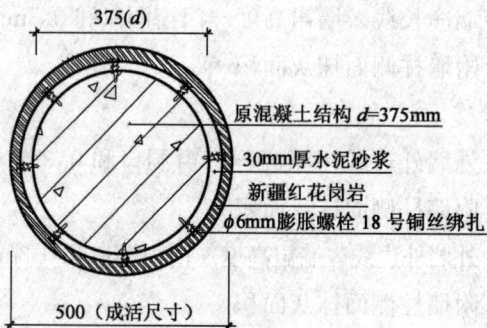

图4-62 花岗岩柱面施工图

②按实贴面积计算，比如柱与梁交接处面积应予扣除。

（3）计算公式

①镶贴块料面层。

镶贴块料面层工程量＝镶贴表面积

②柱镶贴饰面工程量＝周长×h，其中：周长表示柱饰面成活尺寸，h 表示柱高。

③挂贴石材零星项目中柱墩、柱帽工程量按圆的最大外径周长计算。

④其他类型的柱帽、柱墩

其他类型的柱帽、柱墩工程量＝设计图示饰面外围尺寸×高度

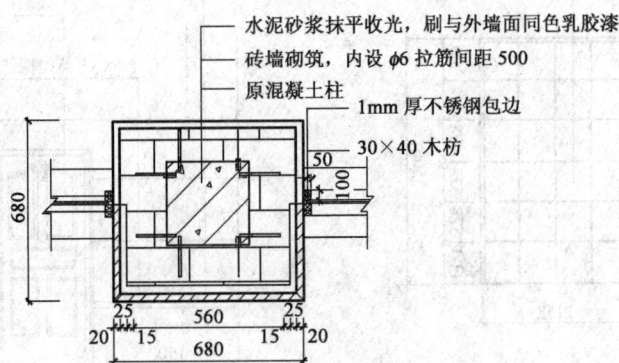
　　　　水泥砂浆抹平收光，刷与外墙面同色乳胶漆
　　　　砖墙砌筑，内设 $\phi6$ 拉筋间距 500
　　　　原混凝土柱
　　　　1mm 厚不锈钢包边
　　　　30×40 木枋

图 4-63　砖结构加大柱子施工图

（4）计算实例

【例 4-19】　如图 4-64 所示，已知柱高为 3m，求柱面水泥砂浆的工程量。

解　柱面水泥砂浆的工程量＝0.68×4×3＝8.16(m²)

【例 4-20】　如图 4-64 所示，已知柱高为 3m，计算挂贴柱面花岗岩及成品花岗岩线条工程量。

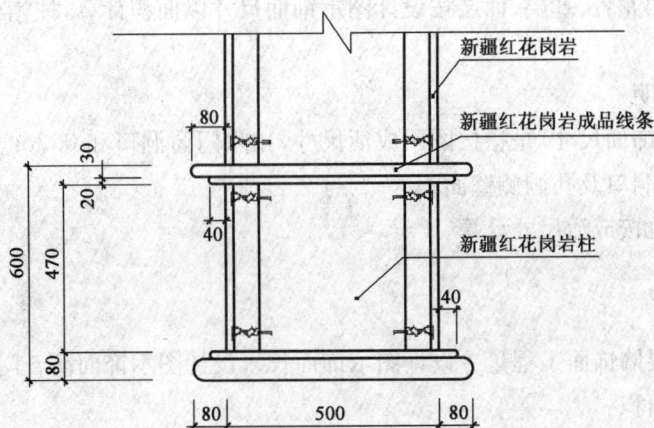
　　　　新疆红花岗岩
　　　　新疆红花岗岩成品线条
　　　　新疆红花岗岩柱

图 4-64　柱子挂贴花岗岩施工图

解　挂贴花岗岩柱的工程量＝π×0.5×3＝4.71(m²)

挂贴花岗岩零星项目＝π×(0.5＋0.08×2)×2＋π×(0.5＋0.04×2)×2＝7.79(m)

【例 4-21】　如图 4-65 所示，计算墙面挂贴花岗岩的工程量。

解　墙面挂贴花岗岩的工程量＝2.152×3.5＝7.53(m²)

【例4-22】 计算图4-66所示墙面80mm×36mm英国棕花岗岩线条的工程量。

解 墙面英国棕花岗岩线条工程量＝1.5m

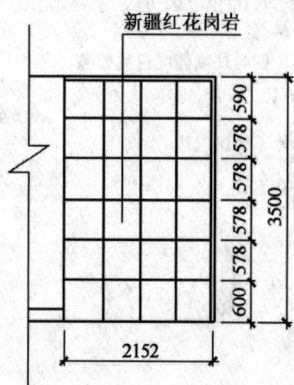

图4-65 墙面挂贴花岗岩施工图

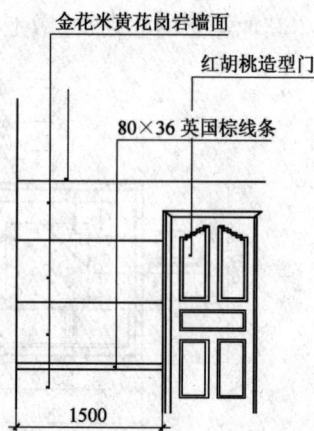

图4-66 墙面花岗岩装饰线条施工图

3)墙饰面

(1)计算规则

①龙骨、基层、面层墙饰面项目按设计图示饰面尺寸以面积计算,扣除门窗洞口及单个面积≥0.3m²以上的空圈所占的面积,不扣除单个面积≤0.3m²的孔洞所占面积,门窗洞口及孔洞侧壁面积亦不增加。

②柱(梁)饰面的龙骨、基层、面层按设计图示饰面尺寸以面积计算,柱帽、柱墩并入相应柱面积计算。

(2)计算规则说明

①"按设计图示饰面尺寸"是指按图示成活尺寸,扣除门窗洞口和0.3m²以上的孔洞所占的面积,不增加门窗洞口及孔洞侧壁面积。

②柱(梁)饰面也按成活尺寸计算。

(3)计算公式

①墙面。

龙骨、基层、面层墙饰面工程量＝设计图示饰面长×设计图示饰面高－门窗洞口和0.3m²以上的孔洞所占的面积

②柱面。

柱(梁)饰面的龙骨、基层、面层工程量＝设计图示柱表面饰面长×设计图示柱饰面高＋柱帽、柱墩面积

(4)计算实例

【例4-23】 计算如图4-67所示木芯板基层银镜饰面的工程量。

解 银镜饰面工程量＝0.6×0.2×5＋0.2×0.2×4＋0.2×0.4＝0.84(m²)

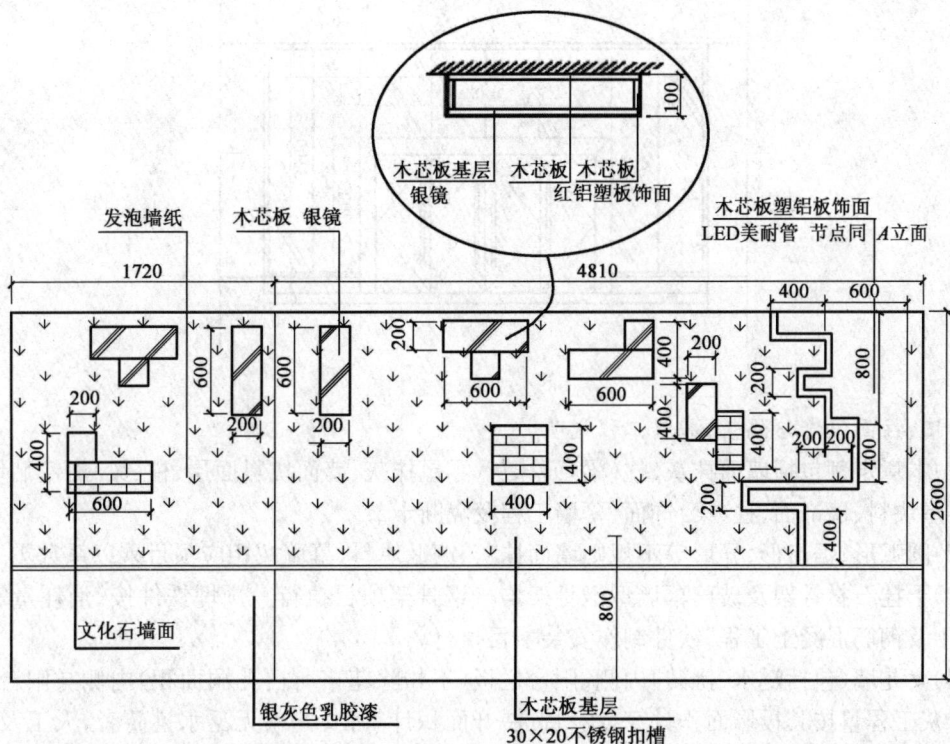

图 4-67　墙面装饰施工图

4）幕墙、隔断

（1）计算规则

①玻璃幕墙、铝板幕墙以框外围面积计算；半玻璃隔断、全玻璃幕墙如有加强肋者，工程量按其展开面积计算。

②隔断按设计图示框外围尺寸以面积计算，扣除门窗洞及单个面积＞0.3m² 的孔洞所占面积。

（2）计算规则解释

①隔断按设计图示框外围面积计算，小于或等于 0.3m² 的孔洞所占的面积不予扣除。

②隔断上的门窗另外列项计算工程量，厕所木隔断除外。

③全玻隔断边框按展开面积另外列项计算工程量。

④"玻璃幕墙、铝板幕墙框外围面积"是指玻璃幕墙、铝板幕墙装饰施工图图示成活尺寸。

（3）计算公式

①隔断工程量＝设计图示框外围长×设计图示框外围高－门窗洞口及 0.3m² 以上的孔洞所占的面积。

②玻璃幕墙、铝板幕墙工程量＝框外围长×框外围高。

（4）计算实例

【例 4-24】　计算图 4-68 所示的玻璃幕墙的工程量。

解　玻璃幕墙工程量＝6.67×3.39－3.9×2.02＝14.73（m²）

Building Decoration Engineering Budget

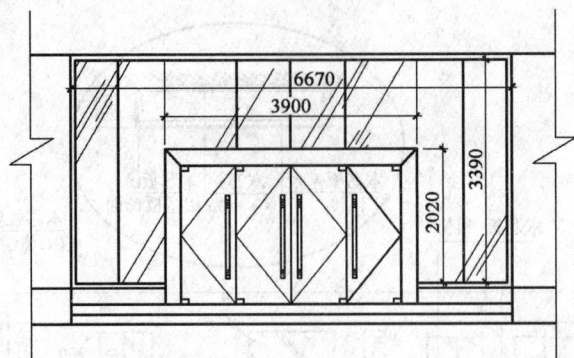

图 4-68 玻璃幕墙施工图

3.墙、柱面装饰与隔断、幕墙工程说明

(1)本章定额包括墙面抹灰、柱(梁)面抹灰、零星抹灰、墙面块料面层、柱(梁)面镶贴块料、镶贴零星块料、墙饰面、柱(梁)饰面、幕墙工程及隔断十节。

(2)圆弧形、锯齿形、异形等不规则墙面抹灰、镶贴块料、幕墙按相应项目乘以系数1.15。

(3)干挂石材骨架及玻璃幕墙型钢骨架均按钢骨架项目执行。预埋铁件按《消耗量定额》"混凝土及钢筋混凝土工程"铁件制作安装项目执行。

(4)女儿墙(包括泛水、挑砖)内侧、阳台栏板(不扣除花格所占孔洞面积)内侧与阳台栏板外侧抹灰工程量按其投影面积计算,块料按展开面积计算;女儿墙无泛水挑砖者,人工及机械乘以系数1.10,女儿墙带泛水挑砖者,人工及机械乘以系数1.30,按墙面相应项目执行;女儿墙外侧并入外墙计算。

(5)抹灰面层

①抹灰项目中砂浆配合比与设计不用者,按设计要求调整;如设计厚度与定额取定厚度不同者,按相应增减厚度项目调整。

②砖墙中的钢筋混凝土梁、柱侧面抹灰>0.5m² 的并入相应墙面项执行,≤0.5m² 的按"零星抹灰"项目执行。

③抹灰工程的"零星项目"适用于各种壁柜、碗柜、飘窗板、空调隔板、暖气罩、池槽、花台以及≤0.5m² 的其他各种零星抹灰。

④抹灰工程的装饰线条适用于门窗、挑檐、腰线、压顶、遮阳板外边、宣传栏边框等项目的抹灰,以及突出墙面且展开宽度≤300mm的竖、横线条抹灰。线条展开宽度>300mm 且≤400mm者,按相应项目乘以系数1.33;展开宽度>400mm 且≤500mm者,按相应项目乘以系数1.67。

(6)块料面层

①墙面贴块料、饰面高度在300mm 以内者,按踢脚线项目执行。

②勾缝镶贴面砖子目,面砖消耗量分别按缝宽5mm 和10mm 考虑,如灰缝宽度与取定不同者,其块料及灰缝材料(预拌水泥砂浆)允许调整。

③玻化砖、干挂玻化砖或玻岩板按面砖相应项目执行。

(7)除已列有挂贴石材柱帽、柱墩项目外,其他项目的柱帽、柱墩并入相应柱面积内,每个柱帽或柱墩另增人工:抹灰0.25工日,块料0.38工日,饰面0.5工日。

(8)木龙骨基层是按双向计算的,如设计为单向时,材料、人工乘以系数0.55。

(9)隔层、幕墙。

①玻璃幕墙中的玻璃按成品玻璃考虑;幕墙中的避雷装置已综合,但幕墙的封边、封顶的费用另行计算。型钢、挂件设计用量与定额取定用量不同时,可以调整。

②幕墙饰面中的结构胶与耐候胶设计用量与定额取定用量不同时,消耗量按设计计算的用量加15%的施工损耗计算。

4.3.4 天棚工程量计算

1)天棚工程列项

(1)天棚工程分项内容

《消耗量定额》中的天棚工程分部共列出了247个子目。这些子目主要从两个方面划分。一是按天棚的造型划分,例如:平面、跌级天棚等;二是按天棚的构造划分,例如:天棚龙骨、天棚基层、天棚面层、天棚灯槽等。

《消耗量定额》中天棚分部的主要子目构成及列项见表4-3。

吊项构造做法　天棚装饰实景图

天棚工程(0113)　　　　　　　　　　　　　　　　　　　表4-3

分　项	定额编号	子项名称
天棚抹灰 (011301)	13-1	一次抹灰(10mm)混凝土天棚
	13-2	砂浆每增减1mm混凝土天棚
	13-3	拉毛混凝土天棚
	13-4	底面钢板网天棚
	13-5	二遍拉条天棚
	13-6	三道内装饰线
	13-7	五道内装饰线
天棚吊顶 (011302)	13-8	单层楞对剖圆木天棚龙骨(搁在砖墙上)
	13-9	300×300 规格(mm×mm)双层楞对剖圆木天棚龙骨(搁在砖墙上)
	13-10	450×450 规格(mm×mm)双层楞对剖圆木天棚龙骨(搁在砖墙上)
	13-11	600×600 规格(mm×mm)双层楞对剖圆木天棚龙骨(搁在砖墙上)
	13-12	>600×600 规格(mm×mm)双层楞对剖圆木天棚龙骨(搁在砖墙上)
	13-13	单层楞对剖圆木天棚龙骨(吊在梁下或板下)
	13-14	300×300 规格(mm×mm)双层楞对剖圆木天棚龙骨(吊在梁下或板下)
	13-15	450×450 规格(mm×mm)双层楞对剖圆木天棚龙骨(吊在梁下或板下)
	13-16	600×600 规格(mm×mm)双层楞对剖圆木天棚龙骨(吊在梁下或板下)
	13-17	>600×600 规格(mm×mm)双层楞对剖圆木天棚龙骨(吊在梁下或板下)
	13-18	单层楞方木天棚龙骨(搁在砖墙上)
	13-19	300×300 规格(mm×mm)双层楞方木天棚龙骨(搁在砖墙上)
	13-20	450×450 规格(mm×mm)双层楞方木天棚龙骨(搁在砖墙上)
	13-21	600×600 规格(mm×mm)双层楞方木天棚龙骨(搁在砖墙上)

Building Decoration Engineering Budget

分 项	定 额 编 号	子 项 名 称
天棚吊顶 (011302)	13-22	>600×600 规格(mm×mm)双层楞方木天棚龙骨(搁在砖墙上)
	13-23	单层楞方木天棚龙骨(吊在梁下或板下)
	13-24	300×300 规格(mm×mm)双层楞方木天棚龙骨(吊在梁下或板下)
	13-25	450×450 规格(mm×mm)双层楞方木天棚龙骨(吊在梁下或板下)
	13-26	600×600 规格(mm×mm)双层楞方木天棚龙骨(吊在梁下或板下)
	13-27	>600×600 规格(mm×mm)双层楞方木天棚龙骨(吊在梁下或板下)
	13-28	平面 300×300 规格(mm×mm)装配式 U 形轻钢天棚龙骨(不上人型)
	13-29	跌级 300×300 规格(mm×mm)装配式 U 形轻钢天棚龙骨(不上人型)
	13-30	平面 450×450 规格(mm×mm)装配式 U 形轻钢天棚龙骨(不上人型)
	13-31	跌级 450×450 规格(mm×mm)装配式 U 形轻钢天棚龙骨(不上人型)
	13-32	平面 600×600 规格(mm×mm)装配式 U 形轻钢天棚龙骨(不上人型)
	13-33	跌级 600×600 规格(mm×mm)装配式 U 形轻钢天棚龙骨(不上人型)
	13-34	平面>600×600 规格(mm×mm)装配式 U 形轻钢天棚龙骨(不上人型)
	13-35	跌级>600×600 规格(mm×mm)装配式 U 形轻钢天棚龙骨(不上人型)
	13-36	平面 300×300 规格(mm×mm)装配式 U 形轻钢天棚龙骨(上人型)
	13-37	跌级 300×300 规格(mm×mm)装配式 U 形轻钢天棚龙骨(上人型)
	13-38	平面 450×450 规格(mm×mm)装配式 U 形轻钢天棚龙骨(上人型)
	13-39	跌级 450×450 规格(mm×mm)装配式 U 形轻钢天棚龙骨(上人型)
	13-40	平面 600×600 规格(mm×mm)装配式 U 形轻钢天棚龙骨(上人型)
	13-41	跌级 600×600 规格(mm×mm)装配式 U 形轻钢天棚龙骨(上人型)
	13-42	平面>600×600 规格(mm×mm)装配式 U 形轻钢天棚龙骨(上人型)
	13-43	跌级>600×600 规格(mm×mm)装配式 U 形轻钢天棚龙骨(上人型)
	13-44	不上人圆弧形轻钢天棚龙骨
	13-45	上人圆弧形轻钢天棚龙骨
	13-46	平面 300×300 规格(mm×mm)装配式 T 形铝合金天棚龙骨(不上人型)
	13-47	跌级 300×300 规格(mm×mm)装配式 T 形铝合金天棚龙骨(不上人型)
	13-48	平面 450×450 规格(mm×mm)装配式 T 形铝合金天棚龙骨(不上人型)
	13-49	跌级 450×450 规格(mm×mm)装配式 T 形铝合金天棚龙骨(不上人型)
	13-50	平面 600×600 规格(mm×mm)装配式 T 形铝合金天棚龙骨(不上人型)
	13-51	跌级 600×600 规格(mm×mm)装配式 T 形铝合金天棚龙骨(不上人型)
	13-52	平面>600×600 规格(mm×mm)装配式 T 形铝合金天棚龙骨(不上人型)
	13-53	跌级>600×600 规格(mm×mm)装配式 T 形铝合金天棚龙骨(不上人型)
	13-54	平面 300×300 规格(mm×mm)装配式 T 形铝合金天棚龙骨(上人型)
	13-55	跌级 300×300 规格(mm×mm)装配式 T 形铝合金天棚龙骨(上人型)

分 项	定额编号	子 项 名 称
	13-56	平面 450×450 规格(mm×mm)装配式 T 形铝合金天棚龙骨(上人型)
	13-57	跌级 450×450 规格(mm×mm)装配式 T 形铝合金天棚龙骨(上人型)
	13-58	平面 600×600 规格(mm×mm)装配式 T 形铝合金天棚龙骨(上人型)
	13-59	跌级 600×600 规格(mm×mm)装配式 T 形铝合金天棚龙骨(上人型)
	13-60	平面＞600×600 规格(mm×mm)装配式 T 形铝合金天棚龙骨(上人型)
	13-61	跌级＞600×600 规格(mm×mm)装配式 T 形铝合金天棚龙骨(上人型)
	13-62	500×500 规格(mm×mm)嵌入式铝合金方板天棚龙骨(不上人型)
	13-63	600×600 规格(mm×mm)嵌入式铝合金方板天棚龙骨(不上人型)
	13-64	600×600 以上规格(mm×mm)嵌入式铝合金方板天棚龙骨(不上人型)
	13-65	500×500 规格(mm×mm)嵌入式铝合金方板天棚龙骨(上人型)
	13-66	600×600 规格(mm×mm)嵌入式铝合金方板天棚龙骨(上人型)
	13-67	600×600 以上规格(mm×mm)嵌入式铝合金方板天棚龙骨(上人型)
	13-68	500×500 规格(mm×mm)浮搁式铝合金方板天棚龙骨(不上人型)
	13-69	600×600 规格(mm×mm)浮搁式铝合金方板天棚龙骨(不上人型)
	13-70	600×600 以上规格(mm×mm)浮搁式铝合金方板天棚龙骨(不上人型)
	13-71	500×500 规格(mm×mm)浮搁式铝合金方板天棚龙骨(上人型)
天棚吊顶	13-72	600×600 规格(mm×mm)浮搁式铝合金方板天棚龙骨(上人型)
(011302)	13-73	600×600 规格(mm×mm)浮搁式铝合金方板天棚龙骨(上人型)
	13-74	500×500 规格(mm×mm)中龙骨直接吊挂骨架铝合金轻型方板天棚龙骨
	13-75	600×600 规格(mm×mm)中龙骨直接吊挂骨架铝合金轻型方板天棚龙骨
	13-76	600×600 以上规格(mm×mm)中龙骨直接吊挂骨架铝合金轻型方板天棚龙骨
	13-77	铝合金条板天棚龙骨
	13-78	150mm 龙骨间距铝合金隔片式天棚
	13-79	5mm 胶合板基层
	13-80	9mm 胶合板基层
	13-81	石膏板天棚基层
	13-82	天棚面层板条
	13-83	天棚面层漏风条
	13-84	天棚面层胶合板
	13-85	天棚面层水泥木丝板
	13-86	厚 15mm 薄板天棚面层
	13-87	天棚面层胶压刨花木屑板
	13-88	天棚面层埃特板
	13-89	天棚面层玻璃纤维板(搁放型)

123

Building Decoration Engineering Budget

分　项	定额编号	子项名称
	13-90	天棚面板宝丽板
	13-91	塑料板天棚面板
	13-92	钢板网天棚面层
	13-93	搁在龙骨上铝板网天棚面层
	13-94	钉在龙骨上铝板网天棚面层
	13-95	贴在混凝土板下铝塑板天棚面层
	13-96	贴在胶合板上铝塑板天棚面层
	13-97	贴在龙骨底铝塑板天棚面层
	13-98	搁放在龙骨上矿棉板天棚面层
	13-99	安在U形轻钢龙骨上硅酸钙板天棚面层
	13-100	安在T形铝合金龙骨上硅酸钙板天棚面层
	13-101	安在U形轻钢龙骨上石膏板天棚面层
	13-102	安在T形铝合金龙骨上石膏板天棚面层
	13-103	安在U形轻钢龙骨上玻岩板天棚面层
	13-104	天棚面层竹片
	13-105	天棚面层不锈钢板
天棚吊顶 (011302)	13-106	天棚面层镜面玲珑胶板
	13-107	阻燃聚丙烯天棚面层
	13-108	真空镀膜仿金(仿银)装饰板天棚面层
	13-109	空腹PVC扣板天棚面层
	13-110	密铺方格式木质装饰板天棚面层
	13-111	分缝方格式木质装饰板天棚面层
	13-112	花式木质装饰板天棚面层
	13-113	矿棉吸声板天棚
	13-114	石膏吸声板天棚
	13-115	穿孔面板胶合板天棚
	13-116	隔声板吸声板天棚
	13-117	嵌入式(平板)铝合金方板天棚
	13-118	吸声板铝合金方板天棚
	13-119	搁式(平板)铝合金方板天棚
	13-120	600mm×600mm铝板天棚
	13-121	1200mm×300mm铝板天棚
	13-122	闭缝铝合金条板天棚
	13-123	开缝铝合金条板天棚
	13-124	100mm间距条型铝合金挂片天棚

分 项	定额编号	子项名称
	13-125	150mm 间距条型铝合金挂片天棚
	13-126	200mm 间距条型铝合金挂片天棚
	13-127	200mm 间距块型铝合金挂片天棚
	13-128	100mm 间距条型铝方通天棚
	13-129	150mm 间距条型铝方通天棚
	13-130	200mm 间距条型铝方通天棚
	13-131	铝合金扣板天棚
	13-132	300mm×300mm 方形铝扣板
	13-133	100mm 铝扣板收边线
	13-134	100m² 方形不锈钢镜面板
	13-135	平缝镜面玻璃天棚
	13-136	平面镭射玻璃
	13-137	异型镭射玻璃
	13-138	井格形玻璃镜面
	13-139	锥形镜面玻璃
	13-140	方格式有机胶片
天棚吊顶	13-141	吊顶烤漆异形板条金属板
(011302)	13-142	不锈钢隔栅嵌入式
	13-143	乳白胶片天棚胶片(搁放型)
	13-144	分光铝隔栅天棚灯片(搁放型)
	13-145	塑料透光片天棚灯片(搁放型)
	13-146	玻璃纤维片天棚灯片(搁放型)
	13-147	圆弧形平面藻井天棚
	13-148	矩形平面藻井天棚
	13-149	曲面形拱形藻井天棚
	13-150	筒形拱形藻井天棚
	13-151	弧拱形吊挂式天棚
	13-152	圆形吊挂式天棚
	13-153	矩形吊挂式天棚
	13-154	直线形阶梯形天棚
	13-155	弧线形阶梯形天棚
	13-156	直线形锯齿形天棚
	13-157	弧线形锯齿形天棚
	13-158	圆形方木天棚龙骨
	13-159	半圆形方木天棚龙骨

125

分　项	定额编号	子项名称
	13-160	石膏板圆弧形平面藻井天棚
	13-161	胶合板圆弧形平面藻井天棚
	13-162	石膏板矩形平面藻井天棚
	13-163	胶合板矩形平面藻井天棚
	13-164	石膏板圆弧形拱形藻井天棚
	13-165	胶合板圆弧形拱形藻井天棚
	13-166	石膏板矩形拱形藻井天棚
	13-167	胶合板矩形拱形藻井天棚
	13-168	石膏板弧拱形吊挂式天棚
	13-169	胶合板弧拱形吊挂式天棚
	13-170	石膏板圆形吊挂式天棚
	13-171	胶合板圆形吊挂式天棚
	13-172	石膏板矩形吊挂式天棚
	13-173	胶合板矩形吊挂式天棚
天棚吊顶	13-174	石膏板直线形阶梯形天棚
(011302)	13-175	胶合板直线形阶梯形天棚
	13-176	石膏板弧线形阶梯形天棚
	13-177	胶合板弧线形阶梯形天棚
	13-178	石膏板直线形锯齿形天棚
	13-179	胶合板直线形锯齿形天棚
	13-180	石膏板弧线形锯齿形天棚
	13-181	胶合板弧线形锯齿形天棚
	13-182	石膏板圆弧形平面藻井天棚
	13-183	饰面板圆弧形平面藻井天棚
	13-184	金属板圆弧形平面藻井天棚
	13-185	石膏板矩形平面藻井天棚
	13-186	饰面板矩形平面藻井天棚
	13-187	金属板矩形平面藻井天棚
	13-188	石膏板曲面形拱形藻井天棚
	13-189	饰面板曲面形拱形藻井天棚
	13-190	金属板曲面形拱形藻井天棚
	13-191	石膏板筒形拱形藻井天棚
	13-192	饰面板筒形拱形藻井天棚
	13-193	金属板筒形拱形藻井天棚
	13-194	石膏板弧拱形吊挂式天棚

分　项	定　额　编　号	子　项　名　称
	13-195	饰面板弧拱形吊挂式天棚
	13-196	金属板弧拱形吊挂式天棚
	13-197	石膏板圆形吊挂式天棚
	13-198	饰面板圆形吊挂式天棚
	13-199	金属板圆形吊挂式天棚
	13-200	石膏板矩形吊挂式天棚
	13-201	饰面板矩形吊挂式天棚
	13-202	金属板矩形吊挂式天棚
	13-203	石膏板直线形阶梯形天棚
	13-204	饰面板直线形阶梯形天棚
	13-205	金属板直线形阶梯形天棚
	13-206	石膏板弧线形阶梯形天棚
	13-207	饰面板弧线形阶梯形天棚
	13-208	金属板弧线形阶梯形天棚
	13-209	石膏板直线形锯齿形天棚
	13-210	饰面板直线形锯齿形天棚
天棚吊顶	13-211	金属板直线形锯齿形天棚
(011302)	13-212	石膏板弧线形锯齿形天棚
	13-213	饰面板弧线形锯齿形天棚
	13-214	金属板弧线形锯齿形天棚
	13-215	明架式吊顶复合式烤漆 T 形龙骨吊顶
	13-216	暗架式 H 形矿棉吸声板轻钢吊顶
	13-217	125mm×125mm×4.5mm 铝隔栅（包括吊配件）铝合金格栅吊顶天棚
	13-218	1260mm×60mm×126mm 规格直条形铝合金格栅天棚 铝合金格栅天棚（直接吊在楼板下）
	13-219	多边形铝合金空腹格栅天棚铝合金格栅天棚（直接吊在楼板下）
	13-220	100mm×100mm×55mm 井格规格木格栅天棚
	13-221	100mm×100mm×55mm 井格规格胶合板格栅天棚
	13-222	150mm×150mm×80mm 井格规格胶合板格栅天棚
	13-223	200mm×200mm×100mm 井格规格胶合板格栅天棚
	13-224	250mm×250mm×120mm 井格规格胶合板格栅天棚
	13-225	600mm×600mm 分组规格圆筒形铝合金筒形天棚（直接吊在天棚下）
	13-226	600mm×600mm 分组规格方筒形铝合金筒形天棚（直接吊在天棚下）
	13-227	900mm×900mm 分组规格方筒形铝合金筒形天棚（直接吊在天棚下）

127

分 项	定 额 编 号	子 项 名 称
天棚吊顶 (011302)	13-228	1200mm×1200mm 分组规格方筒形铝合金筒形天棚(直接吊在天棚下)
	13-229	藤条造型悬挂吊顶
	13-230	织物软雕吊顶
	13-231	弧拱形软膜吊顶
	13-232	圆形软膜吊顶
	13-233	矩形软膜吊顶
	13-234	装饰钢网架天棚
天棚其他装饰 (011304)	13-235	胶合板面直形悬挑式灯槽
	13-236	细木工板面直形悬挑式灯槽
	13-237	胶合板面弧形悬挑式灯槽
	13-238	附加式灯槽
	13-239	送风口铝合金
	13-240	回风口铝合金
	13-241	送风口硬木
	13-242	回风口硬木
	13-243	10 个 0.02 灯光孔、风口(每个面积在 m² 以内)开孔
	13-244	10 个 0.04 灯光孔、风口(每个面积在 m² 以内)开孔
	13-245	10 个 0.1 灯光孔、风口(每个面积在 m² 以内)开孔
	13-246	10 个 0.5 灯光孔、风口(每个面积在 m² 以内)开孔
	13-247	10m 格栅灯带

(2)天棚面项目列项举例

根据定额的相关规定,仔细读图后正确列项,下面举例供大家参考学习。

【例 4-25】 根据图 4-69 铝合金轻钢龙骨造型吊顶列出需要计算工程量的项目名称(灯槽、筒灯孔、窗帘盒项目暂不列)。

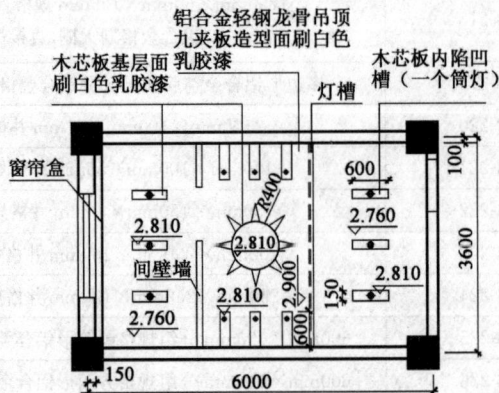

图 4-69 铝合金轻钢龙骨造型吊顶施工图

解 根据图 4-69 所提供的信息,可列出以下需要计算工程量的工程项目。

①铝合金轻钢龙骨;

②木芯板天棚基层;

③九夹板天棚基层;

④面层白色乳胶漆。

2)天棚工程量的计算规则及应用

(1)天棚抹灰

①计算规则。

按设计结构尺寸展开面积计算天棚抹灰。不扣除间壁墙、垛、柱、附墙烟囱、检查口和管道所占的面积,带梁天棚的梁两侧抹灰面积并入天棚面积内,板式楼梯底面抹灰面积(包括踏步、休息平台以及≤500mm 宽的楼梯井)按水平投影面积乘以 1.15 计算,锯齿形楼梯底板抹灰面积(包括踏步、休息平台以及≤500mm 宽的楼梯井)按水平投影面积乘以系数 1.37 计算。

②计算规则解释。

a.“楼梯底面的装饰工程量”包括楼梯段底面装饰和平台底面装饰两部分。

b.“板式楼梯底面装饰”是斜面,为简化计算,其工程量按水平投影面积乘 1.15 的系数,图 4-70 为板式楼梯计算示意图。

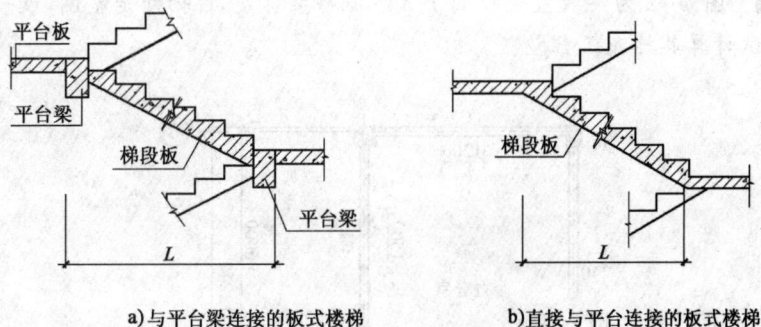

a)与平台梁连接的板式楼梯   b)直接与平台连接的板式楼梯

图 4-70　板式楼梯计算示意图

c.“梁式楼梯底面”如图 4-71 所示,定额规定按展开面积计算,锯齿形楼梯底板抹灰,因为比较复杂,定额规定按水平投影面积乘以系数 1.37 计算。

③计算公式。

a.板式楼梯:

$$板式楼梯底面工程量=楼梯水平投影面积×1.15$$

b.梁式楼梯:

$$梁式楼梯底面斜平顶工程量=按展开面积计算$$

c.锯齿形楼梯:

$$梁式楼梯底面锯齿顶工程量=楼梯水平投影面积×1.37$$

a) 梁式楼梯剖面图

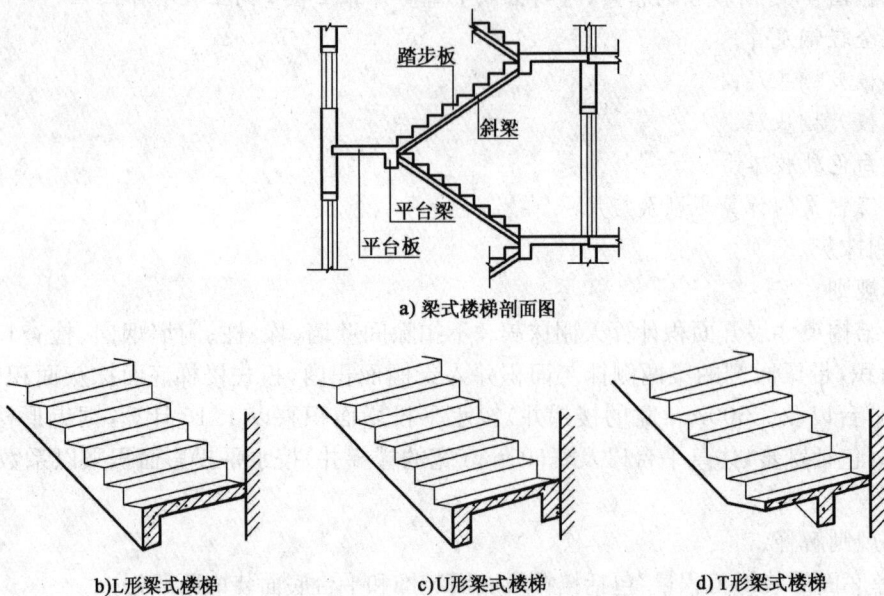

b)L形梁式楼梯　　　　c)U形梁式楼梯　　　　d)T形梁式楼梯

图 4-71　梁式楼梯计算示意图

④计算实例。

【例 4-26】　图 4-72 为某教室天棚面 1:3 水泥砂浆抹灰,B 轴处是空圈,设一根梁,梁侧净高为 380mm,试计算其抹灰工程量。

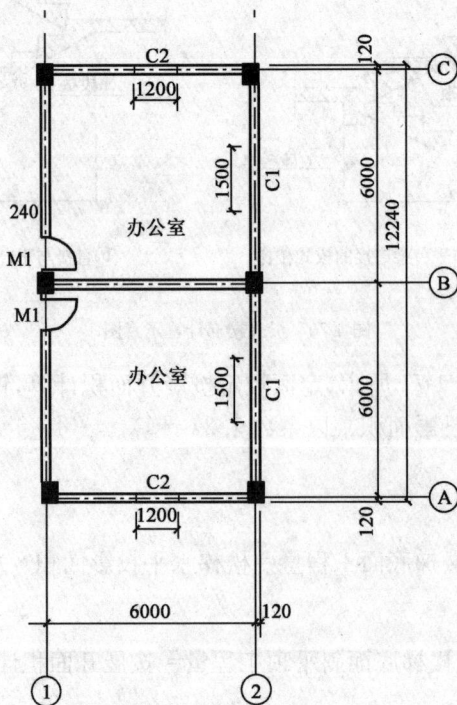

图 4-72　天棚面水泥砂浆抹灰示意图

解 天棚抹灰工程量＝(12.24－0.24×2)×(6－0.12×2)＋0.38×(6－0.12×2)×2

$$=67.74＋4.38$$

$$=72.12(m^2)$$

(2)天棚吊顶

①天棚龙骨。

a.计算规则。

天棚龙骨按主墙间水平投影面积计算,不扣除间墙壁、垛、柱、附墙烟囱、检查和管道所占的面积,扣除单个大于 0.3m² 的孔洞,独立柱及天棚相连的窗帘盒所占的面积。斜面龙骨按斜面计算。

b.计算规则解释。

a)"按主墙间净面积计算"中"主墙"是指砖墙,砌块墙厚180mm以上(包括180mm本身)或超过100mm以上(包括100mm本身)的钢筋混凝土剪力墙;"非主墙"是指其他非承重的间壁墙。由天棚定额的制定中可以看出,天棚龙骨定额均是按天棚主墙间水平投影面积计算的。

b)"不扣除间壁墙、检查洞、附墙烟囱、柱、垛和管道所占面积"中:

间壁墙是指内墙起隔开房间的内隔墙,常见尺寸为 120mm 宽。

垛指墙体上向外突出的部分。

柱指建筑物中直立的起支撑作用的构件。常由木材、石材、型钢或钢筋混凝土等材料组成。

附墙烟囱指依墙而设的将室内的烟气排出室外的通道。

检查口指用砖或预制混凝土井筒砌成的井,设置在沟道断面、方向坡度的变更处或沟道相交处,或通长的直线管道上,供检修人员检查管道的状况,也可以称检查井。

管道口指建筑物中为节省空间及施工方便、美观的需要将许多管道集中安装在某一部分的空间管道。

由于龙骨制作有一定的间距,因此以上各结构部位对龙骨制作的影响相对较小,定额中已综合考虑了这部分的损耗,在计算时不需扣除。

c)天棚面层在同一高程者为平面天棚,不在同一高程者为跌级天棚,龙骨工程量计算规则是相同的,皆按主墙间水平投影面积计算,单价上有所区别。

c.计算公式。

天棚龙骨工程量＝天棚主墙间水平投影面积

d.计算实例。

【例4-27】 如图 4-69 所示,某酒店包房天花平面图,根据计算规则,试求其龙骨工程量。

解 根据计算规则,龙骨工程量＝(6－0.15－0.1)×(3.6－0.1×2)

$$=19.55(m^2)$$

②天棚吊顶的基层和面层。

均按设计图示尺寸以展开面积计算。天棚面中的灯槽及跌级、阶梯式、锯齿形、吊挂式、藻井式天棚面积按展开面积计算。不扣除间墙壁、垛、柱、附墙烟囱、检查和管道所占的面积,扣除单个大于 0.3m² 的孔洞,独立柱及天棚相连的窗帘盒所占的面积。

a. 天棚基层。

a)计算规则。

天棚基层按展开面积计算。

b)计算规则说明。

(a)预算中的"天棚基层"是指安装在主次龙骨面上作为面层底衬的胶合板或石膏板。

(b)以"展开面积"计算是指把天棚凸凹面等展开后的全部面积合并计算。

(c)天棚基层计算中需要扣除和不需要扣除的部分同天棚面层。

c)计算公式。

天棚基层=室内净面积+凸凹面展开面积−0.3m² 以上的孔洞、独立柱、灯槽及与天棚相连的窗帘盒所占面积

d)工程量计算举例。

【例 4-28】 如图 4-73 所示,某酒店大包房天花图,试根据计算规则,计算其九夹板基层工程量。

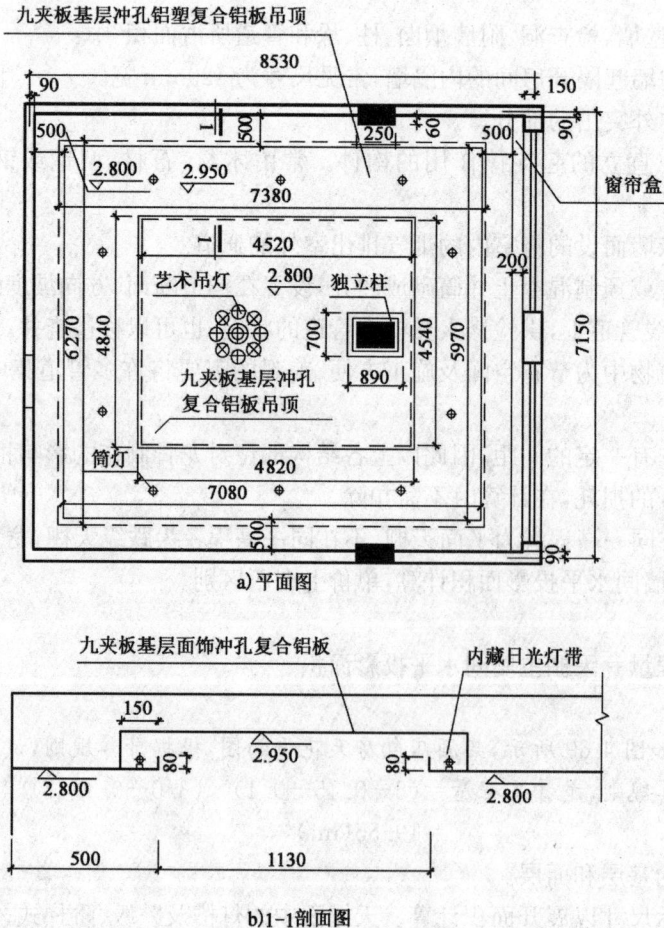

图 4-73 天棚造型吊顶施工图

解 根据计算规则,天棚九夹板面积计算如下:

整个面积=(8.32−0.09−0.15)×(7.15−0.09×2)

    =8.08×6.97

    =56.32(m²)

窗帘盒面积=0.2×6.97

     =1.39(m²)

筒灯面积小于0.3m²,不扣除;柱垛面积不必扣除;独立柱必须扣除,故:

独立柱面积=0.89×0.7=0.62(m²)

九夹板立面展开部分面积=(2.95−2.8)×[(7.18+6.27)×2+(4.52+4.54)×

      2](虚线部位)+0.08×[(7.08+5.97)×2+(4.84+4.82)×

      2](实线部位)+[(7.18×6.27−7.08×5.97)+(4.84×

      4.82−4.52×4.54)](虚实线间重叠部分)

      =0.15×45.02+0.08×45.42+5.56

      =15.94(m²)

天棚九夹板基层面积=56.32−1.39−0.62+15.94

       =70.25(m²)

b.天棚装饰面层。

a)计算规则。

天棚装饰面层,按主墙间实钉(胶)面积以平方米计算,不扣除间壁墙、检查口、附墙烟囱、垛和管道所占面积,但应扣除0.3m²以上的孔洞、独立柱、灯槽及与天棚相连的窗帘盒所占面积。

b)计算规则说明。

(a)"天棚装饰面层按主墙间实钉(胶)面积以平方米计算"是指以天棚主墙间实际钉(胶)的各展开面的面积计算。

(b)"不扣除间壁墙、检查口、附墙烟囱、垛和管道所占面积"是指为了简化计算,无论面层做于间壁墙之外还是间壁墙之上,在定额中已经包含了这部分的消耗,因此计算时不需扣除。"检查口、附墙烟囱、垛和管道"所占面积很小,在0.3m²以内,定额中也已考虑其工料消耗,计算时不必扣除,也不必另算。

(c)"应扣除0.3m²以上的孔洞、独立柱、灯槽及与天棚相连的窗帘盒所占面积"是指这部分面积较大,计算天棚面层工程量时应予以扣除。需要注意的是如果窗帘盒做于面层之上,其所占面积不能扣除。天棚中的灯槽可按"其他工程"中的灯槽定额子目计算,但饰面面层按展开面积合并在天棚面的饰面工程量中计算。天棚中的折线、跌落等圆弧形、拱形、艺术形式天棚的饰面,均按展开面积计算。

c)计算公式。

天棚面面层装饰面积=室内净面积+天棚饰面各展开面−0.3m²以上的孔洞、独立柱、灯槽及与天棚相连的窗帘盒所占面积

d)计算实例。

【例4-29】 某酒店包房吊顶图如图4-74所示,试根据计算规则,计算其吊顶面层工程量。

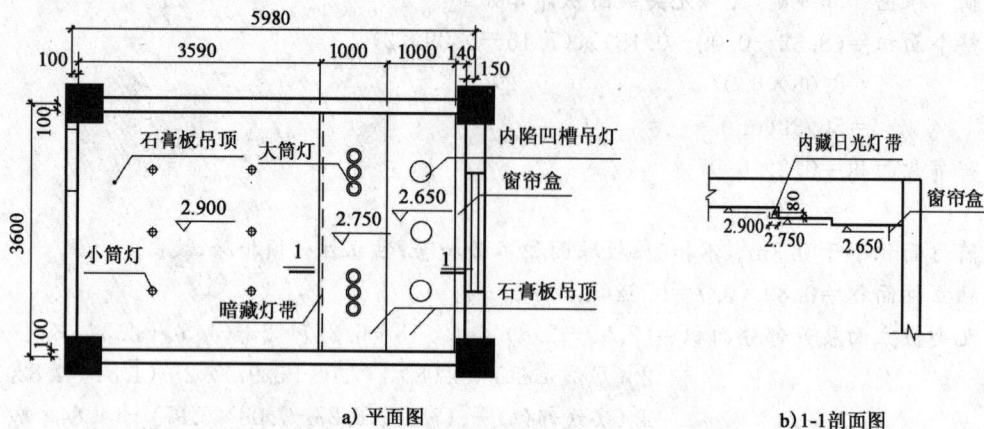

图 4-74 包房吊顶施工图

解 根据计算规则,天棚面层实际工程量计算如下:

天棚面层工程量＝(5.98－0.1－0.15)×(3.6－0.1×2)

＝5.73×3.4

＝19.48(m²)

窗帘盒面积＝0.14×3.4＝0.48(m²)

展开面积＝[(2.75－2.65)＋(2.9－2.75)＋0.15＋0.08]×3.4＝1.63(m²)

天棚面层实际工程量＝19.48－0.48＋1.63＝20.63(m²)

③格栅吊顶、藤条造型悬挂吊顶、织物软雕吊顶和装饰网架吊顶。

a.计算规则。

按设计图示以水平投影面积计算。吊筒吊顶以最大外围水平投影尺寸,以外接矩形面积计算。

b.计算规则解释。

格栅吊顶、藤条造型悬挂吊顶、织物软雕吊顶和装饰网架吊顶是定额中龙骨、基层、面层合并列项的子目,计算规则解释同天棚龙骨。

c.计算公式。

a)格栅等吊顶。

天棚龙骨、基层、面层合并项目工程量水平投影面积＝(房间长的轴线尺寸－主墙厚)×(房间宽的轴线尺寸－主墙厚)

b)吊筒吊顶。

吊筒吊顶工程量＝最大外围水平投影尺寸所对应的外接矩形面积

d.计算举例。

【例4-30】 某酒店包房房间天棚为铝垂片吊顶如图 4-75 所示,试根据计算规则,计算其工程量。

解 根据计算规则,铝垂片天棚面层工程量＝5.725×3.4－0.14×3.4＝18.99(m²)

【例4-31】 如图 4-76 所示,计算钢网架工程量。

解 根据计算规则,网架工程量＝4.5×6.0＝27(m²)

φ6带膨胀头丝杆间距

5725

140

600

2.880

垂直铝片吊顶

3400

2200

600

1

1

a)平面图

φ6带膨胀头丝杆

600

2100

银灰色垂直铝吊片
（高124@150）

吊片专用龙骨

木芯板

窗

b)1-1 剖面图

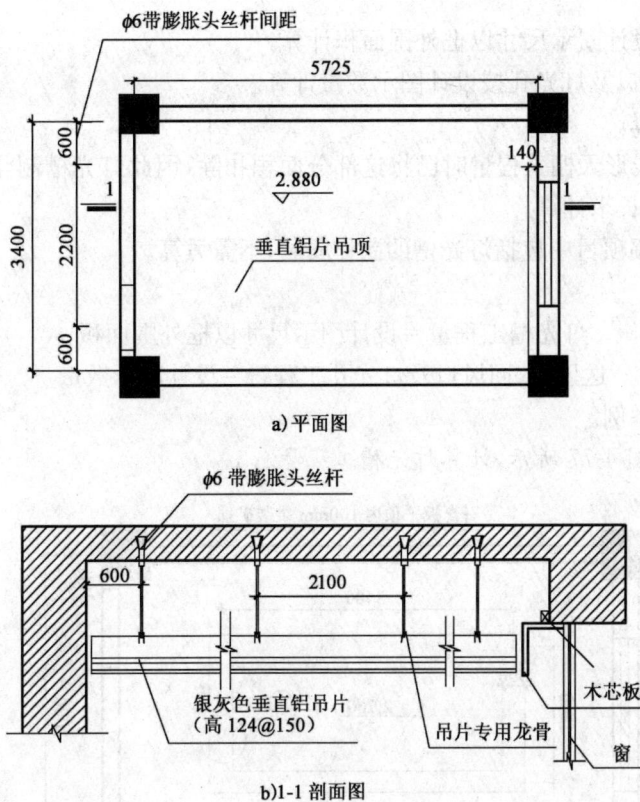

图 4-75　垂直铝片吊顶天棚施工图

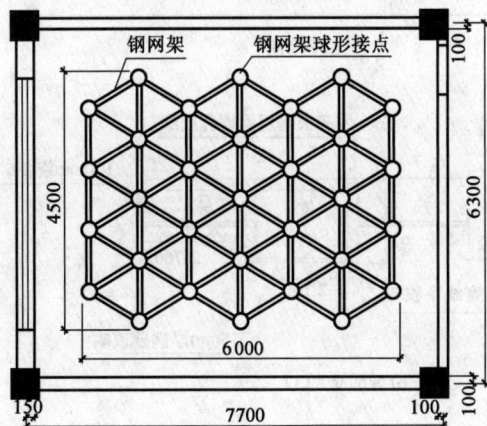

钢网架

钢网架球形接点

100

4500

6300

6 000

100

100

150

7700

100

图 4-76　天棚网架施工图

（3）天棚其他装饰

①计算规则。

a.灯带（槽）按设计图示尺寸以框外围面积计算。

b.送风口、回风口及灯光孔按设计图示数量计算。

②计算规则解释。

a.计算一般直线形天棚工程量时已将这部分面积扣除,因此灯光槽制作安装需要计算工程量,定额规定按延长米计算。

b.艺术造型天棚项目中包括灯光槽的制作安装,不需另算。

c.计算公式：

$$灯光槽工程量＝设计图示尺寸以框外围面积$$

$$送风口、回风口及灯光孔工程量＝设计图示数量$$

d.工程量计算举例。

【**例4-32**】 如图4-77所示,计算灯光槽工程量。

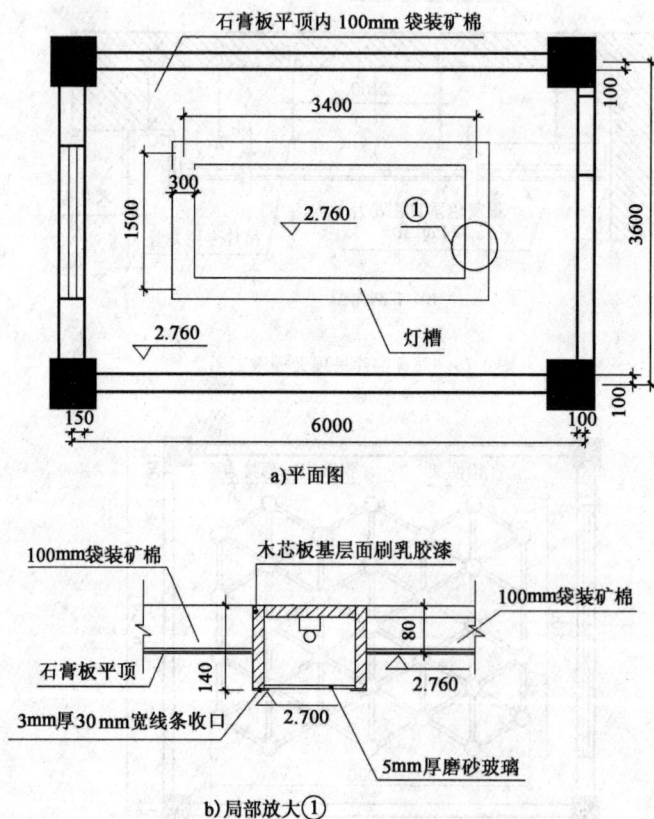

a)平面图

b)局部放大①

图4-77 天棚吊顶灯槽施工图

解 根据计算规则,灯光槽工程量＝(3.4+1.5)×2×0.3＝2.94(m²)

3）天棚工程说明

(1)本章定额包括天棚抹灰、天棚吊顶、天棚其他装饰三节。

（2）抹灰项目中砂浆配合比设计不同时,可按设计要求予以更换;如设计厚度与定额取定厚度不同时,按相应项目调整。

（3）如混凝土天棚刷素水泥浆或界面剂,按本定额"墙、柱面装饰与隔断、幕墙工程"相应项目人工乘以1.5。

（4）吊顶天棚。

①除烤漆龙骨天棚为龙骨、面层合并列项外,其他均为天棚龙骨、基层、面层分别为列项编制。

②龙骨的种类、间距、规格和基层、面层材料的型号、规格是按常用材料和常用做法考虑的,如设计要求不同时,材料可以调整,人工、机械不变。

③天棚面层在同一高程者为平面天棚,天棚面层不在同一高程者为跌级天棚。跌级天棚其面层按相应项目人工乘以系数1.30。

④轻钢龙骨、铝合金龙骨项目中龙骨按双层双向结构考虑,即中、小龙骨紧贴大龙骨地面吊挂,如为单层结构时,即大、中龙骨底面在同一水平上者,人工乘以系数0.85。

⑤钢龙骨、铝合金龙骨项目中,如面层规格和定额不同时,按相近面积的项目执行。

⑥轻钢龙骨和铝合金龙骨不上人型吊杆长度的0.6m,上人型吊杆长度为1.4m。吊杆长度和定额不同时可按时机调整,人工不变。

⑦平面天棚和跌级天棚指一般直线型天棚,不包括灯光槽的制作安装。灯光槽制作安装应按本章相应项目执行。吊顶天棚中的艺术造型天棚项目中包括灯光槽的制作安装。

⑧天棚面层在同一高程,且高差在400mm以下,跌级三级以内的一般直线形平面天棚按跌级天棚相应项目执行;高差在400mm以上或跌级超过三级,以及圆弧形、拱形等造型天棚按吊顶天棚中的艺术造型天棚相应项目执行。

⑨天棚检查孔的工料包括在项目内,不另作计算。

⑩龙骨。基层、面层的防火处理及天棚龙骨的刷防腐油,石膏板刮嵌缝膏、贴绷带,按《消耗量定额》按"油漆、涂料、裱糊工程"相应项目执行。

⑪天棚压条、装饰线条按《消耗量定额》"其他装饰工程"相应项目执行。

（5）格栅吊顶、吊筒吊顶、藤条造型悬挂吊顶、织物软雕吊顶、装饰网架吊顶、龙骨面层以上各项合并列项编制。

（6）楼梯底板抹灰

按本章相应项目执行,其中锯齿形楼梯按相应项目人工乘以系数1.35。

4.3.5 门窗工程量计算

1）门窗工程列项

（1）门窗工程分项内容

装饰定额中的门窗工程分部共列出了135个子目。这些子目主要从两个方面划分。一是按门窗的材料。例如铝合金门窗、卷闸门、采板组角刚门窗、防盗装饰门窗等。二是门窗的配件。例如门窗套、门窗贴脸、门窗筒子板、窗帘盒、窗台板等。

《消耗量定额》中门窗分部的主要子目构成及列项见表4-4。

门窗工程分项(0108)　　表 4-4

分　项	定额编号	分项名称
木门 (010801)	8-1	成品木门扇安装
	8-2	成品木门框安装
	8-3	成品套装木门安装　单扇门
	8-4	成品套装木门安装　双扇门
	8-5	成品安装木门安装　子母门
	8-6	木质防火门安装
金属门 (010802) 1. 铝合金门 2. 钢彩板钢门 3. 钢制防火防盗门	8-7	隔热断桥铝合金门安装　推拉
	8-8	隔热断桥铝合金门安装　平开
	8-9	塑钢成品门安装　推拉
	8-10	塑钢成品门安装　平开
	8-11	彩板钢门安装　附框
	8-12	彩板钢门安装　门
	8-13	钢制防火门安装
	8-14	钢制防盗门安装
金属卷门(闸) (010803)	8-15	卷帘(闸)镀锌钢板
	8-16	卷帘(闸)铝合金
	8-17	卷帘(闸)彩钢板
	8-18	卷帘(闸)不锈钢
	8-19	电动装置
产库防大门特种门 (010804) 1. 厂库房大门	8-20	木板大门　平开式　门扇制作
	8-21	木板大门　平开式　门扇安装
	8-22	木板大门　推拉式　门扇制作
	8-23	木板大门　推拉式　门扇安装
	8-24	平开钢木大门　一面板(一般型)　门扇制作
	8-25	平开钢木大门　一面板(一般型)　门扇安装
	8-26	平开钢木大门　二面板(防风型)　门扇制作
	8-27	平开钢木大门　二面板(防风型)　门扇安装
	8-28	平开钢木大门　二面板(防严寒)　门扇制作
	8-29	平开钢木大门　二面板(防严寒)　门扇安装
	8-30	推拉钢大门　一面板(一般型)　门扇制作
	8-31	推拉钢大门　一面板(一般型)　门扇安装
	8-32	推拉钢大门　二面板(防风型)　门扇制作
	8-33	推拉钢大门　二面板(防风型)　门扇安装
	8-34	推拉钢大门　二面板(防严寒)　门扇制作
	8-35	推拉钢大门　二面板(防严寒)　门扇安装
	8-36	金钢板大门　平开式　门扇制作

分项		定额编号	分项名称
产库防大门特种门 (010804)	1. 厂库房大门	8-37	金钢板大门 平开式 门扇安装
		8-38	金钢板大门 推拉式 门扇制作
		8-39	金钢板大门 推拉式 门扇安装
		8-40	金钢板大门 折叠型 门扇制作
		8-41	金钢板大门 折叠型 门扇安装
		8-42	围墙钢大门 钢管框金属网 门扇制作
		8-43	围墙钢大门 钢管框金属网 门扇安装
		8-44	围墙钢大门 角钢框金属网 门扇制作
		8-45	围墙钢大门 角钢框金属网 门扇安装
		8-46	铁木折叠门 门扇制作
		8-47	铁木折叠门 门扇安装
	2. 特种门	8-48	隔声门安装
		8-49	保暖门安装
		8-50	冷藏库门安装
		8-51	冷藏间冻结门安装
		8-52	变电室门安装
		8-53	射线防护门安装
其他门 (010805)		8-54	全玻璃门扇安装 有框门扇
		8-55	全玻璃门扇安装 无框(条夹)门扇
		8-56	全玻璃门扇安装 无框(条夹)门扇
		8-57	固定玻璃安装
		8-58	金玻转门安装 直径3.6m,不锈钢柱、玻璃12mm橙
		8-59	电子感应自动门传感装置 套
		8-60	不锈钢伸缩门安装 10m
		8-61	伸缩门电子装置 套
金属窗 (010807)	1. 铝合金窗	8-62	隔热断桥铝合金普通窗安装 推拉
		8-63	隔热断桥铝合金普通窗安装 平开
		8-64	隔热断桥铝合金普通窗安装 内平开下悬
		8-65	隔热断桥铝合金飘凸窗安装 平开
		8-66	隔热断桥铝合金飘凸窗安装 内平开下悬
		8-67	隔热断桥铝合金飘凸窗安装 阳台封闭窗安装
		8-68	铝合金 固定窗安装
		8-69	铝合金 百叶窗安装
		8-70	铝合金窗纱扇安装 推拉
		8-71	铝合金窗纱扇安装 平开

139

分　项		定额编号	分项名称
金属窗 (010807)	2. 塑钢窗	8-72	铝合金窗纱扇安装　隐形纱扇
		8-73	塑钢成品窗安装　推拉
		8-74	塑钢成品窗安装　平开
		8-75	塑钢成品窗安装　内平开下悬
		8-76	塑钢成品窗安装　阳台封闭
		8-77	塑钢窗纱扇安装　推拉
	3. 彩板钢窗、防盗钢窗	8-78	塑钢窗纱扇安装　平开
		8-79	圆钢防盗格栅窗安装
		8-80	不锈钢防盗格栅窗安装
		8-81	彩板钢窗安装
门钢架、门窗套 (011103)	1. 门钢架	8-82	钢架制作、安装
		8-83	基层　胶合板 9mm
		8-84	基层　胶合板 18mm
		8-85	面层　木质饰面板
		8-86	面层　不锈钢饰面板
		8-87	面层　石材饰面板
	2. 门、窗套（筒子板）	8-88	门窗套　木龙骨
		8-89	门窗套　木工板直接安装在墙面上
		8-90	门窗套　木工板基层安装在龙骨上　带止口
		8-91	门窗套　木工板基层安装在龙骨上　不带止口
		8-92	门窗套　面层　柚木胶合板
		8-93	门窗套　面层　不锈钢板
		8-94	成品门窗套　石材
		8-95	成品门窗套　木质
窗台板 (010809)		8-96	木龙骨基层板
		8-97	窗台板　面层　柚木胶合板
		8-98	窗台板　面层　铝塑板
		8-99	窗台板　面层　不锈钢板
		8-100	窗台板　面层　石材
窗帘盒,轨 (010811)		8-101	窗帘盒　制作安装　木龙骨胶合板
		8-102	窗帘盒　制作安装　胶合板
		8-103	窗帘盒　成品安装　成品安装塑料
		8-104	成品窗帘线　暗装　单轨
		8-105	成品窗帘线　暗装　双轨
		8-106	成品窗帘线　明装　单轨
		8-107	成品窗帘线　明装　双轨

分　项	定 额 编 号	分 项 名 称
	8-108	执手锁
	8-109	弹子锁
	8-110	管子拉手
	8-111	推手板
	8-112	自由门　弹簧合页
	8-113	自由门　地弹簧
	8-114	铁搭扣
	8-115	底板拉手
	8-116	门吸
	8-117	吊装滑动动门轨
	8-118	地锁
	8-119	门轧头
	8-120	防盗门扣
门五金	8-121	门眼猫眼
(010811)	8-122	高档门拉手
	8-123	电子锁(磁下锁)
	8-124	闭门器　明装
	8-125	闭门器　暗装
	8-126	顺位器
	8-127	木板大门　平开
	8-128	木板大门　推拉≤门洞宽 2.4m
	8-129	木板大门　推拉≤门洞宽 3.6m
	8-130	钢木大门　平开　每樘面积≤8m²
	8-131	钢木大门　平开　每樘面积≤16m²
	8-132	钢木大门　平开　每樘面积≤28m²
	8-133	钢木大门　推拉　每樘面积≤12m²
	8-134	钢木大门　推拉　每樘面积≤18m²
	8-135	折叠门

(2)门窗工程项目列项举例

根据定额的相关规定,仔细读图后正确列项,下面举例供大家参考学习。

【例 4-33】 已知 C1 为单层三扇矩形玻璃木窗、C2 为单层三扇矩形上带半圆玻璃木窗,试列出需要计算工程量的项目名称(油漆工程暂不列项)。

解　根据《消耗量定额》列项如下:

①单层三扇矩形玻璃木窗制安;

②木半圆形玻璃窗制安。

2)门窗工程量的计算及应用

(1)木门

①计算规则。

a. 成品木门框安装按设计图示框的中心线长度计算。

b. 成品木门扇安装按设计图示扇面积计算。

c. 成品套装木门安装按设计图示数量计算。

d. 木质防火门安装按设计图示洞口面积计算。

②计算规则解释。

a. 框扇制作、安装分开计算,便于计算相关费用。

b. 成品套装木门由市场购买,按数量计算。

c. 装饰门扇及成品门扇安装按"扇"计算是指计量单位。

③计算公式。

a. 成品木门框安装安装工程量＝设计图示框的中心线长度。

b. 成品木门扇安装工程量＝图示高度×宽度×个数。

c. 成品套装木门工程量＝设计图示数量。

d. 木质防火门安装工程量＝设计图示洞宽×洞口高。

④计算实例。

【例4-34】 如图4-78所示,某酒店包房门为实木门扇及门框,试根据计算规则,分别计算其门框与门扇的工程量。

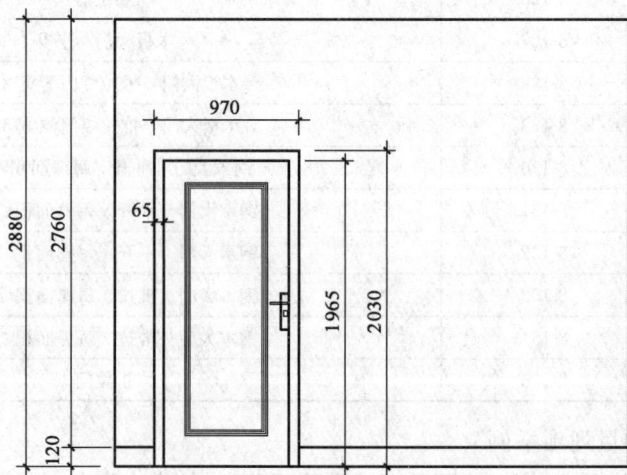

图4-78 酒店包房门示意图

解 根据计算规则,工程量计算如下:

实木门框制作安装工程量＝2.03×2+(0.97-0.065×2)＝4.9(m)

门扇制作安装工程量＝1.965×(0.97-0.065×2)＝1.65(m²)

【例 4-35】 如图 4-79 所示,计算其防火门工程量。

解 根据计算规则,防火门工程量=2.1×1.5
=3.15(m²)

(2)金属门、窗

①计算规则。

a.铝合金门窗(飘窗、阳台封闭窗除外)、塑钢门窗均按设计图示、窗洞口面积计算。

b.门连窗按设计图示洞口面积分别计算门、窗面积,其中窗的宽度算至门框的外边线。

c.纱门、纱窗扇按设计图示门窗外围面积计算。

d.飘窗、阳台封闭窗按设计图示框型材外边线尺寸以展开面积计算。

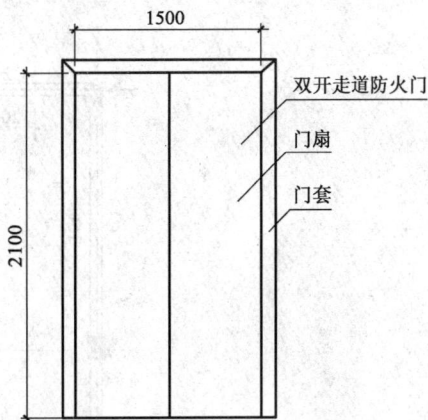

图 4-79 双开道防火门示意图

e.钢质防火门、防盗门按设计图示门洞口面积计算。

f.防盗窗按设计图示窗框外围面积计算。

g.彩板钢门窗按设计图示门、窗洞口面积计算。彩板钢门窗附框按框中心线长度计算。

②计算规则解释。

a."洞口面积"是指结构尺寸计算出的面积。

b."设计图示窗框外围面积"是指窗框本身的尺寸。

c."按框外围面积以平方米计算"是指防盗窗、不锈钢格栅门按门窗框设计图示外围尺寸计算。

③计算公式。

a.按洞口面积计算工程量:铝合金门窗、塑钢门窗、门连窗、钢质防火门、防盗门、彩板钢门窗。

门窗工程量=门窗图示洞口长×门窗图示洞口宽

b.按门窗外围面积计算工程量:防盗窗、纱门、纱窗扇。

门窗工程量=门窗图示外围长×门窗图示外围宽

c.按展开面积计算工程量:飘窗、阳台封闭窗,如图 4-80 所示。

飘窗、阳台封闭窗工程量=$(a+2b)\times h$

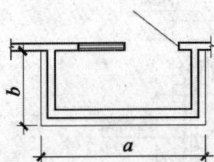

图 4-80 封闭阳台示意图

式中:a——封闭阳台框型材外边线长;

b——封闭阳台框型材外边线宽;

h——封闭阳台高度。

④计算实例。

【例 4-36】 某工程大厅窗户为塑钢窗,窗洞品高度为 1.5m,宽度如图 4-81 所示,试计算其塑钢窗工程量。

解 根据计算规则,塑钢窗工程量=1.2×1.5×3+1.5×1.5×2=9.9(m²)

(3)金属卷帘(闸)

①计算规则。

金属卷帘(闸)按设计图示卷帘门宽度乘以卷帘门高度(包括卷帘箱高度)以面积计算。电动装置安装按设计图示套数计算,如图 4-82 所示。

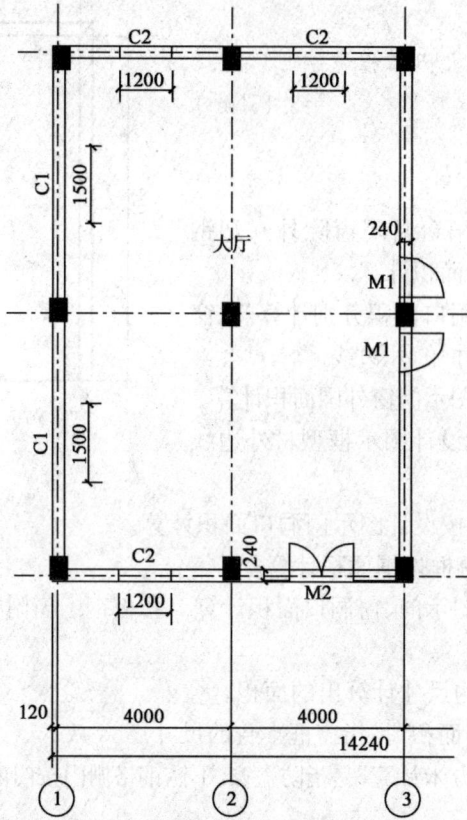

图 4-81　建筑物大厅平面图

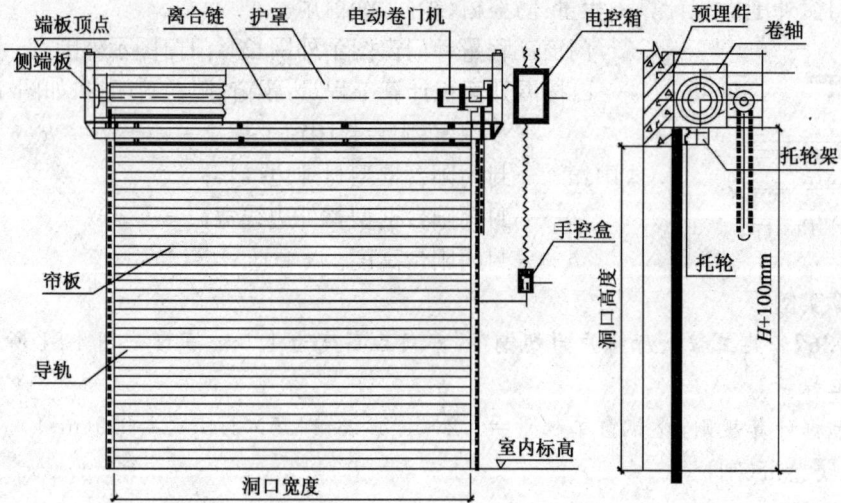

图 4-82　卷闸门结构图

②计算规则解释。

a. 卷闸门的卷筒或卷筒罩一般均安装在洞口上方，安装的实际面积要比洞口面积大，因此工程量应另行计算。

b. 在安装卷闸门时，卷闸门的宽度可以按门的实际宽度来取定，但高度必须比门的实际高度要高，根据实验测定一般卷闸门的高度要比门的高度高出 600mm，有卷筒罩时，卷筒罩工程量还应展开计算合并于卷闸门中。

c. 电动装置安装需按"套"另行计算。

d. 卷闸门上安装的小门需另外以"个"计算工程量，计算卷闸门工程量时不需扣除小门所占面积，定额中已综合考虑了其工料消耗。

③计算公式。

$$S_{卷闸门} = 门的宽度 \times (门高度 + 600mm) + 卷筒罩展开面积$$

④计算实例。

【例 4-37】 如图 4-83 所示，某汽车维修车间门为卷闸门，经安装时测量，卷筒罩展开面积为 3m²，试根据计算规则，计算其工程量。

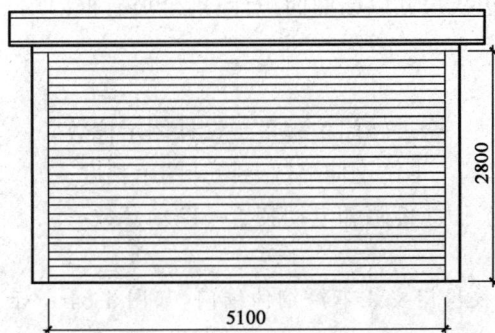

图 4-83 卷闸门示意图

解 根据计算规则，计算如下：

$$卷闸门工程量 = (5.1 + 0.6) \times 2.8 + 3 = 18.96(m^2)$$

(4)厂库房大门、特种门

①计算规则。

厂库房大门、特种门按设计图示门洞口面积计算。

②计算规则解释。

"洞口面积"是指结构尺寸计算出的面积。

③计算公式。

$$厂库房大门、特种门工程量 = 门图示洞口长 \times 门图示洞口宽$$

④计算实例。

【例 4-38】 已知某工程需安装 2 樘 1400mm × 2000mm 的彩钢冷库门，试计算其工程量。

解 根据计算规则，计算如下：

$$冷库门工程量 = 1.4 \times 2 \times 2 = 5.6(m^2)$$

（5）其他门

①计算规则。

a. 全玻有框门扇按设计图示扇边框外边线尺寸以扇面积计算。

b. 全玻无框（条夹）门扇按设计图示扇面积计算，高度算至条夹外边线、宽度算至玻璃外边线。

c. 全玻无框（点夹）门扇按设计图示玻璃外边线尺寸以扇面积计算。

d. 无框亮子按设计图示门框与横梁或立柱内边缘尺寸玻璃面积计算。

e. 全玻转门按设计图示数量计算。

f. 不锈钢伸缩门按设计图示以延长米计算。

g. 传感和电动装置按设计图示以套数计算。

②计算规则解释。

其他各种门除定制的不锈钢伸缩门、传感和电动装置门、全玻转门以外，其余都是按照图示安装尺寸计算。

③计算公式。

a. 按扇或玻璃边框外边线尺寸以扇面面积计算：全玻有框门扇、全玻无框（条夹）门扇、无框亮子。

b. 定制门。

$$全玻转门工程量＝设计图示樘数$$
$$不锈钢伸缩门＝设计图示长度$$
$$传感和电动装置＝图示套数$$

④计算实例。

【例 4-39】 已知某学校校门安装不锈钢伸缩门，如图 4-84 所示，已知设计长度为 7m，试计算伸缩门工程量。

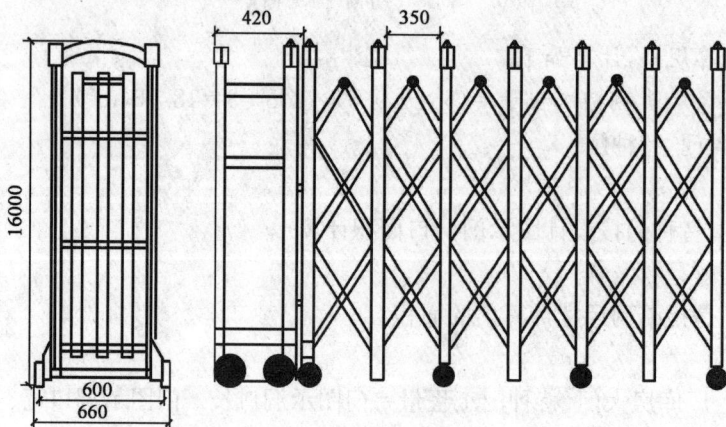

图 4-84 伸缩门大样图

解 根据计算规则，计算如下：

$$不锈钢伸缩门工程量＝7m$$

(6)门钢架、门窗套

①计算规则。

a.门钢架按设计图示尺寸以质量计算。

b.门钢架基层、面层按设计图示饰面外围尺寸展开面积计算。

c.门窗套(筒子板)龙骨、面层、基层均按设计图示饰面外围尺寸展开面积计算。

d.成品门窗套按设计图示饰面外围尺寸展开面积计算。

②计算规则解释。

a."不锈钢板包门框、门窗套"指的是将门框的木材表面,用不锈钢片保护起来,增加门的美观,还可免受火种直接烧烤。

b.不锈钢等装饰材料包门窗框,是按展开面积计算,即实包面积。

③计算公式。

$$门窗套工程量=门窗套展开面积$$

④计算实例。

【例4-40】 如图4-85所示,某办公楼房间门贴脸及门套图,试根据计算规则,分别计算其工程量。

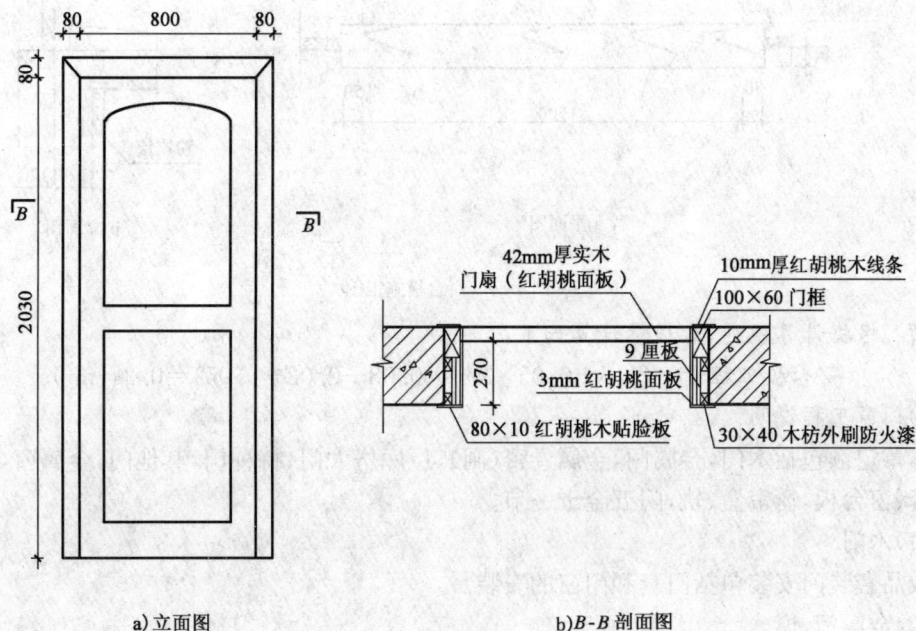

a)立面图   b)B-B剖面图

图4-85 装饰门施工图

解 根据计算规则,工程量计算如下:

$$门贴脸工程量=[(2.03+0.08)\times2+0.8]\times2=10.4(m)$$

$$门套工程量=0.27\times(2.03\times2+0.8)=1.31(m^2)$$

(7)窗台板、窗帘盒、轨

①计算规则。

a.窗台板按设计图示长度乘宽度以面积计算。图纸未注明尺寸的,窗台板长度可按窗框的外围宽度两边共加 100mm 计算。窗台板凸出墙面的宽度按墙面外加 50mm 计算。

b.窗帘盒、窗帘轨按设计图示长度计算。

②计算规则解释。

窗台板一般都会超出结构,如果图纸未注明尺寸,按定额规定计算。

③计算公式。

图纸注明尺寸的:窗台板工程量=设计图示长度×设计图示宽度。

图纸未注明尺寸的:窗台板工程量=(设计图示长度+100mm)×(设计图示宽度+50mm)。

④计算实例。

【例 4-41】 已知某工程木质窗台板制作,如图 4-86 所示,试计算其窗台板工程量。

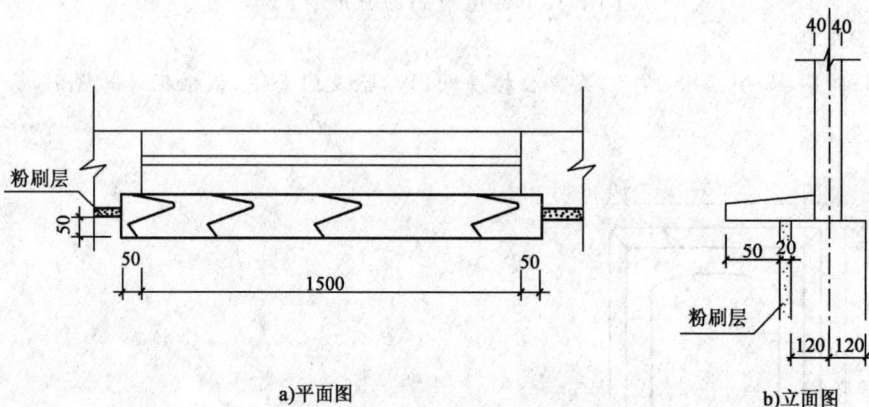

图 4-86 窗台板施工图

解 根据计算规则,工程量计算如下:

窗台板工程量=(1.5+0.05×2)×(0.08+0.02+0.05)=0.24(m²)

3)门窗工程说明

本章定额包括木门,金属门,金属卷帘(闸),厂库房大门、特种门,其他门,金属窗,门钢架,门窗套、窗台板,窗帘盒、轨,门五金十一节。

(1)木门

成品套装门安装包括门套和门窗的安装。

(2)金属门、窗

①铝合金成品门窗安装项目按隔热隔断铝合金材料考虑,当设计为普通铝合金型材料时,按相应项目执行,其中人工乘以系数 0.8。

②金属门连窗,门、窗应分别执行相应项目。

③彩板钢窗附框安装执行彩板钢门附框安装项目。

(3)金属卷帘(闸)

①金属卷帘(闸)项目是按卷帘侧装(即安装在洞口内侧或外侧)考虑的,当设计为中装(即安装在洞口中)时,按相应项目执行,其中人工乘以系数 1.1。

②金属卷帘(闸)项目是按不带活动小门考虑的,当设计为带活动小门时,按相应项目执行,其中人工乘以系数1.07,材料调整为带活动小门金属卷帘(闸)。

③防火卷帘(闸)(无机布基防火卷帘除外)按镀锌钢板卷帘(闸)项目执行,并将材料中的镀锌钢板卷帘换为相应的防火卷帘。

(4)厂库房大门、特种门

①厂库房大门项目是按一、二类木种考虑的,如采用三、四类木种时,制作按相应项目执行,人工和机械乘以系数1.3;安装按相应项目执行,人工和机械乘以系数1.35。

②厂库房大门的钢骨架制作以钢材质量表示,以包括在定额中,不再另列项计算。

③厂库房大门门扇上所用铁件均已列入定额,墙、柱、楼地面等部位的预埋铁件按设计要求另按本定额"混凝土及钢筋混凝土工程"中相应项目执行。

④冷藏库门、冷藏冻结间门、防辐射门安装项目包括筒子板制作安装。

(5)其他门

①全玻璃门扇安装项目按地弹门考虑,其中地弹簧消耗量可按实际调整。

②全玻璃门门框、横梁、立柱钢架的制作安装及饰面装饰,按本章门钢架相应项目执行。

③全玻璃门有框亮子安装按全玻璃有框门扇安装项目执行,人工乘以系数0.75,地弹簧换为膨胀螺栓,消耗量调整为277.55个/100m²;无框亮子安装按固定玻璃安装项目执行。

④电子感应自动门传感装置,伸缩门电动装置安装已包括调试用工。

(6)门钢架、门窗套

①门钢架基层、面层项目未包括封边线条,设计要求时,另按《消耗量定额》"其他装饰工程"中相应线条项目执行。

②门窗套、门窗筒子板均执行门窗套(筒子板)项目。

③门窗套(筒子板)项目未包括封边线条,设计要求时,按《消耗量定额》"其他装饰工程"中相应线条项目执行。

(7)窗台板

①窗台板与暖气罩相连时,窗台板并入暖气罩,按《消耗量定额》"其他装饰工程"中相应暖气罩项目执行。

石材窗台板安装项目按成品窗台板考虑。实际为非成品需现场加工时,石材加工另按本定额"其他装饰工程"中"石材加工"相应项目执行。

②成品木门(窗)安装项目中五金配件的安装仅包括合页安装人工和合页材料费,设计要求的其他五金另按本章"门五金"一节中门特殊五金项目执行。

③成品金属门窗、金属卷帘(闸)、特种门、其他门安装项目包括五金安装人工,五金材料费包括在成品门窗价格中。

④成品全玻璃门窗安装项目中仅包括地弹簧安装的人工和材料费,设计要求的其他五金另执行本章"门五金"一节中门特殊五金相应项目。

⑤厂库房大门项目均包括五金铁件安装人工,五金铁件材料费另执行本章"门五金"一节中相应项目,当设计与定额取定不同时,按设计规定计算。

其他装饰工程中"石材加工"相应项目执行。

4.3.6 油漆、涂料、裱糊工程量计算

1)油漆、涂料、裱糊工程列项

(1)油漆、涂料、裱糊工程分项内容

《消耗量定额》中的油漆、涂料、裱糊工程分部共列出了264个子目。这些子目主要从三个方面划分。一是按所涂刷部位的不同列项,二是按所涂刷的遍数列项,三是按油漆、涂料的不同材质列项。

《消耗量定额》中油漆、涂料、裱糊工程分部的主要子目构成及列项见表4-5。

油漆、涂料、裱糊工程分项(0114)   表4-5

分 项	定 额 编 号	子 项 名 称
木门油漆 (011401)	14-1	调和漆二遍刷底油单层 木门
	14-2	调和漆二遍润油粉、满刮腻子单层 木门
	14-3	每增加一遍调和漆单层 木门
	14-4	磁漆一遍刷底油,调和漆二遍单层 木门
	14-5	磁漆二遍润油粉、满刮腻子、调和漆一遍单层 木门
	14-6	每增加一遍磁漆单层 木门
	14-7	润水粉、满刮腻子、硝基清漆五遍、磨退出亮单层 木门
	14-8	每增加刷理漆片一遍单层 木门
	14-9	每增加硝基清漆一遍单层 木门
	14-10	清漆两遍刷底油、油色单层 木门
	14-11	清漆两遍润油粉、满刮腻子、油色单层 木门
	14-12	每增加一遍清漆单层 木门
	14-13	满刮腻子、底漆二遍、聚酯清漆二遍单层 木门
	14-14	每增加一遍聚酯清漆单层 木门
	14-15	满刮腻子、底漆二遍、聚酯色漆二遍单层 木门
	14-16	每增加一遍聚酯色漆单层 木门
	14-17	五遍成活单层木门过氯乙烯漆
	14-18	底漆每增加一遍单层木门过氯乙烯漆
	14-19	磁漆每增加一遍单层木门过氯乙烯漆
	14-20	清漆每增加一遍单层木门过氯乙烯漆
	14-21	裂纹漆单层 木门
	14-22	底漆一遍、熟桐油一遍单层 木门
	14-23	熟桐油、底油、生漆二遍单层 木门
	14-24	油漆面抛光打蜡单层 木门
木扶手及其他 板条、线条油漆 (011403)	14-25	刷底油、调和漆二遍不带托板木扶手
	14-26	刷底油、调和漆二遍≤50mm木条线(宽度)
	14-27	刷底油、调和漆二遍≤100mm木条线(宽度)

150

分　项	定额编号	子项名称
	14-28	刷底油、调和漆二遍≤150mm 木条线(宽度)
	14-29	润油粉、满腻刮子调和漆二遍不带托板木扶手
	14-30	润油粉、满腻刮子调和漆二遍≤50mm 木条线(宽度)
	14-31	润油粉、满腻刮子调和漆二遍≤100mm 木条线(宽度)
	14-32	润油粉、满腻刮子调和漆二遍≤150mm 木条线(宽度)
	14-33	每增减一遍调和漆不带托板木扶手
	14-34	每增减一遍调和漆≤50mm 木线条(宽度)
	14-35	每增减一遍调和漆≤100mm 木线条(宽度)
	14-36	每增减一遍调和漆≤150mm 木线条(宽度)
	14-37	刷底油、调和漆二遍、磁漆一遍不带托板木扶手
	14-38	刷底油、调和漆二遍、磁漆一遍≤50mm 木线条(宽度)
	14-39	刷底油、调和漆二遍、磁漆一遍≤100mm 木线条(宽度)
	14-40	刷底油、调和漆二遍、磁漆一遍≤150mm 木线条(宽度)
	14-41	润油粉、满刮腻子、调和漆一遍、磁漆二遍不带托板木扶手
	14-42	润油粉、满刮腻子、调和漆一遍、磁漆二遍≤50mm 木线条(宽度)
	14-43	润油粉、满刮腻子、调和漆一遍、磁漆二遍≤100mm 木线条(宽度)
木扶手及其他板条、线条油漆(011403)	14-44	润油粉、满刮腻子、调和漆一遍、磁漆二遍≤150mm 木线条(宽度)
	14-45	每增加一遍清漆不带托板木扶手
	14-46	每增加一遍清漆≤50mm 木线条(宽度)
	14-47	每增加一遍清漆≤100mm 木线条(宽度)
	14-48	每增加一遍清漆≤150mm 木线条(宽度)
	14-49	润水粉、满刮腻子、硝基清漆五遍、磨退出亮不带托板木扶手
	14-50	润水粉、满刮腻子、硝基清漆五遍、磨退出亮≤50mm 木线条(宽度)
	14-51	润水粉、满刮腻子、硝基清漆五遍、磨退出亮≤100mm 木线条(宽度)
	14-52	润水粉、满刮腻子、硝基清漆五遍、磨退出亮≤150mm 木线条(宽度)
	14-53	每增加刷理漆片一遍不带托板木扶手
	14-54	每增加刷理漆片一遍≤50mm 木线条(宽度)
	14-55	每增加刷理漆片一遍≤100mm 木线条(宽度)
	14-56	每增加刷理漆片一遍≤150mm 木线条(宽度)
	14-57	每增加硝基清漆一遍不带托板木扶手
	14-58	每增加硝基清漆一遍≤50mm 木线条(宽度)
	14-59	每增加硝基清漆一遍≤100mm 木线条(宽度)
	14-60	每增加硝基清漆一遍≤150mm 木线条(宽度)
	14-61	刷底油、油色、清漆二遍不带托板木扶手
	14-62	刷底油、油色、清漆二遍≤50mm 木线条(宽度)

151

Building Decoration Engineering Budget

分 项	定 额 编 号	子 项 名 称
	14-63	刷底油、油色、清漆二遍≤100mm 木线条(宽度)
	14-64	刷底油、油色、清漆二遍≤150mm 木线条(宽度)
	14-65	润油粉、满刮腻子、油色、清漆二遍不带托板木扶手
	14-66	润油粉、满刮腻子、油色、清漆二遍≤50mm 木线条(宽度)
	14-67	润油粉、满刮腻子、油色、清漆二遍≤100mm 木线条(宽度)
	14-68	润油粉、满刮腻子、油色、清漆二遍≤150mm 木线条(宽度)
	14-69	每增加一遍清漆不带托板木扶手
	14-70	每增加一遍清漆≤50mm 木线条(宽度)
	14-71	每增加一遍清漆≤100mm 木线条(宽度)
	14-72	每增加一遍清漆≤150mm 木线条(宽度)
	14-73	满刮腻子、底漆二遍、聚酯清漆二遍不带托板木扶手
	14-74	满刮腻子、底漆二遍、聚酯清漆二遍≤50mm 木线条(宽度)
	14-75	满刮腻子、底漆二遍、聚酯清漆二遍≤100mm 木线条(宽度)
	14-76	满刮腻子、底漆二遍、聚酯清漆二遍≤150mm 木线条(宽度)
	14-77	每增加一遍聚酯清漆不带托板木扶手
木扶手及其他	14-78	每增加一遍聚酯清漆≤50mm 木线条(宽度)
板条、线条油漆	14-79	每增加一遍聚酯清漆≤100mm 木线条(宽度)
(011403)	14-80	每增加一遍聚酯清漆≤150mm 木线条(宽度)
	14-81	满刮腻子、底漆二遍、聚酯色漆二遍不带托板木扶手
	14-82	满刮腻子、底漆二遍、聚酯色漆二遍≤50mm 木线条(宽度)
	14-83	满刮腻子、底漆二遍、聚酯色漆二遍≤100mm 木线条(宽度)
	14-84	满刮腻子、底漆二遍、聚酯色漆二遍≤150mm 木线条(宽度)
	14-85	每增加一遍聚酯色漆不带托板木扶手
	14-86	每增加一遍聚酯色漆≤50mm 木线条(宽度)
	14-87	每增加一遍聚酯色漆≤100mm 木线条(宽度)
	14-88	每增加一遍聚酯色漆≤150mm 木线条(宽度)
	14-89	五遍成活木扶手(不带托板)过氯乙烯漆
	14-90	底漆每增加一遍木扶手(不带托板)过氯乙烯漆
	14-91	磁漆每增加一遍木扶手(不带托板)过氯乙烯漆
	14-92	清漆每增加一遍木扶手(不带托板)过氯乙烯漆
	14-93	底油一遍、熟桐油一遍木扶手(不带托板)
	14-94	熟桐油、底油、生漆一遍木扶手(不带托板)
	14-95	油漆面抛光打蜡木扶手(不带托板)
	14-96	油漆面抛光打蜡木线条

分　项	定额编号	子项名称
	14-97	调和漆二遍刷底油其他木材面
	14-98	调和漆二遍润油粉、满刮腻子其他木材面
	14-99	每增加一遍调和漆其他木材面
	14-100	磁漆一遍刷底油、调和漆二遍其他木材面
	14-101	磁漆二遍润油粉、满刮腻子、调和漆一遍其他木材面
	14-102	每增加一遍磁漆其他木材面
	14-103	润水粉、满刮腻子、硝基清漆五遍、磨退出亮其他木材面
	14-104	每增加刷理漆片一遍其他木材面
	14-105	每增加硝基清漆一遍其他木材面
	14-106	清漆二遍刷底油、油色其他木材面
	14-107	清漆二遍润油粉、刮腻子、油色其他木材面
	14-108	每增加一遍清漆其他木材面
	14-109	满刮腻子、底漆二遍、聚酯清漆二遍
	14-110	每增加一遍聚酯清漆其他木材面
	14-111	满刮腻子、底漆二遍、聚酯色漆二遍其他木材面
	14-112	每增加一遍聚酯色漆其他木材面
其他木材面油漆 （011404）	14-113	五遍成活其他木材面过氯乙烯漆
	14-114	底漆每增加一遍其他木材面过氯乙烯漆
	14-115	磁漆每增加一遍其他木材面过氯乙烯漆
	14-116	清漆每增加一遍其他木材面过氯乙烯漆
	14-117	裂纹漆其他木材面
	14-118	底油一遍、熟桐油一遍其他木材面
	14-119	熟桐油、底油、生漆二遍其他木材面
	14-120	油漆面抛光打蜡其他木材面
	14-121	满刮腻子每增加一遍封釉刮腻子木材面
	14-122	清油封底封油刮腻子木材面
	14-123	防火涂料二遍双向木龙骨
	14-124	防火涂料二遍单向木龙骨
	14-125	防火涂料二遍木基层板
	14-126	防火涂料每增加一层双向木龙骨
	14-127	防火涂料每增加一层单向木龙骨
	14-128	防火涂料每增加一层木基层板
	14-129	防腐油一遍双向木龙骨
	14-130	防腐油一遍单向木龙骨
	14-131	防腐油一遍木基层板

153

分 项	定额编号	子 项 名 称
其他木材面油漆 (011404)	14-132	调和漆三遍底油一遍木地板面
	14-133	油色、清漆三遍底油一遍木地板面
	14-134	润油粉一遍、漆片四遍、擦蜡木地板面
金属面油漆 (011405)	14-135	三遍改性沥青漆金属面
	14-136	每增一遍改性沥青漆金属面
	14-137	二遍底漆冷固环氧树脂漆金属面
	14-138	每增一遍底漆冷固环氧树脂漆金属面
	14-139	二遍面漆冷固环氧树脂漆金属面
	14-140	每增一遍面漆冷固环氧树脂漆金属面
	14-141	二遍底漆环氧呋喃树脂漆金属面
	14-142	每增一遍底漆环氧呋喃树脂漆金属面
	14-143	二遍面漆环氧呋喃树脂漆金属面
	14-144	每增一遍面漆环氧呋喃树脂漆金属面
	14-145	一遍底漆氯磺化聚乙烯漆金属面
	14-146	一遍中间漆氯磺化聚乙烯漆金属面
	14-147	每增一遍中间漆氯磺化聚乙烯漆金属面
	14-148	一遍面漆氯磺化聚乙烯漆金属面
	14-149	二遍底漆聚氨酯漆金属面
	14-150	每增一遍底漆聚氨酯漆金属面
	14-151	一遍中间漆聚氨酯漆金属面
	14-152	二遍面漆聚酯氨酯漆金属面
	14-153	每增一遍面漆聚氨酯漆金属面
	14-154	一遍底漆氯化橡胶漆金属面
	14-155	一遍中间漆氯化橡胶漆金属面
	14-156	每增一遍中间漆氯化橡胶漆金属面
	14-157	一遍面漆氯化橡胶漆金属面
	14-158	二遍面漆耐高温防腐漆金属面
	14-159	每增一遍面漆耐高温防腐漆金属面
	14-160	底漆一遍酚醛树脂漆金属面
	14-161	中间漆一遍酚醛树脂漆金属面
	14-162	面漆一遍酚醛树脂漆金属面
	14-163	二遍底漆互穿网络防腐漆金属面
	14-164	每增一遍底漆互穿网络防腐漆金属面
	14-165	二遍面漆互穿网络防腐漆金属面
	14-166	每增一遍面漆互穿网络防腐漆金属面

分　项	定　额　编　号	子　项　名　称
	14-167	五遍成活过氯乙烯漆金属面
	14-168	每增一遍底漆过氯乙烯漆金属面
	14-169	每增一遍磁漆过氯乙烯漆金属面
	14-170	每增一遍清漆过氯乙烯漆金属面
	14-171	红丹防锈漆一遍金属面
	14-172	调和漆二遍金属面
	14-173	调和漆每增一遍金属面
	14-174	二遍醇酸磁漆金属面
	14-175	每增一遍醇酸磁漆金属面
	14-176	银粉漆二遍金属面
金属面油漆	14-177	氟碳漆金属面
（011405）	14-178	环氧富锌防锈漆一遍金属面
	14-179	磷化、锌黄底漆一遍镀锌铁皮面
	14-180	0.5h、1.5mm超薄型防火涂料（耐火时间、涂层厚度）金属面
	14-181	1h、2mm超薄型防火涂料（耐火时间、涂层厚度）金属面
	14-182	1.5h、2.5mm超薄型防火涂料（耐火时间、涂层厚度）金属面
	14-183	0.5h、3mm薄型防火涂料（耐火时间、涂层厚度）金属面
	14-184	1h、5.5mm薄型防火涂料（耐火时间、涂层厚度）金属面
	14-185	1.5h、7mm薄型防火涂料（耐火时间、涂层厚度）金属面
	14-186	2h、20mm厚型防火涂料（耐火时间、涂层厚度）金属面
	14-187	2.5h、25mm厚型防火涂料（耐火时间、涂层厚度）金属面
	14-188	3h、30mm厚型防火涂料（耐火时间、涂层厚度）金属面

155

（2）油漆、涂料、裱糊工程项目列项举例

【例 4-42】 如图 4-87 所示为某酒店包房墙面装饰图，试根据《消耗量定额》列出油漆、裱糊类工程项目名称。

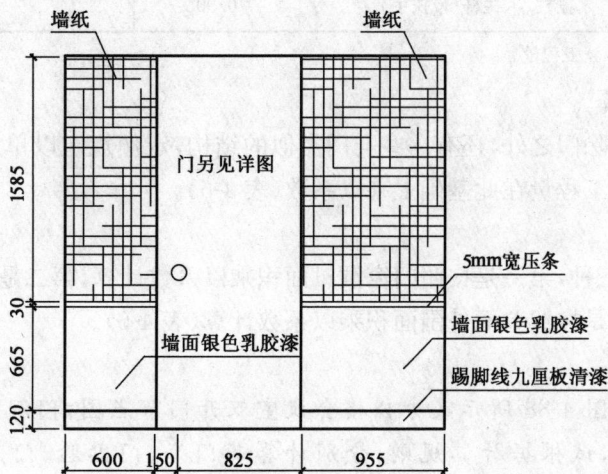

油漆、涂料、裱糊工程分项

图 4-87　包房立面施工图

第 4 章　定额计价模式下分项工程计量详解

Building Decoration Engineering Budget

解 根据《消耗量定额》列项如下：

①墙面贴墙纸；

②墙面银色乳胶漆；

③踢脚线清漆。

2)油漆、涂料、裱糊工程量计算规则及应用

(1)木门油漆工程

①计算规则。

执行单层木门油漆的项目,其工程计算规则及相应系数见表4-6。

工程量计算规则和系数表 表 4-6

项 目		系 数	工程量计算规则(设计图示尺寸)
1	单层木门	1.00	门窗洞口面积
2	单层半玻门	0.85	
3	单层全玻门	0.75	
4	半截百叶门	1.50	
5	全百叶门	1.70	
6	厂库房大门	1.10	
7	纱门窗	0.80	
8	特种门(包括冷藏门)	1.00	
9	装饰门窗	0.90	扇外围尺寸面积
10	间壁、隔断	1.00	单面外围面积
11	玻璃间壁露明墙筋	0.80	
12	木栅栏、木栏杆(带扶手)	0.90	

注:多面涂刷按单面计算工程量。

②计算规则解释。

门的种类很多,除门之外,还有一些与门类似的结构,定额规定以单层木门油漆工程量为基础,其余各种门的工程量在此基础上乘以系数(表4-6)。

③计算公式。

计算方法分为三种,第一是按照门窗洞口面积乘以系数计算,第二是按照扇外围尺寸面积乘以系数计算,第三是按照单面外围面积乘以系数计算(表4-6)。

④计算实例。

【例 4-43】 如图4-88所示某办公楼会议室双开门节点图,门洞尺寸为宽1.2m×高2.1m,墙厚240mm,试根据计算规则,分别计算其门套、门贴脸、门扇、门线条的油漆工程量。

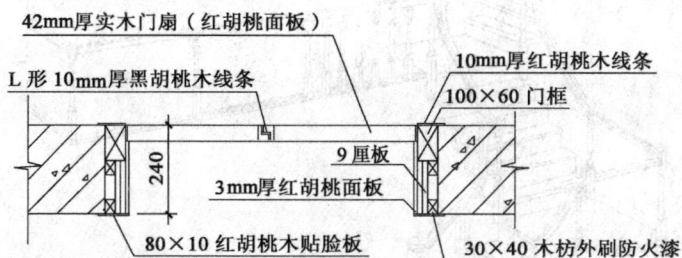

图 4-88 会议室双开门节点施工图

解 根据计算规则

$$门扇油漆工程量 = 1.2 \times 2.1 = 2.52 (m^2)$$

$$门套油漆工程量 = 0.24 \times (1.2 + 2.1 \times 2) = 1.30 (m^2)$$

$$贴脸油漆工程量 = (1.2 + 2.1 \times 2) \times 2 \times 0.35 = 3.78 (m)$$

$$胡桃木油漆工程量 = [(1.2 + 2.1 \times 2) + 2.1 \times 2] \times 0.35 (系数) = 3.36 (m)$$

（2）木扶手及其他板条、线条油漆工程

①计算规则。

a. 执行木扶手(不带托板)油漆的项目,其工程量计算规则及相应系数见表 4-7。

工程量计算规则和系数表

表 4-7

	项　　目	系　　数	工程量计算规则（设计图示尺寸）
1	木扶手(不带托板)	1.00	
2	木扶手(带托板)	2.50	延长米
3	封檐板、博风板	1.70	
4	黑板框、生活园地框	0.50	

b. 木线条油漆按设计图示尺寸以长度计算。

②计算规则解释。

定额规定以木扶手(不带托板)油漆项目为基础,木扶手(带托板)、封檐板、博风板、黑板框、生活园地框项目的油漆工程量分别乘以不同系数进行计算。

③计算公式。

木扶手(不带托板)油漆工程量及以此为基础的其他项目的工程量,定额规定乘以不同系数以延长米计算(表 4-7)。

④计算实例。

【例 4-44】 已知某木质楼梯扶手(不带托板)长 5.5m,如图 4-89 所示,试计算扶手油漆工程量,假设扶手带托板,油漆工程量是多少?

解 根据计算规则

$$木扶手(不带托板)油漆工程量 = 5.5 m$$

$$木扶手(带托板)油漆工程量 = 5.5 \times 2.5 = 13.75 (m)$$

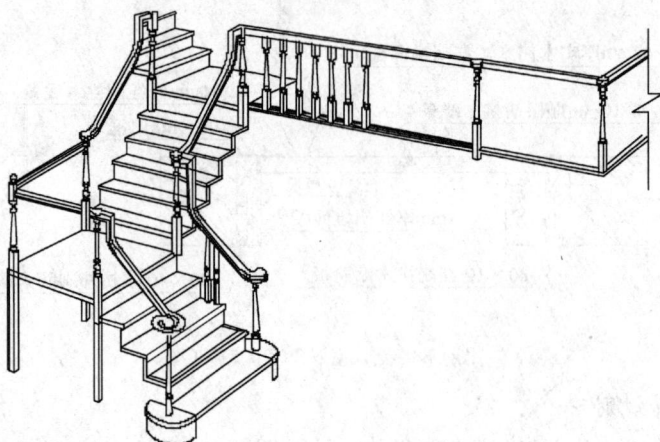

图 4-89　楼梯扶手示意图

(3)其他木材面油漆工程

①计算规则。

a. 执行其他木材面油漆的项目,其工程量计算规则及相应系数见表 4-8。

工程量计算规则和系数表　　　　　　　表 4-8

	项　目	系　数	工程量计算规则(设计图示尺寸)
1	木板、胶合板天棚	1.00	长×宽
2	屋面板带檩条	1.10	长×宽
3	清水板条檐口天棚	1.10	长×宽
4	吸声板(墙面或天棚)	0.87	
5	鱼鳞板墙	2.40	
6	木护墙、木墙裙、木踢脚	0.83	
7	窗台板、窗帘盒	0.83	
8	出入口盖板、检查口	0.87	
9	壁橱	0.83	展开面积
10	木屋架	1.77	跨度(长)×中高×1/2
11	以上未包括的其余木材面油漆	0.83	展开面积

b. 木地板油漆按设计图示尺寸以面积计算,空洞、空圈、暖气包槽、闭龛的开口部分并入相应的工程量内。

c. 木龙骨刷防火、防腐涂料按设计图示尺寸以龙骨架投影面积计算。

d. 基层板刷防火、防腐涂料按实际涂刷面积计算。

e. 油漆面抛光打蜡按相应刷油部位油漆工程量计算规则计算。

②计算规则解释。

定额规定以木板、胶合板天棚项目为基础,屋面板带檩条、清水板条檐口天棚、吸声板(墙面或天棚)、鱼鳞板墙、木护墙、木墙裙、木踢脚、窗台板、窗帘盒、出入口盖板、检查口项目的油漆工程量分别乘以不同系数进行计算。壁橱、木屋架及以上未包括的其余木材面油漆项目的油漆工程量按相应规则进行计算,木地板及空洞、空圈、暖气包槽、闭龛的开口部分油漆、基层板刷防火、防腐涂料、油漆面抛光打蜡工程量按刷油部分计算。木龙骨刷防火、防腐涂料为简化计算,定额规定按其龙骨骨架的投影面积计算(表4-8)。

③计算公式。

各部位油漆工程量基本按图示设计尺寸以面积或展开面积计算。

④计算实例。

【例4-45】 如图4-90所示,计算某酒店装饰柱面木龙骨防火涂料工程量。

解 根据计算规则,柱木龙骨工程量=0.45×4×3=5.4(m²)

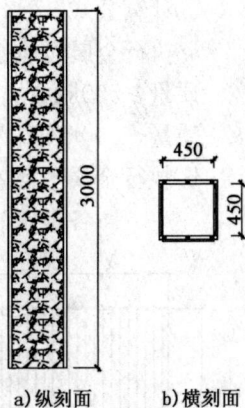

a)纵刻面 b)横刻面

图4-90 装饰柱木龙骨大样图

(4)金属面油漆工程

①计算规则。

a.执行金属面油漆、涂料项目,其工程量按设计图示尺寸以展开面积计算。质量在500kg以内的单个金属构件,可参考表4-9中相应的系数,将质量(t)折算为面积。

质量折算面积参考系数表

表4-9

	项　目	系　数
1	钢栅栏门、栏杆、窗栅	64.98
2	钢爬梯	44.84
3	踏步式钢扶手	39.90
4	轻型屋架	53.20
5	零星铁件	58.00

b.执行金属平板屋面、镀锌铁皮面(涂刷磷化、锌黄底漆)油漆的项目,其工程量计算及相应的系数见表4-10。

工程量计算规则和系数表

表4-10

	项　目	系　数	工程量计算规则(设计图示尺寸)
1	平板屋面	1.00	斜长×宽
2	瓦垄板面层	1.20	
3	排水、伸缩缝盖板	1.05	展开面积
4	吸气罩	2.20	水平投影面积
5	包镀锌薄钢板门	2.20	门窗洞口面积

注:多面涂刷按单面计算工程量。

②计算规则解释。

a.套用金属面油漆、涂料项目定额的钢栅栏门、栏杆、窗栅、钢爬梯、踏步式钢扶手、轻型屋架、零星铁件按设计图示尺寸以展开面积计算油漆工程量,如果单个金属构件质量小于500kg,定额规定可以将质量(t)折算为面积计算(表4-9)。

b.套用金属平板屋面、镀锌铁皮面(涂刷磷化、锌黄底漆)油漆项目的构件,定额规定以平板屋面为基础,按各构件设计图示尺寸分别以不同的面积计算(表4-9)。

③计算公式。

a.执行金属面油漆、涂料的项目。

质量≥500kg的,各构件油漆工程量=设计图示尺寸展开面积。

质量<500kg的,各构件油漆工程量=质量×折算系数。

b.执行金属平板屋面、镀锌铁皮面(涂刷磷化、锌黄底漆)油漆的项目。

各构件油漆工程量=各构件设计图示尺寸所算不同的面积×系数

④计算实例。

【例4-46】 如图4-91所示,某仓库窗扇装有防盗钢窗栅,四周外框及两横档为30×30×2.5角钢,30角钢1.18kg/m,中间为$\phi 8$钢筋,$\phi 8$钢筋0.395kg/m,试根据计算规则,计算其油漆工程量。

解 根据计算规则,窗栅油漆工程量计算如下:

①30角钢长度=2.1×2+1.2×4=9(m)

$\phi 8$钢筋长度=2.1×26=54.6(m)

②质量=1.18×9+0.395×54.6=32.19(kg)

③查表4-9,窗栅油漆工程量按设计图示尺寸以展开面积计算,乘以质量(t)折算系数64.98,结果如下:

窗栅油漆工程量=0.03219×64.98=2.092(m²)

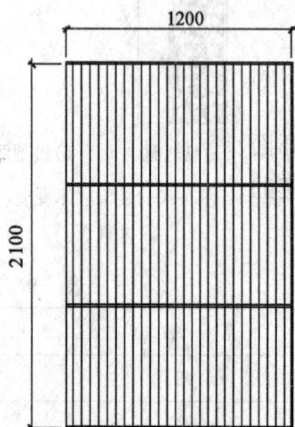

图4-91 防盗窗窗栅立面图

(5)抹灰面油漆、涂料工程

①计算规则。

a.抹灰面油漆、涂料(另做说明的除外)按设计图示尺寸以面积计算。

b.踢脚线刷耐磨漆按设计图示尺寸长度计算。

c.槽形底板、混凝土折瓦板、有梁板底、密肋梁板底、井字梁板底刷油漆、涂料按设计图示尺寸展开面积计算。

d.墙面及天棚面刷石灰油漆、白水泥、石灰浆、石灰大白浆、普通水泥浆、可塞银浆、大白浆等涂料工程量按抹灰面积工程量计算规则。

e.混凝土花格窗、栅栏花饰刷(喷)油漆、涂料按设计图示洞口面积计算。

f.天棚、墙、柱面基层板缝粘贴胶带纸按相应天棚、墙、柱面基层面积计算。

②计算规则解释。

a.槽形底板、混凝土折瓦板、有梁板底、密肋梁板底、井字梁板底结构复杂,定额规定按展开面积合并计算。

b.墙面及天棚面刷石灰油漆、白水泥、石灰浆、石灰大白浆、普通水泥浆、可塞银浆、大白浆等涂料工程量定额规定按抹灰面积的工程量计算规则计算,洞口等部位的面积该加的加,该减的需扣减。

c.混凝土花格窗、栅栏花饰刷(喷)油漆、涂料不扣除空花部分,定额已综合考虑。

③计算公式。

$$各部位油漆工程量＝设计图示尺寸所算面积$$

④计算实例。

【例4-47】 如图4-92所示,某办公楼一楼楼梯间窗户为混凝土花格窗,试根据计算规则,计算其涂料工程量。

解 根据计算规则,混凝土花格窗工程量＝1.5×2.1×1.82
$$=5.733(m^2)$$

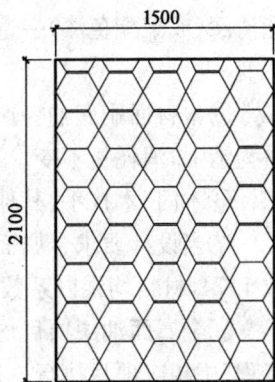

1500
2100

图4-92 混凝土花格窗立面图

(6)裱糊工程

①计算规则。

墙面、天棚面裱糊按设计图示尺寸以面积计算。

②计算规则解释。

墙面、天棚面裱糊工程量按设计图示尺寸计算,有些其他的零星项目工程量可以不扣除。比如墙面贴壁纸,墙面上射灯灯孔面积不需扣除。

③计算公式。

$$墙面、天棚面裱糊工程量＝设计图示尺寸所算面积$$

④计算实例。

【例4-48】 试计算图4-87墙纸工程量。

解 根据计算规则,墙纸工程量＝1.585×(0.6＋0.955)＝2.465(m²)

3)油漆、涂料、裱糊工程说明

(1)本章定额包括木油漆,木扶手及其他板条、线条油漆,其他木材面油漆,金属面油漆,抹灰面油漆,喷刷涂料,裱糊七节。

(2)当设计与定额取定的喷、涂、刷遍数不同时,可按本章相应每增加一遍项目进行调整。

(3)油漆、涂料定额中均已考虑刮腻子。当抹灰面油漆、喷刷涂料设计与定额取定的刮腻子遍数不同时,可按喷刷涂料中刮腻子每增减一遍项目进行调整。喷刷涂料中刮腻子项目适用于单独刮腻子工程。

(4)附着安装在同材质装饰面上的木线条、石膏线条等油漆、涂料,与装饰面同色者,并入装饰面计算,与装饰面分色者,单独计算。

(5)门窗套、窗台板、腰线、压顶、扶手(栏板上扶手)等抹灰面刷油漆、涂料、与整体墙同色者,并入墙面计算;与整体墙面分色者,单独计算,按墙面相应项目执行,其中人工乘以系数1.43。

(6)纸面石膏板等装饰板材面刮腻子按刷油漆、涂料相应项目执行。

(7)附墙柱抹灰面喷刷油漆、涂料、裱糊,按墙面相应项目执行,独立柱抹灰面喷刷油漆、涂料、裱糊按墙面相应项目执行,其中人工数乘以系数1.2。

(8)油漆。

①油漆浅、中、深各种颜色已在定额中综合考虑,颜色不同时,不另行调整。

②定额综合考虑了在同一平面上的分色,但美术图案需另行计算。

③木材面硝基清漆项目中每增加刷理漆片一遍项目和每增加硝基清漆一遍项目均适用于三遍以内。

④木材面聚酯清漆、聚酯色漆项目,当设计与定额取定的底漆遍数不同时,可按每增加聚酯清漆(或聚酯色漆)一遍项目进行调整,其中聚酯清漆(或聚酯色漆)调整为聚酯底漆,消耗量不变。

⑤木材面刷底油一遍,清油一遍可按相应底油一遍,熟桐油一遍项目执行,其中熟桐油调整为清油,消耗量不变。

⑥木门、木扶手、其他木材面等刷漆,按熟桐、底油、生漆两遍项目执行。

⑦当设计要求金属面刷两遍防锈漆时,按金属面刷防锈漆一遍项目执行,其中人工乘以系数 1.74,材料均乘以系数 1.90。

⑧金属面油漆项目均考虑了手工除锈,如实际为机械除锈,另按《消耗量定额》"金属结构工程"中相应项目执行。油漆项目中的除锈用工亦不扣除。

⑨喷塑(一塑三油):底油、装饰漆、面油。其规格划分如下:

a. 大压花:喷点压平,点面积在 $1.2cm^2$ 以上;

b. 中压花:喷点压平,点面积在 $1\sim2cm^2$;

c. 喷中点、幼点:喷点面积在 $1cm^2$ 以下。

⑩墙面真石漆、氟碳漆项目不包括分格嵌缝,当设计要求做分格嵌缝时,费用另行计算。

(9)涂料

①木龙骨刷防火涂料按四面涂刷考虑,木龙骨刷防腐涂料一面(接触结构基层面)涂刷考虑。

②金属面防火涂料项目按涂料密度 $500kg/m^3$ 和项目中注明的涂刷厚度计算,当设计与定额取定的涂料密度、涂刷厚度不同时,防火涂料消耗量可做调整。

③艺术造型天棚吊顶、墙面装饰的基层板缝粘贴胶带,按本章相应项目执行,人工乘以系数 1.2。

4.3.7 其他工程

1)其他工程列项

(1)其他工程分项内容

《消耗量定额》中的其他工程分部共列出了 229 个子目。这些子目有广告、展示、拆除工程等。

《消耗量定额》中其他装饰工程分项的主要子目构成及列项见表 4-11。

其他装饰工程分项(0115)   表 4-11

	15-1	柜台 1500×900×500 铝合金
柜类、货架	15-2	货架 1500×2000×500 铝合金
(011501)	15-3	1500×900×500 四面玻璃不带框木制柜台
	15-4	1500×900×500 半玻带框木制柜台

	15-5	1400×900×500 普通角柜木制柜台
	15-6	酒吧台
	15-7	酒吧吊柜
	15-8	酒吧背柜
	15-9	嵌入式木壁柜
	15-10	附墙矮柜
	15-11	隔断木衣柜
	15-12	附墙书柜
	15-13	附墙衣柜
柜类、货架	15-14	附墙酒柜
(011501)	15-15	大理石台面厨房矮柜
	15-16	复合板台面厨房矮柜
	15-17	吊橱
	15-18	壁橱
	15-19	衣服货架
	15-20	袜子货架
	15-21	文胸货架
	15-22	1400×260 木质靠墙展衣架
	15-23	博古架板厚 18mm(m²)
	15-24	服务台(m²)
	15-25	≤25mm 宽度平面线木装饰线
	15-26	≤50mm 宽度平面线木装饰线
	15-27	≤100mm 宽度平面线木装饰线
	15-28	≤150mm 宽度平面线木装饰线
	15-29	≤200mm 宽度平面线木装饰线
	15-30	≤25mm 宽度顶角线木装饰线
	15-31	≤50mm 宽度顶角线木装饰线
压条、装饰线	15-32	≤80mm 宽度顶角线木装饰线
(011502)	15-33	≤100mm 宽度顶角线木装饰线
	15-34	≤25mm 宽度角线木装饰线
	15-35	≤50mm 宽度角线木装饰线
	15-36	≤80mm 宽度角线木装饰线
	15-37	≤100mm 宽度角线木装饰线
	15-38	≤20mm 宽度角线铝合金装饰线
	15-39	≤50mm 宽度角线铝合金装饰线
	15-40	≤20mm 宽度槽线铝合金装饰线

163

Building Decoration Engineering Budget

	15-41	≤500mm 宽度槽线铝合金装饰线
	15-42	≤20mm 宽度角线不锈钢装饰线
	15-43	≤50mm 宽度角线不锈钢装饰线
	15-44	≤75mm 宽度角线不锈钢装饰线
	15-45	≤20mm 宽度槽线不锈钢装饰线
	15-46	≤50mm 宽度槽线不锈钢装饰线
	15-47	≤50mm 宽度砂浆粘贴石材装饰线
	15-48	≤100mm 宽度砂浆粘贴石材装饰线
	15-49	≤150mm 宽度砂浆粘贴石材装饰线
	15-50	≤200mm 宽度砂浆粘贴石材装饰线
	15-51	≤50mm 宽度粘贴剂粘贴石材装饰线
	15-52	≤100mm 宽度粘贴剂粘贴石材装饰线
	15-53	≤150mm 宽度粘贴剂粘贴石材装饰线
	15-54	≤150mm 宽度干挂石材装饰线
	15-55	≤350mm 宽度干挂石材装饰线
	15-56	≤100mm 宽度锚固灌浆挂贴石材装饰线
	15-57	≤150mm 宽度锚固灌浆挂贴石材装饰线
压条、装饰线	15-58	≤200mm 宽度锚固灌浆挂贴石材装饰线
(011502)	15-59	≤350mm 宽度锚固灌浆挂贴石材装饰线
	15-60	石材圆柱腰线锚固灌浆挂贴石材装饰线
	15-61	角线砂浆粘贴瓷砖装饰线条
	15-62	≤80mm 平线砂浆粘贴瓷砖装饰线条
	15-63	≤100mm 平线砂浆粘贴瓷砖装饰线条
	15-64	≤100mm 宽度石膏平面装饰线
	15-65	>100mm 宽度石膏平面装饰线
	15-66	≤100mm 宽度石膏角线
	15-67	>100mm 宽度石膏角线
	15-68	石膏角花
	15-69	石膏灯花
	15-70	玻璃镜面装饰线条
	15-71	聚氯乙烯装饰线条
	15-72	≤550×550(宽×高,mm×mm)外挂檐口板欧式装饰线
	15-73	>550×550(宽×高,mm×mm)外挂檐口板欧式装饰线
	15-74	≤400×400(宽×高,mm×mm)外挂腰线板欧式装饰线
	15-75	>400×400(宽×高,mm×mm)外挂腰线板欧式装饰线
	15-76	≤1200×400(宽×高,mm×mm)山花浮雕欧式装饰线

	15-77	＞1200×400(宽×高,mm×mm)山花浮雕欧式装饰线
压条、装饰线 (011502)	15-78	≤1500×540(宽×高,mm×mm)门窗头拱形雕刻欧式装饰线
	15-79	＞1500×540(宽×高,mm×mm)门窗头拱形雕刻欧式装饰线
	15-80	不锈钢扶手不锈钢栏杆
	15-81	塑料扶手不锈钢栏杆
	15-82	木扶手不锈钢栏杆
	15-83	木扶手金属花饰栏杆
	15-84	木扶手木栏杆
	15-85	木扶手铁栏杆
	15-86	铁扶手铁栏杆
	15-87	不锈钢扶手全玻璃栏板
	15-88	木扶手全玻璃栏板
	15-89	不锈钢扶手半玻璃栏板
	15-90	木扶手半玻璃栏板
扶手、栏杆、 栏板装饰 (011503)	15-91	木扶手木栏杆护窗
	15-92	木扶手不锈钢栏杆护窗
	15-93	不锈钢扶手不锈钢栏杆护窗
	15-94	木质扶手
	15-95	塑料扶手
	15-96	不锈钢扶手
	15-97	铝合金扶手
	15-98	直形大理石扶手
	15-99	弧形大理石扶手
	15-100	120×60 硬木弯头
	15-101	大理石弯头
	15-102	直形不锈钢管栏杆(带扶手)
	15-103	弧形不锈钢管栏杆(带扶手)
	15-104	不锈钢管栏杆钢化玻璃栏板(带扶手)
	15-105	挂板式柚木板暖气罩
	15-106	挂板式塑料面暖气罩
	15-107	平墙式胶合板暖气罩
	15-108	明式胶合板暖气罩
暖气罩 (011504)	15-109	10m² 平墙式铝合金暖气罩
	15-110	10m² 明式铝合金暖气罩
	15-111	10m² 平墙式钢板暖气罩
	15-112	10m² 明式钢板暖气罩
	15-113	10 个成品暖气罩

165

Building Decoration Engineering Budget

	15-114	≤1m² 大理石洗漱台
浴厕配件 (011505)	15-115	>1m² 大理石洗漱台
	15-116	大理石台面面盆开孔(个)
	15-117	≤1.0m² 带框盥洗室台镜
	15-118	>1.0m² 带框盥洗室台镜
	15-119	≤1.0m² 不带框盥洗室台镜
	15-120	>1.0m² 不带框盥洗室台镜
	15-121	10m² 木质盥洗室镜箱
	15-122	塑料盥洗室镜箱(个)
	15-123	不锈钢毛巾杆
	15-124	塑料毛巾杆
	15-125	毛巾环
	15-126	不锈钢浴帘杆
	15-127	不锈钢浴缸拉手
	15-128	搁放式肥皂盒
	15-129	嵌入式肥皂盒
	15-130	卫生纸盒
	15-131	不锈钢晒衣架
	15-132	不锈钢晒衣绳
雨篷、旗杆 (011506)	15-133	夹胶玻璃筒支架(点支式)雨篷
	15-134	夹层玻璃托架式雨篷
	15-135	铝合金扣板雨篷
	15-136	铝塑板木龙骨雨篷吊顶
	15-137	不锈钢板木龙骨雨篷吊顶
	15-138	高度 9m 手动不锈钢旗杆
	15-139	高度 12m 手动不锈钢旗杆
	15-140	高度 15m 手动不锈钢旗杆
	15-141	高度 18m 手动不锈钢旗杆
	15-142	旗帜电动升降系统
	15-143	旗帜风动系统
招牌灯箱 (011507)	15-144	不锈钢框柱面灯箱基层
	15-145	木框柱面灯箱基层
	15-146	不锈钢框墙面灯箱基层
	15-147	铝合金框墙面灯箱基层
	15-148	一般木结构平面广告牌基层
	15-149	复杂木结构平面广告牌基层

	15-150	一般钢结构平面广告牌基层
	15-151	复杂钢结构平面广告牌基层
	15-152	矩形≤500mm 钢结构(厚)箱(竖)式广告牌基层
	15-153	异形≤500mm 钢结构(厚)箱(竖)式广告牌基层
	15-154	矩形＞500mm 钢结构(厚)箱(竖)式广告牌基层
	15-155	异形＞500mm 钢结构(厚)箱(竖)式广告牌基层
招牌灯箱 (011507)	15-156	有机玻璃灯箱、广告牌面层
	15-157	玻璃灯箱、广告牌面层
	15-158	不锈钢灯箱、广告牌面层
	15-159	玻璃钢灯箱、广告牌面层
	15-160	胶合板灯箱、广告牌面层
	15-161	铝塑板灯箱、广告牌面层
	15-162	不干胶纸灯箱、广告牌面层
	15-163	灯箱布灯箱、广告牌面层
	15-164	灯片灯箱、广告牌面层
美术字 (011508)	15-165	混凝土面≤0.2m² 木质字
	15-166	块料面≤0.2m² 木质字
	15-167	其他面≤0.2m² 木质字
	15-168	混凝土面≤0.5m² 木质字
	15-169	块料面≤0.5m² 木质字
	15-170	其他面≤0.5m² 木质字
	15-171	混凝土面≤1.0m² 木质字
	15-172	块料面≤1.0m² 木质字
	15-173	其他面≤1.0m² 木质字
	15-174	混凝土面≤0.2m² 金属字
	15-175	块料面≤0.2m² 金属字
	15-176	其他面≤0.2m² 金属字
	15-177	混凝土面≤0.5m² 金属字
	15-178	块料面≤0.5m² 金属字
	15-179	其他面≤0.5m² 金属字
	15-180	混凝土面≤1.0m² 金属字
	15-181	块料面≤1.0m² 金属字
	15-182	其他面≤1.0m² 金属字
	15-183	混凝土面＞1.0m² 金属字
	15-184	块料面＞1.0m² 金属字
	15-185	其他面＞1.0m² 金属字

	15-186	混凝土面≤0.2m² 石材字
	15-187	块料面≤0.2m² 石材字
	15-188	其他面≤0.2m² 石材字
	15-189	混凝土面≤0.5m² 石材字
	15-190	块料面≤0.5m² 石材字
	15-191	其他面≤0.5m² 石材字
	15-192	混凝土面≤0.2m² 聚氯乙烯字
	15-193	块料面≤0.2m² 聚氯乙烯字
	15-194	其他面≤0.2m² 聚氯乙烯字
	15-195	混凝土面≤0.5m² 聚氯乙烯字
	15-196	块料面≤0.5m² 聚氯乙烯字
	15-197	其他面≤0.5m² 聚氯乙烯字
	15-198	混凝土面≤1.0m² 聚氯乙烯字
	15-199	块料面≤1.0m² 聚氯乙烯字
美术字 (011508)	15-200	其他面≤1.0m² 聚氯乙烯字
	15-201	混凝土面>1.0m² 聚氯乙烯字
	15-202	块料面>1.0m² 聚氯乙烯字
	15-203	其他面>1.0m² 聚氯乙烯字
	15-204	混凝土面≤1.0m² 不发光亚克力字
	15-205	块料面≤1.0m² 不发光亚克力字
	15-206	其他面≤1.0m² 不发光亚克力字
	15-207	混凝土面>1.0m² 不发光亚克力字
	15-208	块料面>1.0m² 不发光亚克力字
	15-209	其他面>1.0m² 不发光亚克力字
	15-210	混凝土面≤1.0m² 发光亚克力字
	15-211	块料面≤1.0m² 发光亚克力字
	15-212	其他面≤1.0m² 发光亚克力字
	15-213	混凝土面>1.0m² 发光亚克力字
	15-214	块料面>1.0m² 发光亚克力字
	15-215	其他面>1.0m² 发光亚克力字
石材、瓷砖加工 (011509)	15-216	≤10mm 倒角、抛光(宽度)
	15-217	>10mm 倒角、抛光(宽度)
	15-218	半圆形磨制、抛光
	15-219	加厚半圆边磨制、抛光
	15-220	≤30mm² 开槽(断面面积)
	15-221	≤100mm² 开槽(断面面积)

	15-222	≤200mm² 开槽(断面面积)
	15-223	≤400mm 开孔(周长)
	15-224	≤800mm 开孔(周长)
石材、瓷砖加工	15-225	≤1000mm 开孔(周长)
(011509)	15-226	100m 倒角、抛光
	15-227	100 个≤400mm 开孔(周长)
	15-228	100 个≤800mm 开孔(周长)
	15-229	100 个≤1000mm 开孔(周长)

(2)其他工程项目列项举例

【例 4-49】 如图 4-93 所示为某服务台背景立面施工图,试根据《消耗量定额》列出装饰线条工程项目名称。

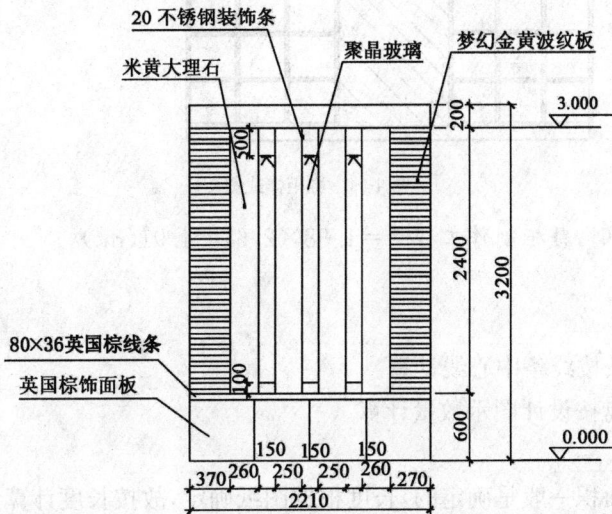

图 4-93 背景墙立面图施工图

解 根据《消耗量定额》列项如下:

①80×36 英国棕线条;

②20 不锈钢装饰条。

2)其他工程工程量计算规则及应用

(1)柜类、货架

①计算规则。

柜类、货架工程量按各项目计量单位计算。其中以"m²"为计量单位的项目,其工程量均按正立面的高度(包括脚的高度在内)乘以宽计算。

②计算规则解释。

货柜、货架样式很多,定额按常用规格考虑,非常用规格需根据设计图纸分析计算。

③计算公式。

a.常用规格的柜类、货架

　　　　柜类、货架工程量＝柜类、货架正立面高×柜类、货架正立面宽

b.非常用规格的柜类、货架

根据项目具体的计量单位按不同的公式计算。

④计算实例。

【例 4-50】 如图 4-94 所示为某娱乐城包房鞋柜,试根据计算规则计算鞋柜工程量。

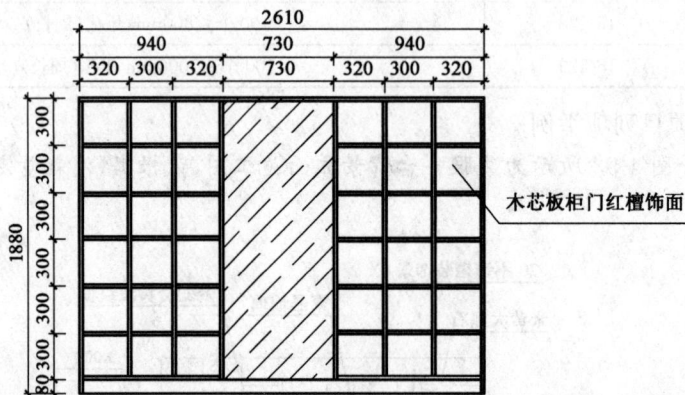

图 4-94　鞋柜样式图

解　根据计算规则,鞋柜制作工程量＝1.88×2.61＝4.91(m²)

(2)压条、装饰线

①计算规则。

a.压条、装饰线条按线条中心线计算。

b.石膏角花、灯盘按设计图示数量计算。

②计算规则解释。

压条、装饰线截面积一般是确定的,长度根据图纸确定,故按长度计算。

③计算公式。

　　　　压条、装饰线工程量＝设计图示长度

　　　　石膏角花、灯盘工程量＝设计图示个数

④计算实例。

【例 4-51】 试计算图 4-93 中的 80×36 英国棕木线条工程量。

解　根据计算规则,80×36 英国棕木线条工程量＝2.2(m)

(3)扶手、栏杆、栏板装饰

①计算规则。

a.扶手、栏杆、栏板、成品栏杆(带扶手)均按其中心线长度计算,不扣除弯头长度。如遇木扶手、大理石扶手为整体弯头时,扶手消耗量需扣除整体弯度的长度,设计不明确者,每只整体弯度按 400mm 扣除。

b.单独弯头按设计图示数量计算。

②计算规则解释。

除木扶手、大理石扶手以外,其余扶手、栏杆、栏板、成品栏杆(带扶手)工程量不扣除弯头长度,并且弯头以个另计。

③计算公式。

a.扶手、栏杆、栏板等工程量=构件中心线长度

不扣弯头:一般扶手、栏杆、栏板;

扣弯头:木扶手、大理石扶手。

b.弯头工程量=图示数量

④计算实例。

【例4-52】 某工程楼梯大样如图4-95所示,试根据图上标注数据计算两跑楼梯扶手工程量。

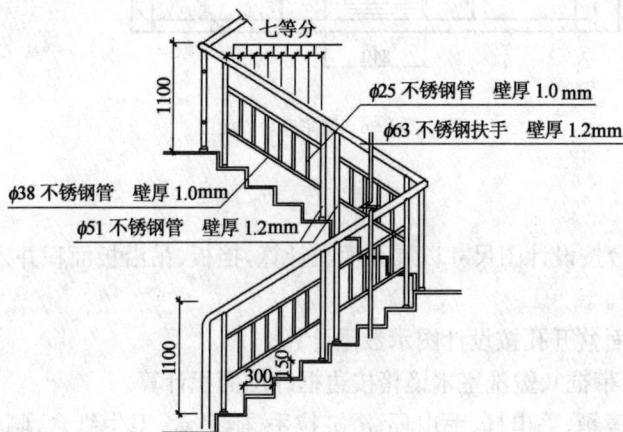

图4-95 楼梯扶手大样图

解 根据计算规则,楼梯扶手工程量$=\sqrt{0.3^2+0.15^2}\times 8\times 2=2.68\times 2=5.36$(m)。

(4)暖气罩

①计算规则。

暖气罩(包括脚的高度在内)按边框外围尺寸垂直投影面积计算,成品暖气罩安装设计图示数量计算。

②计算规则解释。

暖气罩有挂板式、平墙式、明式、半凸半凹式。挂板式是指钩挂在暖气片上;平墙式是指凹入墙内的暖气罩;明式是指凸出墙面暖气罩;半凸半凹式是指一部分在墙内、一部分在墙面外的暖气罩。无论哪种形式都是以暖气罩边框外围图示尺寸垂直投影面积计算。

③计算公式。

暖气罩工程量$=a\times b$(a、b表示暖气罩的图示长宽尺寸)

④计算实例。

【例4-53】 如图4-96所示,为某酒店豪华包房内墙面装饰,计算暖气罩工程量。

解 根据计算规则,暖气罩工程量$=0.78\times 0.84=0.66$(m²)

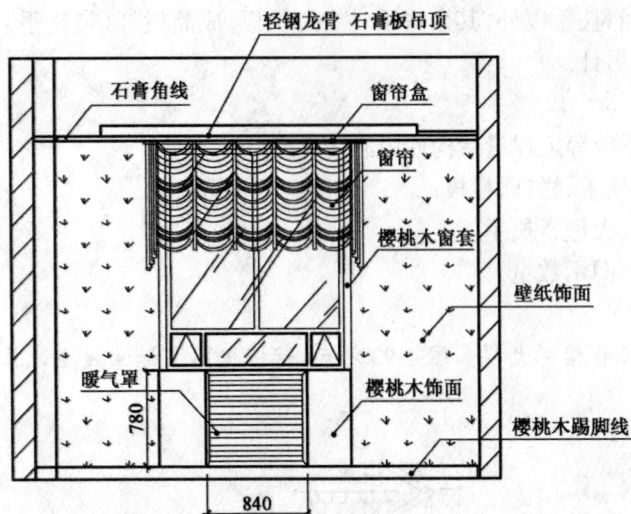

图 4-96　豪华套房立面图

(5)浴厕配件

①计算规则。

a. 大理石洗漱台按设计图尺寸以展开面积计算,挡板、吊沿板面积并入其中,不扣除孔洞、挖弯、削角所占面积。

b. 大理石台面面盆开孔按设计图示数量计算。

c. 盥洗室台镜(带框)、盥洗室木镜箱按边框外围面积计算。

d. 盥洗室塑料镜箱、毛巾杆、毛巾环、浴缸拉手、肥皂盒、卫生纸盒、晒衣架、晾衣绳等设计图示数量计算。

②计算规则解释。

大理石洗漱台项目的石材磨边、倒角及开面盆洞口需另算。毛巾杆、毛巾环等构件都属于成品,可按购买数量计算。

③计算公式。

$$大理石洗漱台工程量=设计图尺寸展开面积+挡板、吊沿板面积$$
$$大理石台面面盆开孔工程量=图示数量$$
$$盥洗室台镜(带框)、盥洗室木镜箱工程量=镜框长×镜框宽$$
$$盥洗室塑料镜箱、毛巾杆等工程量=图示设计数量$$

④计算实例。

【例 4-54】 如图 4-97 所示,某宾馆卫生间立面图,试根据计算规则,计算其银镜工程量。

解 根据计算规则,银镜玻璃安装工程量=0.8×1.8=1.44(m²)

【例 4-55】 某宾馆卫生间盥洗台安装如图 4-98 所示,试根据计算规则,计算其盥洗台的工程量。

解 根据计算规则,大理石盥洗台工程量=0.55×1=0.55(m²)

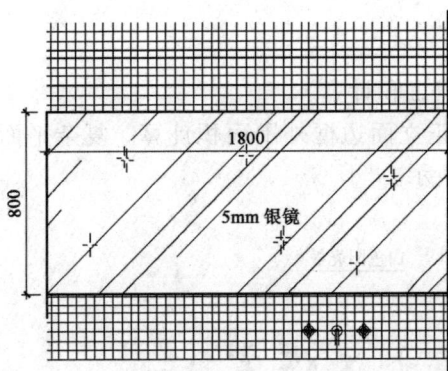

图 4-97　卫生间墙面银镜正立面图

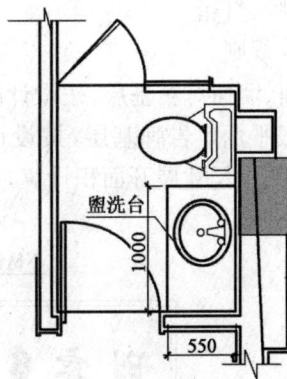

图 4-98　卫生间墙面银镜正立面图

(6)雨篷、旗杆

①计算规则。

a.雨篷按设计图尺寸水平投影面积计算。

b.不锈钢旗杆按设计图示数量计算。

c.电动升降系统和风动系统按套数计算。

②计算规则解释。

铝塑板、不锈钢面层雨篷项目雨篷侧面要另算,旗杆基础、旗杆台座及饰面不另算,电动升降系统和风动系统为成品。

③计算公式。

$$雨篷工程量＝图示水平投影面积$$

$$不锈钢旗杆工程量＝设计图示数量$$

$$电动升降系统和风动系统按＝工程使用套数$$

④计算实例。

【例 4-56】　已知雨篷长 15m,雨篷侧立面如图 4-99 所示,试计算其制作工程量。

解　根据计算规则,钢架雨棚安装工程量＝$4 \times 15 = 60(m^2)$

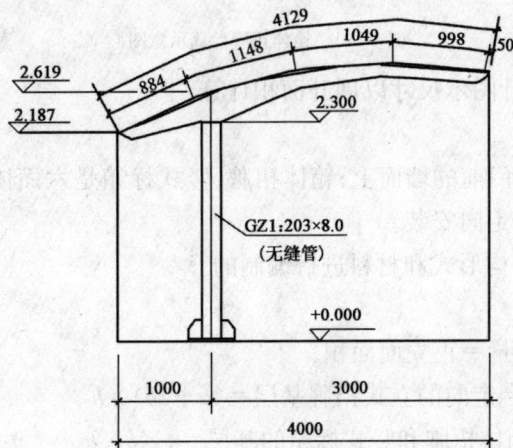

图 4-99　雨篷侧立面图

Building Decoration Engineering Budget

(7)招牌、灯箱

①计算规则。

a. 柱面、墙面灯箱基层,按设计图尺寸以展开面积计算。

b. 一般平面广告牌基层,按设计图尺寸以正立面边框外围面积计算。复杂平面广告基层,按设计图示尺寸展开面积计算,如图 4-100 所示。

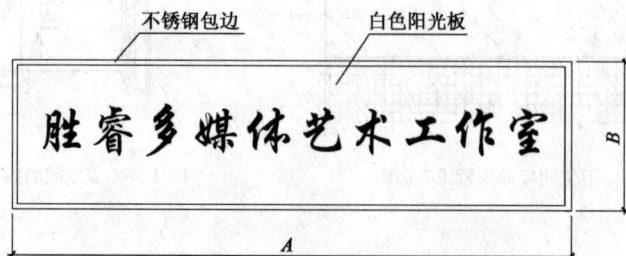

图 4-100　平面招牌计算示意图

c. 箱(竖)式广告牌基层,按设计图示以基层外围体积计算,如图 4-101 所示。

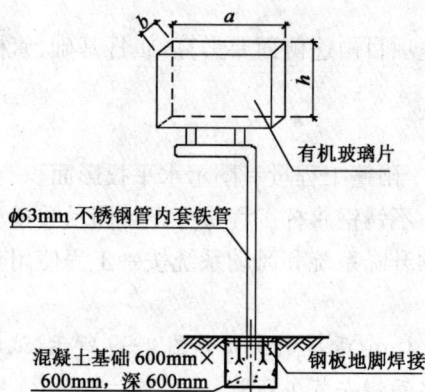

图 4-101　箱体招牌计算示意图

d. 广告牌面层,按设计图示尺寸以展开面积计算。

②计算规则解释。

a. 平面招牌是安装在门前的墙面上;箱体招牌、竖式标箱是六面体固定在墙面上;立式招牌通常沿雨篷、檐口、阳台走向安装。

b. 定额是按招牌的结构形式和材料进行编制的。

③计算公式。

a. 平面招牌基层工程量=正立面面积。

b. 沿雨篷、檐口或阳台走向的立式招牌基层=$(a+2b) \times h$。

c. 如图 4-101 所示,箱体招牌和竖式标箱的基层=$a \times b \times h$。

d. 如图 4-101 所示,灯箱的面层=$(a \times b + b \times h + a \times h) \times 2$。

④计算实例。

【例 4-57】 如图 4-102 所示,已知钢管密度为 $7.85g/cm^3$,试计算以下各工程量。

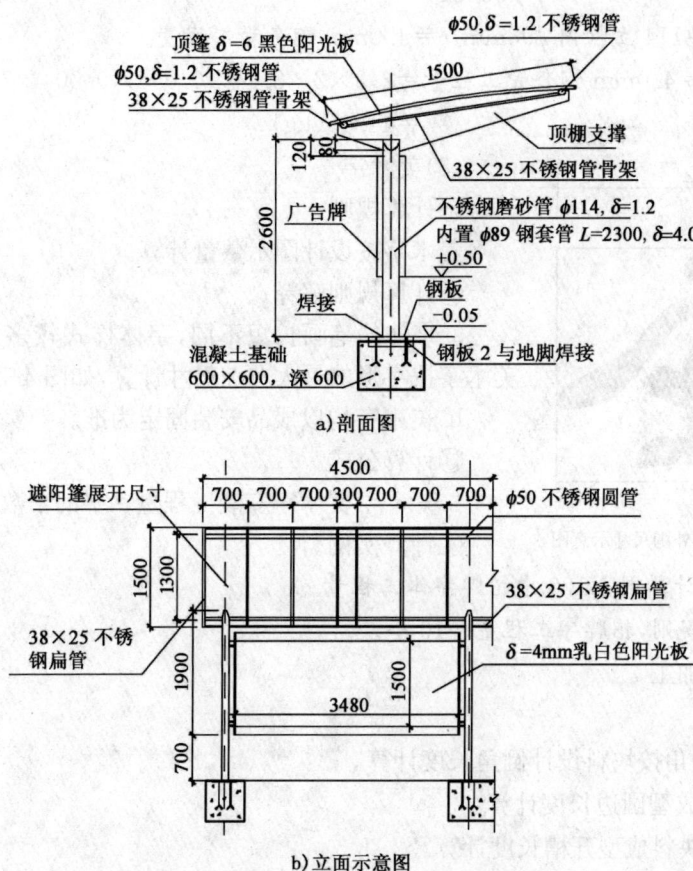

图 4-102 车站广告牌计算示意图

根据计算规则,分别计算如下:

①计算顶棚黑色阳光板工程量。

解 黑色阳光板的工程量=$1.5 \times 4.5 = 6.75 (m^2)$

②计算顶棚 $\phi 50$ 不锈钢圆管工程量和 38×25 不锈钢扁管工程量。

解 钢管密度为 $7.85g/cm^3 = 7850kg/m^3$

$\phi 50$ 不锈钢圆管工程量=$4.5 \times 2 \times 3.14 \times 0.05 \times 0.0012 \times 7850$
$= 13.31 (kg)$

38×25 不锈钢扁管工程量=$(4.5 \times 2 + 1.3 \times 7) \times (0.038 + 0.025) \times 2 \times 0.0012 \times 7850$
$= 9.252 (kg)$

③计算广告牌乳白色阳光板工程量。

解 乳白色阳光板工程量=$1.5 \times 3.48 \times 2 = 10.44 (m^2)$

④计算广告牌立柱 $\phi 114mm$,$\delta = 1.2mm$ 的不锈钢磨砂管工程量。

解　　立柱 $\phi114mm$，$\delta=1.2mm$ 的不锈钢磨砂管工程量

$$=2.6\times2\times3.14\times0.114\times0.0012\times7850$$

$$=17.53(kg)$$

⑤计算广告牌 $\phi114$ 立柱内 $\phi98mm$，$\delta=4.0mm$ 钢套管工程量。

解　　$\phi98mm$，$\delta=4.0mm$ 钢套管工程量 $=2.3\times2\times3.14\times0.098\times0.004\times7850$

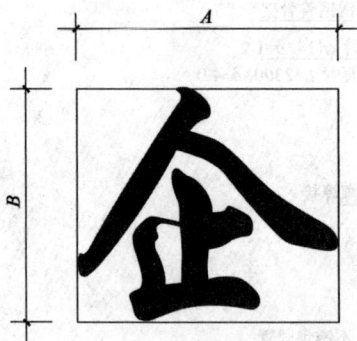

$$=44.45(kg)$$

(8)美术字

①计算规则。

美术字按设计图示数量计算。

②计算规则解释。

a.字体的笔画长短不同，字体样式较多，为方便计算，美术字按字形的最大覆盖尺寸计算，如图 4-103 所示。

b.美术字均以成品安装固定为准。

③计算公式。

美术字安装工程量=字的个数

④计算实例。

图 4-103　美术字最大外围尺寸示意图

【例 4-58】　试计算图 4-100 中招牌字体工程量。

解　根据计算规则，招牌字工程量=10 个。

(9)石材、瓷砖加工

①计算规则。

a.石材、瓷砖倒角按块料设计倒角长度计算。

b.石材磨边按成型圆边长度计算。

c.石材开槽按块料成型开槽长度计算。

d.石材、瓷砖开孔按成型孔洞数量计算。

②计算规则解释。

石材、瓷砖在使用时因为美观、安全等需要往往要进行倒角、开槽、开孔、磨边处理，计算工程量时需要加以考虑。

③计算公式。

a.石材、瓷砖倒角工程量=设计倒角长度。

b.石材磨边工程量=成型圆边长度。

c.石材开槽工程量=开槽长度。

d.石材、瓷砖开孔工程量=成型孔数量。

④计算实例。

【例 4-59】　已知某洗手间墙面贴花岗岩，材料规格为 $800mm\times400mm$，为达到墙面立体装饰效果，要求每块石材需做 $45°$ 倒角，经计算，一共要用 22 块花岗岩板，试计算石材倒角工程量。

解　根据计算规则，花岗岩板倒角工程量 $=(0.8+0.4)\times2\times22=52.8(m)$

3）其他装饰工程说明

本章定额包括柜类、货架、压条、装饰线，扶手、栏杆、栏板装饰，暖气罩，浴厕配件，雨篷、旗杆，招牌，灯箱，美术字，石材、瓷砖加工九节。

（1）柜类、货架

①柜、台、架以现场加工，手工制作为主，按常用规格编制。设计与定额不同时，应进行调整计算。

②柜、台、架项目中板材按胶合板考虑，如设计为生态板（三聚氰胺板）等其他板材时，可以换算材料。

（2）压条、装饰线

①压条、装饰线均按成品安装考虑。

②装饰线条（顶角装饰线）按直线形在墙面安装考虑。墙面安装圆弧形装饰线条、天棚面安装直线形、圆弧形装饰线条，按相应项目乘以系数执行：

a. 墙面安装圆弧形装饰线条，人工乘以系数 1.2，材料乘以系数 1.1；

b. 天棚面安装直线形装饰线条，人工乘以系数 1.34；

c. 天棚面安装圆弧形装饰线条，人工乘以系数 1.6，材料乘以系数 1.1；

d. 装饰线条直接安装在金属龙骨上，人工乘以系数 1.68。

（3）扶手、栏杆、栏板装饰

①扶手、栏杆、栏板项目（护窗栏杆除外）适用于楼梯、走廊、回廊及其他装饰性扶手、栏杆、栏板。

②扶手、栏杆、栏板项目以综合考虑扶手弯头（非整体弯头）的费用。如遇木扶手、大理石扶手为整体弯头，弯头另按《消耗量定额》中相应项目执行。

③当设计栏板、栏杆的主材消耗量与定额不同时，其消耗量可以调整。

（4）暖气罩

①挂板式是指暖气罩直接钩挂在暖气片上；平墙式是指暖气片凹嵌入墙中，暖气罩与墙面平齐；明式是指暖气片全凸或半凸出墙面，暖气罩凸出于墙外。

②暖气罩项目未包括封边线、装饰线，另按《消耗量定额》中相应装饰线条项目执行。

（5）浴厕配件

①大理石洗漱台项目不包括石材磨边、倒角及开面盆洞口，另按《消耗量定额》中相应项目执行。

②浴厕配件项目按成品安装考虑。

（6）雨篷、旗杆

①点支式、托架式雨篷的型钢、爪件的规格、数量是按常用做法考虑的，当设计要求与定额不同时，材料消耗量可以调整，人工、机械不变。托架式雨篷的斜拉杆费用另计。

②铝塑板、不锈钢面层雨篷项目按平面雨篷考虑，不包括雨篷侧面。

③旗杆项目按常用做法考虑，为包括旗杆基础、旗杆台座及饰面。

（7）招牌、灯箱

①招牌、灯箱项目，当设计与定额考虑的材料品种、规格不同时，材料可以换算。

②一般平面广告牌是指正立面平整无凹凸面,复杂平面广告是指正立面有凹凸面造型的,箱(竖)式广告牌是指具有多面体的广告牌。

③广告牌基层以附墙方式考虑,当设计为独立式的,按相应项目执行,人工乘以系数1.1。

④招牌、灯箱项目均不包括广告牌喷绘、灯饰、灯光、店徽、其他艺术装饰及配套机械。

(8)美术字

①美术字项目均按成品安装考虑。

②美术字按最大外接矩形面积区分规格,按相应项目执行。

(9)石材、瓷砖加工

石材瓷砖倒角、磨制圆边、开槽、开孔等项目均按现场加工考虑。

4.3.8 拆除工程

1)拆除工程列项

(1)拆除工程分项内容

《能耗量定额》中的拆除工程分部共列出了125个子目。这些子目主要从十六个方面进行划分:砌体拆除、混凝土及钢筋混凝土构件拆除、木构件拆除、抹灰层铲除、块料面层铲除、龙骨及饰面拆除、屋面拆除、铲除油漆涂料裱糊面、栏杆扶手拆除、门窗拆除、金属构件拆除、管道拆除、卫生洁具拆除、一般灯具拆除、其他构配件拆除、楼层运出垃圾及建筑垃圾外运。

《能耗量定额》中拆除分部的主要子目构成及列项见表4-12。

拆 除 工 程 分 项   表 4-12

分 项		定 额 编 号	子 项 名 称
砌体拆除		16-1	乱(毛)石墙
		16-2	黏土砖(实心砖)眠墙
		16-3	黏土砖(实心砖)空心斗墙
		16-4	黏土砖(实心砖)实心斗墙
		16-5	黏土砖　多孔砖
		16-6	多孔砖空心砌块墙
		16-7	加气混凝土砌块墙
		16-8	轻质墙板
		16-9	石膏板隔断墙
混凝土及钢筋混凝土构件拆除	预制钢筋混凝土构件拆除	16-10	楼板
		16-11	梁
		16-12	小型构件
		16-13	楼梯
	现浇钢筋混凝土构件拆除	16-14	单梁
		16-15	墙
		16-16	柱

分　项		定额编号	子项名称
混凝土及钢筋混凝土构件拆除	现浇钢筋混凝土构件拆除	16-17	轻质墙板
		16-18	小型构建
		16-19	楼梯
		16-20	混凝土地面
		16-21	无损切割
		16-22	钻芯　钻孔深度　120mm以内
		16-23	钻芯　钻孔深度　240mm以内
		16-24	钻芯　钻孔深度　350mm以内
		16-25	钻芯　钻孔深度　350mm以外
木构件拆除		16-26	人字屋架(跨度)6m以内
		16-27	人字屋架(跨度)8m以内
		16-28	人字屋架(跨度)12m以内
		16-29	人字屋架(跨度)16m以内
		16-30	中式屋架(跨度)5m以内
		16-31	中式屋架(跨度)5m以外
		16-32	半屋架(跨度)6m以内
		16-33	半屋架(跨度)6m以外
		16-34	檩条
		16-35	椽子
		16-36	屋面板(望板)、油毡、瓦条单拆屋面板、油毡
		16-37	屋面板(望板)、油毡、瓦条单拆瓦条
		16-38	屋面板(望板)、油毡、瓦条整体拆除
抹灰层铲除		16-39	楼地面　水泥面层
		16-40	楼地面　现浇水磨石
		16-41	楼地面　水泥踢脚线
		16-42	墙柱面　石灰砂浆面
		16-43	墙柱面　水泥及混合砂浆面
		16-44	墙柱面　水刷石、干粘石面
		16-45	天棚面　石灰砂浆面
		16-46	天棚面　水泥及混合砂浆面
块料面层铲除		16-47	楼地面　地面砖
		16-48	楼地面　石材面
		16-49	楼地面　陶瓷锦砖面
		16-50	墙柱面　墙面砖及陶瓷面砖
		16-51	墙柱面　石材面

Building Decoration Engineering Budget

分　项	定额编号	子项名称
龙骨及饰面拆除	16-52	楼地面　水泥面层
	16-53	楼地面　现浇水磨石
	16-54	楼地面　水泥踢脚线
	16-55	墙柱面　石灰砂浆面
	16-56	墙柱面　水泥及混合砂浆面
	16-57	墙柱面　水刷石、干粘石面
	16-58	天棚　木龙骨　木质面
	16-59	天棚　木龙骨　石膏面
	16-60	天棚　金属龙骨　金属面
	16-61	天棚　金属龙骨　石膏面
屋面拆除	16-62	金属压型板屋面　型钢龙骨
	16-63	金属压型板屋面　其他龙骨
	16-64	采光屋面　型钢龙骨
	16-65	采光屋面　其他龙骨
	16-66	卷材防水层
	16-67	塑料油膏层
铲除油漆涂料裱糊面	16-68	抹灰面油漆涂料
	16-69	木材面油漆
	16-70	撕墙纸
栏杆扶手拆除	16-71	木栏杆
	16-72	金属栏杆
	16-73	玻璃栏杆
	16-74	靠墙扶手
门窗拆除	16-75	整樘门窗
	16-76	门窗框
	16-77	钢门窗
	16-78	门扇
	16-79	窗扇
金属构件拆除	16-80	钢梁拆除　1t 以内
	16-81	钢梁拆除　1t 以外
	16-82	钢珠拆除　1t 以内
	16-83	钢珠拆除　1t 以外
	16-84	钢网架拆除
	16-85	钢支撑、钢墙架拆除
	16-86	其他金属构件

分　项	定 额 编 号	子 项 名 称
管道拆除	16-87	钢管拆除 φ50mm 以内
	16-88	钢管拆除 φ100mm 以内
	16-89	钢管拆除 φ100mm 以内
	16-90	塑料管拆除 φ50mm 以内
	16-91	塑料管拆除 φ100mm 以内
	16-92	塑料管拆除 φ100mm 以外
卫生洁具拆除	16-93	坐式大便器
	16-94	蹲式大便器
	16-95	大便器水箱
	16-96	挂式大便器
	16-97	立式大便器
	16-98	浴盆
	16-99	沐浴器
	16-100	脸盆
一般灯具拆除	16-101	吸顶灯
	16-102	软线吊灯
	16-103	吊链灯
	16-104	壁灯
	16-105	吊杆灯
	16-106	嵌入式筒灯
	16-107	明开关
	16-108	暗开关
	16-109	明插座
	16-110	暗插座
其他构配件拆除	16-111	暖气罩拆除　木质
	16-112	暖气罩拆除　金属
	16-113	嵌入式柜体拆除
	16-114	窗台板拆除　木质
	16-115	窗台板拆除　石材瓷板
	16-116	筒子板拆除
	16-117	窗帘盒拆除
	16-118	窗帘轨拆除
	16-119	干挂石材骨架拆除
	16-120	干挂预埋件拆除
	16-121	防火隔离带

181

分 项	定额编号	子 项 名 称
楼层运出垃圾、建筑垃圾外运	16-122	楼层运出垃圾　垂直运距15m以内
	16-123	楼层运出垃圾　垂直运距每增加1m
	16-124	建筑垃圾外运　运距1000m以内
	16-125	建筑垃圾外运　每增加1000m

（2）拆除工程项目列项举例

【例4-60】 某工程要重新装修，需更换原有门窗，如图4-104所示，试根据《消耗量定额》列出门窗拆除工程项目名称。

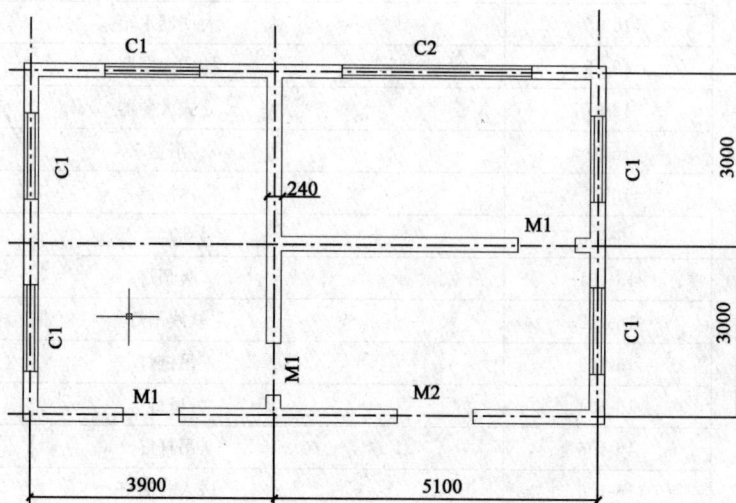

图4-104　某工程原结构平面图

解 根据《消耗量定额》列项如下：

①拆除门；

②拆除窗。

2）拆除工程量的计算及应用

（1）计算规则。

拆除工程项目是二次装修工程中经常会遇到的项目，涉及面广，不属于主要新建装饰装修工程项目，本教材只陈述计算规则，列举个别案例加以说明。

①砌体拆除。

各种墙体拆除按实拆墙体体积以"m³"计算，不扣除0.30m²以内孔洞和构件所占的体积。隔墙及隔断的拆除按实际面积以"m²"计算。

②混凝土及钢筋混凝土构件拆除。

混凝土及钢筋混凝土的拆除按实拆体积以"m³"计算，楼梯拆除按水平投影面积以"m²"计算，无损切割按切割构件断面以"m²"计算，钻芯按实钻孔数以"孔"计算。

③木构件拆除。

各种屋架、半屋架拆除按跨度分类以榀计算,檩、椽拆除不分长短按实拆根数计算,望板、油毡、瓦条拆除按实拆屋面面积以"m²"计算。

④抹灰层铲除。

楼地面面层按水平投影面积以"m²"计算,踢脚线按实际铲除长度以"m"计算,各种墙、柱面面层的拆除或铲除均按实拆面积以"m²"计算,天棚面层拆除按水平投影面积以"m²"计算。

⑤块料面层铲除。

各种块料面层铲除均按实际铲除面积以"m²"计算。

⑥龙骨及饰面拆除。

各种龙骨及饰面拆除均按实拆投影面积以"m²"计算。

⑦屋面拆除。

屋面拆除按屋面的实拆面积以"m²"计算。

⑧铲除油漆涂料裱糊面。

油漆涂料裱糊面层铲除均按实际面积以"m²"计算。

⑨栏杆扶手拆除。

栏杆扶手拆除均按实拆长度以"m"计算。

⑩门窗拆除。

拆除樘门、窗均按樘计算,拆门、窗扇以"扇"计算。

⑪金属构件拆除。

各种金属构件拆除均按实拆构件质量以"t"计算。

⑫管道拆除。

管道拆除按实拆长度以"m"计算。

⑬卫生洁具拆除。

卫生洁具拆除按实拆数量以"套"计算。

⑭一般灯具拆除。

各种灯具、插座拆除均按实拆数量以"套、只"计算。

⑮其他构配件拆除。

暖气罩、嵌入式柜体拆除按正立面边框外围尺寸垂直投影面积计算,窗台板拆除按实拆长度计算,筒子板拆除按洞口内侧长度计算,窗帘盒、窗帘轨拆除按实拆长度计算,干挂石材骨架拆除按拆除构件的质量以"t"计算,干挂预埋件拆除以"块"计算,防火隔离带按实拆长度计算。

⑯楼层运出垃圾、建筑垃圾外运。

建筑垃圾外运按虚方体积计算。

(2)计算实例

【例4-61】 计算图4-104中门窗拆除工程量。

解 根据计算规则,门拆除工程量=3樘,窗拆除工程量=6樘。

4.3.9 措施项目

1)措施项目工程列项

(1)措施项目工程分项内容

措施项目分项内容《消耗量定额》中的脚手架工程分部共列出了 112 个子目。这些子目主要从五个方面进行划分：脚手架工程,垂直运输工程,建筑物超高增加费,大型机械进出场及安拆,施工排水、降水项目。

《消耗量定额》中措施项目工程分部的主要子目构成及列项见表 4-13。

措 施 项 目 分 项   表 4-13

分　项		定额编号	子 项 名 称
脚手架工程	综合脚手架	17-1	单层建筑综合脚手架　建筑面积 500m² 以内
		17-2	单层建筑综合脚手架　建筑面积 1600m² 以内　檐高　4.5m 以内
		17-3	单层建筑综合脚手架　建筑面积 1600m² 以内　檐高　6m 以内
		17-4	单层建筑综合脚手架　建筑面积 1600m² 以内　每增高 1m
		17-5	单层建筑综合脚手架　建筑面积 1600m² 以外　檐高　10m 以内
		17-6	单层建筑综合脚手架　建筑面积 1600m² 以外　每增高 1m
		17-7	多层建筑综合脚手架　混合结构(檐高)20m 以内
		17-8	多层建筑综合脚手架　混合结构(檐高)30m 以内
		17-9	多层建筑综合脚手架　框架结构(檐高)20m 以内
		17-10	多层建筑综合脚手架　框架结构(檐高)30m 以内
		17-11	多层建筑综合脚手架　框架结构(檐高)50m 以内
		17-12	多层建筑综合脚手架　框架结构(檐高)70m 以内
		17-13	多层建筑综合脚手架　框架结构(檐高)90m 以内
		17-14	多层建筑综合脚手架　框架结构(檐高)110m 以内
		17-15	多层建筑综合脚手架　框架结构(檐高)120m 以内
		17-16	多层建筑综合脚手架　框架结构(檐高)130m 以内
		17-17	多层建筑综合脚手架　框架结构(檐高)140m 以内
		17-18	多层建筑综合脚手架　框架结构(檐高)150m 以内
		17-19	多层建筑综合脚手架　框架结构(檐高)160m 以内
		17-20	多层建筑综合脚手架　框架结构(檐高)170m 以内
		17-21	多层建筑综合脚手架　框架结构(檐高)180m 以内
		17-22	多层建筑综合脚手架　框架结构(檐高)190m 以内
		17-23	多层建筑综合脚手架　框架结构(檐高)200m 以内
		17-24	多层建筑综合脚手架　全现浇结构(檐高)50m 以内
		17-25	多层建筑综合脚手架　全现浇结构(檐高)70m 以内
		17-26	多层建筑综合脚手架　全现浇结构(檐高)90m 以内
		17-27	多层建筑综合脚手架　全现浇结构(檐高)110m 以内

脚手架实景图

分　项		定额编号	子项名称
脚手架工程	综合脚手架	17-28	多层建筑综合脚手架　全现浇结构(檐高)120m 以内
		17-29	多层建筑综合脚手架　全现浇结构(檐高)130m 以内
		17-30	多层建筑综合脚手架　全现浇结构(檐高)140m 以内
		17-31	多层建筑综合脚手架　全现浇结构(檐高)150m 以内
		17-32	多层建筑综合脚手架　全现浇结构(檐高)160m 以内
		17-33	多层建筑综合脚手架　全现浇结构(檐高)170m 以内
		17-34	多层建筑综合脚手架　全现浇结构(檐高)180m 以内
		17-35	多层建筑综合脚手架　全现浇结构(檐高)190m 以内
		17-36	多层建筑综合脚手架　全现浇结构(檐高)200m 以内
		17-37	多层建筑综合脚手架　滑模施工(檐高)50m 以内
		17-38	多层建筑综合脚手架　滑模施工(檐高)70m 以内
		17-39	多层建筑综合脚手架　滑模施工(檐高)90m 以内
		17-40	多层建筑综合脚手架　滑模施工(檐高)110m 以内
		17-41	多层建筑综合脚手架　滑模施工(檐高)120m 以内
		17-42	多层建筑综合脚手架　滑模施工(檐高)130m 以内
		17-43	多层建筑综合脚手架　滑模施工(檐高)140m 以内
		17-44	地下室综合脚手架　一层
		17-45	地下室综合脚手架　二层
		17-46	地下室综合脚手架　三层
		17-47	地下室综合脚手架　四层
	单项脚手架	(1)外脚手架 17-48	外脚手架　15m 以内　单排
		17-49	外脚手架　15m 以内　双排
		17-50	外脚手架　20m 以内　双排
		17-51	外脚手架　30m 以内　双排
		17-52	外脚手架　50m 以内　双排
		17-53	外脚手架　70m 以内　双排
		17-54	外脚手架　90m 以内　双排
		17-55	外脚手架　110m 以内　双排
		(2)里脚手架 17-56	里脚手架
		(3)悬空脚手架 17-57	悬空脚手架
		(4)挑脚手架 17-58	挑脚手架
		(5)满堂脚手架 17-59	满堂脚手架　基本层(3.6~5.2m)
		17-60	满堂脚手架　增加层(1.2m)

185

Building Decoration Engineering Budget

第4章　定额计价模式下分项工程计量详解

分 项			定额编号	子项名称
脚手架工程	单项脚手架	(6)整体提升架	17-61	整体提升架
		(7)安全网	17-62	立挂式
			17-63	挑出式
		(8)外装饰吊篮	17-64	外装饰吊篮
		(9)粉饰脚手架	17-65	内墙面粉饰脚手架 3.6～6m
			17-66	内墙面粉饰脚手架 10m以内
			17-67	内墙面粉饰脚手架 20m以内
	其他脚手架		17-68	电梯井架搭设高度 20m以内
			17-69	电梯井架搭设高度 30m以内
			17-70	电梯井架搭设高度 40m以内
			17-71	电梯井架搭设高度 50m以内
			17-72	电梯井架搭设高度 60m以内
			17-73	电梯井架搭设高度 80m以内
			17-74	电梯井架搭设高度 100m以内
垂直运输	20m(6层)以内卷扬机施工		17-75	卷扬机施工 砖混结构
			17-76	卷扬机施工 现浇框架
			17-77	卷扬机施工 预制排架
	20m(6层)以内塔式起重机施工		17-78	塔式起重机施工 砖混结构
			17-79	塔式起重机施工 现浇框架
			17-80	全现浇结构 檐高40m以内
			17-81	全现浇结构 檐高70m以内
			17-82	全现浇结构 檐高100m以内
			17-83	全现浇结构 檐高140m以内
			17-84	全现浇结构 檐高170m以内
			17-85	全现浇结构 檐高200m以内
			17-86	现浇框架 建筑物檐高40m以内
			17-87	现浇框架 建筑物檐高70m以内
			17-88	现浇框架 建筑物檐高100m以内
			17-89	现浇框架 建筑物檐高140m以内
			17-90	现浇框架 建筑物檐高170m以内
			17-91	现浇框架 建筑物檐高200m以内
			17-92	滑模施工 檐高40m以内
			17-93	滑模施工 檐高70m以内

分　项		定额编号	子项名称
垂直运输	20m（6层）以内塔式起重机施工	17-94	滑模施工　檐高100m以内
		17-95	滑模施工　檐高140m以内
		17-96	滑模施工　檐高170m以内
		17-97	滑模施工　檐高200m以内
		17-98	其他结构　檐高40m以内
		17-99	其他结构　檐高70m以内
		17-100	其他结构　檐高100m以内
		17-101	其他结构　檐高140m以内
		17-102	其他结构　檐高170m以内
		17-103	其他结构　檐高200m以内
建筑物超高增加费		17-104	建筑物檐高40m以内
		17-105	建筑物檐高60m以内
		17-106	建筑物檐高80m以内
		17-107	建筑物檐高100m以内
		17-108	建筑物檐高120m以内
		17-109	建筑物檐高140m以内
		17-110	建筑物檐高160m以内
		17-111	建筑物檐高180m以内
		17-112	建筑物檐高200m以内
大型机械设备进出场及安拆	塔式起重机及施工电梯基础	17-113	塔式起重机　固定式基础（带配重）
		17-114	施工电梯　固定式基础
		17-115	塔式起重机　轨道是基础（双轨）
	大型机械设备安拆	17-116	自升式塔式起重机安拆费
		17-117	柴油打桩机安拆费
		17-118	静力压桩机安拆费　900kN以内
		17-119	静力压桩机安拆费　1200kN以内
		17-120	静力压桩机安拆费　1600kN以内
		17-121	静力压桩机安拆费　4000kN以内
		17-122	静力压桩机安拆费　10000kN以内
		17-123	架桥机安拆费　160t以内
		17-124	施工电梯安拆费　75m以内
		17-125	施工电梯安拆费　100m以内
		17-126	施工电梯安拆费　200m以内
		17-127	施工电梯安拆费　300m以内
		17-128	三轴搅拌桩机安拆费

187

分　项		定额编号	子项名称
大型机械设备进出场及安拆	大型机械设备进出场	17-129	履带式挖掘机进出场费　1m³ 以内
		17-130	履带式挖掘机进出场费　1m³ 以外
		17-131	履带式推土机进出场费　90kW 以内
		17-132	履带式推土机进出场费　90kW 以外
		17-133	履带式起重机进出场费　30t 以内
		17-134	履带式起重机进出场费　50t 以外
		17-135	强夯机械进出场费
		17-136	柴油打桩机进出场费 5t 以内
		17-137	柴油打桩机进出场费 5t 以外
		17-138	压路机进出场费
		17-139	锚杆钻孔机进出场费
		17-140	沥青混凝土摊铺机进出场费
		17-141	静力压桩机进出场费　900kN 以内
		17-142	静力压桩机进出场费　1200kN 以内
		17-143	静力压桩机进出场费　1600kN 以内
		17-144	静力压桩机进出场费　4000kN 以内
		17-145	静力压桩机进出场费　10000kN 以内
		17-146	履带式旋挖钻机进出场费
		17-147	自升式塔式起重机进出场费
		17-148	架桥机进出场费　160t 以内
		17-149	施工电梯进出场费　75m 以内
		17-150	施工电梯进出场费　100m 以内
		17-151	施工电梯进出场费　200m 以内
		17-152	施工电梯进出场费　300m 以内
		17-153	三轴搅拌桩机进出场费
		17-154	履带式抓斗成槽机进出场费
施工排水、降水	成井	17-155	轻型井点
		17-156	喷射井点
		17-157	真空深井降水(井管深)19m
		17-158	真空深井降水(井管深)每增减 1m
		17-159	直流深井降水(井管深)(钻孔 D800)20m
		17-160	直流深井降水(井管深)(钻孔 D800)每增减 1m
		17-161	无砂混凝土管井点　直径 50cm 以内
		17-162	无砂混凝土管井点　直径 60cm 以内
		17-163	集水井(井深 4m)以内　干砖砌排水井
		17-164	集水井(井深 4m)以内　钢筋笼子排水井

分 项		定 额 编 号	子 项 名 称
施工排水、降水	排水、降水	17-165	轻型井点
		17-166	喷射井点
		17-167	真空深井降水(井管深)19m
		17-168	真空深井降水(井管深)每增减1m
		17-169	直流深井降水(井管深:20m)(钻孔 D800)
		17-170	无砂混凝土管井点
		17-171	集水井

(2)脚手架工程项目列项举例

【例 4-62】 某单层建筑物砌筑工程施工,平面见图 4-104 所示,檐高为 5m,试根据《消耗量定额》列出该建筑物砌筑脚手架工程和天棚抹灰工程项目名称。

解 根据《消耗量定额》列项如下:

①综合脚手架;

②满堂脚手架。

2)工程量计算规则及应用

(1)脚手架工程

①综合脚手架。

a.计算规则。

综合脚手架按设计图示尺寸以建筑面积计算。

b.计算规则解释。

综合脚手架是指以竹、木或钢管扣件组成的用以完成建筑安装工程施工的辅助性的措施项目,施工完成后予以拆除,不构成工程实体,定额规定按建筑面积计量。

c.计算公式。

$$综合脚手架工程量＝建筑物的建筑面积$$

d.计算实例。

【例 4-63】 某建筑物 4 层,每层 300m^2,地下室一层,面积 300m^2,檐高 14m,计算综合脚手架工程量。

解 根据工程计算规则,综合脚手架工程量＝5×300＝1500(m^2)。

②单项脚手架。

a.计算规则。

a)外脚手架、整体提升架按外墙外边线长度(含墙垛及附墙井道)乘以外墙高度以面积计算。

b)计算内、外墙脚手架时,均不扣除门、窗、洞口、空圈等所占面积。同一建筑物高度不同时,应按不同高度分别计算。

c)里脚手架按墙面垂直投影面积计算。

d)独立柱按设计图示尺寸,以结构外围周长另加 3.6m 乘以高度以面积计算。执行双排外脚手架定额项目乘以系数。

e)现浇钢筋混凝土梁按梁顶面至地面(或楼面)间的高度乘以梁净长以面积计算。执行双排外脚手架定额项目乘以系数。

f)满堂脚手架按室内净面积计算,其高度在 3.6～5.2m 时计算基本层,5.2m 以外,每增加1.2m 计算一个增加层,不足 0.6m 按一个增加层乘以系数 0.5 计算。计算公式如下:满堂脚手架增加层=(室内净高－5.2)/1.2。

g)挑脚手架按搭设长度乘以层数以长度计算。

h)悬空脚手架按搭设水平投影面积计算。

i)吊篮脚手架按外墙垂直投影面积计算,不扣除门窗洞口所占面积。

j)内墙面粉饰脚手架按内墙面垂直投影面积计算,不扣除门窗洞口所占面积。

k)立挂式安全网按架网部分的实挂长度乘以实挂高度以面积计算。

l)挑出式安全网按挑出的水平投影面积计算。

b. 计算规则解释。

除综合脚手架以外,还有一些局部的或者零星的部位装饰需要搭设脚手架,因此定额又编制了单项脚手架来解决这些问题。比如室内天棚装饰面距设计室内地坪在 3.6m 以上时,可计算满堂脚手架。

计算内、外墙脚手架时,不扣除门窗洞口所占面积,是因为脚手架搭设只与施工部位的高度和宽度有关,比如吊篮脚手架。

c. 计算公式。

a)外脚手架、整体提升架工程量=外墙外边线长外墙高

b)里脚手架工程量=墙面垂直投影面积

c)独立柱脚手架工程量=$[(a+b)\times2+3.6]\times h$($a$ 指柱结构尺寸长,b 指柱结构尺寸宽,h 指柱高)

d)现浇钢筋混凝土梁脚手架工程量=$L_净\times h$($L_净$ 指梁净长,h 指梁顶标高与地面之间的高差)

e)满堂脚手架工程量=室内净面积(超高增加部分另算,增加层计算见计算规则)

f)挑脚手架工程量=搭设长度×层数

g)悬空脚手架工程量=搭设水平投影面积

h)吊篮脚手架工程量=外墙垂直投影面积

i)内墙面粉饰脚手架工程量=内墙面垂直投影面积

j)立挂式安全网工程量=挂网实长×挂网实宽

d. 计算实例。

【例 4-64】 如图 4-105 所示,某包房平面图,该包房天棚做吊顶,室内净高 4.2m,试根据计算规则,计算其满堂脚手架工程量。

解 根据计算规则,满堂脚手架工程量=3.4×5.7=19.38(m²)

【例 4-65】 如图 4-106 所示,某酒店外墙面装饰,试根据计算规则,计算其脚手架工程量。

解 根据计算规则,外墙面脚手架工程量=3.2×3.86=12.35(m²)

【例 4-66】 如图 4-107 所示,3m 高独立柱柱面贴花岗岩,计算其脚手架工程量。

解 脚手架工程量＝$(1.0×4＋3.6)×3＝22.8(m^2)$

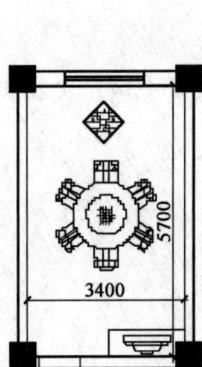

图 4-105　包房平面图　　　　图 4-106　花岗岩外墙装饰立面图　　　　图 4-107　独立柱脚手架示意图

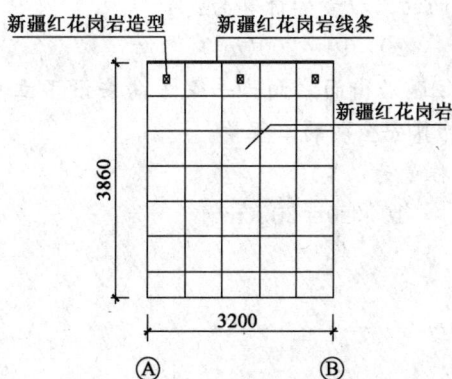

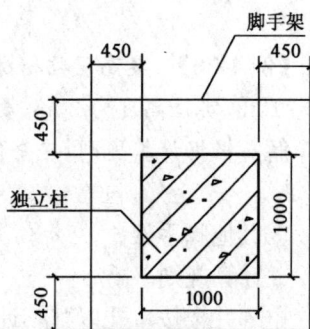

【例 4-67】 如图 4-108 所示,某办公楼一楼墙面图,其石材装饰墙面净长为 32m,试根据计算规则,计算其内墙装饰脚手架工程量。

图 4-108　办公楼外立面图

解 根据计算规则,内墙装饰脚手架工程量＝$32×3.65＝116.8(m^2)$。

【例 4-68】 某临街建筑物,为安全施工沿街面上搭设了一排水平防护架,脚手板长度为 10m,宽度为 3m,试计算该水平防护架的工程量。

解 根据计算规则,水平防护架的工程量的计算为:

$$3×10＝30(m^2)$$

【例 4-69】 某一临街高层建筑,为施工安全,对建筑物施行垂直封闭,垂直封闭的长和高分别为 20m 和 10m,试计算垂直封闭面的搭设工程量。

解 根据计算规则,垂直封闭面的工程量的计算为:

$$20 \times 10 = 200(m^2)$$

【例 4-70】 某高层临街建筑往返沿街面方向脚手架方向安设了立挂式安全网。实挂长度为 10m,实挂高度为 20m,要求计算安全网的工程量。

解 根据计算规则,安全网工程量为:

$$10 \times 20 = 200(m^2)$$

③其他脚手架。

a. 计算规则。

电梯井架按单孔以"座"计算。

b. 计算规则解释。

电梯井架一种垂直运输的工具,只载物不载人。

c. 计算公式。

$$电梯井架工程量 = "座"数量$$

(2)垂直运输工程

①计算规则。

a. 建筑物垂直运输机械台班用量,区分不同建筑物结构及檐高按建筑面积计算。地下室面积与地上面积合并计算,独立地下室由各地根据实际自行补充。

b. 本章按泵送混凝土考虑,如采用非泵送,垂直运输费按以下方法增加:相应项目乘以调增系数(5%～10%),再乘以非泵送混凝土数量占全部混凝土数量的百分比。

②计算规则解释。

垂直运输只考虑建筑结构和檐高,按建筑面积计算。

③计算公式。

$$垂直运输工程量 = 建筑面积(增加层按各省定额执行)$$

④计算实例。

【例 4-71】 某建筑物 6 层,层高 3m,室外标高-0.6m,卷扬机施工,每层建筑面积为 1000m² ,计算垂直运输费工程量。

解 檐高:$3 \times 6 + 0.6 = 18.6m < 20m$,根据计算规则,工程量=$1000 \times 6 = 6000(m^2)$。

(3)建筑物超高增加费

①计算规则。

a. 各项定额中包括的内容指单层建筑物檐口高度超过 20m,多层建筑物超过 6 层的全部工程项目,但不包括垂直运输、各类构件的水平运输及各项脚手架。

b. 建筑物超高增加费的人工、机械按建筑物超高部分的建筑面积计算。

②计算规则解释。

a. "建筑物超高"是指建筑物的设计檐口高度超过定额规定的极限高度(即檐高 20m 以上),并且檐口高度在 20m 以上的单层或多层建筑物均可计算超高增加费。

b. 檐高是指设计室外地坪至檐口的高度。突出主体建筑屋顶的电梯间,水箱等不计入檐高之内。

c. 同一建筑物不同檐高时,按不同高度的建筑面积,分别按相应项目计算。

d. 超高增加费是以人工降效和机械降效之和来计算的。其费用包括工人上下班降低功效,上楼工作前休息及自然增加的时间,从而增加的人工费;由于人工降效引起的机械降效。

超高增加费工程量按建筑面积计算,具体见各省定额规定。

③计算实例。

【例 4-72】 某建筑物 5 层,层高 2.8m,设备层两层,每层高 2.2m,每层建筑面积为 1000m²,室外标高-0.6m,根据某省定额规定,檐高≤20m,层数>6 层,需计算垂直运输及增加费,7、8 层垂直运输增加费按 7、8 层建筑面积计算,6 层以下累计计算垂直运输费,试计算该工程垂直运输及增加费工程量。

解 檐高:5×2.8+2.2×2+0.6=19(m)<20m。

层数:5+2=7 层>6 层,故:

$$垂直运输费工程量=1000×6=6000(m^2)$$

$$垂直运输及增加费工程量=1000(m^2)$$

(4)大型机械设备进出场及安拆

①计算规则。

a. 大型机械设备安拆费按台次计算。

b. 大型机械设备经出场费按台次计算。

②计算规则解释。

大型设备如塔吊等进出场需要安拆和加固基座,定额规定计算这些费用。

(5)施工排水、降水。

①计算规则。

a. 轻型井点、喷射井点排水的井管安装、拆除以"根"为单位,使用以"套·天"计算;真空深井、自流井排水的安装拆除以每口井计算,以每口"井·天"计算。

b. 使用天数以每昼夜(24h)为一天,并按施工组织设计要求的使用天数计算。

c. 集水井按设计图示数量以"座"计算,大口井按累计井深度以长度计算。

②计算规则解释。

是指为确保工程在正常条件下施工,采取各种排水、降水措施所发生的各种费用。

③计算公式。

$$轻型井点、喷射井点排水的井管安装、拆除工程量=根数$$

$$使用工程量=套·天数$$

$$真空深井、自流井排水的安装拆除工程量=井·天数$$

$$集水井工程量=图示数量$$

$$大口井工程量=长度$$

④计算实例。

【例 4-73】 如图 4-109 所示,某工程基坑降水,根据施工组织设计要求采用轻型井点降水。深度为 6m,降水施工工期为 2016 年 3 月 30 日至 5 月 15 日,其井点布置采用环形形式,试计算该工程井点降水工程量。

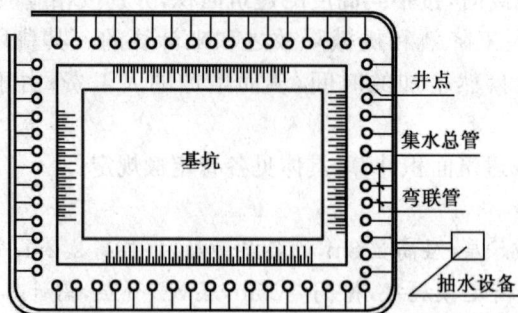

图 4-109　施工排水、降水示意图

解　①安装工程量=(17+13)×2=60(根)。

②拆除工程量=60(根)。

③使用工程量：

使用套数=60/50=1.2(套)，施工工期=2+30+15=47(天)

使用工程量=1.2×47=56.4≈57(天)

3)措施项目说明

(1)本章定额包括脚手架工程，垂直运输，建筑物超高增加费，大型机械设备进出场及安拆，施工排水、降水，降水五节。

(2)建筑物檐高设计室外地坪至檐口的高度(平屋顶系指面板底高层，斜屋面系指外墙外边线与斜屋面板底的交点)为准。突出主体建筑屋顶的楼梯间、电梯间、水箱间、屋顶天窗等不计入檐口高度之内。

(3)同建筑有不同檐高时，按建筑物的檐高纵向分割，分别计算建筑面积，并按各自的檐高执行相应的项目。建筑物多种结构，按不同结构分别计算。

(4)脚手架工程。

①一般说明。

a.脚手架措施项目是指施工需要的脚手架搭、拆运输及脚手架摊销的工料消耗。

b.脚手架措施项目材料均按钢管式脚手架编制。

c.各项脚手架消耗量中未包括脚手架基础加固。基础加固是指脚手架立杆下端一些或脚手架底座下皮以下的所有做法。

d.高度在3.6m以外墙面装饰不能利用原砌筑脚手架时，可计算装饰脚手架。装饰脚手架执行双排脚手架定额乘以系数0.3。室内凡计算了满堂脚手架，墙面装饰不再计算墙面粉饰脚手架，只按每100m² 墙面垂直投影面积增加改架一般技工1.28工日。

②综合脚手架。

a.单层建筑脚手架适用于檐高20m以内的单层建筑工程。

b.凡单层建筑工程执行单层建筑综合脚手架项目，二层及二层以上的建筑工程执行多层建筑综合脚手架项目，地下室部分执行地下室综合脚手架项目。

c.综合脚手架中包括外墙砌筑及外墙粉饰、3.6m以内的内墙砌筑及混凝土浇捣用脚手架

194

以及内墙面和天棚粉饰脚手架。

　　d.执行综合脚手架,有下列情况者,可执行单项脚手架项目:

　　a)满堂基础或高度(垫层上皮至基础顶面)在1.2m以外的混凝土或钢筋混凝土基础,按满堂脚手架基本层定额乘以系数0.3;高度超过3.6m,每增加1m按满堂脚手架增加层定额乘以系数0.3;砌筑高度在3.6m以外的砌块内墙,按相应双排外脚手架定额乘以系数0.3。

　　b)砌筑高度在3.6m以外的砖内墙,按单排脚手架定额乘以系数0.3,;砌筑高度在3.6m以外的砌块内墙,按相应双排外脚手架定额乘以系数0.3。

　　c)砌筑高度在1.2m以外的屋顶烟囱的脚手架,按设计图示烟囱外围周长另加3.6m乘以烟囱出屋顶高度以面积计算,执行里脚手架项目。

　　d)砌筑高度在1.2m以外的管沟墙及砖基础,按设计图示砌筑长度乘以高度面积计算,执行里脚手架项目。

　　e)墙面粉饰高度在3.6m以外的执行内墙面粉饰脚手架项目。

　　f)按建筑面积计算规范的有关规定未计入建筑面积,但施工过程中需搭设脚手架的施工部位。

　　e.凡不适宜使用综合脚手架的项目,可按相应的单项脚手架项目执行。

　　③单项脚手架。

　　a.建筑物外墙脚手架,设计室外地坪至檐口的砌筑高度在15m以内的按单排脚手架计算;砌筑高度在15m以外或砌筑高度虽不足15m,但外墙门窗及装饰面积超过外墙表面积60%时,执行双排脚手架项目。

　　b.外脚手架消耗量中已综合斜道、上料平台、护卫栏杆等。

　　c.建筑物内墙脚手架,设计室内地坪至板底(或山强高度的1/2处)的砌筑高度在3.6m以内的,执行里脚手架项目。

　　d.围墙脚手架,室内地坪至围墙顶面的砌筑高度在3.6m以内的,按里脚手架计算;砌筑高度在3.6m以外的,执行单排外脚手架项目。

　　e.石砌墙体,砌筑高度在1.2m以外时,执行双排外脚手架项目。

　　f.大型设备基础,凡距地坪高度在1.2m以外的,执行双排外脚手架项目。

　　g.挑脚手架适用于外檐挑檐等部位的局部装饰。

　　h.悬空脚手架适用于有露明屋架的屋面板勾缝、油漆或喷浆等部位。

　　i.整体提升架适用于高层建筑的外墙施工。

　　j.独立柱、现浇混凝土单(连续)梁执行双排外脚手架定额项目乘以系数0.3。

　　④其他脚手架。

　　电梯井架每一电梯台数为一孔。

　　(5)垂直运输工程。

　　①垂直运输工作内容,包括单位工程在合理工期内完成全部工程项目所需要的垂直运输机械台班,不包括机械的场外往返运输,一次按拆及路基铺垫和铺拆等费用。

　　②檐高3.6m以内的单层建筑,不计算垂直运输机械台班。

　　③本定额层高按3.6m考虑,超过3.6m者,应另计层高超高垂直运输增加费,每超过1m,其超高部分按相应定额增加10%,超高不足1m按1m计算。

④垂直运输是按现行工期定额中规定的Ⅱ类地区标准编制的,Ⅰ、Ⅲ类地区按相应定额分别乘以系数0.91和1.1。

(6)建筑物超高增加费。

建筑物超高增加人工、机械定额适用于单层建筑物檐口高度超过20m,多层建筑物超过6层的项目。

(7)大型机械设备进出场及安拆。

①大型机械设备进出场及安拆费是指机械整体或分体自停放场地运至施工或由一个施工地点运至另一个施工地点,所发生的机械经出场运输和转移费用,以及机械在施工现场进行安装、拆卸所需的人工费、材料费、试运费和安装所需的辅助设备的费用。

②塔式起重机及施工电梯基础。

a.塔式起重机轨道铺拆以直线形为准,如铺设弧线形时,定额乘以系数1.15。

b.固定式基础钢筋混凝土体积在10m³以内的塔式起重机基础,如超出者按实际混凝土工程、模板工程、钢筋工程分别计算工程量,按《消耗量定额》"第五章　混凝土及钢筋混凝土工程"相应项目执行。

c.固定式基础如需打桩时,打桩费用另行计算。

③大型机械设备安装费。

a.机械安拆费是安装、拆卸的一次性费用。

b.机械安拆费中,包括机械安装完毕后的试运转费用。

c.柴油打桩机的安拆费,已包括轨道的安拆费用。

d.自升式塔式起重机安拆费按塔高45m确定,>45m且檐高≤200m,塔高每增高10m,按相应定额增加费用10%,尾数不足10m按10m计算。

④大型机械设备进出场费。

a.进出场费中以包括往返一次的费用,其中回程费按单程运费的25%考虑。

b.进出场费中已包括了臂杆、铲斗及附件、道木、道轨的运费。

c.机械运输路途中的台班费、不另计取。

⑤大型机械设备现场的行驶路线需修整铺垫时,其人工修整可按实际计算。同一现场各建筑物之间的运输,定额按100m以内综合考虑,如转移距离超过100m,在300m以内的,按相应外运输费用乘以系数0.3;在500m以内的,按相应场外运输费用乘以系数0.6。使用道木铺垫按15次摊销,使用碎石零星铺垫按一次摊销。

(8)施工排水、降水。

①轻型井点以50根为一套,喷射井点以30根为一套,使用时累计根数轻型井点少于25根,喷射并点少于15根,使用费按相应定额乘以系数0.7。

②井管间距应根据地质条件和施工降水要求,按施工组织设计确定,施工组织设计未考虑时,可按轻型井点管距1.2m、喷射井点管距2.5m确定。

③直流深井降水成空直径不同时,只调整相应的黄沙含量,其余不变;PVC-U加筋管直径不同时,调整管材价格的同时,按管子周长的比例调整相应的密目网及铁丝。

④排水井分集水井和大口井两种。集水井定额项目按基坑内设置考虑,井深在4m以内,按本定额计算。如井深超过4m,定额按比例调整。大口井按井管直径分两种规格,抽水结束

时回填大口井的人工和材料未包括在消耗量内,实际发生时应另行计算。

小 知 识

1. 装饰装修工程量的计算中可采取先列项再列计算式的方式,可以较好地避免漏算缺项的问题,工程量计算见表 4-14。

定额(计价)工程量计算表

表 4-14

工程名称：第 页 共 页

序号	定额编号	分部分项工程名称	部位	单位	数量	计 算 式	备注

2. 装饰装修工程垂直运输及超高增加费的计算,各省与《全国统一装饰装修消耗量定额》或多或少存在差异,学习过程中注意区别与联系。

◀ 课堂练习题 ▶

1. 下列关于柱装饰饰面工程量正确的是( )。

　A. 柱子挂贴大理石项目中的柱墩属零星项目,按米计算

　B. 柱抹灰按结构断面周长乘以高计算

　C. 柱饰面面积按外围饰面尺寸乘以高度计算

　D. 水刷石柱帽抹灰工程按米计算

2. 以下属于镶贴块料的"零星项目"是( )。

　A. 窗台线　　　　　B. 雨篷周边　　　　　C. 压顶　　　　　D. 扶手

3. 某工程室内净面积为 $50m^2$,柱垛面积为 $0.48m^2$,管道面积为 $0.1m^2$,则吊顶天棚龙骨工程量为( ) m^2。

　A. 49.52　　　　　B. 50　　　　　C. 49.9　　　　　D. 49.42

4. 天棚装饰面层工程量( )。

　A. 按主墙间实钉(胶)面积以平方米计算

　B. 不扣除间壁墙、检查口、附墙烟囱、垛和管道所占面积

　C. 应扣除 $0.3m^2$ 以上的孔洞、独立柱、灯槽及与天棚相连的窗帘盒所占面积

D. 按主墙间净面积计算

5. 关于楼梯底面的装饰工程量说法正确的是( )。

 A. 楼梯底面的装饰工程量包括楼梯段底面装饰和平台底面装饰两部分

 B. 板式楼梯底面的装饰工程量按水平投影面积乘以系数 1.15 计算

 C. 梁式楼梯底面按展开面积计算

 D. 梁式楼梯底面斜平顶工程量与锯齿顶面工程量计算规则不同

◀ 复习思考题 ▶

1. 什么是建筑面积？计算建筑面积有何作用？

2. 单层建筑物建筑面积计算规则有哪些？举例说明。

3. 室内楼梯建筑面积如何计算？

4. 阳台建筑面积如何计算？

5. 扶手工程量如何计算？

6. 防滑条工程量如何计算？

7. 装饰抹灰中装饰线条和零星项目如何区分？如何计算两者的工程量？

8. 按图 4-110 所示，根据本地区定额计算规则计算墙面正立面水刷石工程量(已知柱面离墙 200mm)，并根据本地区定额查出分项工程基价。

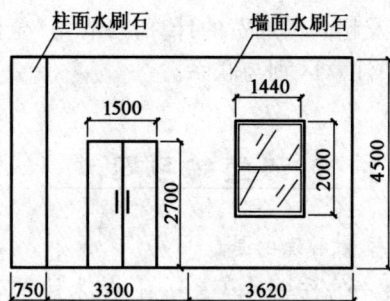

图 4-110 水刷石外墙面立面图

9. 什么情况下需要计算满樘脚手架？如何计算？根据本地区定额进行分析。

第 5 章
定额计价模式下装饰装修
工程费用组成详解

【知识要点】

1. 定额计价模式下装饰装修工程计费（含义、费用定额、计费方法和程序）。
2. 建筑装饰装修工程造价的组成及计算方法（分部分项工程费、间接费、利润、税金计算）。
3. 建筑装饰装修工程造价的取费程序。

【学习要求】

1. 了解计费含义，费用定额的编制。
2. 熟悉本省费用定额的内容。
3. 掌握定额计价模式下装饰装修工程造价组成内容、取费程序并能完成实际工程的计费。

5.1 定额计价模式下装饰装修工程计费

5.1.1 装饰装修工程计费的含义

装饰装修工程计费通常称为"取费"，是指装饰装修工程在分部分项工程费计算完成后，根据国家及各地区、各部门颁发的费用定额和有关文件规定计取一些合理费用，最终形成工程总造价的过程。

5.1.2 费用定额解释

1）费用定额的定义

费用定额是指各地区、各部门根据相关职能部门颁发的指导性文件，结合本地区、本部门的实际情况编制的用以确定建安工程总造价的费用标准。

2）编制费用定额的意义

在装饰装修工程计价过程中，除了计算直接消耗在装饰装修工程上的人工、材料、机械的费用以外，还有其他一些凝结在工程上的劳动价值也以一定的费用形式被计取，这些费用包括间接费、利润和税金等。它们是企业得以生存和发展的基础，同时也是我国的装饰装修工程管

Building Decoration Engineering Budget

理和装饰装修工程造价管理的必要保障。

3)编制费用定额的背景和方法

为了适应工程计价改革工作的需要,根据国家有关法律和法规,住建部和财政部于2013年7月1日颁布施行了建标〔2013〕44号《建筑安装工程费用项目组成》(以下简称44号文),明确了建筑安装工程费用项目划分的方法及费用项目组成,制定了建筑安装工程费用参考计算方法、建筑安装工程计价程序。

多年来,由于装饰装修工程的复杂性和地区差异性,使得装饰装修工程的费用构成、计费基础和取费标准随着专业工程类别、企业级别和资质、建筑层数等不同而发生变化,现行的费用定额是科学合理的,能够反映当前装饰产品的价值。

由于地区差异,所以各地区的计费程序、计费办法和费率也不尽相同。根据44号文件精神,各地区各部门在费用定额的编制思路和方法上具有相似之处,编制时注意细节,在熟悉编制原理的基础上注重应用。

5.1.3 装饰装修工程定额计费的程序和方法

装饰装修工程定额计价模式下编制预算的方法和步骤通常有工料单价法和实物法两种,下面分别加以介绍。

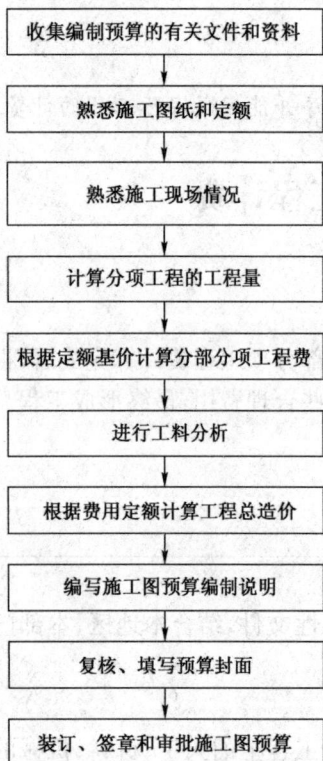

图 5-1 工料单价法计费程序

1)工料单价法

工料单价法是指根据造价主管部门编制和确定的分项工程的单价(亦称基价)与分部分项工程的工程量相乘得到分部分项工程的直接工程费,然后汇总形成单位工程的直接工程费,并以此作为基础,按照各省市造价主管部门颁发的费用定额的相关规定计算出间接费、利润和税金,最终形成单位工程总造价的方法。工料单价法计费程序如图 5-1 所示。

工料单价法是目前我国工程造价管理转轨时期编制单位装饰装修工程预算造价的重要方法,其单价的形成体现了政府的定价行为。为适应市场需求,实现工程造价的动态管理,因此需要根据当时当地的市场价格进行价差调整。

2)实物法

实物法是指根据消耗量定额中所规定的分部分项工程的人工、材料、机械台班的消耗量(亦称含量)与分部分项工程的工程量相乘后得到的分部分项工程的人工、材料、机械的实际耗用量,再乘以当时当地人工、材料、机械台班的市场价格,得到单位工程的人工费、材料费和机械使用费,最后汇总形成分部分项工程费,并以此为基础,按照各省市造价主管部门颁发的费用定额的相关规定计算出间接费、利润和税金,最终形成单位工程总造价的方法。实物法计费程序如图 5-2 所示。

在市场经济条件下,人工、材料和机械台班的单价是随市场而变化的,用实物法编制施工图预算,采用的是工程当时当地的人工、材料和机械台班单价,能够较好地反映工程实际价格水平,工程造价的准确性高。因此,实物法是与市场经济体制相适应的预算编制方法,与工程量清单计价的基本思路相吻合。

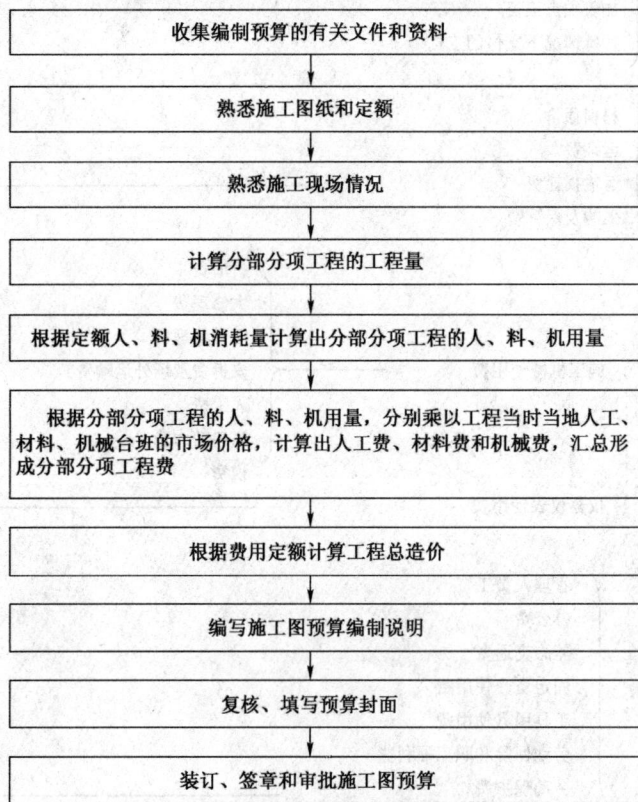

```
┌─────────────────────────────────┐
│      收集编制预算的有关文件和资料      │
└─────────────────────────────────┘
                 │
┌─────────────────────────────────┐
│         熟悉施工图纸和定额            │
└─────────────────────────────────┘
                 │
┌─────────────────────────────────┐
│          熟悉施工现场情况            │
└─────────────────────────────────┘
                 │
┌─────────────────────────────────┐
│        计算分部分项工程的工程量        │
└─────────────────────────────────┘
                 │
┌─────────────────────────────────┐
│ 根据定额人、料、机消耗量计算出分部分项工程的人、料、机用量 │
└─────────────────────────────────┘
                 │
┌─────────────────────────────────┐
│ 根据分部分项工程的人、料、机用量,分别乘以工程当时当地人工、 │
│ 材料、机械台班的市场价格,计算出人工费、材料费和机械费,汇总形 │
│ 成分部分项工程费                    │
└─────────────────────────────────┘
                 │
┌─────────────────────────────────┐
│       根据费用定额计算工程总造价        │
└─────────────────────────────────┘
                 │
┌─────────────────────────────────┐
│        编写施工图预算编制说明         │
└─────────────────────────────────┘
                 │
┌─────────────────────────────────┐
│         复核、填写预算封面           │
└─────────────────────────────────┘
                 │
┌─────────────────────────────────┐
│       装订、签章和审批施工图预算        │
└─────────────────────────────────┘
```

图 5-2　实物法计费程序

5.2　建筑装饰装修工程造价的组成及计算方法

5.2.1　装饰装修工程费用项目组成

1)按费用构成要素划分

根据44号文件精神,建筑安装工程费按照费用构成要素划分:由人工费、材料(包含工程设备,下同)费、施工机具使用费、企业管理费、利润、规费和税金组成。其中人工费、材料费、施工机具使用费、企业管理费和利润包含在分部分项工程费、措施项目费、其他项目费中,如图5-3所示。

(1)人工费:是指按工资总额构成规定,支付给从事建筑安装工程施工的生产工人和附属生产单位工人的各项费用。内容包括以下几种形式。

①计时工资或计件工资:是指按计时工资标准和工作时间或对已做工作按计件单价支付给个人的劳动报酬。

建筑安装工程费

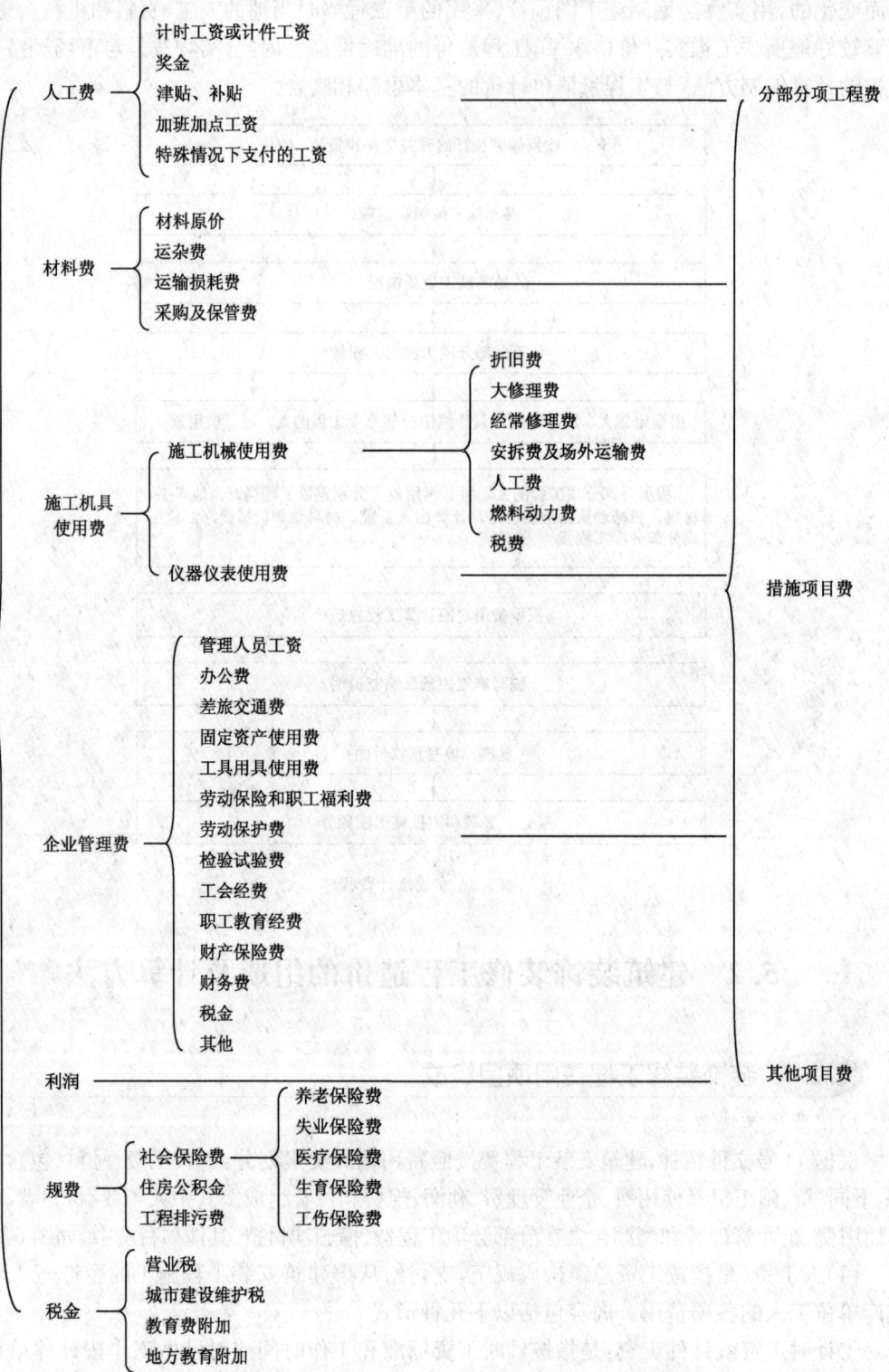

人工费
- 计时工资或计件工资
- 奖金
- 津贴、补贴
- 加班加点工资
- 特殊情况下支付的工资

材料费
- 材料原价
- 运杂费
- 运输损耗费
- 采购及保管费

施工机具使用费
- 施工机械使用费
  - 折旧费
  - 大修理费
  - 经常修理费
  - 安拆费及场外运输费
  - 人工费
  - 燃料动力费
  - 税费
- 仪器仪表使用费

企业管理费
- 管理人员工资
- 办公费
- 差旅交通费
- 固定资产使用费
- 工具用具使用费
- 劳动保险和职工福利费
- 劳动保护费
- 检验试验费
- 工会经费
- 职工教育经费
- 财产保险费
- 财务费
- 税金
- 其他

利润

规费
- 社会保险费
  - 养老保险费
  - 失业保险费
  - 医疗保险费
  - 生育保险费
  - 工伤保险费
- 住房公积金
- 工程排污费

税金
- 营业税
- 城市建设维护税
- 教育费附加
- 地方教育附加

分部分项工程费

措施项目费

其他项目费

图 5-3　装饰装修工程费用项目组成(按费用构成要素划分)

②奖金：是指对超额劳动和增收节支支付给个人的劳动报酬。如节约奖、劳动竞赛奖等。

③津贴补贴：是指为了补偿职工特殊或额外的劳动消耗和因其他特殊原因支付给个人的津贴，以及为了保证职工工资水平不受物价影响支付给个人的物价补贴。如流动施工津贴、特殊地区施工津贴、高温(寒)作业临时津贴、高空津贴等。

④加班加点工资：是指按规定支付的在法定节假日工作的加班工资和在法定日工作时间外延时工作的加点工资。

⑤特殊情况下支付的工资：是指根据国家法律、法规和政策规定，因病、工伤、产假、计划生育假、婚丧假、事假、探亲假、定期休假、停工学习、执行国家或社会义务等原因按计时工资标准或计时工资标准的一定比例支付的工资。

(2)材料费：是指施工过程中耗费的原材料、辅助材料、构配件、零件、半成品或成品、工程设备的费用。内容包括以下几种形式：

①材料原价：是指材料、工程设备的出厂价格或商家供应价格。

②运杂费：是指材料、工程设备自来源地运至工地仓库或指定堆放地点所发生的全部费用。

③运输损耗费：是指材料在运输装卸过程中不可避免的损耗。

④采购及保管费：是指为组织采购、供应和保管材料、工程设备的过程中所需要的各项费用。包括采购费、仓储费、工地保管费、仓储损耗。工程设备是指构成或计划构成永久工程一部分的机电设备、金属结构设备、仪器装置及其他类似的设备和装置。

(3)施工机具使用费：是指施工作业所发生的施工机械、仪器仪表使用费或其租赁费。

①施工机械使用费：以施工机械台班耗用量乘以施工机械台班单价表示，施工机械台班单价应由下列七项费用组成。

a. 折旧费：指施工机械在规定的使用年限内，陆续收回其原值的费用。

b. 大修理费：指施工机械按规定的大修理间隔台班进行必要的大修理，以恢复其正常功能所需的费用。

c. 经常修理费：指施工机械除大修理以外的各级保养和临时故障排除所需的费用。包括为保障机械正常运转所需替换设备与随机配备工具附具的摊销和维护费用，机械运转中日常保养所需润滑与擦拭的材料费用及机械停滞期间的维护和保养费用等。

d. 安拆费及场外运费：安拆费指施工机械(大型机械除外)在现场进行安装与拆卸所需的人工、材料、机械和试运转费用以及机械辅助设施的折旧、搭设、拆除等费用；场外运费指施工机械整体或分体自停放地点运至施工现场或由一施工地点运至另一施工地点的运输、装卸、辅助材料及架线等费用。

e. 人工费：指机上驾驶员(司炉)和其他操作人员的人工费。

f. 燃料动力费：指施工机械在运转作业中所消耗的各种燃料及水、电等。

g. 税费：指施工机械按照国家规定应缴纳的车船使用税、保险费及年检费等。

②仪器仪表使用费：是指工程施工所需使用的仪器仪表的摊销及维修费用。

(4)企业管理费：是指建筑安装企业组织施工生产和经营管理所需的费用。内容包括以下几种形式。

①管理人员工资：是指按规定支付给管理人员的计时工资、奖金、津贴补贴、加班加点工资

及特殊情况下支付的工资等。

②办公费:是指企业管理办公用的文具、纸张、账表、印刷、邮电、书报、办公软件、现场监控、会议、水电、烧水和集体取暖降温(包括现场临时宿舍取暖降温)等费用。

③差旅交通费:是指职工因公出差、调动工作的差旅费、住勤补助费,市内交通费和误餐补助费,职工探亲路费,劳动力招募费,职工退休、退职一次性路费,工伤人员就医路费,工地转移费以及管理部门使用的交通工具的油料、燃料等费用。

④固定资产使用费:是指管理和试验部门及附属生产单位使用的属于固定资产的房屋、设备、仪器等的折旧、大修、维修或租赁费。

⑤工具用具使用费:是指企业施工生产和管理使用的不属于固定资产的工具、器具、家具、交通工具和检验、试验、测绘、消防用具等的购置、维修和摊销费。

⑥劳动保险和职工福利费:是指由企业支付的职工退职金、按规定支付给离休干部的经费,集体福利费、夏季防暑降温、冬季取暖补贴、上下班交通补贴等。

⑦劳动保护费:是企业按规定发放的劳动保护用品的支出。如工作服、手套、防暑降温饮料以及在有碍身体健康的环境中施工的保健费用等。

⑧检验试验费:是指施工企业按照有关标准规定,对建筑以及材料、构件和建筑安装物进行一般鉴定、检查所发生的费用,包括自设试验室进行试验所耗用的材料等费用。不包括新结构、新材料的试验费,对构件做破坏性试验及其他特殊要求检验试验的费用和建设单位委托检测机构进行检测的费用,对此类检测发生的费用,由建设单位在工程建设其他费用中列支。但对施工企业提供的具有合格证明的材料进行检测不合格的,该检测费用由施工企业支付。

⑨工会经费:是指企业按《中华人民共和国工会法》规定的全部职工工资总额比例计提的工会经费。

⑩职工教育经费:是指按职工工资总额的规定比例计提,企业为职工进行专业技术和职业技能培训,专业技术人员继续教育、职工职业技能鉴定、职业资格认定以及根据需要对职工进行各类文化教育所发生的费用。

⑪财产保险费:是指施工管理用财产、车辆等的保险费用。

⑫财务费:是指企业为施工生产筹集资金或提供预付款担保、履约担保、职工工资支付担保等所发生的各种费用。

⑬税金:是指企业按规定缴纳的房产税、车船使用税、土地使用税、印花税等。

⑭其他:包括技术转让费、技术开发费、投标费、业务招待费、绿化费、广告费、公证费、法律顾问费、审计费、咨询费、保险费等。

(5)利润:是指施工企业完成所承包工程获得的盈利。

(6)规费:是指按国家法律、法规规定,由省级政府和省级有关权力部门规定必须缴纳或计取的费用。包括以下几种形式。

①社会保险费。

a. 养老保险费:是指企业按照规定标准为职工缴纳的基本养老保险费。

b. 失业保险费:是指企业按照规定标准为职工缴纳的失业保险费。

c. 医疗保险费:是指企业按照规定标准为职工缴纳的基本医疗保险费。

d. 生育保险费:是指企业按照规定标准为职工缴纳的生育保险费。

e.工伤保险费:是指企业按照规定标准为职工缴纳的工伤保险费。

②住房公积金:是指企业按规定标准为职工缴纳的住房公积金。

③工程排污费:是指按规定缴纳的施工现场工程排污费。

其他应列而未列入的规费,按实际发生计取。

(7)税金:是指国家税法规定的应计入建筑安装工程造价内的营业税、城市维护建设税、教育费附加以及地方教育附加。

2)按造价形成划分

建筑安装工程费按照工程造价形成划分:由分部分项工程费、措施项目费、其他项目费、规费、税金组成,分部分项工程费、措施项目费、其他项目费包含人工费、材料费、施工机具使用费、企业管理费和利润,如图5-4所示。

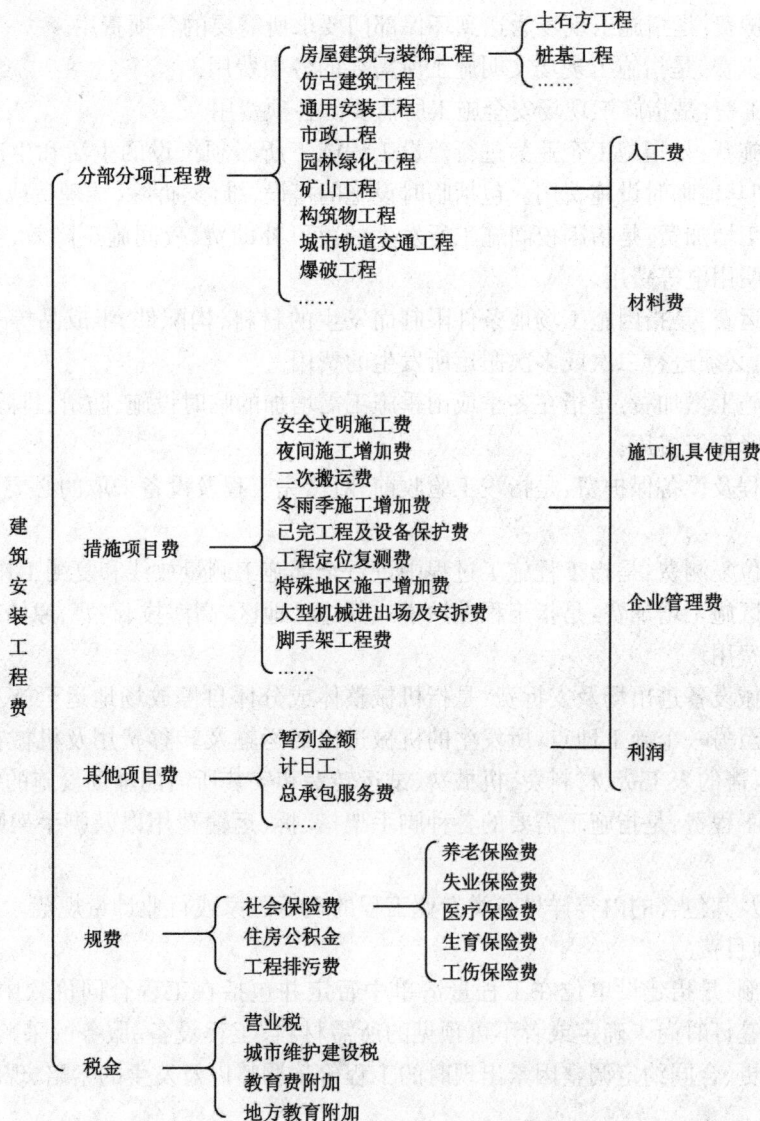

图5-4 装饰装修工程费用项目组成(按造价形成划分)

(1)分部分项工程费:是指各专业工程的分部分项工程应予列支的各项费用。

①专业工程:是指按现行国家计量规范划分的房屋建筑与装饰工程、仿古建筑工程、通用安装工程、市政工程、园林绿化工程、矿山工程、构筑物工程、城市轨道交通工程、爆破工程等各类工程。

②分部分项工程:指按现行国家计量规范对各专业工程划分的项目。如房屋建筑与装饰工程划分的土石方工程、地基处理与桩基工程、砌筑工程、钢筋及钢筋混凝土工程等。

各类专业工程的分部分项工程划分见现行国家或行业计量规范。

(2)措施项目费:是指为完成建设工程施工,发生于该工程施工前和施工过程中的技术、生活、安全、环境保护等方面的费用。内容包括以下几种形式。

①安全文明施工费

a. 环境保护费:是指施工现场为达到环保部门要求所需要的各项费用。

b. 文明施工费:是指施工现场文明施工所需要的各项费用。

c. 安全施工费:是指施工现场安全施工所需要的各项费用。

d. 临时设施费:是指施工企业为进行建设工程施工所必须搭设的生活和生产用的临时建筑物、构筑物和其他临时设施费用。包括临时设施的搭设、维修、拆除、清理费或摊销费等。

②夜间施工增加费:是指因夜间施工所发生的夜班补助费、夜间施工降效、夜间施工照明设备摊销及照明用电等费用。

③二次搬运费:是指因施工场地条件限制而发生的材料、构配件、半成品等一次运输不能到达堆放地点,必须进行二次或多次搬运所发生的费用。

④冬雨季施工增加费:是指在冬季或雨季施工需增加的临时设施、防滑、排除雨雪,人工及施工机械效率降低等费用。

⑤已完工程及设备保护费:是指竣工验收前,对已完工程及设备采取的必要保护措施所发生的费用。

⑥工程定位复测费:是指工程施工过程中进行全部施工测量放线和复测工作的费用。

⑦特殊地区施工增加费:是指工程在沙漠或其边缘地区、高海拔、高寒、原始森林等特殊地区施工增加的费用。

⑧大型机械设备进出场及安拆费:是指机械整体或分体自停放场地运至施工现场或由一个施工地点运至另一个施工地点,所发生的机械进出场运输及转移费用及机械在施工现场进行安装、拆卸所需的人工费、材料费、机械费、试运转费和安装所需的辅助设施的费用。

⑨脚手架工程费:是指施工需要的各种脚手架搭、拆、运输费用以及脚手架购置费的摊销(或租赁)费用。

措施项目及其包含的内容详见各类专业工程的现行国家或行业计量规范。

(3)其他项目费。

①暂列金额:是指建设单位在工程量清单中暂定并包括在工程合同价款中的一笔款项。用于施工合同签订时尚未确定或者不可预见的所需材料、工程设备、服务的采购,施工中可能发生的工程变更、合同约定调整因素出现时的工程价款调整以及发生的索赔、现场签证确认等的费用。

②计日工:是指在施工过程中,施工企业完成建设单位提出的施工图纸以外的零星项目或

工作所需的费用。

③总承包服务费:是指总承包人为配合、协调建设单位进行的专业工程发包,对建设单位自行采购的材料、工程设备等进行保管以及施工现场管理、竣工资料汇总整理等服务所需的费用。

(4)规费:定义同前。

(5)税金:定义同前。

5.2.2 建筑安装工程费用参考计算方法

1)各费用构成要素参考计算方法

(1)人工费

$$人工费=\sum(工日消耗量\times 日工资单价)$$

$$日工资单价=[生产工人平均月工资(计时、计件)+平均月(奖金+津贴补贴+$$
$$特殊情况下支付的工资)]/年平均每月法定工作日$$

注:上式主要适用于施工企业投标报价时自主确定人工费,也是工程造价管理机构编制计价定额确定定额人工单价或发布人工成本信息的参考依据。

$$人工费=\sum(工程工日消耗量\times 日工资单价)$$

日工资单价是指施工企业平均技术熟练程度的生产工人在每工作日(国家法定工作时间内)按规定从事施工作业应得的日工资总额。

注:上式适用于工程造价管理机构编制计价定额时确定定额人工费,是施工企业投标报价的参考依据。

工程造价管理机构确定日工资单价应通过市场调查、根据工程项目的技术要求,参考实物工程量人工单价综合分析确定,最低日工资单价不得低于工程所在地人力资源和社会保障部门所发布的最低工资标准的1.3倍(普工)、2倍(一般技工)、3倍(高级技工)。

工程计价定额不可只列一个综合工日单价,应根据工程项目技术要求和工种差别适当划分多种日人工单价,确保各分部工程人工费的合理构成。

(2)材料费

①材料费。

$$材料费=\sum(材料消耗量\times 材料单价)$$

$$材料单价=\{(材料原价+运杂费)\times[1+运输损耗率(\%)]\}\times[1+采购保管费率(\%)]$$

②工程设备费。

$$工程设备费=\sum(工程设备量\times 工程设备单价)$$

$$工程设备单价=(设备原价+运杂费)\times[1+采购保管费率(\%)]$$

(3)施工机具使用费

①施工机械使用费。

$$施工机械使用费=\sum(施工机械台班消耗量\times 机械台班单价)$$

$$机械台班单价=台班折旧费+台班大修费+台班经常修理费+台班安拆费及场外运费+$$
$$台班人工费+台班燃料动力费+台班车船税费$$

注:工程造价管理机构在确定计价定额中的施工机械使用费时,应根据《建筑施工机械台

班费用计算规则》结合市场调查编制施工机械台班单价。施工企业可以参考工程造价管理机构发布的台班单价,自主确定施工机械使用费的报价,如租赁施工机械,公式为:施工机械使用费＝∑(施工机械台班消耗量×机械台班租赁单价)

②仪器仪表使用费。

$$仪器仪表使用费＝工程使用的仪器仪表摊销费＋维修费$$

(4)企业管理费费率

①以分部分项工程费为计算基础。

$$企业管理费费率(\%)＝[生产工人年平均管理费/(年有效施工天数×人工单价)]×$$
$$人工费占分部分项工程比例(\%)$$

②以人工费和机械费合计为计算基础。

$$企业管理费费率(\%)＝生产工人年平均管理费/[年有效施工天数×(人工单价＋$$
$$每一工日机械使用费)]×100\%$$

③以人工费为计算基础。

$$企业管理费费率(\%)＝[生产工人年平均管理费/(年有效施工天数×人工单价)]×100\%$$

注:上述公式适用于施工企业投标报价时自主确定管理费,是工程造价管理机构编制计价定额确定企业管理费的参考依据。

工程造价管理机构在确定计价定额中企业管理费时,应以定额人工费或(定额人工费＋定额机械费)作为计算基数,其费率根据历年工程造价积累的资料,辅以调查数据确定,列入分部分项工程和措施项目中。

(5)利润

①施工企业根据企业自身需求并结合建筑市场实际自主确定,列入报价中。

②工程造价管理机构在确定计价定额中利润时,应以定额人工费或(定额人工费＋定额机械费)作为计算基数,其费率根据历年工程造价积累的资料,并结合建筑市场实际确定,以单位(单项)工程测算,利润在税前建筑安装工程费的比重可按不低于5%且不高于7%的费率计算。利润应列入分部分项工程和措施项目中。

(6)规费

①社会保险费和住房公积金。

社会保险费和住房公积金应以定额人工费为计算基础,根据工程所在地省、自治区、直辖市或行业建设主管部门规定费率计算。

$$社会保险费和住房公积金＝∑(工程定额人工费×社会保险费和住房公积金费率)$$

式中的社会保险费和住房公积金费率可以每万元发承包价的生产工人人工费和管理人员工资含量与工程所在地规定的缴纳标准综合分析取定。

②工程排污费。

工程排污费等其他应列而未列入的规费应按工程所在地环境保护等部门规定的标准缴纳,按实际计取列入。

(7)税金计算公式

$$税金＝税前造价×综合税率(\%)$$

综合税率按纳税地点不同分为以下四类。

208

①纳税地点在市区的企业：

$$综合税率(\%)=\frac{1}{1-3\%-(3\%\times7\%)-(3\%\times3\%)}-1=3.41\%$$

②纳税地点在县城、镇的企业：

$$综合税率(\%)=\frac{1}{1-3\%-(3\%\times5\%)-(3\%\times3\%)}-1=3.35\%$$

③纳税地点不在市区、县城、镇的企业：

$$综合税率(\%)=\frac{1}{1-3\%-(3\%\times1\%)-(3\%\times3\%)}-1=3.22\%$$

④实行营业税改增值税的,按纳税地点现行税率计算。

2)建筑安装工程计价参考公式

(1)分部分项工程费

$$分部分项工程费=\sum(分部分项工程量\times综合单价)$$

式中的综合单价包括人工费、材料费、施工机具使用费、企业管理费和利润以及一定范围的风险费用(下同)。

(2)措施项目费

①国家计量规范规定应予计量的措施项目,其计算公式为:

$$措施项目费=\sum(措施项目工程量\times综合单价)$$

②国家计量规范规定不宜计量的措施项目计算方法。

a.安全文明施工费。

$$安全文明施工费=计算基数\times安全文明施工费费率(\%)$$

计算基数应为定额基价(定额分部分项工程费+定额中可以计量的措施项目费)、定额人工费或(定额人工费+定额机械费),其费率由工程造价管理机构根据各专业工程的特点综合确定。

b.夜间施工增加费。

$$夜间施工增加费=计算基数\times夜间施工增加费费率(\%)$$

c.二次搬运费。

$$二次搬运费=计算基数\times二次搬运费费率(\%)$$

d.冬雨季施工增加费。

$$冬雨季施工增加费=计算基数\times冬雨季施工增加费费率(\%)$$

e.已完工程及设备保护费。

$$已完工程及设备保护费=计算基数\times已完工程及设备保护费费率(\%)$$

上述 b~e 项措施项目的计费基数应为定额人工费或(定额人工费+定额机械费),其费率由工程造价管理机构根据各专业工程特点和调查资料综合分析后确定。

(3)其他项目费

①暂列金额由建设单位根据工程特点,按有关计价规定估算,施工过程中由建设单位掌握使用、扣除合同价款调整后如有余额,归建设单位。

②计日工由建设单位和施工企业按施工过程中的签证计价。

③总承包服务费由建设单位在招标控制价中根据总承包服务范围和有关计价规定编制,

施工企业投标时自主报价,施工过程中按签约合同价执行。

(4)规费和税金

建设单位和施工企业均应按照省、自治区、直辖市或行业建设主管部门发布标准计算规费和税金,不得作为竞争性费用。

3)相关问题的说明

(1)各专业工程计价定额的编制及其计价程序,均按上述内容实施。

(2)各专业工程计价定额的使用周期原则上为 5 年。

(3)工程造价管理机构在定额使用周期内,应及时发布人工、材料、机械台班价格信息,实行工程造价动态管理,如遇国家法律、法规、规章或相关政策变化以及建筑市场物价波动较大时,应适时调整定额人工费、定额机械费以及定额基价或规费费率,使建筑安装工程费能反映建筑市场实际。

(4)建设单位在编制招标控制价时,应按照各专业工程的计量规范和计价定额以及工程造价信息编制。

(5)施工企业在使用计价定额时除不可竞争费用外,其余仅作参考,由施工企业投标时自主报价。

5.2.3 建筑安装工程计价程序

建筑安装工程计价从三个不同的角度进行编制,即招标人招标计价、投标人投标报价以及工程施工完成后甲乙双方竣工结算计价。

(1)建设单位工程招标控制价计价程序见表 5-1。

建设单位工程招标控制价计价程序   表 5-1

工程名称: 标段:

序号	内　　容	计 算 方 法	金额(元)
1	分部分项工程费	按计价规定计算	
1.1			
1.2			
1.3			
1.4			
1.5			
……			
……			
2	措施项目费	按计价规定计算	
2.1	其中:安全文明施工费	按规定标准计算	
3	其他项目费		
3.1	其中:暂列金额	按计价规定估算	

序号	内　容	计　算　方　法	金额(元)
3.2	其中:专业工程暂估价	按计价规定估算	
3.3	其中:计日工	按计价规定估算	
3.4	其中:总承包服务费	按计价规定估算	
4	规费	按规定标准计算	
5	税金(扣除不列入计税范围的工程设备金额)	(1+2+3+4)×规定税率	
招标控制价合计=1+2+3+4+5			

（2）施工企业工程投标报价计价程序见表5-2。

施工企业工程投标报价计价程序　　　　　　　　　　　　　　　　表5-2

工程名称：　　　　　　　　　　　标段：

序号	内　容	计　算　方　法	金额(元)
1	分部分项工程费	自主报价	
1.1			
1.2			
1.3			
1.4			
1.5			
……			
……			
2	措施项目费	自主报价	
2.1	其中:安全文明施工费	按规定标准计算	
3	其他项目费		
3.1	其中:暂列金额	按招标文件提供金额列	
3.2	其中:专业工程暂估价	按招标文件提供金额计列	
3.3	其中:计日工	自主报价	
3.4	其中:总承包服务费	自主报价	
4	规费	按规定标准计算	
5	税金(扣除不列入计税范围的工程设备金额)	(1+2+3+4)×规定税率	
招标控制价合计=1+2+3+4+5			

（3）竣工结算计价程序见表5-3。

竣工结算计价程序　　　　　　　　　　　　　　　　表5-3

工程名称：　　　　　　　　　　　标段：

序号	内　容	计　算　方　法	金额(元)
1	分部分项工程费	按合同约定计算	
1.1			
1.2			

续上表

序号	内　容	计算方法	金额(元)
1.3			
1.4			
1.5			
……			
……			
2	措施项目费	按合同约定计算	
2.1	其中:安全文明施工费	按规定标准计算	
3	其他项目费		
3.1	其中:专业工程结算价	按合同约定计算	
3.2	其中:计日工	按计日工签证计算	
3.3	其中:总承包服务费	按合同约定计算	
3.4	索赔与现场签证	竣工结算计价程序	
4	规费	按规定标准计算	
5	税金(扣除不列入计税范围的工程设备金额)	(1+2+3+4)×规定税率	
招标控制价合计=1+2+3+4+5			

(4)案例。

【例 5-1】 已知某装饰装修工程分部分项工程费、技术措施费、价差费用及各项费用的费率见表 5-4,以湖北省建筑安装工程计费程序为例,见表 5-5,计算该单位工程定额计价模式下该装饰装修工程总造价。

装饰装修工程费用列表　　表 5-4

序号	费用项目		计算方法
1	分部分项工程费		1.1+1.2+1.3
1.1	其中	人工费	Σ(定额人工费)
1.2		材料费	Σ(定额材料费×调整系数)
1.3		施工机具使用费	Σ(定额施工机具使用费×调整系数)
2	措施项目费		2.1+2.2
2.1	单价措施项目费		2.1.1+2.1.2+2.1.3
2.1.1	其中	人工费	Σ(定额人工费)
2.1.2		材料费	Σ(定额材料费×调整系数)
2.1.3		施工机具使用费	Σ(定额施工机具使用费×调整系数)
2.2	总价措施项目费		2.2.1+2.2.2
2.2.1	其中	安全文明施工费	(1.1+1.3+2.1.1+2.1.3)×费率
2.2.2		其他总价措施费	(1.1+1.3+2.1.1+2.1.3)×费率
3	总包服务费		项目价值×费率
4	企业管理费		(1.1+1.3+2.1.1+2.1.3)×费率

序号	费 用 项 目	计 算 方 法
5	利润	(1.1+1.3+2.1.1+2.1.3)×费率
6	规费	(1.1+1.3+2.1.1+2.1.3)×费率
7	索赔与现场签证	索赔与现场签证费用
8	除税工程造价	1+2+3+4+5+6
9	销项税	8×税率
10	含税工程造价	8+9

湖北省装饰装修工程单位工程造价计算表 表 5-5

序号	费 用 项 目	计 算 方 法 以人工费、机械费之和为计费基数的工程	金额(元)
1	分部分项工程费	1.1+1.2+1.3	
1.1	人工费	20000	
1.2	材料费	100000	
1.3	机械费	7000	
2	措施项目费	2.1+2.2	
2.1	技术措施费	2.1.1+2.1.2+2.1.3	
2.1.1	人工费	3000	
2.1.2	材料费	10000	
2.1.3	机械费	5000	
2.2	组织措施费	2.2.1+2.2.2	
2.2.1	安全文明施工费(5.68%)	(1.1+1.3+2.1.1+2.1.3)×费率	
2.2.2	其他组织措施费(0.65%)	(1.1+1.3+2.1.1+2.1.3)×费率	
3	价差	30000	
4	企业管理费(14.29%)	(1.1+1.3+2.1.1+2.1.3)×费率	
5	利润(15.92%)	(1+2+3)×费率	
6	规费(11.03%)	(1.1+1.3+2.1.1+2.1.3)×费率	
7	不含税工程造价	1+2+3+4+5+6	
8	销项税(3%)	7×费率	
9	含税工程造价	7+8	

解 装饰装修总造价见表 5-6。

某单位工程投标报价汇总表 表 5-6

序号	费 用 项 目	计 算 方 法 以人工费、机械费之和为计费基数的工程	金额(元)
1	分部分项工程费	20000+100000+7000	127000
1.1	人工费	20000	

Building Decoration Engineering Budget

续上表

序号	费用项目	计算方法 以人工费、机械费之和为计费基数的工程	金额(元)
1.2	材料费	100000	
1.3	机械费	7000	
2	措施项目费	18000+2215.5	20215.5
2.1	单价措施费	3000+10000+5000	18000
2.1.1	人工费	3000	
2.1.2	材料费	10000	
2.1.3	机械费	5000	
2.2	总价措施费	1988+227.5	2215.5
2.2.1	安全文明施工费(5.68%)	(20000+7000+3000+5000)×5.68%	1988
2.2.2	其他总价措施费(0.65%)	(20000+7000+3000+5000)×0.65%	227.5
3	价差	30000	30000
4	企业管理费(14.29%)	(20000+7000+3000+5000)×14.29%	5001.5
5	利润(15.92%)	(20000+7000+3000+5000)×15.92%	5572
6	规费(11.03%)	(20000+7000+3000+5000)×11.03%	3860.5
7	除税工程造价	127000+20215.5+30000+5001.5+5572+3860.5	191649.5
8	销项税(3.41%)	191649.5×3.41%	6535.25
9	含税工程造价	191649.5+6535.25	198184.75

小 知 识

1. 营业税改增值税的历程

2011年,经国务院批准,财政部、国家税务总局联合下发营业税改增值税试点方案。从2012年1月1日起,在上海交通运输业和部分现代服务业开展营业税改征增值税试点。至此,货物劳务税收制度的改革拉开序幕。自2012年8月1日起至年底,国务院将扩大营改增试点至10省市,北京或9月启动。截至2013年8月1日,"营改增"范围已推广到全国试行。国务院总理李克强12月4日主持召开国务院常务会议,决定从2014年1月1日起,将铁路运输和邮政服务业纳入营业税改征增值税试点,至此交通运输业已全部纳入营改增范围。自2014年6月1日起,将电信业纳入营业税改征增值税试点范围。从2016年5月1日起,将建筑业、房地产业、金融业、生活服务业4个行业纳入营改增试点范围,建筑业和房地产业适用11%税率,金融业和生活服务业适用6%税率,不动产纳入抵扣范围。

2. 营业税与增值税的区别

1)营业税和增值税的计算公式不同

(1)营业税计算公式

营业税属于价内税。符合营业税税制要求的现行费用定额中税金计算公式:

$$税金(营业税额及附加税额)=不含税工程造价×综合税率$$

不含税工程造价:即不含营业税额和附加税额的工程造价。不含税工程造价含当期进项税额。

(2)增值税计算公式

增值税属于价外税。建筑业增值税计税方法有两种,即一般计税方法和简易计税方法。

①一般计税方法。

$$应纳税额＝当期销项税额－当期进项税额$$

$$当期销项税额＝销售额×增值税税率(11\%)$$

销售额:是指纳税人发生应税行为取得的全部价款和价外费用。

价外费用是指价外收取的各种性质的收费,但不包括代为收取并符合有关规定的政府基金或者行政事业性收费;以委托方名义开具发票代委托方收取的款项。

②简易计税方法。

$$应纳税额＝销售额×征收率(3\%)$$

销售额:是指纳税人发生应税行为取得的全部价款和价外费用,扣除支付的分包款后的余额为销售额。

2)营业税和增值税的计算基础不同

(1)营业税计算基础

营业税计算基础是不含税工程造价。

(2)增值税计算基础

一般计税方法中当期销项税额的计算基础是除税工程造价;简易计税方法中应纳税额的计算基础是含进项税额的工程造价。

◀ 课堂练习题 ▶

1. 住房公积金是(　　)。

    A. 企业管理费　　　　B. 规费　　　　　　C. 财产保险费　　　　D. 利润

2. 夜间施工费属于(　　)。

    A. 规费　　　　　　　B. 企业管理费　　　C. 人工费　　　　　　D. 措施费

3. 以下属于企业管理费的是(　　)。

    A. 固定资产使用费　B. 印花税　　　　　C. 职工教育经费　　　D. 财务费

4. 下列费用中,属于建筑安装工程规费项目内容的是(　　)。

    A. 工程排污费　　　　　　　　　　　　　B. 工程点交费

    C. 特殊地区施工增加费　　　　　　　　　D. 土地使用费

    E. 特殊工种安全保险费

5. 下列费用中不属于企业管理费的是(　　)。

    A. 生产工人劳动保护费　　　　　　　　　B. 临时设施费

    C. 管理人员工资　　　　　　　　　　　　D. 差旅交通费

    E. 脚手架费

◀ 复习思考题 ▶

1. 试简述定额计价体系下工程造价的编制方法及步骤。

2. 建筑装饰工程造价由哪几部分组成?

3. 什么是直接工程费? 由哪些费用组成?

4. 什么是价差? 材料价差如何计算?

5. 已知某市区住宅装饰工程直接工程费为1280000元,其中人工费为320000元,材料费为832000元,机械费为12800元,措施费为123500元,试根据本地区费用定额计算定额计价模式下该工程含税总造价及每平方米装饰工程造价。

第 6 章

《建设工程工程量清单计价规范》
(GB 50500—2013) 解释

【知识要点】

1. 与《建设工程工程量清单计价规范》(GB 50500—2013)颁布有关的事件和政策规定。
2. 建设工程工程量清单计价的意义(宏观上的意义、微观上的意义)。
3. 《建设工程工程量清单计价规范》(GB 50500—2013)的特点。
4. 《建设工程工程量清单计价规范》(GB 50500—2013)的作用。
5. 《建设工程工程量清单计价规范》(GB 50500—2013)的内容。

【学习要求】

1. 了解《建设工程工程量清单计价规范》(GB 50500—2013)产生的背景和意义。
2. 熟悉《建设工程工程量清单计价规范》(GB 50500—2013)的特点。
3. 掌握《建设工程工程量清单计价规范》(GB 50500—2013)的内容和知识点。

6.1 《建设工程工程量清单计价规范》(GB 50500—2013)概述

6.1.1 《建设工程工程量清单计价规范》(GB 50500—2013)出台的背景

1)我国已由定额计价体系转为工程量清单计价体系

通过 03 版和 08 版工程量清单计价规范的普遍使用,我国工程建设项目已由定额计价体系转变为工程量清单计价体系。

2)法律法规合同范本出台的支持

《建设工程量清单计价规范》(GB 50500—2003)、《最高人民法院关于审理建设工程施工合同纠纷案件适用法律问题的解释》(法释〔2004〕14 号)、《建设工程价款结算暂行办法》(财建〔2004〕369 号)、《建筑安装工程费用项目组成》(建表〔2003〕206 号)、《建筑工程安全防护、文明施工措施费及使用管理规定》(建办〔2005〕89 号)、《高危行业企业安全生产费用财务管理暂行办法》(财企〔2006〕478 号)、《标准施工招标文件》(第 56 号令)、《建筑工程工程量清单计价规范》(GB 50500—2008)、《公路工程标准施工招标文件》(2009 版)、《水利水电工程标准施工招

Building Decoration Engineering Budget

标文件》(2009 版)、《房屋建筑和市政工程标准施工招标文件》(2010 年版)、中国建设工程造价管理协会发布的编审规程如《建设工程招标控制价编审规程》(中价协〔2011〕013 号)、《中华人民共和国招标投标法实施条例》(国务院第 613 号令)等法律法规、规范以及合同范本的出台为《建设工程工程量清单计价规范》(GB 50500—2013)(以下简称 2013 版《计价规范》)编写提供技术和依据支持。

3)建设项目的合同管理与项目管理的能力不断增强

随着建筑业市场的发展,我国建设工程项目的参与者对于合同管理和项目管理的能力正逐步增强,对新一版的比 2008 版的《计价规范》更加全面、深入、操作性强的清单的需求也逐步增强。

6.1.2 建设工程工程量清单计价的意义

1)2013 版《计价规范》是对前两版《计价规范》(2003 版和 2008 版)的继承和发展

2013 版《计价规范》并不是无源之水、无本之木,而是在 2003 版《计价规范》和 2008 版《计价规范》的基础上发展而来,2003 版《计价规范》条数量为 45 条,2008 版《计价规范》增加到 136 条,而 2013 版《计价规范》又增加到 328 条,而对于清单的整体内容则基本一样,分别是正文规范、工程计量规范、条文说明。

2)解决工程显目中实际存在的问题

2013 版《计价规范》对项目特征描述不符、清单缺项、承包人报价浮动率、提前竣工(赶工补偿)、误期赔偿等工程项目实际问题进行了明确的规定,在 2008 版《计价规范》基础上丰富了内容,为解决工程项目实际问题提供了依据,使新清单更加全面,可操作性强。

3)符合工程价款精细化、科学化的管理的要求

建筑业的发展要求建设项目参与方要对工程价款进行精细化,科学化的管理,保证参与方的利益。2013 版《计价规范》在 2008 版《计价规范》的基础上对工程项目全过程的价款管理进行了约定(包括工程量清单、招标控制价格、招标价、签约合同价、工程计量、价款的调整与支付、争议解决、资料与档案管理、工程造价等内容),并涉及重大的现实问题(如对承包人报价浮动率、项目特征描述不符、工程量清单缺项的影响合同价款的重大事情的约定),并且强化了清单的操作性(如对承包人报价浮动率、工程变更项目综合单价以及工程量偏差部分分部分项工程费的计算给出了明确的规定),这些特点正好满足工程价款精细化管理的需求,为工程价款精细化、科学化管理提供有力依据。

4)2013 版《计价规范》把计量和计价两部分实际分开

2013 版《计价规范》在 2008 版《计价规范》的基础上,把计量和计价两部分的规定实际分开,新规范先是对计价内容进行了规范,形成了共 328 条规定,然后单独给出了 9 个专业(分别是房屋建筑与装饰工程、仿古建筑工程、通用安装工程、市政工程、园林绿化工程、构筑物工程、矿山工程、城市轨道交通工程、爆破工程)的工程计量规范。

5)增强了与合同的契合度,需要造价管理与合同管理相统一

2013 版《计价规范》提高了对合同的重视程度,工程造价全过程管理意识更强,尤其细化了合同价款的调整与支付的规定。2013 版《计价规范》中的合同价款调整部分划分了 14 个子

项,并分 3 章对工程计量与工程价款支付进行了详细规定。

2013 版《计价规范》出台后要求工程造价管理人员在进行造价管理时充分了解合同内容以及合同管理的特点,将二者相统一,才能切实提高工程造价管理水平。

6.1.3 2013 版《计价规范》的亮点

1)工程价款管理

2013 版《计价规范》对工程量清单、招标控制价、投标价、签约合同价、工程计量、价款的调整与支付、争议解决、资料与档案管理、工程造价鉴定等工程价款全过程管理的内容进行了约定,体现了全过程管理的思想。

2)丰富了 2008 版《计价规范》的内容

2013 版《计价规范》的条文数量由 2008 版《计价规范》的 136 条增加到 328 条,其中对原强制性条文进行了增减,但强制性条文总数没变,仍为 15 条。

3)重视过程管理

2013 版《计价规范》对工程量清单的编制、招标控制价、投标报价、签约合同价、合同价款的调整、工程计量以及价款的期中支付都有着明确详细的规定。这体现出 2013 版《计价规范》由过去重结算的造价管理向重在前期管理的方向转变。给参与方在招投标阶段、合同签订阶段、施工阶段的价款管理提供有力的依据。

4)对强制性条款的规定进行了改变

2013 版《计价规范》减少了分部分项工程量清单编制的强制性规定,增加了对风险分担、招标控制价的使用、措施项目清单编制、投标报价,工程计量五个内容的强制性条纹,体现出新规范的全面性,更体现出这五个内容的重要性。此外,2013《计价规范》加强了对"分部分项工程项目清单的组成及其编制"的强制性条文语气,由 2008 版《计价规范》的"应"变为 2013 版《计价规范》的"必须"。

5)细化了措施项目费计算的规定,改善了计量计价的可操作性

2013 版《计价规范》更加关注措施项目费的分类与计算方法,新增的 9.3.2、9.5.2 及 9.5.3 款详细规定了因工程变更及工程量清单缺项导致的调整措施项目费与新增措施项目费的计算原则与计算方法。

阐述更详尽的计价条款提高了 2013 版《计价规范》的可操作性,指导性更强,其中的 9.3.1 款、9.3.3 款与 9.6.2 款对承包人报价浮动率、工程变更项目综合单价以及工程量偏差部分分部分项工程费的计算给出了明确的计算说明和计算公式。

6)提高了合同各方风险分担的强制性,要求发承包双方明确各自的风险范围

2013 版《计价规范》对计价风险的说明,由适用性转变为强制性条文,例如 3.4.1 款规定建筑工程施工发承包,应在招标文件、合同中明确计价中的风险内容及其范围(幅度),不得采用无限风险或类似语句规定计价中的风险内容及其范围(幅度)。此外,5.2.2 款的第一条新增了对风险的补充说明;9.7.2 款对物价波动引起的价款调整范围进行了规定;对发包人提供材料和工程设备承担风险、承包人提供和工程设备承担风险、招标控制价准确性的风险范围(招标控制价复查结论与原公布的招标控制价误差应小于 3%,否则招标人应改正)、工程变更

综合单价承担的风险(即考虑承包人报价浮动率)、工程量偏差引起价款调整的风险等内容进行了明确规定。

6.2 《计价规范》的主要内容介绍

6.2.1 总则

(1)规范建设工程施工发承包计价行为,统一建设工程工程量清单的编制和计价方法,根据《中华人民共和国建筑法》《中华人民共和国合同法》《中华人民共和国招标投标法》制定本规范。

(2)本规范适用于建设工程发承包及实施阶段的计价活动。

(3)建设工程发承包及实施阶段的工程造价应由分部分项工程费、措施项目费、其他项目费、规费和税金组成。

(4)招投标工程量清单、招投标控制价、投标报价、工程计量、合同价款调整、合同价款结算与支付以及工程造价鉴定等工程造价文件的编制与核对,应由具有专业资格的工程造价人员承担。

(5)承担工程造价文件的编制与核对的工程造价人员及其所在单位,应对工程造价文件的质量负责。

(6)建设工程发承包及实施阶段的计价活动应遵循客观、公正、公平的原则。

(7)建设工程施工发承包计价活动,除应遵守本规范外,尚应符合国家现行有关标准的规定。

6.2.2 术语

(1)工程量清单 bills of quantities(BQ)

载明建设工程的分部分项工程项目、措施项目、其他项目的名称和相应数量以及规费、税金项目等内容的明细清单。

(2)招标工程量清单 BQ for tendering

招标人依据国家标准、招标文件、设计文件以及施工现场实际情况编制的,随招标文件发布供投标报价的工程量清单,包括其说明和表格。

(3)已标价工程量清单 priced BQ

构成合同文件组成部分的投标文件中已标明价格,经算术性错误修正(如有)且承包人已确认的工程量清单,包括对其的说明和表格。

(4)分部分项工程 work sections and trades

分部工程是单项或单位工程的组成部分,是按结构部位、路段长度及施工特点或施工任务将单项或单位工程划分为若干分部的工程;分项工程是分部工程的组成部分,是按不同施工方法、材料、工序及路段长度等将分部工程划分为若干个分项或项目的工程。

(5)措施项目 preliminaries

为完成工程项目施工,发生于该工程施工准备和施工过程中的技术、生活、安全、环境保护等方面的项目。

(6)项目编码 item code

分部分项工程和措施项目清单的阿拉伯数字标识。

220

（7）项目特征　item description

构成分部分项工程项目、措施项目自身价值的本质特征。

（8）综合单价　all-in unit rate

完成一个规定清单项目所需的人工费、材料和工程设备费、施工机具使用费和企业管理费、利润以及一定范围内的风险费用。

（9）风险费用　risk allowance

隐含于已标价工程量清单综合单价中,用于化解发承包双方在工程合同中约定内容和范围内的市场价格波动风险的费用。

（10）工程成本　construction cost

承包人为实施合同工程并达到质量标准,在确保安全施工的前提下,必须消耗或使用的人工、材料、工程设备、施工机械台班及其管理等方面发生的费用和按规定缴纳的规费和税金。

（11）单价合同　unit rate contract

发承包双方约定以工程量清单及其综合单价进行合同价款计算、调整和确认的建设工程施工合同。

（12）总价合同　lump sum contract

发承包双方约定以施工图及其预算和有关条件进行合同价款计算、调整和确认的建设工程施工合同。

（13）成本加酬金合同　cost plus contract

发承包双方约定以施工工程成本再加合同约定酬金进行合同价款计算、调整和确认的建设工程施工合同。

（14）工程造价信息　guidance cost information

工程造价管理机构根据调查和测算发布的建设工程人工、材料、工程设备、施工机械台班的价格信息,以及各类工程的造价指数、指标。

（15）工程造价指数　construction cost index

反映一定时期的工程造价相对于某一固定时期的工程造价变化程度的比值或比率。包括按单位或单项工程划分的造价指数,按工程造价构成要素划分的人工、材料、机械等价格指数。

（16）工程变更　variation order

合同工程实施过程中由发包人提出或由承包人提出经发包人批准的合同工程任何一项工作的增、减、取消或施工工艺、顺序、时间的改变;设计图纸的修改;施工条件的改变;招标工程量清单的错、漏从而引起合同条件的改变或工程量的增减变化。

（17）工程量偏差　discrepancy in BQ quantity

承包人按照合同工程的图纸(含经发包人批准由承包人提供的图纸)实施,按照现行国家计量规范规定的工程量计算规则计算得到的完成合同工程项目应予计量的工程量与相应的招标工程量清单项目列出的工程量之间出现的偏差。

（18）暂列金额　provisional sum

招标人在工程量清单中暂定并包括在合同价款中的一笔款项。用于工程合同签订时尚未确定或者不可预见的所需材料、工程设备、服务的采购,施工中可能发生的工程变更、合同约定调整因素出现时的合同价款调整以及发生的索赔、现场签证确认等的费用。

(19)暂估价　prime cost sum

招标人在工程量清单中提供的用于支付必然发生但暂时不能确定价格的材料、工程设备的单价以及专业工程的金额。

(20)计日工　dayworks

在施工过程中,承包人完成发包人提出的工程合同范围以外的零星项目或工作,按合同中约定的单价计价的一种方式。

(21)总承包服务费　main contractor's attendance

总承包人为配合协调发包人进行的专业工程分包,对发包人自行采购的材料、工程设备等进行保管以及施工现场管理、竣工资料汇总整理等服务所需的费用。

(22)安全文明施工费　health,safely and environmental provisions

在合同履行过程中,承包人按照国家法律、法规、标准等规定,为保证安全施工、文明施工,保护现场内外环境和搭拆临时设施等所采用的措施而发生的费用。

(23)索赔　claim

在工程合同履行过程中,合同当事人一方因非己方的原因而遭受损失,按合同约定或法规规定应由对方承担责任,从而向对方提出补偿的要求。

(24)现场签证　site instruction

发包人现场代表(或其授权的监理人、工程造价咨询人)与承包人现场代表就施工过程中涉及的责任事件所做的签认证明。

(25)提前竣工(赶工)费　early completion(acceleration)cost

承包人应发包人的要求而采取加快工程进度的措施,使合同工程工期缩短,由此产生的应由发包人支付的费用。

(26)误期赔偿费　delay damages

承包人未按照合同工程的计划进度施工,导致实际工期超过合同工期(包括经发包人批准的延长工期),承包人应向发包人赔偿损失的费用。

(27)不可抗力　force majeure

发承包双方在工程合同签订时不能预见的,对其发生的后果不能避免,并且不能克服的自然灾害和社会性突发事件。

(28)工程设备　engineering facility

指构成或计划构成永久工程一部分的机电设备、金属结构设备、仪器装置及其他类似的设备和装置。

(29)缺陷责任期　defect liability period

指承包人对已交付使用的合同工程承担合同约定的缺陷修复责任的期限。

(30)质量保证金　retention money

发承包双方在工程合同中约定,从应付合同价款中预留,用以保证承包人在缺陷责任期内履行缺陷修复义务的金额。

(31)费用　fee

承包人为履行合同所发生或将要发生的所有合理开支,包括管理费和应分摊的其他费用,但不包括利润。

(32)利润　profit

承包人完成合同工程获得的盈利。

(33)企业定额　corporate rate

施工企业根据本企业的施工技术、机械装备和管理水平而编制的人工、材料和施工机械台班等的消耗标准。

(34)规费　statutory fee

根据国家法律、法规规定,由省级政府或省级有关权力部门规定施工企业必须缴纳的,应计入建筑安装工程造价的费用。

(35)税金　tax

国家税法规定的应计入建筑安装工程造价内的营业税、城市维护建设税、教育费附加和地方教育附加。

(36)发包人　employer

具有工程发包主体资格和支付工程价款能力的当事人以及取得该当事人资格的合法继承人,本规范有时又称招标人。

(37)承包人　contractor

被发包人接受的具有工程施工承包主体资格的当事人以及取得该当事人资格的合法继承人,本规范有时又称投标人。

(38)工程造价咨询人　cost engineering consultant(quantity surveyor)

取得工程造价咨询资质等级证书,接受委托从事建设工程造价咨询活动的当事人以及取得该当事人资格的合法继承人。

(39)造价工程师　cost engineer (quantity surveyor)

取得造价工程注册证书,在一个单位注册、从事建设工程造价活动的专业人员。

(40)造价员　cost engineering technician

取得全国建设工程造价员资格证书,在一个单位注册、从事建设工程造价活动的专业人员。

(41)单价项目　unit rate project

工程量清单中以单价计价的项目,即根据合同工程图纸(含设计变更)和相关工程现行国家计量规范规定的工程量计算规则进行计量,与已标价工程量清单相应综合单价进行价款计算的项目。

(42)总价项目　lump sum project

工程量清单中以总价计价的项目,即此类项目在相关工程现行国家计量规范中无工程量计算规则,以总价(或计算基础乘费率)计算的项目。

(43)工程计量　measurement of quantities

发承包双方根据合同约定,对承包人完成合同工程的数量进行的计算和确认。

(44)工程结算　final account

发承包双方根据合同约定,对合同工程在实施中、终止时、已完工后进行的合同价款计算、调整和确认。包括期中结算、终止结算、竣工结算。

(45)招标控制价　tender sum limit

招标人根据国家或省级、行业建设主管部门颁发的有关计价依据和办法,以及拟定的招标文件和招标工程量清单,结合工程具体情况编制的招标工程的最高投标限价。

(46)投标价　tender sum

投标人投标时响应招投标文件要求所报出的对已标价工程量清单汇总后标明的总价。

(47)签约合同价(合同价款)　contract sum

发承包双方在工程合同中约定的工程造价,即包括了分部分项工程费、措施项目费、其他项目费、规费和税金的合同总金额。

(48)预付款　advance payment

在开工前,发包人按照合同约定,预先支付给承包人用于购买合同工程施工所需的材料、工程设备,以及组织施工机械和人员进场等的款项。

(49)进度款　Interim payment

在合同工程施工过程中,发包人按照合同约定对付款周期内承包完成的合同价款给予支付的款项,也是合同价款期中结算支付。

(50)合同价款调整　adjustment in contract sum

在合同价款调整因素出现后,发承包双方根据合同约定,对合同价款进行变动的提出、计算和确认。

(51)竣工结算价　final account at completion

发承包双方依据国家有关法律、法规和标准规定,按照合同约定确定的,包括在履行合同过程中按合同约定进行的合同价款调整,是承包人按合同约定完成了全部承包工作后,发包人应付给承包人的合同总金额。

(52)工程造价鉴定　construction cost verification

工程造价咨询人接受人民法院、仲裁机关委托,对施工合同纠纷案件中的工程造价争议,运用专门知识进行鉴别、判断和评定,并提出鉴定意见的活动。也称为工程造价司法鉴定。

6.2.3　工程量清单的编制

1)工程量清单编制的规定

(1)工程量清单编制的一般规定

①工程量清单编制的依据。

a.本规范和相关工程的国家计量规范;

b.国家或省级、行业建设主管部门颁发的计价依据和办法;

c.建设工程设计文件及相关资料;

d.与建设工程有关的标准、规范、技术资料;

e.拟定的招标文件;

f.施工现场情况、地勘水文资料、工程特点及常规施工方案;

g.其他相关资料。

②其他项目、规费和税金项目清单的编制。

应按照现行国家标准《建设工程工程量清单计价规范》(GB 50500)的相关规定编制。

③补充清单项目的编制。

随着工程建设中新材料、新技术、新工艺等的不断涌现,现行《建设工程工程量清单计价规范》(GB 50500)中附录所列的工程量清单项目不可能包含所有项目。当编制工程量清单出现附录中未包括的项目时,编制人应做补充,并报省级或行业工程造价管理机构备案,省级或行业工程造价管理机构应汇总报住房和城乡建设部标准定额研究所。

补充项目的编码由本规范的代码 01 与 B 和三位阿拉伯数字组成,并应从 01B001 起顺序编制,同一招标工程的项目不得重码。

补充的工程量清单需附有补充项目的名称、项目特征、计量单位、工程量计算规则、工作内容。不能计量的措施项目,需附有补充项目的名称、工作内容及包含范围。

(2)招标工程量清单编制的一般规定

①工程量清单的组成。

招标工程量清单应以单位(项)工程为单位编制,应由分部分项工程量清单、措施项目清单、其他项目清单、规费、税金项目清单组成。

②工程量清单的作用。

招标工程量清单是工程量清单计价的基础,应作为编制招标控制价、投标报价、计算或调整工程量、索赔等的依据之一。

③工程量清单项目的编制主体。

招标工程量清单应由具有编制能力的招标人或受其委托,具有相应资质的工程造价咨询人编制。

④工程量清单准确性、完整性责任归属问题。

招标工程量清单必须作为招标文件的组成部分,其准确性和完整性由招标人负责。

⑤招标工程量清单编制的依据:同上。

2)分部分项工程量清单的编制

(1)分部分项工程量清单包括的内容

分部分项工程量清单应载明项目编码、项目名称、项目特征、计量单位和工程量。

(2)分部分项工程量清单编制的原则

分部分项工程项目清单必须根据相关工程现行国家计量规范规定的项目编码、项目名称、项目特征、计量单位和工程量计算规则进行编制。

(3)分部分项工程量清单项目编码的确定

①分部分项工程量清单编码的定义。

分部分项工程量清单编码是为区分分部分项工程中各种类型的项目而设置的一种标识符号,它对应于清单项目中各分部分项工程的名称,是为工程造价信息全国共享而设的,要求全国统一。

②分部分项工程量清单编码的作用。

a. 使复杂、多样的清单项目变得简单易查。

由于装饰产品的构造、材料的多样性和装饰装修工程的施工工艺、施工技术的复杂性,使形成分部分项工程实体的类别也具有多样性。以花岗岩墙面为例,在材料上,有进口材料和国产材料之分;在价格上有高有低,存在很大差异;在施工工艺上,有干挂和实贴两种做法,因此,为了准确描述清单项目的特征,识别不同的项目类型,就必须对项目进行科学编码。

b. 有利于造价软件功能优势的发挥。

由于信息技术已经在工程造价软件中得到了广泛的运用,因此对清单进行科学编码,能够使造价软件的功能优势更好地得到发挥,提高工作效率。

c. 有利于《建设工程工程量清单计价规范》(GB 50500—2013)及《房屋建筑与装饰工程计量规范》(GB 500854—2013)的使用和完善。

清单项目共有十二位编码,其中最后三位由编制人根据工程具体特征自行设置,因此在规范性、统一性的同时又增加了灵活性,使规范在操作上将共性和个性很好地结合起来。

③分部分项工程量清单编码的设置。

《房屋建筑与装饰工程计量规范》(GB 50854—2013)(以下简称《计量规范》)4.2.2 条规定"工程量清单的项目编码应采用前十二位阿拉伯数字表示,一至九位应按附录的规定设置,十至十二位应根据拟建工程的工程量清单项目名称和项目特征设置,同一招标工程的项目编码不得有重码。"

工程项目编码根据不同的工程类型以五级编码设置,用十二位阿拉伯数字表示。一、二、三、四级为统一编码;第五级编码由工程量清单编制人区分具体工程的清单项目特征而分别编码,前三级编码由两位数字表示,后两级编码由三位数字表示,各级编码代表的含义及结构图如下。

a. 第一级编码表示工程分类顺序码(两位数字)。

01-房屋建筑与装饰工程;02-仿古建筑工程;03-通用安装工程;04-市政工程;05-园林绿化工程;06-矿山工程;07-构筑物工程;08-城市轨道交通工程;09-爆破工程。以后进入国家标准的专业工程代码以此类推。

b. 第二级编码表示专业工程顺序码(两位数字)。

第二级分类码由 01、02、03、04 等顺序码组成,代表不同的专业工程,如装饰装修工程中楼地面专业施工做法设置为"11";墙柱面专业施工做法设置为"12",天棚面专业施工做法设置为"13"等。

c. 第三级编码表示分部工程顺序码(两位数字)。

第三级分类码由 01、02、03、04 等顺序码组成,代表不同的分部,比如楼地面抹灰设置为"01",楼地面镶贴设置为"02"等。

d. 第四级编码表示分项工程项目名称顺序码(三位数字)。

第四级分类码由 001、002、003、004 等顺序码组成,代表不同的分项工程,是统一编码中最细的编码。比如镶贴楼地面中,石材楼地面设置为"001",碎石楼地面设置为"002"等。

e. 第五级编码表示清单项目名称顺序码(三位数字)。

第五级分类码由 001、002、003、004 等顺序码组成,是清单编制人从 001 开始自由编码,是对结合拟建项目的特征进行编制的。

f. 项目编码结构图。

项目编码结构图如图 6-1 所示。

g. 举例。

```
××—××—××—×××—×××
```

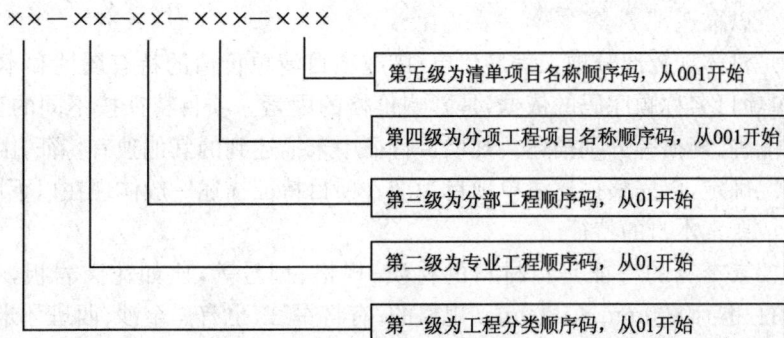

第五级为清单项目名称顺序码,从001开始

第四级为分项工程项目名称顺序码,从001开始

第三级为分部工程顺序码,从01开始

第二级为专业工程顺序码,从01开始

第一级为工程分类顺序码,从01开始

图 6-1 项目编码结构图

【例 6-1】 某室内型号为 1500mm×2100mm(M1521)和型号为 1200mm×2100mm (M1221)的胶合板门制作,试确定它们的项目编码。

解 根据清单项目设置办法,按照附录 H 的编制方法:

①型号为 1500mm×2100mm(M1521)的胶合板门,其编码为 01—08—01—001—001。其中:

"01"表示房屋建筑与装饰工程;

"08"表示门窗工程;

"01"表示门窗材质为木制类;

"001"表示木质门;

"001"根据木质门的特征编制,表示 1500mm×2100mm 型号的胶合板门。

②型号为 1200mm×2100mm(M1221)的胶合板门,其编码可设置为 01—08—01—001—002。其中:

"01"表示房屋建筑与装饰工程;

"08"表示门窗工程;

"01"表示门窗材质为木制类;

"001"表示木质门;

"002"根据木质门的特征编制,与 1500mm×2100mm 型号的门(001)相区别,表示 1200mm×2100mm(M1221)的胶合板门。

【例 6-2】 试确定某彩釉砖墙面的项目编码。

解 根据附录 M 清单项目设置办法,彩釉砖墙面编码为 01—12—04—003—001。

"01"表示房屋建筑与装饰工程;

"12"表示墙柱面装饰工程;

"04"表示墙面块料面层;

"003"表示块料墙面;

"001"是根据墙面特征编制的,表示彩釉砖饰面。

(4)清单项目名称的确定

《计量规范》4.2.3 规定:"工程量清单的项目名称应按附录的项目名称结合拟建工程的实际确定。"项目主体名称不能随意改动,如有缺项,按规范规定补充。

(5)清单项目特征的确定

《计量规范》4.2.4 规定:"工程量清单项目特征应按附录中规定的项目特征,结合拟建工

227

程项目的实际予以描述。"

项目特征是对体现分部分项工程量清单、措施项目清单价值的特有属性和本质特征的描述,是编制清单项目名称顺序码的依据,是影响价格的因素。项目特征按不同的工程部位、施工工艺或材料品种、规格等分别描述。凡项目特征中未描述到的其他独有特征,由清单编制人视项目具体情况确定,以完整描述清单项目为准。项目特征描述一般体现在以下四个方面。

①项目组成要素本身的特征。

项目组成要素本身的特征是指材料的材质、规格、型号等,比如花岗岩板,有 600mm×1200mm 规格的,也有 800mm×1200mm 规格的;有将军红,也有黑金沙、西班牙米黄等不同色彩的;有国产的也有进口的,因此描述项目特征应尽量详细。

②施工工艺特征。

在描述不同构造做法时应该尽量清楚,比如夹板装饰门项目在编制项目清单时应明确规定其刷漆遍数。

③施工技术和施工方案特征。

施工技术和施工方案的描述应尽可能准确、详细,比如花岗岩墙面装饰,有干挂花岗岩和实铺式花岗岩墙面,采用不同的施工方案就有不同的分项单价。

④不同质量要求体现的特征。

比如墙面抹灰工程,分普通、中级和高级抹灰,厂房和宾馆因使用功能不同,抹灰质量要求也存在差异,因此对不同质量要求的分项工程描述不可忽视。

分部分项工程项目特征描述必须准确、清晰、具体,完全体现工程的主要工作、构造要求、施工工艺。对招标人而言,尽可能完整描述工程项目特征,就能帮助投标人准确了解准备施工的装饰装修工程的内容和要求,合理报价;对投标人而言,清晰的项目特征描述能够保证综合单价组价的准确性,能够真实反映实体工程的价值,为清单报价决策提供基础数据。

(6)分部分项工程量的确定

《计量规范》4.2.5 规定:"工程量清单中所列工程量应按附录中规定的工程量计算规则计算。"如木质踢脚线按设计图示长度乘高度以面积计算或按延长米计算。

工程计量时,每一项目汇总的有效位数应遵守下列规定:

①以"t"为单位,应保留小数点后三位数字,第四位小数四舍五入。

②以"m""m²""m³""kg"为单位,应保留小数点后两位数字,第三位小数四舍五入。

③以"个""件""根""组""系统"为单位,应取整数。

(7)计量单位的确定

《计量规范》4.2.6 规定:"工程量清单的计量单位应按附录中规定的计量单位确定。"如石材楼梯面层计量单位为"m²"。

《计量规范》附录中有两个或两个以上计量单位的,应结合拟建工程项目的实际情况,确定其中一个为计量单位。同一工程项目的计量单位应一致。

(8)分部分项工程项目设置举例

【例 6-3】 某工程机房部分为 300m² 塑料防静电地板,试按设计要求对该分项工程进行清单项目设置。

解 该塑料防静电地板的项目设置见表 6-1。

工程名称：   第　页　共　页

序号	项目编码	项目名称	计量单位	工程数量
1	011104004001	1. 塑料防静电地板地面； 2. 3mm厚塑料防静电地板面层； 3. 20mm厚1：2.5水泥砂浆结合层； 4. 1.2mm厚SP-PES氯化聚乙烯高分子复合防水卷材； 5. 100mm厚C10混凝土垫层表面找平； 6. 素土夯实基土	m²	300

3)措施项目清单的编制

(1)措施项目的含义

措施项目是指"为完成工程项目施工,发生于该工程施工准备和施工过程中的技术、生活、安全、环境保护等方面的项目。"

"措施项目"是相对于分部分项工程项目而言,是对实际施工中必须发生的施工准备和施工过程中技术、生活、安全、环境保护等方面的含非工程实体项目的总称,是为了完成分部分项工程而必须发生的生产活动和资源耗用的保障项目。例如:安全文明施工、模板工程、脚手架工程等。

(2)措施项目的编制方法

①编制措施项目的规定。

措施项目清单应根据相关工程现行国家计量规范的规定编制,并且应根据拟建工程的实际情况列项。见附录F中表6-18和表6-21。

a. 措施项目中列出了项目编码、项目名称、项目特征、计量单位、工程量计算规则的项目,编制工程量清单时,应按照《计价规范》中分项工程的规定执行。

b. 措施项目仅列出项目编码、项目名称,未列出项目特征、计量单位和工程量计算规则的项目,编制工程量清单时,应按《计价规范》中附录Q措施项目规定的项目编码、项目名称确定。

c. 措施项目应根据拟建工程的实际情况列项,若出现本规范未列的项目,可根据工程实际情况补充。编码规则按本规范补充项目执行。

②编制措施项目需考虑的因素。

a. 施工组织设计。

施工组织设计中针对性地对工程周边环境保护、安全文明施工、材料的二次搬运等项目提供了明确做法,在措施项目清单设置时应予以考虑。

b. 施工技术方案。

夜间施工、大型机具进出场及安拆、脚手架、混凝土模板与支架、施工排水降水、垂直运输机械、大型机具使用以及施工规范和工程验收规范中规定的常规性技术措施也编写在施工技术方案中,设置措施项目清单时应予以考虑。

措施项目的设置,措施项目清单的编制,都要求招标人熟悉和掌握《计价规范》对措施项目的划分规定和要求,掌握有关政策、法规和相关规章制度,具有相关的施工管理、施工技术等方面的知识及实践经验,能够与分部分项工程清单项目施工方案相结合,准确划分措施项目,合理拆分和合并措施项目,完全真实地反映拟建工程的具体情况。

4)其他项目清单的编制

其他项目清单中列有暂列金额、暂估价、计日工和总承包服务费四项,出现未列的项目,应根据工程实际情况补充。这四项费用都由发包人确定完成后填写在其他项目计价表中随招标文件发放给投标人。

暂列金额是指招标人在工程量清单中暂定并包括在合同价款中的一笔款项。用于工程合同签订时尚未确定或者不可预见的所需材料、工程设备、服务的采购,施工中可能发生的工程变更、合同约定调整因素出现时的合同价款调整以及发生的索赔、现场签证确认等的费用。见附录 G 中表 6-22 和表 6-23。《计价规范》规定:“暂列金额应根据工程特点,按有关计价规定估算。”

暂估价是指招标人在工程量清单中提供的用于支付必然发生但暂时不能确定价格的材料、工程设备的单价以及专业工程的金额。暂估价包括材料(工程设备)暂估价和专业工程暂估价。见附录 G 中表 6-22、表 6-24 和表 6-25。《计价规范》规定:“暂估价中的材料、工程设备暂估价应根据工程造价信息或参照市场价格估算,列出明细表;专业工程暂估价应分不同专业,按有关计价规定估算,列出明细表。”

计日工是指在施工过程中,承包人完成发包人提出的工程合同范围以外的零星项目或工作,按合同中约定的单价计价的一种方式。见附录 G 中表 6-22 和表 6-26。《计价规范》规定:“计日工应列出项目名称、计量单位和暂估数量。”

总承包服务费是指总承包人为配合协调发包人进行的专业工程分包,对发包人自行采购的材料、工程设备等进行保管以及施工现场管理、竣工资料汇总整理等服务所需的费用。见附录 G 中表 6-22 和表 6-27。

5)规费项目清单的编制

规费是根据国家法律、法规规定,由省级政府或省级有关权力部门规定施工企业必须缴纳的,应计入建筑安装工程造价的费用。列项内容有社会保障费、住房公积金和工程排污费。如果出现其他未列的项目,应根据省级政府或省级有关部门的规定列项。其中社会保障费包括养老保险费、失业保险费、医疗保险费、工伤保险费、生育保险费。见附录 H 中表 6-31。

6)税金项目清单的编制

税金是指国家税法规定的应计入建筑安装工程造价内的营业税、城市维护建设税、教育费附加和地方教育附加。如果出现未列的项目,应根据税务部门的规定列项。见附录 H 中表 6-31。

7)装饰装修工程清单项目的审核

《计价规范》对工程量清单缺项明确规定如下:

①合同履行期间,出现招标工程量清单项目缺项的,发承包双方应调整合同价款。

②新增分部分项工程量清单项目后,引起措施项目发生变化的,应按照《计价规范》的有关规定,在承包人提交的实施方案被发包人批准后调整分部分项工程费。

③由于招标工程量清单中分部分项工程出现缺项,引起措施项目发生变化的,应按照《计价规范》的有关规定调整合同价款。

由于种种原因,每份工程量清单均不可避免地存在不同程度的错误和遗漏,因此,清单项目的审核是招标人编制工程量清单时很重要的工作,也是投标人投标报价的一项必要工作。清单编制中容易出现以下这些错误和遗漏:

①使用的图纸结构、尺寸不详或图集版本过时。

一般大型土建工程都会有精装修部分,比如玻璃幕墙,如果图样上幕墙龙骨、埋件等细部的施工图不详,列清单项时容易出现漏项,如果图集版本过时也容易出现错项。

②项目描述不全面或错误。

清单项目描述不能含糊不清,应该具体、完整,便于专业人员核算工程量和报价,比如卫生间做聚氨酯防水,应该清楚描述找平层几道,聚氨酯防水几遍,是否填土等。又如地面贴面砖,是否做找平层、厚度是多少,地砖的规格等。

③图纸之间存有矛盾分歧。

最典型的是平面图与立面图尺寸不符,如果大样图与立面图尺寸、做法及数量产生矛盾,一般以立面图和大样图为准,应及时与建设单位和设计人员沟通。

④人为计算错误。

人为计算错误,比如没按计算规则计算导致清单工程量计算错误。

⑤使用错误量度单位。

工程量清单中统一的度量单位是 m^3、m^2、m、t、樘、个、根、项,所以必须清楚,不可滥用其他度量单位。

⑥因不熟悉单价说明、工程规范而引起的错误。

对工程施工规范、计价规范、综合单价的组价内容不熟悉,使清单项目的设置出现错误。

由于中标后综合单价只有承包人一家提出,没有竞争,因此不会产生合理低价,更不会出现最低价,建设单位也不可能因为某一项漏项再单独发包,只能协商认可承包人提出的综合单价。如果发生增项,建设单位势必增加额外投资;如果发生减项,对分部分项工程而言从投标报价中剔除增加项目容易做到,但措施项目费很难分解,而且承包人也不会轻易让步,所以建设单位也会承担一些额外的费用。因此,对工程量清单进行逐项核对,查漏补缺,有效地防止工程量清单出现误差和漏项,确保工程量清单准确、科学、合理是非常必要的。

6.2.4 工程量清单计价方法

1)工程量清单计价的一般规定

(1)使用国有资金投资的建设工程发承包,必须采用工程量清单计价。

(2)非国有资金投资的建设工程,宜采用工程量清单计价。

(3)不采用工程量清单计价的建设工程,应执行本规范除工程量清单等专门性规定外的其他规定。

(4)建设工程发承包及实施阶段的工程造价应由分部分项工程费、措施项目费、其他项目费、规费和税金组成。

(5)工程量清单应采用综合单价计价。

(6)措施项目清单中的安全文明施工费应按照国家或省级、行业建设主管部门的规定计价,不得作为竞争性费用。

(7)其他项目清单应根据工程特点和《计价规范》有关的条款规定计价。

(8)规费和税金应按国家或省级、行业建设主管部门的规定计算,不得作为竞争性费用。

(9)关于风险问题的规定。

建设工程发承包,必须在招标文件、合同中明确计价中的风险内容及其范围,不得采用无限风险、所有风险或类似语句规定计价中的风险内容及其范围。

2)招标控制价的编制

(1)关于招标控制价的一般规定

①国有资金投资的建设工程招标,招标人必须编制招标控制价。

②招标控制价应由具有编制能力的招标人或受其委托具有相应资质的工程造价咨询人编制和复核。

③工程造价咨询人接受招标人委托编制招标控制价,不得再就同一工程接受投标人委托编制投标报价。

④招标控制价应按照本规范的规定编制,不应上调或下浮。

⑤当招标控制价超过批准的概算时,招标人应将其报原概算审批部门审核。

⑥招标控制价应在招标时公布招标控制价,同时应将招标控制价及有关资料报送工程所在地或由该工程管理辖权的行业管理部门工程造价管理机构备查。

(2)编制与复核

①招标控制价应根据下列依据编制与复核:

a.《计价规范》;

b. 国家或省级、行业建设主管部门颁发的计价定额和计价办法;

c. 建设工程设计文件及相关资料;

d. 拟定的招标文件及招标工程量清单;

e. 与建设项目相关的标准、规范、技术资料;

f. 施工现场情况、工程特点及常规施工方案;

g. 工程造价管理机构发布的工程造价信息,当工程造价信息没有发布时,参照市场价;

h. 其他的相关资料。

②综合单价中应包括招标文件中划分的应由投标人承担的风险范围及其费用。招标文件中没有明确的,如是工程造价咨询人编制,应提请招标人明确;如是招标人编制,应予明确。

③分部分项工程和措施项目中的单价项目,应根据拟定的招标文件和招标工程量清单项目中的特征描述及有关要求确定综合单价计算。

④措施项目中的总价项目应根据拟定的招标文件和常规施工方案按本规范的规定计价。

⑤其他项目费应按下列规定计价:

a. 暂列金额应按招标工程量清单中列出的金额填写;

b. 暂估价中的材料、工程设备单价应按招标工程量清单中列出的单价计入综合单价;

c. 暂估价中的专业工程金额应按招标工程量清单中列出的金额填写;

d. 计日工应按招标工程量清单中列出的项目根据工程特点和有关计价依据确定综合单价计算;

e.总承包服务费应根据招标工程量清单列出的内容和要求估算;

⑥规费和税金应按国家或省级、行业建设主管部门的规定计算。

(3)投诉与处理

①投标人经复核认为招标人公布的招标控制价未按照本规范的规定进行编制的,应当在招标控制价公布后5天内向招投标监督机构和工程造价管理机构投诉。

②投诉人投诉时,应当提交由单位盖章和法定代表人或其委托人签名或盖章的书面投诉书,投诉书应包括下列内容:

a.投诉人与被投诉人的名称、地址及有效联系方式;

b.投诉的招标工程名称、具体事项及理由;

c.投诉依据及有关证明材料;

d.相关请求及主张。

③投诉人不得进行虚假、恶意投诉,阻碍投标活动的正常进行。

④工程造价管理机构在接到投诉书后应在2个工作日内进行审查,对有下列情况之一的,不予受理:

a.投诉人不是所投诉招标工程招投标文件的收受人。

b.投诉书提交的时间不符合本规范规定的。

c.投诉书不符合《计价规范》规定的。

d.投诉事项已进入行政复议或行政诉讼程序的。

⑤工程造价管理机构应在不迟于借书审查的次日将是否受理投诉的决定书面通知投诉人、被投诉人以及负责该工程招投标监督的招投标管理机构。

⑥工程造价管理机构受理投诉后,应立即对招标控制价进行复查,组织投诉人、被投诉人或其委托的招标控制价编制人等单位人员对投诉问题逐一核对。有关当事人应当予以配合,并保证所提供资料的真实性。

⑦工程造价管理机构应当在受理投诉的10天内完成复查,特殊情况下可适当延长,并作出书面结论通知投诉人、被投诉人及负责该工程招投标监督的招投标管理机构。

⑧当招标控制价复查结论与原公布的招标控制价误差>±3%的,应当责成招标人改正。

⑨招标人根据招标控制价复查结论需要修改公布的招标控制价的,其最终公布的时间至招标文件要求提交投标文件截止时间不足15天的,应相应延长投标文件的截止时间。

3)投标报价的编制

(1)关于投标价的一般规定

①投标价应由投标人或受其委托具有相应资质的工程造价咨询人编制。

②投标人应依据本规范规定自主确定投标报价。

③投标报价不得低于工程成本。

④投标人必须按招标工程量清单填报价格。项目编码、项目名称、项目特征、计量单位、工程量必须与招标工程量清单一致。

⑤投标人的投标报价高于招标控制价的应予废标。

(2)编制与复核

①投标报价应根据下列依据编制和复核：

a.《计价规范》；

b. 国家或省级、行业建设主管部门颁发的计价办法；

c. 企业定额，国家或省级、行业建设主管部门颁发的计价定额和计价办法；

d. 招标文件、招标工程量清单及其补充通知、答疑纪要；

e. 建设工程设计文件及相关资料；

f. 施工现场情况、工程特点及投标时拟定的投标施工组织设计或施工方案；

g. 与建设项目相关的标准、规范等技术资料；

h. 市场价格信息或工程造价管理机构发布的工程造价信息；

i. 其他的相关资料。

②综合单价中应依据招标文件中划分的应由投标人承担的风险范围及其费用，招标文件中没有明确的，应提请招标人明确。

③分部分项工程和措施项目中的单价项目，应根据招标文件和招标工程量清单项目中的特征描述确定综合单价计算。

④措施项目中的总价项目金额应根据招标文件及投标时拟定的施工组织设计或施工方案，按《计价规范》的规定自主确定。其中安全文明施工费应按照《计价规范》的规定确定。

⑤其他项目费应按下列规定报价：

a. 暂列金额应按招标工程量清单中列出的金额填写；

b. 材料、工程设备暂估价应按招标工程量清单中列出的单价计入综合单价；

c. 专业工程暂估价应按招标工程量清单中列出的金额填写；

d. 计日工应按招标工程量清单中列出的项目和数量，自主确定综合单价并计算计日工总额；

e. 总承包服务费应根据招标工程量清单中列出的内容和提出的要求自主确定。

⑥规费和税金应按《计价规范》的规定确定。

⑦招标工程量清单与计价表中列明的所有需要填写的单价和合价的项目，投标人均应填写且只允许有一个报价。未填写单价和合价的项目，视为此项费用已包含在已标价工程量清单中其他项目的单价和合价之中。当竣工结算时，此项目不得重新组价予以调整。

⑧投标总价应当与分部分项工程费、措施项目费、其他项目费和规费、税金的合计金额一致。

4)工程合同价款的约定

(1)一般规定

①实行招标的工程合同价款应在中标通知书发出之日起 30 日内，由发承包双方依据招标文件和中标人的投标文件在书面合同中约定。

②合同约定不得违背招、投标文件中关于工期、造价、质量等方面的实质性内容。招标文件与中标人投标文件不一致的地方，以投标文件为准。

③不实行招标的工程合同价款，应在发承包双方认可的工程价款基础上，由发承包双方在合同中约定。

④实行工程量清单计价的工程，应当采用单价合同；建设规模较小，技术难度较低，工期较

短,且施工图设计已审查批准的建设工程可以采用总价合同;紧急抢险、救灾以及施工技术特别复杂的建设工程可以采用成本加酬金合同。

（2）约定内容

①发承包双方应在合同条款中对下列事项进行约定：

a. 预付工程款的数额、支付时间及抵扣方式;

b. 安全文明施工措施的支付计划,使用要求等;

c. 工程计量与支付工程进度款的方式、数额及时间;

d. 工程价款的调整因素、方法、程序、支付及时间;

e. 施工索赔与现场签证的程序、金额确认与支付时间;

f. 承担计价风险的内容、范围以及超出约定内容、范围的调整办法;

g. 工程竣工价款结算编制与核对、支付及时间;

h. 工程质量保证金的数额、预扣方式及时间;

i. 违约责任以及发生工程价款争议的解决方法及时间;

j. 与履行合同、支付价款有关的其他事项等。

②合同中没有按照《计价规范》的要求约定或约定不明的,若发承包双方在合同履行中发生争议由双方协商确定;当协商不能达成一致时,应按《计价规范》的规定执行。

5）工程计量与价款支付

（1）一般规定

①工程量应当按照相关工程的现行国家计量规范规定的工程量计算规则计算。

②工程计量可选择按月或按工程形象进度分段计量,具体计量周期在合同中约定。

③因承包人原因造成的超范围施工或返工的工程量,发包人不予计量。

（2）单价合同的计量

①工程量必须以承包人完成合同工程应予计量的工程量确定。

②施工中进行工程计量,当发现招标工程量清单中出现缺项、工程量偏差,或因工程变更引起工程量的增减时,应按承包人在履行合同义务中完成的工程量计算。

③承包人应当按照合同约定的计量周期和时间向发包人提交当期已完工程量报告。发包人应在收到报告后 7 天内核实,并将核实计量结果通知承包人。发包人未在约定时间内进行核实的,承包人提交的计量报告中所列的工程量视为承包人实际完成的工程量。

④发包人认为需要进行现场计量核实时,应在计量前 24 小时通知承包人,承包人应为计量提供便利条件并派人参加。双方均同意核实结果时,则双方应在上述记录上签字确认。承包人收到通知后不派人参加计量,视为认可发包人的计量核实结果。发包人不按照约定时间通知承包人,致使承包人未能派人参加计量,计量核实结果无效。

⑤当承包人认为发包人核实后的计量结果有误时,应在收到计量结果通知后的 7 天内向发包人提出书面意见,并附上其认为正确的计量结果和详细的计算资料。发包人收到书面意见后,应对承包人的计量结果进行复核后通知承包人。承包人对复核计量结果仍有异议的,按照合同约定的争议解决办法处理。

⑥承包人完成已标价工程量清单中每个项目的工程量并经发包人核实无误后,发承包双方应对每个项目的历次计量报表进行汇总,已核实最终结算工程量,并应在汇总表上签字

确认。

(3)总价合同的计量

①采用工程量清单方式招标形成的总价合同,其工程量应按照《计价规范》第 8.2 节的规定计算。

②采用经审定批准的施工图纸及其预算方式发包形成的总价合同,除按照工程变更规定的工程量增减外,总价合同个项目的工程量应为承包人用于结算的最终工程量。

③总价合同约定的项目计量以合同工程经审定批准的施工图纸为依据,发承包双方应在合同中约定工程计量的形象目标或时间节点进行计量。

④承包人应在合同约定的每个计量周期内对已完成的工程进行计量,并向发包人提交达到工程形象目标完成的工程量和有关计量资料的报告。

⑤发包人应在收到报告后 7 天内对承包人提交的上述资料进行复核,以确定实际完成的工程量和工程形象目标。对其有异议的,应通知承包人进行共同复核。

6)索赔与现场签证

(1)索赔

①当合同一方向另一方提出索赔时,应有正当的索赔理由和有效证据,并应符合合同的相关约定。

②根据合同约定,承包人认为非承包人原因发生的事件造成了承包人的损失,应按以下程序向发包人提出索赔:

a.承包人应在索赔事件发生后 28 天内,向发包人提交索赔意向通知书,说明发生索赔事件的事由。承包人逾期未发出索赔意向通知书的,丧失索赔的权利;

b.承包人应在发出索赔意向通知书后 28 天内,向发包人正式提交索赔通知书。索赔通知书应详细说明索赔理由和要求,并附必要的记录和证明材料;

c.索赔事件具有连续影响的,承包人应继续提交延续索赔通知,说明连续影响的实际情况和记录;

d.在索赔事件影响结束后的 28 天内,承包人应向发包人提交最终索赔通知书,说明最终索赔要求,并附必要的记录和证明材料。

③承包人索赔应按下列程序处理:

a.发包人收到承包人的索赔通知书后,应及时查验承包人的记录和证明材料;

b.发包人应在收到索赔通知书或有关索赔的进一步证明材料后的 28 天内,将索赔处理结果答复承包人,如果发包人逾期未作出答复,视为承包人索赔要求已经发包人认可;

c.承包人接受索赔处理结果的,索赔款项在当期进度款中进行支付;承包人不接受索赔处理结果的,按合同约定的争议解决方式办理。

④承包人要求赔偿时,可以选择以下一项或几项方式获得赔偿:

a.延长工期;

b.要求发包人支付实际发生的额外费用;

c.要求发包人支付合理的预期利润;

d.要求发包人按合同的约定支付违约金。

⑤若承包人的费用索赔与工期索赔要求相关联时,发包人在作出费用索赔的批准决定时,

应结合工程延期,综合作出费用赔偿和工程延期的决定。

⑥发承包双方在按合同约定办理了竣工结算后,应被认为承包人已无权再提出竣工结算前所发生的任何索赔。承包人在提交的最终结清申请中,只限于提出竣工结算后的索赔,提出索赔的期限自发承包双方最终结清时终止。

⑦根据合同约定,发包人认为由于承包人的原因造成发包人的损失,应参照承包人索赔的程序进行索赔。

⑧发包人要求赔偿时,可以选择以下一项或几项方式获得赔偿:

a. 延长质量缺陷修复期限;

b. 要求承包人支付实际发生的额外费用;

c. 要求承包人按合同的约定支付违约金。

⑨承包人应付给发包人的索赔金额可从拟支付给承包人的合同价款中扣除,或由承包人以其他方式支付给发包人。

(2)现场签证

①承包人应发包人要求完成合同以外的零星项目、非承包人责任事件等工作的,发包人应及时以书面形式向承包人发出指令,提供所需的相关资料;承包人在收到指令后,应及时向发包人提出现场签证要求。

②承包人应在收到发包人指令后的 7 天内向发包人提交现场签证报告,发包人应在收到现场签证报告后的 48 小时内对报告内容进行核实,予以确认或提出修改意见。发包人在收到承包人现场签证报告后的 48 小时内未确认也未提出修改意见的,视为承包人提交的现场签证报告已被发包人认可。

③现场签证的工作如已有相应的计日工单价,则现场签证中应列明完成该类项目所需的人工、材料、工程设备和施工机械台班的数量。

如现场签证的工作没有相应的计日工单价,应在现场签证报告中列明完成该签证工作所需的人工、材料设备和施工机械台班的数量及其单价。

④合同工程发生现场签证事项,未经发包人签证确认,承包人便擅自施工的,除非征得发包人同意,否则发生的费用由承包人承担。

⑤现场签证工作完成后的 7 天内,承包人应按照现场签证内容计算价款,报送发包人确认后,作为增加合同价款,与进度款同期支付。

⑥在施工过程中,当发现合同工程内容因场地条件、地质水文、发包人要求等不一致时,承包人应提供所需的相关资料,并提交发包人签证认可,作为合同价款调整的依据。

7)工程价款的调整

(1)一般规定

①以下事项(但不限于)发生,发承包双方应当按照合同约定调整合同价款:

a. 法律法规变化;

b. 工程变更;

c. 项目特征不符;

d. 工程量清单缺项;

e. 工程量偏差;

f. 计日工；

g. 物价变化；

h. 暂估价；

i. 不可抗力；

j. 提前竣工(赶工补偿)；

k. 误期赔偿；

l. 索赔；

m. 现场签证；

n. 暂列金额；

o. 发承包双方约定的其他调整事项。

②出现合同价款调整事项(不含工程量偏差、计日工、现场签证、施工索赔)后的14天内，承包人应向发包人提交合同价款调增报告并附上相关资料，若承包人在14天内未提交合同价款调增报告的，视为承包人对该事项不存在调整价款。

③出现合同价款调减事项(不含工程量偏差、施工索赔)后的14天内，发包人应向承包人提交合同价款调减报告并附相关资料，若发包人在14天内未提交合同价款调减报告的，视为发包人对该事项不存在调整价款。

④发(承)包人应在收到承(发)包人合同价款调增报告及相关资料之日起14天内对其核实，予以确认的应书面通知承(发)包人。如有疑问，应向承(发)包人提出协商意见。发(承)包人在收到合同价款调增报告之日起14天内未确认也未提出协商意见的，视为承(发)包人提交的合同价款调增报告已被发(承)包人认可。发(承)包人提出协商意见的，承(发)包人应在收到协商意见后的14天内对其核实，予以确认的应书面通知发(承)包人。如承(发)包人在收到发(承)包人的协商意见后14天内既不确认也未提出不同意见的，视为发(承)包人提出的意见已被承(发)包人认可。

⑤如发包人与承包人对不同意见不能达成一致的，只要不实质影响发承包双方履约的，双方应实施该结果，直到其按照合同争议的解决被改变为止。

⑥经发承包双方确认调整的合同价款，作为追加(减)合同价款，与工程进度款或结算款同期支付。

(2)法律法规变化

①招标工程以投标截止日前28天，非招标工程以合同签订前28天为基准日，其后国家的法律、法规、规章和政策发生变化引起工程造价增减变化的，发承包双方应当按照省级或行业建设主管部门或其授权的工程造价管理机构据此发布的规定调整合同价款。

②因承包人原因导致工期延误，且《计价规范》第9.2.1条规定的调整时间在合同工程原定竣工时间之后，不予调整合同价款。

(3)工程变更

①工程变更引起已标价工程量清单项目或其工程数量发生变化，应按照下列规定调整：

a. 已标价工程量清单中有适用于变更工程项目的，采用该项目的单价；但当工程变更导致该清单项目的工程数量发生变化，且工程量偏差超过15%，此时，该项目单价的调整应按照《计价规范》第9.6.2条的规定调整。

b. 已标价工程量清单中没有适用、但有类似于变更工程项目的,可在合理范围内参照类似项目的单价;

c. 已标价工程量清单中没有适用也没有类似于变更工程项目的,由承包人根据变更工程资料、计量规则和计价办法、工程造价管理机构发布的信息价格和承包人报价浮动率提出变更工程项目的单价,报发包人确认后调整。承包人报价浮动率可按下列公式计算:

招标工程　　承包人报价浮动率 $L=(1-中标价/招标控制价) \times 100\%$

非招标工程　承包人报价浮动率 $L=(1-报价值/施工图预算) \times 100\%$

d. 已标价工程量清单中没有适用也没有类似于变更工程项目,且工程造价管理机构发布的信息价格缺价的,由承包人根据变更工程资料、计量规则、计价办法和通过市场调查等取得有合法依据的市场价格提出变更工程项目的单价,报发包人确认后调整。

②工程变更引起施工方案改变,并使措施项目发生变化的,承包人提出调整措施项目费的,应事先将拟实施的方案提交发包人确认,并详细说明与原方案措施项目相比的变化情况。拟实施的方案经发承包双方确认后执行。该情况下,应按照下列规定调整措施项目费:

a. 安全文明施工费,按照实际发生变化的措施项目调整。

b. 采用单价计算的措施项目费,按照实际发生变化的措施项目按《计价规范》第9.3.1条的规定确定单价。

c. 按总价(或系数)计算的措施项目费,按照实际发生变化的措施项目调整,但应考虑承包人报价浮动因素,即调整金额按照实际调整金额乘以《计价规范》第9.3.1条规定的承包人报价浮动率计算。

如果承包人未事先将拟实施的方案提交给发包人确认,则视为工程变更不引起措施项目费的调整或承包人放弃调整措施项目费的权利。

③当发包人提出的工程变更因非承包人原因删减了合同中的某项原定工作或工程,致使承包人发生的费用或(和)得到的收益不能被包括在其他已支付或应支付的项目中,也未被包含在任何替代的工作或工程中,则承包人有权提出并得到合理的利润补偿。

(4)项目特征描述不符

①承包人在招标工程量清单中对项目特征的描述,应被认为是准确的和全面的,并且与实际施工要求相符合。承包人应按照发包人提供的工程量清单,根据其项目特征描述的内容及有关要求实施合同工程,直到其被改变为止。

②合同履行期间,出现实际施工设计图纸(含设计变更)与招标工程量清单任一项目的特征描述不符,且该变化引起该项目的工程造价增减变化的,应按照实际施工的项目特征重新确定相应工程量清单项目的综合单价,计算调整的合同价款。

(5)工程量清单缺项

①合同履行期间,出现招标工程量清单项目缺项的,发承包双方应调整合同价款。

②新增分部分项工程量清单项目后,引起措施项目发生变化的,应按照《计价规范》规定,在承包人提交的实施方案被发包人批准后调整分部分项工程费。

③由于招标工程量清单中分部分项工程出现缺项,引起措施项目发生变化的,应按照《计价规范》的规定调整合同价款。

（6）工程量偏差

①合同履行期间，当应予计算的实际工程量与招标工程量清单出现偏差，且符合《计价规范》规定的，发承包双方应调整合同价款。

②对于任一招标工程量清单项目，当因本条规定的工程量偏差和《计价规范》第9.3条规定的工程变更等原因导致工程量偏差超过15%时，可进行调整。当工程量增加15%以上时，其增加部分的工程量的综合单价应予调低；当工程量减少15%以上时，减少后剩余部分的工程量的综合单价应予调高。

③当工程量出现因分部分项工程变化引起相关措施项目相应发生变化时，按系数或单一总价方式计价的，工程量增加的措施项目费调增，工程量减少的措施项目费适当调减。

（7）计日工

①发包人通知承包人以计日工方式实施的零星工作，承包人应予执行。

②采用计日工计价的任何一项变更工作，应在该项变更的实施过程中，承包人应按合同约定提交下列报表和有关凭证送发包人复核：

a. 工作名称、内容和数量；

b. 投入该工作所有人员的姓名、工种、级别和耗用工时；

c. 投入该工作的材料名称、类别和数量；

d. 投入该工作的施工设备型号、台数和耗用台时；

e. 发包人要求提交的其他资料和凭证。

③任一计日工项目持续进行时，承包人应在该项工作实施结束后的24小时内向发包人提交有计日工记录汇总的现场签证报告一式三份。发包人在收到承包人提交现场签证报告后的2天内予以确认并将其中一份返还给承包人，作为计日工计价和支付的依据。发包人逾期未确认也未提出修改意见的，视为承包人提交的现场签证报告已被发包人认可。

④任一计日工项目实施结束。承包人应按照确认的计日工现场签证报告核实该类项目的工程数量，并根据核实的工程数量和承包人已标价工程量清单中的计日工单价计算，提出应付价款；已标价工程量清单中没有该类计日工单价的，由发承包双方按《计价规范》的规定商定计日工单价计算。

⑤每个支付期末，承包人应按照《计价规范》的规定向发包人提交本期间所有计日工记录的签证汇总表，以说明本期间自己认为有权得到的计日工价款，列入进度款支付。

（8）物价变化

①合同履行期间，因人工、材料、工程设备、施工机械台班价格波动影响合同价款时，应根据合同约定，按《计价规范》附录A的方法之一调整合同价款。

②承包人采购材料和工程设备的，应在合同中约定主要材料、工程设备价格变化的范围或幅度；当没有约定，且材料、工程设备单价变化超过5%时，超过部分的价格应按照《计价规范》附录A的方法计算调整材料、工程设备费。

③发生合同工程工期延误的，应按照下列规定确定合同履行期的价格调整：

a. 因非承包人原因导致工期延误的，计划进度日期后续工程的价格，应采用计划进度日期与实际进度日期两者的较高者；

b. 因承包人原因导致工期延误的，计划进度日期后续工程的价格，应采用计划进度日期与实际进度日期两者的较低者。

④发包人供应材料和工程设备的,不适用《计价规范》规定的,应由发包人按照实际变化调整,列入合同工程的工程造价内。

(9)暂估价

①发包人在招标工程量清单中给定暂估价的材料、工程设备属于依法必须招标的,应由发承包双方以招标的方式选择供应商,确定价格,并应以此为依据取代暂估价,调整合同价款。

②发包人在招标工程量清单中给定暂估价的材料、工程设备不属于依法必须招标的,应由承包人按照合同约定采购,经发包人确认单价后取代暂估价,调整合同价款。

③发包人在工程量清单中给定暂估价的专业工程不属于依法必须招标的,应按照《计价规范》第9.3节相应条款的规定确定专业工程价款,并应以此为依据取代专业工程暂估价,调整合同价款。

④发包人在招标工程量清单中给定暂估价的专业工程,依法必须招标的,应当由发承包双方依法组织招标选择专业分包人,并接受有管辖权的建设工程招标投标管理机构的监督,还应符合下列要求:

a. 除合同另有约定外,承包人不参与投标的专业工程分包招标,应由承包人作为招标人,但招标文件评标工作、评标结果应报送发包人批准。与组织招标工作有关的费用应当被认为已经包括在承包人的签约合同价(投标总报价)中。

b. 承包人参加投标的专业工程分包招标,应由发包人作为招标人,与组织招标工作有关的费用由发包人承担。同等条件下,应优先选择承包人中标。

c. 应以专业工程分包中标价为依据取代专业工程暂估价,调整合同价款。

(10)不可抗力

①因不可抗力事件导致的人员伤亡、财产损失及其费用增加,发承包双方应按以下原则分别承担并调整合同价款和工期:

a. 合同工程本身的损害、因工程损害导致第三方人员伤亡和财产损失以及运至施工场地用于施工的材料和待安装的设备的损害,由发包人承担;

b. 发包人、承包人人员伤亡由其所在单位负责,并承担相应费用;

c. 承包人的施工机械设备损坏及停工损失,由承包人承担;

d. 停工期间,承包人应发包人要求留在施工场地的必要的管理人员及保卫人员的费用由发包人承担;

e. 工程所需清理、修复费用,由发包人承担。

②不可抗力解除后复工的,若不能按期竣工,应合理延长工期。发包人要求赶工的,赶工费用应由发包人承担。

③因不可抗力解除合同的,应按《计价规范》的规定办理。

(11)提前竣工(赶工补偿)

①发包人要求承包人提前竣工,应征得承包人同意后与承包人商定采取加快工程进度的措施,并修订合同工程进度计划。

②合同工程提前竣工,发包人应承担承包人由此增加的费用,并按照合同约定向承包人支付提前竣工(赶工补偿)费。

③发承包双方应在合同中约定提前竣工每日历天应补偿额度。除合同另有约定外,提前竣工补偿的最高限额为合同价款的5%。此项费用列入竣工结算文件中,与结算款一并支付。

(12)误期赔偿

①如果承包人未按照合同约定施工,导致实际进度迟于计划进度的,发包人应要求承包人加快进度,实现合同工期。

合同工程发生误期,承包人应赔偿发包人由此造成的损失,并按照合同约定向发包人支付误期赔偿费。即使承包人支付误期赔偿费,也不能免除承包人按照合同约定应承担的任何责任和应履行的任何义务。

②发承包双方应在合同中约定误期赔偿费,明确每日历天应赔额度。除合同另有约定外,误期赔偿费的最高限额为合同价款的5%。误期赔偿费列入竣工结算文件中,在结算款中扣除。

③如果在工程竣工之前,合同工程内的某单位工程已通过了竣工验收,且该单位工程接收证书中表明的竣工日期并未延误,而是合同工程的其他部分产生了工期延误,则误期赔偿费应按照已颁发工程接收证书的单位工程造价占合同价款的比例幅度予以扣减。

(13)索赔

同上。

(14)现场签证

同上。

(15)暂列金额

①已签约合同价中的暂列金额由发包人掌握使用。

②发包人按照《计价规范》规定作支付后有余额的,暂列金额余额应归发包人所有。

8)竣工结算

(1)合同工程完工后,承包人应在经发承包双方确认的合同工程期中价款计算的基础上汇总编制完成竣工结算文件,应在提交竣工验收申请的同时向发包人提交竣工结算文件。

承包人未在合同约定的时间内提交竣工结算文件,经发包人催告后14天内仍未提交或没有明确答复,发包人有权根据已有资料编制竣工结算文件,作为办理竣工结算和支付结算款的依据,承包人应予以认可。

(2)发包人应在收到承包人提交的竣工结算文件后的28天内审核完毕。发包人经核实,认为承包人还应进一步补充资料和修改结算文件,应在上述时限内向承包人提出核实意见,承包人在收到核实意见后的14天内按照发包人提出的合理要求补充资料,修改竣工结算文件,并再次提交给发包人复核后批准。

(3)发包人应在收到承包人再次提交的竣工结算文件后的28天内予以复核,并将复核结果通知承包人,并应遵守下列规定:

①发包人、承包人对复核结果无异议的,应在7天内在竣工结算文件上签字确认,竣工结算办理完毕;

②发包人或承包人对复核结果认为有误的,无异议部分按照本条第①款规定办理不完全竣工结算;有异议部分由发承包双方协商解决,协商不成的,按照合同约定的争议解决方式处理。

（4）发包人在收到承包人竣工结算文件后的 28 天内,不核对竣工结算或未提出审核意见的,应视为承包人提交的竣工结算文件已被发包人认可,竣工结算办理完毕。

（5）承包人在收到发包人提出的核实意见后的 28 天内,不确认也未提出异议的,视为发包人提出的核实意见已被承包人认可,竣工结算办理完毕。

（6）发包人委托造价咨询人审核竣工结算的,工程造价咨询人应在 28 天内审核完毕,审核结论与承包人竣工结算文件不一致的,应提交给承包人复核,承包人应在 14 天内将同意审核结论或不同意见的说明提交工程造价咨询人。工程造价咨询人收到承包人提出的异议后,应再次复核,复核有无异议,都按《计价规范》相应条款规定办理。

承包人逾期未提出书面异议,视为工程造价咨询人审核的竣工结算文件已被承包人认可。

（7）对发包人或造价咨询人指派的专业人员与承包人经审核后无异议并签名确认的竣工结算文件,除非发包人能提出具体、详细的不同意见,发包人应在竣工结算文件上签名确认,如其中一方拒不签认的,按下列规定办理:

①若发包人拒不签认的,承包人可不提供竣工验收备案资料,并有权拒绝与发包人或其上级部门委托的工程造价咨询人重新核对竣工结算文件。

②若承包人拒不签认的,发包人要求办理竣工验收备案的,承包人不得拒绝提供竣工验收资料,否则,由此造成的损失,承包人承担相应责任。

（8）合同工程竣工结算核对完成,发承包双方签字确认后,发包人不得要求承包人与另一个或多个工程造价咨询人重复核对竣工结算。

（9）发包人对工程质量有异议,拒绝办理工程竣工结算的,已竣工验收或已竣工未验收但实际投入使用的工程,其质量争议应按该工程保修合同执行,竣工结算应按合同约定办理;已竣工未验收且未实际投入使用的工程以及停工、停建工程的质量争议,双方应就有争议的部分委托有资质的检测鉴定机构进行检测,并应根据检测结果确定解决方案,或按工程质量监督机构的处理决定执行后办理竣工结算,无争议部分的竣工结算应按合同约定办理。

9）工程计价争议处理

（1）监理或造价工程师暂定

①若发包人和承包人之间就工程质量、进度、价款支付与扣除、工期延期、索赔、价款调整等发生任何法律上、经济上或技术上的争议,首先应根据已签约合同的规定,提交合同约定职责范围内的总监理工程师或造价工程师解决,并抄给另一方。总监理工程师或造价工程师在收到此提交件后 14 天之内应将暂定结果通知发包人和承包人。发承包双方对暂定结果认可的,应以书面形式予以确认,暂定结果成为最终决定。

②发承包双方在收到总监理工程师或造价工程师的暂定结果通知之后的 14 天内,未对暂定结果予以确认也未提出不同意见的,视为发承包双方已认可该暂定结果。

③发承包双方或一方不同意暂定结果的,应以书面形式向总监理工程师或造价工程师提出,说明自己认为正确的结果,同时抄送另一方,此时该暂定结果成为争议。在暂定结果不实质影响发承包双方当事人履约的前提下,发承包双方应实施该结果,直到其被改变为止。

（2）管理机构的解释或认定

①合同价款争议发生后,发承包双方可就工程计价依据的争议以书面形式提请工程造价

管理机构对争议以书面文件进行解释或认定。

②工程造价管理机构应在收到申请的10个工作日内就发承包双方提请的争议问题进行解释或认定。

③发承包双方或乙方在收到工程造价管理机构书面解释或认定后仍可按照合同约定的争议解决方式提请仲裁或诉讼。除工程造价管理机构的上级管理部门作出了不同的解释或认定,或在仲裁裁决或法院判决中不予采信的外,工程造价管理机构作出的书面解释或认定应为最终结果,并应对发承包人双方均有约束力。

(3)协商和解

①计价争议发生后,发承包双方任何时候都可以进行协商。协商达成一致的,双方应签订书面协议,书面协议对发承包双方均有约束力。

②如果协商不能达成一致协议,发包人或承包人都可以按合同约定的其他方式解决争议。

(4)调解

①发承包双方应在合同中约定或在合同签订后共同约定争议调解人,负责双方在合同履行过程中发生争议的调解。

②合同履行期间,发承包双方可协议调换货终止任何调解人,但发包人或承包人都不能单独采取行动。除非双方另有协议,在最终结清支付证书生效后,调解人的任期应立即终止。

③如果发承包双方发生了争议,任何一方可将该争议以书面形式提交调解人,并将副本抄送另一方,委托调解人调解。

④发承包双方应按照调解人提出的要求,给调解人提供所需要的资料、现场进入权及相应设施。调解人应被视为不是在进行仲裁人的工作。

⑤调解人应在收到调解委托后28天内或由调解人建议并经发承包双方认可的其他期限内提出调解书,发承包双方接受调解书的,经双方签字后作为合同的补充文件,对发承包双方具有约束力,双方都应立即遵照执行。

⑥当发承包双方任一方对调解人的调解书有异议时,应在收到调解书后28天内向另一方发出异议通知,并应说明争议的事项和理由。但除非并直到调解书在协商和解或仲裁裁决、诉讼判决中作出修改,或合同已经解除,承包人应继续按照合同实施工程。

⑦当调解人已就争议事项向发承包双方提交了调解书,而任一方在收到调解书后28天内均未发出表示异议的通知时,调解书对发承包双方均具有约束力。

(5)仲裁、诉讼

①发承包双方的协商或调解均未达成一致意见,其中的一方已就此争议事项根据合同约定的仲裁协议申请仲裁,应同时通知另一方。

②仲裁可在竣工之前或之后进行,但发包人、承包人、调解人各自的义务不得因在工程实施期间进行仲裁而有所改变。当仲裁是在仲裁机构要求停止施工的情况下进行时,承包人对合同工程应采取保护措施,由此增加的费用应由败诉方承担。

③在《计价规范》规定的期限之内,暂定或和解协议或调解书已经有约束力的情况下,当发承包中一方未能遵守暂定或和解协议或调解书时,另一方可在不损害他人可能具有的任何其他权利的情况下,将未能遵守暂定或不执行和解协议或调解书达成的事项提出仲裁。

④发包人、承包人在履行合同时发生争议,双方不愿和解、调解或者和解、调解不成,又没

有达成仲裁协议的,可依法向人民法院提起诉讼。

6.2.5 工程量清单计价格式

2013版《计价规范》规定了装饰装修工程量清单编制的内容,并规定了统一的格式,主要包括分部分项工程量清单、措施项目清单、其他项目清单、规费项目清单、税金项目清单。具体内容如下:

(1)封面(附录B);

(2)工程计价文件扉页(附录C);

(3)工程计价总说明(附录D,见表6-2);

(4)工程计价汇总表(附录E,见表6-3～表6-8);

(5)分部分项工程和措施项目计价表(附录F,见表6-9～表6-12);

(6)其他项目计价表(附录G,见表6-13～表6-21);

(7)规费、税金项目计价表(附录H,见表6-22);

(8)工程计量申请(核准)表(附录J,见表6-23);

(9)合同价款支付申请(核准)表(附录K,见表6-24～表6-28);

(10)主要材料、工程设备一览表(附录L,见表6-29～表6-31)。

附录 B　工程计价文件封面

B. 1　招标工程量清单封面

_____工程

招标工程量清单

招　标　人：_____

（单位盖章）

造价咨询人：_____

（单位盖章）

年　　月　　日

B. 2　招标控制价封面

_____工程

招标控制价

招　标　人：_____

（单位盖章）

造价咨询人：_____

（单位盖章）

年　　月　　日

B.3 投标总价封面

_____工程

投　标　总　价

招　标　人：_____

（单位盖章）

年　　月　　日

B.4 竣工结算书封面

_____工程

竣工结算书

发　包　人：_____

（单位盖章）

承　包　人：_____

（单位盖章）

造价咨询人：_____

（单位盖章）

年　　月　　日

B. 5　工程造价鉴定意见书封面

_____工程

编号：×××[2×××]××号

工程造价鉴定意见书

造价咨询人：_____

（单位盖章）

年　　月　　日

附录 C   工程计价文件扉页

C.1   招标工程量清单扉页

_____工程

招标工程量清单

招 标 人：_____   造价咨询人：_____
　　　　（单位盖章）　　　　　　　　　　　（单位资质专用章）

法定代表人　　　　　　　　　　　　法定代表人
或其授权人：_____   或其授权人：_____
　　　　（签字或盖章）　　　　　　　　　　（签字或盖章）

编 制 人：_____   复 核 人：_____
　（造价人员签字盖专用章）　　　　（造价工程师签字盖专用章）

编制时间：　年　月　日　　　　　复核时间：　年　月　日

C.2   招标控制价扉页

_____工程

招标控制价

招标控制价(小写)：_____
　　　　　(大写)：_____

招 标 人：_____   造价咨询人：_____
　　　　（单位盖章）　　　　　　　　　　　（单位资质专用章）

法定代表人　　　　　　　　　　　　法定代表人
或其授权人：_____   或其授权人：_____
　　　　（签字或盖章）　　　　　　　　　　（签字或盖章）

编 制 人：_____   复 核 人：_____
　（造价人员签字盖专用章）　　　　（造价工程师签字盖专用章）

编制时间：　年　月　日　　　　　复核时间：　年　月　日

C.3 投标总价扉页

投 标 总 价

招 标 人：_____

工 程 名 称：_____

投标总价(小写)：_____

（大写）：_____

投 标 人：_____

（单位盖章）

法 定 代 表 人

或 其 授 权 人：_____

（签字或盖章）

编 制 人：_____

（造价人员签字盖专用章）

时 间： 年 月 日

C.4 竣工结算总价扉页

_____工程

竣工结算总价

签约合同价(小写)：_____ （大写）：_____

竣工结算价(小写)：_____ （大写）：_____

发 包 人：_____ 承 包 人：_____ 造价咨询人：_____

（单位盖章） （单位盖章） （单位资质专用章）

法定代表人 法定代表人 法定代表人

或其授权人：_____ 或其授权人：_____ 或其授权人：_____

（签字或盖章） （签字或盖章） （签字或盖章）

编 制 人：_____ 核 对 人：_____

（造价人员签字盖专用章） （造价工程师签字盖专用章）

编制时间： 年 月 日 核对时间： 年 月 日

_____工程

工程造价鉴定意见书

鉴 定 结 论：

造价咨询人：_____

（盖单位章及资质专用章）

法定代表人：_____

（签字或盖章）

造价工程师：_____

（签字盖专用章）

年 月 日

附录 D　工程计价总说明

总　说　明　　　　　　　　　　　　　　表 6-2

工程名称：　　　　　　　　　　　　　　　第　页共　页

附录 E 工程计价汇总表

表 6-3

E.1 建设项目招标控制价/投标报价汇总表

工程名称：　　　　　　　　　　　　　　　　　　　　　　　　　　第　页 共　页

序号	单项工程名称	金额(元)	其中:(元)		
			暂估价	安全文明施工费	规费
	合　计				

注:本表适用于建设项目招标控制价或投标报价的汇总。

E.2 单项工程招标控制价/投标报价汇总表

表 6-4

工程名称：　　　　　　　　　　　　　　　　　　　　　　　　　　第　页 共　页

序号	单项工程名称	金额(元)	其中:(元)		
			暂估价	安全文明施工费	规费
	合　计				

注:本表适用于单项工程招标控制价或投标报价的汇总,暂估价包括分部分项工程中的暂估价和专业工程暂估价。

E.3 单位工程招标控制价/投标报价汇总表

表 6-5

工程名称： 标段： 第 页 共 页

序号	汇 总 内 容	金额(元)	其中:暂估价(元)
1	分部分项工程		
1.1			
1.2			
1.3			
1.4			
1.5			
2	措施项目		—
2.1	其中:安全文明施工费		—
3	其他项目		—
3.1	其中:暂列金额		—
3.2	其中:专业工程暂估价		—
3.3	其中:计日工		—
3.4	其中:总承包服务费		—
4	规费		—
5	税金		—
	招标控制价合计=1+2+3+4+5		

注:本表适用于单位工程招标控制价或投标报价的汇总,如无单位工程划分,单项工程也使用本表汇总。

E.4 建设项目竣工结算汇总表

表 6-6

工程名称： 第 页 共 页

序号	单项工程名称	金额(元)	其中:(元)	
			安全文明施工费	规费
	合计			

E.5　单项工程竣工结算汇总表

表 6-7

工程名称：

序号	单项工程名称	金额(元)	其中:(元)	
			安全文明施工费	规费
	合计			

E.6　单位工程竣工结算汇总表

表 6-8

工程名称：　　　　　　　　　　　　　　标段：　　　　　　　第　页　共　页

序号	汇总内容	金　额(元)
1	分部分项工程	
1.1		
1.2		
1.3		
1.4		
1.5		
2	措施项目	
2.1	其中:安全文明施工费	
3	其他项目	
3.1	其中:专业工程结算价	
3.2	其中:计日工	
3.3	其中:总承包服务费	
3.4	其中:索赔与现场签证	
4	规费	
5	税金	
	竣工结算总价合计＝1＋2＋3＋4＋5	

注:如无单位工程划分,单项工程也使用本表汇总。

Building Decoration Engineering Budget

附录 F 分部分项工程和措施项目计价表

F.1 分部分项工程和单价措施项目清单与计价表　　　　表 6-9

工程名称：　　　　　　　　　　标段：　　　　　　　　第　页　共　页

序号	项目编码	项目名称	项目特征描述	计量单位	工程量	金额（元）		
						综合单价	合价	其中 暂估价
		本页小计						
		合计						

注：为计取规费等的使用，可在表中增设其中："定额人工费"。

工程名称：　　　　　　　　　　　标段：　　　　　　　　　　第　页　共　页

项目编码		项目名称		计量单位		工程量	
清单综合单价组成明细							
定额编号	定额项目名称	定额单价	数量	单价				合价			
				人工费	材料费	机械费	管理费和利润	人工费	材料费	机械费	管理费和利润
人工单价			小计								
元/工日			未计价材料费								
清单项目综合单价											

材料费明细	主要材料名称、规格、型号	单位	数量	单价（元）	合价（元）	暂估单价（元）	暂估合价（元）
	其他材料费			—		—	
	材料费小计			—		—	

注：1. 如不使用省级或行业建设主管部门发布的计价依据，可不填定额编号、名称等。
　　2. 招标文件中提供了暂估单价的材料，按暂估的单价填入表内"暂估单价"栏及"暂估合价"栏。

F.3 综合单价调整表

表 6-11

工程名称：　　　　　　　　　标段：　　　　　　　第　页　共　页

序号	项目编码	项目名称	已标价清单综合单价(元)					调整后综合单价(元)				
			综合单价	人工费	材料费	机械费	管理费和利润	综合单价	人工费	材料费	机械费	管理费和利润

造价工程师(签章)：发包人代表(签章)：　　　造价人员(签章)：承包人代表(签章)：

日期：　　　　　　　　　　　　日期：

注：综合单价调整后附调整依据。

表 6-12

F.4　总价措施项目清单与计价表

工程名称：　　　　　　　　　　标段：　　　　　　　　　　第　页　共　页

序号	项目编码	项目名称	计算基础	费率 (%)	金额 (元)	调整费率 (%)	调整后金额 (元)	备注
		安全文明施工费						
		夜间施工增加费						
		二次搬运费						
		冬雨季施工增加费						
		已完工程及设备保护费						
合　　计								

编制人(造价人员)：　　　　　　　　　　　　复核人(造价工程师)：

注：1. "计算基础"中安全文明施工费可为"定额基价"、"定额人工费"或"定额人工费+定额机械费"，其他项目可为"定额人工费"或"定额人工费+定额机械费"。

　　2. 按施工方案计算的措施费，若无"计算基础"和"费率"的数值，也可只填"金额"数值，但应在备注栏说明施工方案出处或计算方法。

259

附录 G 其他项目计价表

G.1 其他项目清单与计价汇总表

表 6-13

工程名称：　　　　　　　　　　　标段：　　　　　　　第　页 共　页

序号	项目名称	金额(元)	结算金额(元)	备注
1	暂列金额			明细详见表 6-14
2	暂估价			
2.1	材料(工程设备)暂估价/结算价	—		明细详见表 6-15
2.2	专业工程暂估价/结算价			明细详见表 6-16
3	计日工			明细详见表 6-17
4	总承包服务费			明细详见表 6-18
5	索赔与现场签证	—		明细详见表 6-19
	合　计			

注：材料(工程设备)暂估单价进入清单项目综合单价,此处不汇总。

G.2 暂列金额明细表

表 6-14

工程名称：　　　　　　　　　　　标段：　　　　　　　第　页 共　页

序号	项目名称	计量单位	暂定金额(元)	备注
1				
2				
3				
4				
5				
6				
7				
8				
9				
10				
11				
	合　计			

注：此表由招标人填写,如不能详列,也可只列暂定金额总额,投标人应将上述暂列金额计入投标总价中。

G.3 材料(工程设备)暂估单价及调整表

表 6-15

工程名称：　　　　　　　　　　　　　　标段：　　　　　　　　　第　页　共　页

序号	材料(工程设备)名称、规格、型号	计量单位	数量		暂估(元)		确认(元)		差额±(元)		备注
			暂估	确认	单价	合价	单价	合价	单价	合价	
合计											

注：此表由招标人填写"暂估单价"，并在备注栏说明暂估价的材料、工程设备拟用在那些清单项目上，投标人应将上述材料。工程设备暂估单价计入工程量清单综合单价报价中。

G.4 专业工程暂估价及结算价表

表 6-16

工程名称：　　　　　　　　　　　　　　标段：　　　　　　　　　第　页　共　页

序号	工程名称	工程内容	暂估金额(元)	结算金额(元)	差额±(元)	备注
合计						

注：此表"暂估金额"由招标人填写，投标人应将"暂估金额"计入投标总价中，结算时按合同约定结算金额填写。

G.5 计 日 工 表

表 6-17

工程名称： 标段： 第 页 共 页

编号	项目名称	单位	暂定数量	实际数量	综合单价(元)	合价(元)	
						暂定	实际
一	人工						
1							
2							
3							
4							
人工小计							
二	材料						
1							
2							
3							
4							
5							
6							
材料小计							
三	施工机械						
1							
2							
3							
4							
施工机械小计							
四	企业管理费和利润						
总计							

注:此表项目名称、暂定数量由招标人填写,编制招标控制价时,单价由招标人按有关计划规定确定;投标时,单价由投标人自主报价,按暂定数量计算合价计入投标总价中。结算时,按发承包双方确认的实际数量计算合价。

G.6 总承包服务费计价表

表 6-18

工程名称：　　　　　　　　　　标段：　　　　　　　第　页　共　页

序号	项目名称	项目价值(元)	服务内容	计算基础	费率(%)	金额(元)
1	发包人发包专业工程					
2	发包人提供材料					
	合计		—	—	—	

注:此表项目名称、服务内容由招标人填写,编制招标控制价时,费率及金额由招标人按有关计划规定确定;投标时,费率及金额有投标人自主报价,计入投标总价中。

G.7 索赔与现场签证计价汇总表

表 6-19

工程名称：　　　　　　　　　　标段：　　　　　　　第　页　共　页

序号	签证及索赔项目名称	计量单位	数量	单价(元)	合价(元)	索赔及签证依据
	本页小计	—	—	—		—
	合计	—	—	—		—

注:签证及索赔依据是指双方认可的签证单和索赔依据的编号。

G.8 费用索赔申请(核准)表

表 6-20

工程名称：　　　　　　　　　　　标段：　　　　　　　　　　　编号：

致：＿＿＿＿＿＿＿（发包人全称）

　　根据施工合同条款＿＿＿＿条的约定，由于＿＿＿＿原因，我方要求索赔金额(大写)＿＿＿＿＿＿＿(小写＿＿＿＿＿＿＿＿＿)，请予以核准。

附:1.费用索赔的详细理由和依据：

　　2.索赔金额的计算：

　　3.证明材料：

造价人员＿＿＿＿　　　　　承包人代表＿＿＿＿　　　　　承包人(章)
　　　　　　　　　　　　　　　　　　　　　　　　　　日期＿＿＿＿

复核意见：

　　根据施工合同条款＿＿＿＿条的约定,你方提出的索赔申请经复核：

　　□不同意此项索赔,具体意见见附件

　　□同意此项索赔,索赔金额的计算,由造价工程师复核。

监理工程师＿＿＿＿
日　　期＿＿＿＿

复核意见：

　　根据施工合同条款＿＿＿＿条的约定,你方提出的费用索赔申请经复核,索赔金额为(大写)＿＿＿＿＿＿(小写＿＿＿＿＿＿＿)

造价工程师＿＿＿＿
日　　期＿＿＿＿

审核意见：

　　□不同意此项索赔。

　　□同意此项索赔,与本期进度款同期支付。

发包人(章)
发包人代表＿＿＿＿
日　　期＿＿＿＿

注:1.在选择栏中的"□"内做标示"√"。

　　2.本表一式四份,由承包人填报,发包人、监理人、造价咨询人、承包人各存一份。

264

工程名称：   标段：   编号：

施工部位		日期	

致：＿＿＿＿＿＿＿＿＿＿＿＿＿＿＿（发包人全称）

　　根据＿＿＿＿＿＿（指令人姓名）　年　月　日的口头指令或你方＿＿＿＿＿＿（或监理人）　年　月　日的书面通知，我方要求完成此项工作应支付价款金额为（大写）＿＿＿＿＿＿＿＿＿＿＿＿（小写＿＿＿＿＿＿＿＿＿），请予核准。

附：1. 签证事由及原因：

　　2. 附图及计算公式：

造价人员＿＿＿＿＿＿　　　　　　　承包人代表＿＿＿＿＿＿　　　　　　承包人（章）

　　　　　　　　　　　　　　　　　　　　　　　　　　　　　　　　　　日期＿＿＿＿＿＿

复核意见：	复核意见：
你方提出的此项签证申请经复核： 　　□不同意此项签证，具体意见见附件。 　　□同意此项签证，签证金额的计算，由造价工程师复核。	□此项签证按承包人中标的计日工单价计算。金额为（大写）＿＿＿＿＿＿＿＿＿元（小写＿＿＿＿＿元）。 　　□此项签证因无计日工单价，金额为（大写）＿＿＿＿元（小写＿＿＿＿＿＿＿元）。
监理工程师＿＿＿＿＿＿ 　　　　　　　　日　　期＿＿＿＿＿＿	造价工程师＿＿＿＿＿＿ 　　　　　　　　日　　期＿＿＿＿＿＿

审核意见：

　　□不同意此项签证。

　　□同意此项签证，价款与本期进度款同期支付。

　　　　　　　　　　　　　　　　　　　　　　　　　　　　　　发包人（章）

　　　　　　　　　　　　　　　　　　　　　　　　　　　　　　发包人代表＿＿＿＿＿＿

　　　　　　　　　　　　　　　　　　　　　　　　　　　　　　日　　期＿＿＿＿＿＿

注：1. 在选择栏中的"□"内做标识"√"；

　　2. 本表一式四份，有承包人在收到发包人（监理人）的口头或书面通知后填写，发包人、监理人、造价咨询人、承包人各存一份。

附录 H 规费、税金项目计价表

规费、税金项目计价表   表 6-22

工程名称：   标段：   第　页 共　页

序号	项目名称	计算基础	计算基数	计算费率(%)	金额(元)
1	规费	定额人工费			
1.1	社会保险费	定额人工费			
(1)	养老保险费	定额人工费			
(2)	失业保险费	定额人工费			
(3)	医疗保险费	定额人工费			
(4)	工伤保险费	定额人工费			
(5)	生育保险费	定额人工费			
1.2	住房公积金	定额人工费			
1.3	工程排污费	按工程所在地环境保护部门收取标准,按实计入			
2	税金	分部分项工程费＋措施项目费＋其他项目费＋规费－按规范定不计税的工程设备金额			
合　计					

编制人(造价人员)：   复核人(造价工程师)：

附录 J 工程计量申请(核准)表

工程计量申请(核准)表　　　　　　　　　　　　　　　　　　　　表 6-23

工程名称：　　　　　　　　　　　　标段：　　　　　　　　　　第　页 共　页

序号	项目编码	项目名称	计量单位	承包人 申报数量	发包人 核实数量	发承包人 确认数量	备注

承包人代表：　　　监理工程师：　　　　　　造价工程师：　　　　　发包人代表：

日期：　　　　　　日期：　　　　　　　　日期：　　　　　　　日期：

267

附录 K   合同价款支付申请(核准)表

K.1   预付款支付申请(核准)表   表 6-24

工程名称: 标段: 编号:

致:_____(发包人全称)

　　我方根据施工合同的约定,现申请支付工期预付款额为(大写)_____(小写_____),请予核准。

序号	名　　称	申请金额(元)	复核金(元)	备注
1	已签约合同价款金额			
2	其中:安全文明施工费			
3	应支付的预付款			
4	应支付的安全文明施工费			
5	合计应支付的预付款			

造价人员_____   承包人代表_____

承包人(章)
日期_____

复核意见:	复核意见:
□与合同约定不相符合,修改意见见附件。 □与合同约定相符,具体金额由造价工程师复核。	你方提出的支付申请经复核,应支付预付款金额为(大写)_____(小写_____)。
监理工程师_____ 日　期_____	造价工程师_____ 日　期_____

审核意见:

□不同意。

□同意,支付时间为本表签发后的 15 天内。

发包人(章)
发包人代表_____
日　期_____

注:1. 在选择栏中的"□"内做标识"√"。

　2. 本表一式四份,由承包人填报,发包人、监理人、造价咨询人、承包人各存一份。

K.2　总价项目进度款支付分解表

表 6-25

工程名称：　　　　　　　　　　　标段：　　　　　　　　　　　单位:元

序号	项 目 名 称	总价金额	首次支付	二次支付	三次支付	四次支付	五次支付	
	安全文明施工费							
	夜间施工增加费							
	二次搬运费							
	社会保险费							
	住房公积金							
	合计							

编制人(造价人员)：　　　　　　　　复核人(造价工程师)：

注:1. 本表应由承包人在投标报价时根据发包人在招标文件明确的进度款支付周期与报价填写,签订合同时,发承包双方可就支付分解协商调整后作为合同附件。

　　2. 单价合同使用本表,"支付"栏时间应与单价项目进度款支付周期相同。

　　3. 总价合同使用本表,"支付"栏时间应与约定的工程计量周期相同。

K.3 进度款支付申请(核准)表

表 6-26

工程名称：　　　　　　　　　　　标段：　　　　　　　　　　　编号：

致：　　　　　　(发包人全称)

　　我方于　　　　至　　　　期间已完成了　　　　工作,根据施工合同的约定,现申请支付本周期的合同款额为(大写)　　　　　　　　(小写　　　　　　　　),请予核准。

序号	名 称	实际金额(元)	申请金额(元)	复核金额(元)	备注
1	累计已完成的合同价款			—	
2	累计已实际支付的合同价款			—	
3	本周期合计完成的合同价款				
3.1	本周期已完成单价项目的金额				
3.2	本周期应支付的总价项目的金额				
3.3	本周期已完成的计日工价款				
3.4	本周期应支付的安全文明施工费				
3.5	本周期应增加的合同价款				
4	本周期合计应扣减的金额				
4.1	本周期应抵扣的预付款				
4.2	本周期应扣减的金额				
5	本周期应支付的合同价款				

附：上述 3、4 详见附件清单。

承包人(章)

造价人员　　　　　　　承包人代表　　　　　　　日期　　　　　　

复核意见：

□与实际施工情况不相符合,修改意见见附件。

□与实际施工情况相符,具体金额由造价工程师复核。

复核意见：

你方提出的支付申请经复核,本周期已完成合同款额为(大写)　　　　　　　(小写　　　　　　　),本周期应支付金额为(大写)　　　　　　　(小写　　　　　　)。

监理工程师　　　　　　

日　期　　　　　　

造价工程师　　　　　

日　期　　　　　

审核意见：

□不同意。

□同意,支付时间为本表签发后的 15 天内。

发包人(章)

发包人代表　　　　　

日　期　　　　　

注:1.在选择栏中的"□"内做一标识"√"。

　　2.本表一式四份,由承包人填报,发包人、监理人、造价咨询人、承包人各存一份。

270

工程名称： _____   标段： _____   编号： _____

致： _____(发包人全称)
　　我方于 _____ 至 _____ 期间已完成了合同约定的工作,工程已完工,根据施工合同的约定,现申请支付竣工结算合同款额为(大写) _____ (小写 _____),请予核准。

序号	名　称	申请金额(元)	复核金(元)	备注
1	竣工结算合同价款总额			
2	累计已实际支付的合同价款			
3	应预留的质量保证金			
4	应支付的竣工结算金额			

承包人(章)

造价人员 _____　　　　　　承包人代表 _____　　　　　　日期 _____

复核意见:	复核意见:
□与实际施工不相符合,修改意见见附件。 □与实际施工相符,具体金额由造价工程师复核。	你方提出的竣工结算款支付申请经复核,竣工结算总额为(大写) _____ (小写 _____),扣除前期支付以及质量保证金后应支付金额为(大写) _____ (小写 _____)。
监理工程师 _____ 日　期 _____	造价工程师 _____ 日　期 _____

审核意见:
□不同意。
□同意,支付时间为本表签发后的 15 天内。

发包人(章)
发包人代表 _____
日　期 _____

注:1. 在选择栏中的"□"内做标识"√"。
　　2. 本表一式四份,由承包人填报,发包人、监理人、造价咨询人、承包人各存一份。

271

Building Decoration Engineering Budget

K.5 最终结清支付申请(核准)表

表 6-28

工程名称：　　　　　　　　　标段：　　　　　　　　　编号：

致：　　　　　　　(发包人全称)

我方于　　　　至　　　　期间已完成了缺陷修复工作,根据施工合同的约定,现申请支付最终结清合同款额为(大写)　　　　　　　(小写　　　　　　　),请予核准。

序号	名　称	申请金额(元)	复核金(元)	备注
1	已预留的质量保证金			
2	应增加因发包人原因造成缺陷的修复金额			
3	应扣减承包人不修复缺陷、发包人组织修复的金额			
4	最终应支付的合同价款			

附:上述 3、4 详见附件清单。

造价人员　　　　　　承包人代表　　　　　　承包人(章)
日期　　　

复核意见：
□与实际施工情况不相符合,修改意见见附件。
□与实际施工情况相符,具体金额由造价工程师复核。

监理工程师　　　　
日　期　　　

复核意见：
你方提出的支付申请经复核,最终应支付金额为(大写)　　　　　　(小写　　　　　　)。

造价工程师　　　　
日　期　　　

审核意见：
□不同意。
□同意,支付时间为本表签发后的 15 天内。

发包人(章)
发包人代表　　　
日　期　　　

注:1. 在选择栏中的"□"内做标识"√"。如监理人已退场,监理工程师可空缺。
2. 本表一式四份,由承包人填报,发包人、监理人、造价咨询人、承包人各存一份。

272

附录 L 主要材料、工程设备一览表

L.1 发包人提供材料和工程设备一览表

表 6-29

工程名称： 标段： 第 页 共 页

序号	材料(工程设备)名称、规格、型号	单位	数量	单价(元)	交货方式	送达地点	备注

注：此表由招标人填写，供投标人在投标报价、确定总承包服务费时参考。

L.2 承包人提供主要材料和工程设备一览表（适用于造价信息差额调整法）

表 6-30

工程名称： 标段： 第 页 共 页

序号	名称、规格、型号	单位	数量	风险系数 （%）	基准单价 （元）	投标单价 （元）	发承包人 确认单价 （元）	备注

注：1. 此表由招标人填写除"投标单价"栏的内容，投标人在投标时自主确定投标单价。
2. 招标人应优先采用工程造价管理机构发布的单价作为基准单价，未发布的，通过市场调差确定其基准单价。

L.3 承包人提供主要材料和工程设备一览表(适用于价格指数差额调整法)　　表 6-31

工程名称：　　　　　　　　　标段：　　　　　　　　第　页　共　页

序号	名称、规格、型号	变值权重 B	基本价格指数 F_0	现行价格指数 F_t	备注
	定值权重 A		—	—	
	合　计	1			

注：1."名称、规格、型号""基本价格指数"栏由招标人填写，基本价格指数应首先采用工程造价管理机构发布的价格指数，没有时，可采用发布的价格代替。如人工、机械费也采用本发调整，由招标人在"名称"栏填写。

2."变值权重"栏由投标人根据该项人工、机械费和材料、工程设备价值在投标总报价中所占的比例填写，1 减去其他比例为定值权重。

3."现行价格指数"按约定的付款证书相关周期最后一天的前 42 天的各项价格指数填写，该指数应首先采用工程造价管理机构发布的价格指数，没有时，可采用发布的价格代替。

小　知　识

招标控制价的优点如下：

(1)可有效控制投资，防止恶性哄抬报价带来的投资风险。

(2)提高了透明度，避免了暗箱操作等违法活动的产生。

(3)可使各投标人自主报价、公平竞争，符合市场规律。投标人自主报价，不受标底的左右。

(4)既设置了控制上限又尽量地减少了建设单位对评标基准价的影响。

◀ 课堂练习题 ▶

1.分部分项工程量清单的项目名称应按附录的项目名称结合(　　)工程的实际确定。

　　A.在建　　　　　　B.拟建　　　　　　C.建设　　　　　　D.建筑

2.招标控制价应在招标时公布，(　　)。

　　A.可以上调　　　　　　　　　　　B.可以下浮

　　C.按招标人的意见确定　　　　　　D.不应上调或下浮

3.下列关于暂列金额说法正确的是(　　)。

A. 用于施工合同签定时尚未确定的材料的采购费

B. 招标人在工程量清单中暂定但并不包括在合同价款中的一笔款项

C. 施工中可能发生的工程变更产生的费用

D. 发生的索赔、现场签证确认等的费用

4. 下列说法正确的是(　　)。

A. 承包人应在合同约定时间内编制完成竣工结算书

B. 承包人在提交竣工验收报告的同时不必递交竣工结算书

C. 承包人经催促后仍未提供竣工结算书,发包人可根据已有资料办理结算

D. 承包人超过合同约定时间经催促仍未提供竣工结算书,发包人也不可办理结算

5. 工程竣工结算的依据有(　　)。

A. 投标文件　　　　　　　　　　　　B. 投标方提供的工程量

C. 双方确认的索赔款　　　　　　　　D. 现场签证事项及价款

◀ 复习思考题 ▶

1. 工程量清单计价的意义是什么?

2. 工程量清单的编制程序是什么?

3. 工程量清单包含哪些内容?

4. 工程量清单计价文件的编制程序是什么?

5. 清单项目特征描述的意义?

6. 分部分项工程工程量清单计价方法是什么?

7. 投标报价的依据有哪些?

8. 合同条款约定的内容有哪些?

第7章
清单计价模式下清单项目计量详解

【知识要点】

1.装饰装修工程清单项目计量解释(楼地面、墙面、顶面、门窗、油漆裱糊及其他)。

2.装饰装修工程计量案例(计量步骤、方法、案例演示)。

【学习要求】

1.了解清单项目计量的相关知识点。

2.熟悉清单项目的编码、计量的计算规则、计量的内容、计量单位、项目特征及每个项目的适用范围。

3.掌握清单项目工程量的计算,熟练编制工程量清单。

7.1 装饰装修工程清单项目计量

本章中《计量规范》指《房屋建筑与装饰工程计量规范》(GB 50854—2013)。

7.1.1 楼地面工程清单项目计量

1)楼地面清单项目设置说明

楼地面工程一般由下列构造层次组成:

(1)基层:地面为夯实地基,楼面为楼板。基层的工程单价在建筑工程相应项目中计算。进行装饰施工时,一般须先对基层进行清理。

(2)垫层:按所用材料不同,有混凝土垫层、砂石级配垫层、碎石垫层、三合土垫层等。

(3)找平层:在楼板或垫层或填充层上起找平、找坡和加强作用的构造层。一般有水泥砂浆、细石混凝土、沥青砂浆、沥青混凝土等找平。

(4)隔离层:是起防水、防潮作用的构造层。一般有卷材、防水砂浆、沥青砂浆或防水涂料等隔离层。

(5)填充层:是在建筑楼地面上起隔音、保温、找坡或敷设暗管、暗线等作用的构造层。可

276

以采用轻质的松散材料,或块体材料,或整体材料进行填充。

(6)面层:直接承受各种荷载作用的表面层,分为整体面层和块料面层两大类。

在面层构造中,为了保护面层,延长使用寿命,或使面层更具有装饰效果或加强面层的使用功能等,主要包括下列材料、构造:

防护材料是耐酸、耐碱、耐臭氧、耐老化、防火、防油渗等的材料,有水泥砂浆、现浇水磨石、细石混凝土、菱苦土、大理石、花岗岩等石材,防滑地面砖等块材,橡胶板、橡胶卷材、塑料板、塑胶卷材、地毯、竹木地板、防静电活动地板、金属复合地板;嵌条材料用于水磨石分格、制作图案嵌条,如玻璃条、铝合金嵌条等;压线条用于地毯、橡胶板、橡胶卷材等的压实,如铝合金、不锈钢、铜压线条等;防滑条是楼梯、台阶踏步的防滑设施,如水泥防滑条、水泥玻璃防滑条、铁防滑条等。

2)楼地面装饰工程量的计算规则

(1)整体面层及找平层

①整体面层及找平层分项内容。

《计量规范》附录L中规定,清单项目中的整体面层含6个分项,分别是:水泥砂浆楼地面(011101001),现浇水磨石楼地面(011101002),细石混凝土楼地面(011101003),菱苦土楼地面(011101004),自流坪楼地面(011101005),平面砂浆找平层(011101006)。其项目设置要求见表7-1(《计量规范》附表L.1)。

楼地面抹灰(编码:011101)

表7-1

项目编码	项目名称	项目特征	计量单位	工程量计算规则	工作内容
011101001	水泥砂浆楼地面	1. 垫层材料种类、厚度; 2. 找平层厚度、砂浆配合比; 3. 素水泥浆遍数; 4. 面层厚度、砂浆配合比; 5. 面层做法要求			1. 基层清理; 2. 垫层铺设; 3. 抹找平层; 4. 抹面层; 5. 材料运输
011101002	现浇水磨石楼地面	1. 垫层材料种类、厚度; 2. 找平层厚度、砂浆配合比; 3. 面层厚度、水泥石子浆配合比; 4. 嵌条材料种类、规格; 5. 石子种类、规格、颜色; 6. 颜料种类、颜色; 7. 图案要求; 8. 磨光、酸洗、打蜡要求	m²	按设计图示尺寸以面积计算。扣除凸出地面构筑物、设备基础、室内管道、地沟等所占面积,不扣除间壁墙及≤0.3m²柱、垛、附墙烟囱及孔洞所占面积。门洞、空圈、暖气包槽、壁龛的开口部分不增加面积	1. 基层清理; 2. 垫层铺设; 3. 抹找平层; 4. 嵌缝条安装; 5. 磨光、酸洗打蜡; 6. 材料运输
011101003	细石混凝土楼地面	1. 垫层材料种类、厚度; 2. 找平层厚度、砂浆配合比; 3. 面层厚度、混凝土强度等级			1. 基层清理; 2. 垫层铺设; 3. 抹找平层; 4. 面层铺设; 5. 材料运输
011101004	菱苦土楼地面	1. 垫层材料种类、厚度; 2. 找平层厚度、砂浆配合比; 3. 面层厚度; 4. 打蜡要求			1. 基层清理; 2. 垫层铺设; 3. 抹找平层; 4. 面层铺设; 5. 打蜡; 6. 材料运输
011101005	自流坪楼地面	1. 垫层材料种类、厚度; 2. 找平层厚度、砂浆配合比			1. 基层清理; 2. 垫层铺设; 3. 抹找平层; 4. 材料运输

项目编码	项目名称	项目特征	计量单位	工程量计算规则	工作内容
011101006	平面砂浆找平层	1.找平层砂浆配合比、厚度； 2.界面剂材料种类； 3.中层漆材料种类、厚度； 4.面漆材料种类、厚度； 5.面层材料种类	m²	按设计图示尺寸以面积计算	1.基层处理； 2.抹找平层； 3.涂界面剂； 4.涂刷中层漆； 5.打磨、吸尘； 6.镘自流平面漆(浆)； 7.拌和自流平浆料； 8.铺面层

注:1.水泥砂浆面层处理是拉毛还是提浆压光应在面层做法要求中描述。

2.平面砂浆找平层只适用于仅做找平层的平面抹灰。

3.间壁墙指墙厚≤120mm的墙。

4.楼地面混凝土垫层另按《计价规范》附录 E.1 垫层项目编码列项，除混凝土外的其他材料垫层按《计价规范》表 D.4 垫层项目编码列项。

②计算实例。

【例 7-1】 如图 7-1 所示，某办公楼一楼杂物间为现浇 30 厚水磨石楼地面玻璃嵌条，50 厚混凝土垫层，20 厚 1∶3 水泥砂浆找平层，试根据《计量规范》计算水磨石楼地面清单工程量并编制该分项工程量清单表。

解 依题意，根据《计量规范》的计算规则，水磨石地面清单工程量计算如下：

水磨石地面清单工程量＝7.5×8.1＝60.75(m²)

水磨石地面项目清单见表 7-2。

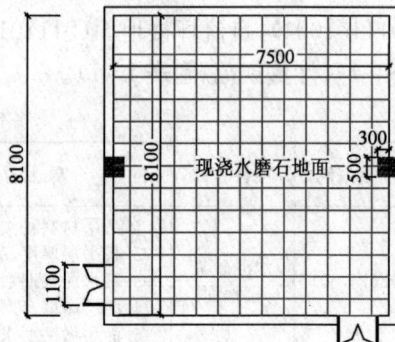

图 7-1 楼地面装饰

分部分项工程量清单与计价表(水磨石地面清单)　　　　　　表 7-2

工程名称：　　　　　　　　标段：　　　　　　　第　页 共　页

序号	项目编码	项目名称	项目特征描述	计量单位	工程量	金额(元)		
						综合单价	合价	其中 暂估价
	011101002001	水磨石楼地面	1.玻璃嵌条； 2.混凝土垫层 50mm； 3.找平层 1∶3 水泥砂浆，10mm	m²	60.75			

(2)块料面层

①块料面层分项内容。

《计量规范》附录 L 中规定，清单项目中的块料面层含 3 个分项，分别是：石材楼地面 (011102001)，碎石材楼地面(011102002)，块料楼地面(011102003)。其项目设置要求见表 7-3(《计量规范》表 L.2)。

项目编码	项目名称	项目特征	计量单位	工程量计算规则	工作内容
011102001	石材楼地面	1. 找平层厚度、砂浆配合比; 2. 结合层厚度、砂浆配合比; 3. 面层材料品种、规格、颜色; 4. 嵌缝材料种类; 5. 防护层材料种类; 6. 酸洗、打蜡要求	m²	按设计图示尺寸以面积计算。门洞、空圈、暖气包槽、壁龛的开口部分并入相应的工程量内	1. 基层清理、抹找平层; 2. 面层铺设、磨边; 3. 嵌缝; 4. 刷防护材料; 5. 酸洗、打蜡; 6. 材料运输
011102002	碎石材楼地面				
011102003	块料楼地面	1. 垫层材料种类、厚度; 2. 找平层厚度、砂浆配合比; 3. 结合层厚度、砂浆配合比; 4. 面层材料品种、规格、颜色; 5. 嵌缝材料种类; 6. 防护层材料种类; 8. 酸洗、打蜡要求			

注:1. 在描述碎石材项目的面层材料特征时可不用描述规格、品牌、颜色。

2. 石材、块料与黏结材料的结合面刷防渗材料的种类在防护层材料种类中描述。

3. 该表工作内容中的磨边指施工现场磨边,后面章节工作内容中涉及的磨边含义同此条。

②计算实例。

【例 7-2】　如图 7-2 所示,某住宅地面为 25mm 厚水泥砂浆粘贴 600mm×600mm 仿古拼花防滑地砖,试根据《计量规范》计算其清单工程量并编制该分项工程量清单表。

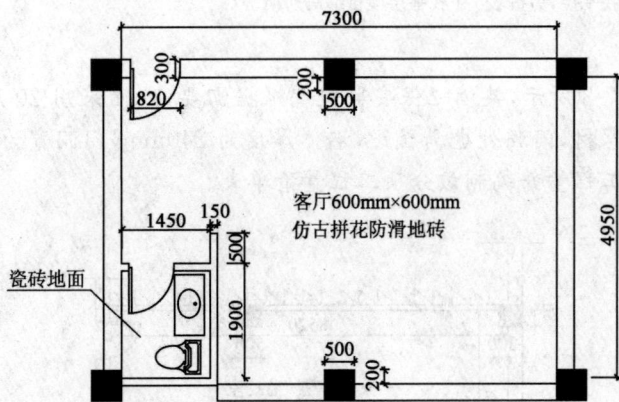

图 7-2　仿古拼花防滑地砖平面布置图

解　依题意,根据《计量规范》的计算规则,防滑地砖地面清单工程量计算如下:

防滑地砖地面工程量＝7.3×4.95－(1.45＋0.15)×1.9(厕所)－0.5×0.15(间壁墙)

＝33.02(m²)

防滑地砖地面项目清单见表 7-4。

分部分项工程量清单与计价表(防滑地砖地面清单)　　　　　　　　　表 7-4

工程名称：　　　　　　　　　　标段：　　　　　　　　　第　　页 共　　页

序号	项目编码	项目名称	项目特征描述	计量单位	工程量	金额(元)		
						综合单价	合价	其中 暂估价
1	011102003001	块料楼地面	1.水泥砂浆粘贴,25mm; 2.600mm×600mm仿古拼花防滑地砖	m²	33.02			

(3)橡塑面层

①橡塑面层分项内容。

《计量规范》附录 L 中规定,清单项目中的橡塑面层含 4 个分项,分别是:橡胶板楼地面(011103001),橡胶板卷材楼地面(011103002),塑料板楼地面(011103003),塑料卷材楼地面(011103004)。其项目设置要求见表 7-5(《计量规范》表 L.3)。

橡塑面层(编码:011103)　　　　　　　　　　　　　　　表 7-5

项目编码	项目名称	项目特征	计量单位	工程量计算规则	工作内容
011103001	橡胶板楼地面	1.黏结层厚度、材料种类; 2.面层材料品种、规格、颜色; 3.压线条种类	m²	按设计图示尺寸以面积计算。门洞、空圈、暖气包槽、壁龛的开口部分并入相应的工程量内	1.基层清理; 2.面层铺贴; 3.压缝条装钉; 4.材料运输
011103002	橡胶板卷材楼地面				
011103003	塑料板楼地面				
011103004	塑料卷材楼地面				

注:本表项目中如涉及找平层,另按表 7-1 找平层项目编码列项。

②计算实例。

【例 7-3】　如图 7-3 所示,某酒吧保安监控室根据需要,地面采用 20 厚 1∶3 水泥砂浆找平层,然后再铺塑料卷材,门洞处也需铺设,墙体厚度为 240mm,门洞宽为 900mm,试根据《计量规范》计算其清单工程量并编制该分项工程量清单表。

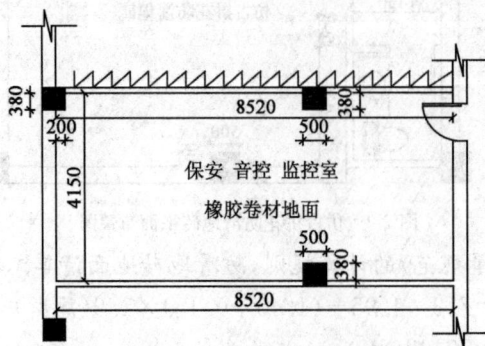

图 7-3　橡胶卷材地面布置图

解 依题意,根据《计量规范》的计算规则,塑料卷材地面清单工程量计算如下:

$$塑料卷材地面工程量 = 4.15 \times 8.52 - 0.38 \times 0.5 \times 2(柱垛) - 0.2 \times$$
$$0.38(柱垛) + 0.24 \times 0.9(门洞)$$
$$= 35.12(m^2)$$

塑料卷材地面项目清单见表 7-6。

分部分项工程量清单与计价表(塑料卷材地面清单)   表 7-6

工程名称: 标段: 第 页 共 页

序号	项目编码	项目名称	项目特征描述	计量单位	工程量	综合单价	合价	其中 暂估价
						金额(元)		
1	011102003001	塑料卷材楼地面	1.水泥砂浆找平 1:3,20mm; 2.塑料卷材面层	m²	35.12			

(4)其他材料面层

①其他材料面层分项内容。

《计量规范》附录 L 中规定,清单项目中的其他材料面层含 4 个分项,分别是:地毯楼地面(011104001),竹木地板(011104002),金属复合地板(011104003),防静电活动地板(011104004)。其项目设置要求见表 7-7(《计量规范》表 L.4)。

其他材料面层(编码:011104)   表 7-7

项目编码	项目名称	项目特征	计量单位	工程量计算规则	工作内容
011104001	地毯楼地面	1.面层材料品种、规格、颜色; 2.防护材料种类; 3.黏结材料种类; 4.压线条种类			1.基层清理; 2.铺贴面层; 3.刷防护材料; 4.装钉压条; 5.材料运输
011104002	竹木地板	1.龙骨材料种类、规格、铺设间距; 2.基层材料种类、规格; 3.面层材料品种、规格、颜色; 4.防护材料种类	m²	按设计图示尺寸 以面积计算。门洞、空圈、暖气包槽、壁龛的开口部分并入相应的工程量内	1.基层清理; 2.龙骨铺设; 3.基层铺设; 4.面层铺贴; 5.刷防护材料; 6.材料运输
011104003	金属复合地板	1.龙骨材料种类、规格、铺设间距; 2.基层材料种类、规格; 3.面层材料品种、规格、颜色; 4.防护材料种类			
011104004	防静电活动地板	1.支架高度、材料种类; 2.面层材料品种、规格、颜色; 3.防护材料种类			1.基层清理; 2.固定支架安装; 3.活动面层安装; 4.刷防护材料; 5.材料运输

②计算实例。

【例 7-4】 如图 7-4 所示,某宾馆客房地面为 20mm 厚 1:3 水泥砂浆找平层,上铺双层地毯,木压条固定,进户门处不铺设地毯,厕所地面铺设防滑地砖,试根据《计量规范》计算其清单工程量并编制该分项工程量清单表。

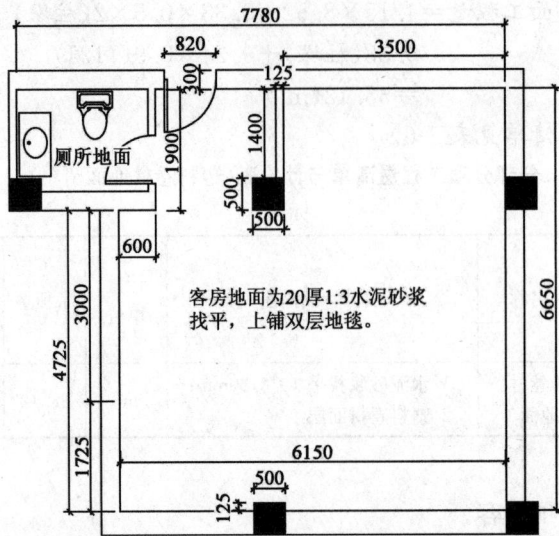

图 7-4 包房地面地毯布置图

解 依题意,根据《计量规范》的计算规则,地毯楼地面清单工程量计算如下:

地毯楼地面工程量 $=6.15\times6.65-0.5\times0.5(柱)-0.125\times1.4(间壁墙)-0.6\times$

$\qquad 1.9(厕所部分)-0.5\times0.125(柱垛)+0.3\times0.82(门洞处)$

$\qquad =39.52(m^2)$

地毯楼地面项目清单见表 7-8。

分部分项工程量清单与计价表(地毯楼地面清单) 表 7-8

工程名称: 　　　　　　　　　标段: 　　　　　　第　页共　页

序号	项目编码	项目名称	项目特征描述	计量单位	工程量	金额(元)		
						综合单价	合价	其中 暂估价
1	011104001001	地毯楼地面	1. 水泥砂浆找平 1:3,20mm; 2. 双层地毯; 3. 木压条固定	m²	39.52			

【例 7-5】 某办公室的地面为粘贴式实木地板,如图 7-5 所示平面图,其中面层为 18mm 厚的企口木地板,找平层为 30mm 厚 1:3 的水泥砂浆,龙骨为 40mm×50mm 的木枋,施工至门内侧,试根据《计量规范》计算其清单工程量并编制该分项工程量清单表。

解 依题意,根据《计量规范》的计算规则,木地板地面清单工程量计算如下:

木地板地面工程量

$=3.4\times(0.64\times2+1.5)+2.0\times(1.05\times2+4)$

$=3.4\times2.78+2.0\times6.1$

$=21.65(m^2)$

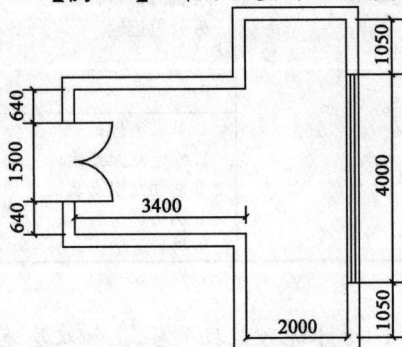

图 7-5 实木地板平面布置图

木地板地面项目清单见表7-9。

分部分项工程量清单与计价表(木地板地面清单)
表7-9

工程名称:　　　　　　　　　标段:　　　　　　　第　页　共　页

序号	项目编码	项目名称	项目特征描述	计量单位	工程量	金额(元)		
						综合单价	合价	其中
								暂估价
1	011104002001	竹木地板	1.18厚的企口木地板; 2.30厚1:3的水泥砂浆找平; 3.40×50的木枋龙骨	m²	21.65			

(5)踢脚线

①踢脚线面层分项内容。

《计量规范》附录L中规定,清单项目中的踢脚线面层含7个分项,分别是:水泥砂浆踢脚线(011105001),石材踢脚线(011105002),块料踢脚线(011105003),塑料板踢脚线(011105004),木质踢脚线(011105005),金属踢脚线(011105006),防静电踢脚线(011105007)。其项目设置要求见表7-10(《计量规范》表L.5)。

踢脚线(编码:011105)
表7-10

项目编码	项目名称	项目特征	计量单位	工程量计算规则	工作内容
011105001	水泥砂浆踢脚线	1.踢脚线高度; 2.底层厚度、砂浆配合比; 3.面层厚度、砂浆配合比	1. m²; 2. m	1.按设计图示长度乘高度以面积计算; 2.按延长米计算	1.基层清理; 2.底层和面层抹灰; 3.材料运输
011105002	石材踢脚线	1.踢脚线高度; 2.粘贴层厚度、材料种类; 3.面层材料品种、规格、颜色; 4.防护材料种类			1.基层清理; 2.底层抹灰; 3.面层铺贴、磨边; 4.擦缝; 5.磨光、酸洗、打蜡; 6.刷防护材料; 7.材料运输
011105003	块料踢脚线				
011105004	塑料板踢脚线	1.踢脚线高度; 2.黏结层厚度、材料种类; 3.面层材料种类、规格、颜色	1. m²; 2. m	1.按设计图示长度乘高度以面积计算; 2.按延长米计算	1.基层清理; 2.基层铺贴; 3.面层铺贴; 4.材料运输
011105005	木质踢脚线	1.踢脚线高度; 2.基层材料种类、规格; 3.面层材料品种、规格、颜色			
011105006	金属踢脚线				
011105007	防静电踢脚线				

注:石材、块料与黏结材料的结合面刷防渗材料的种类在防护材料种类中描述。

②计算实例。

【例7-6】 如图7-6所示,分别为某包房平面图及立面图,直线木踢脚板(厕所除外)120mm高,面饰清漆,玄关、厕所处墙厚120mm,进户门处墙厚240mm,试根据《计量规范》计算踢脚板清单工程量并编制该分项工程量清单表。

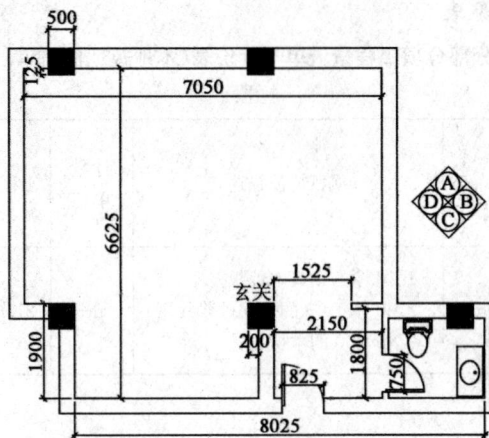

图 7-6　某包房平面及立面图

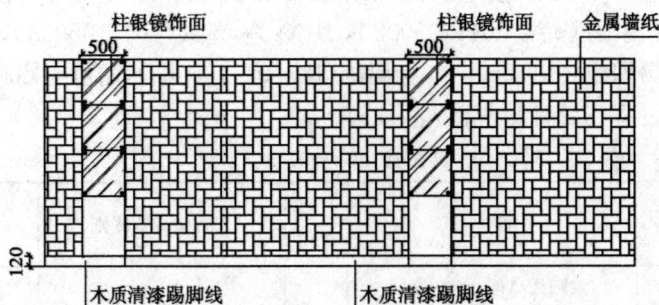

解　依题意,根据《计量规范》的计算规则,直线木踢脚板工程量计算如下:

直线木踢脚板项目工程量＝[(7.05＋6.625)×2＋0.125×4(柱侧)＋0.2×2(柱侧)＋(1.8＋2.15)×2(玄关)－1.525×2(门洞)－0.825(进户门)－0.75(厕所门)＋0.12×4(厕所门侧、玄关墙侧)＋0.24×2(进户门侧)]×0.12＝3.9(m²)

直线木踢脚板项目清单见表 7-11。

分部分项工程量清单与计价表(直线木踢脚板项目清单)　　　表 7-11

工程名称:　　　　　　　　标段:　　　　　　第　页　共　页

序号	项目编码	项目名称	项目特征描述	计量单位	工程量	综合单价	合价	暂估价
						金额(元)		其中
1	011105005001	木质踢脚线	1.直线木踢脚板; 2.面饰清漆	m²	3.9			

(6)楼梯装饰

①楼梯装饰分项内容。

《计量规范》附录 L 中规定,清单项目中的楼梯面层含 9 个分项,分别是:石材楼梯面层

（011106001），块料楼梯面层（011106002），拼碎块料面层（011106003），水泥砂浆楼梯面层（011106004），现浇水磨石楼梯面层（011106005），地毯楼梯面层（011106006），木板楼梯面层（011106007），橡胶板楼梯面层（011106008），塑料板楼梯面层（011106009）。其项目设置要求见表7-12（《计量规范》表L.6）。

楼梯面层（编码：011106）　　　　　　　　　　　　　　　　　　　　　　　　　表7-12

项目编码	项目名称	项目特征	计量单位	工程量计算规则	工作内容
011106001	石材楼梯面层	1. 找平层厚度、砂浆配合比； 2. 贴结层厚度、材料种类； 3. 面层材料品种、规格、颜色； 4. 防滑条材料种类、规格； 5. 勾缝材料种类； 6. 防护层材料种类； 7. 酸洗、打蜡要求	m²	按设计图示尺寸以楼梯（包括踏步、休息平台及≤500mm的楼梯井）水平投影面积计算。楼梯与楼地面相连时，算至梯口梁内侧边沿；无梯口梁者，算至最上一层踏步边沿加300mm	1. 基层清理； 2. 抹找平层； 3. 面层铺贴、磨边； 4. 贴嵌防滑条； 5. 勾缝； 6. 刷防护材料； 7. 酸洗、打蜡； 8. 材料运输
011106002	块料楼梯面层				
011106003	拼碎块料面层				
011106004	水泥砂浆楼梯面层	1. 找平层厚度、砂浆配合比； 2. 面层厚度、砂浆配合比； 3. 防滑条材料种类、规格			1. 基层清理； 2. 抹找平层； 3. 抹面层； 4. 抹防滑条； 5. 材料运输
011106005	现浇水磨石楼梯面层	1. 找平层厚度、砂浆配合比； 2. 面层厚度、水泥石子浆配合比； 3. 防滑条材料种类、规格； 4. 石子种类、规格、颜色； 5. 颜料种类、颜色； 6. 磨光、酸洗打蜡要求			1. 基层清理； 2. 抹找平层； 3. 抹面层； 4. 贴嵌防滑条； 5. 磨光、酸洗、打蜡； 6. 材料运输
011106006	地毯楼梯面层	1. 基层种类； 2. 面层材料品种、规格、颜色； 3. 防护材料种类； 4. 黏结材料种类； 5. 固定配件材料种类、规格	m²	按设计图示尺寸以楼梯（包括踏步、休息平台及≤500mm的楼梯井）水平投影面积计算。楼梯与楼地面相连时，算至梯口梁内侧边沿；无梯口梁者，算至最上一层踏步边沿加300mm	1. 基层清理； 2. 铺贴面层； 3. 固定配件安装； 4. 刷防护材料； 5. 材料运输
011106007	木板楼梯面层	1. 基层材料种类、规格； 2. 面层材料品种、规格、颜色； 3. 黏结材料种类； 4. 防护材料种类			1. 基层清理； 2. 基层铺贴； 3. 面层铺贴； 4. 刷防护材料； 5. 材料运输
011106008	橡胶板楼梯面层	1. 黏结层厚度、材料种类； 2. 面层材料品种、规格、颜色； 3. 压线条种类			1. 基层清理； 2. 面层铺贴； 3. 压缝条装钉； 4. 材料运输
011106009	塑料板楼梯面层				

注：1. 在描述碎石材项目的面层材料特征时可不用描述规格、品牌、颜色。

　　2. 材、块料与黏结材料的结合面刷防渗材料的种类在防护层材料种类中描述。

②计算实例。

【例7-7】 如图7-7所示,某大厅楼梯为1:3水泥砂浆粘贴金线米黄花岗岩地面,结构图中带有梯口梁,梯口梁内侧计算尺寸如图所示,试根据《计量规范》计算其清单工程量并编制该分项工程量清单表。

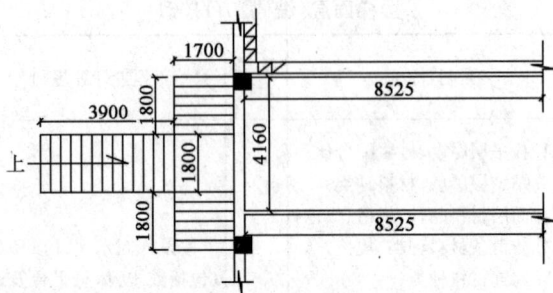

图7-7 石材楼梯平面图

解 依题意,根据《计量规范》的计算规则,石材楼梯面清单工程量计算如下:

石材楼梯面清单项目工程量$=3.9×1.8+1.8×1.7×2+1.8×1.7=16.2(m^2)$

石材楼梯面清单项目清单见表7-13。

分部分项工程量清单与计价表(直线木踢脚板项目清单)　　　　表7-13

工程名称:　　　　　　　　　　标段:　　　　　　　　第　页　共　页

序号	项目编码	项目名称	项目特征描述	计量单位	工程量	金额(元)		
						综合单价	合价	其中
								暂估价
1	011106001001	石材楼梯面层	1.1:3水泥砂浆; 2.金线米黄花岗岩面层	m²	16.2			

(7)台阶装饰

①台阶装饰分项内容。

《计量规范》附录 L 中规定,清单项目中的台阶装饰含 6 个分项,分别是:石材台阶面(011107001),块料台阶面(011107002),拼碎块料台阶面(011107003),水泥砂浆台阶面(011107004),现浇水磨石台阶面(011107005),剁假石台阶面(011107006)。其项目设置要求见表7-14(《计量规范》表 L.7)。

台阶装饰(编码:011107)　　　　表7-14

项目编码	项目名称	项目特征	计量单位	工程量计算规则	工作内容
011107001	石材台阶面	1.找平层厚度、砂浆配合比; 2.黏结层材料种类; 3.面层材料品种、规格、颜色; 4.勾缝材料种类; 5.防滑条材料种类、规格; 6.防护材料种类	m²	按设计图示尺寸以台阶(包括最上层踏步边沿加300mm)水平投影面积计算	1.基层清理; 2.抹找平层; 3.面层铺贴; 4.贴嵌防滑条; 5.勾缝; 6.刷防护材料; 7.材料运输
011107002	块料台阶面				
011107003	拼碎块料台阶面				

项目编码	项目名称	项目特征	计量单位	工程量计算规则	工作内容
011107004	水泥砂浆台阶面	1.垫层材料种类、厚度； 2.找平层厚度、砂浆配合比； 3.面层厚度、砂浆配合比； 4.防滑条材料种类			1.基层清理； 2.铺设垫层； 3.抹找平层； 4.抹面层； 5.抹防滑条； 6.材料运输
011107005	现浇水磨石台阶面	1.垫层材料种类、厚度； 2.找平层厚度、砂浆配合比； 3.面层厚度、水泥石子浆配合比； 4.防滑条材料种类、规格； 5.石子种类、规格、颜色； 6.颜料种类、颜色； 7.磨光、酸洗、打蜡要求	m²	按设计图示尺寸以台阶（包括最上层踏步边沿加300mm）水平投影面积计算	1.清理基层； 2.铺设垫层； 3.抹找平层； 4.抹面层； 5.贴嵌防滑条； 6.打磨、酸洗、打蜡； 7.材料运输
011107006	剁假石台阶面	1.垫层材料种类、厚度； 2.找平层厚度、砂浆配合比； 3.面层厚度、砂浆配合比； 4.剁假石要求			1.清理基层； 2.铺设垫层； 3.抹找平层； 4.抹面层； 5.剁假石； 6.材料运输

注：1.在描述碎石材项目的面层材料特征时可不用描述规格、品牌、颜色。
　　2.石材、块料与黏结材料的结合面刷防渗材料的种类在防护层材料种类中描述。

②计算实例。

【例7-8】 如图7-8所示，某大门口台阶面层为1∶3水泥砂浆粘贴黑色防滑地砖。试根据《计量规范》计算其清单工程量并编制该分项工程量清单表。

解 依题意，根据《计量规范》的计算规则，台阶面层项目工程量计算如下：

台阶面层项目工程量=(4.08+3-0.3)×(0.4×2+0.3)
=7.46(m²)

台阶面层项目清单见表7-15。

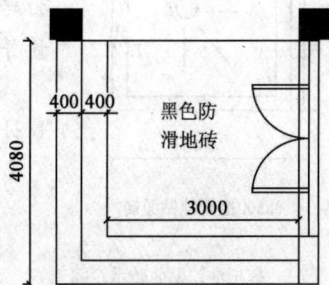

图7-8 台阶平面图

分部分项工程量清单与计价表(台阶面层项目清单)　　表7-15

工程名称：　　　　　标段：　　　　　第　页共　页

序号	项目编码	项目名称	项目特征描述	计量单位	工程量	综合单价	合价	其中暂估价
1	011107002001	块料台阶面	1.1∶3水泥砂浆； 2.黑色防滑地砖	m²	7.46			

(8)零星装饰项目

①零星装饰项目分项内容。

《计量规范》附录L中规定,清单项目中的零星项目含4个分项,分别是:石材零星项目(011108001),拼碎石材零星项目(011108002),块料零星项目(011108003),水泥砂浆零星项目(011108004)。其项目设置要求见表7-16(《计量规范》表L.8)。

零星装饰项目(编码:011108)　　表7-16

项目编码	项目名称	项目特征	计量单位	工程量计算规则	工作内容
011108001	石材零星项目	1.工程部位; 2.找平层厚度、砂浆配合比; 3.贴结合层厚度、材料种类; 4.面层材料品种、规格、颜色; 5.勾缝材料种类; 6.防护材料种类; 7.酸洗、打蜡要求	m²	按设计图示尺寸以面积计算	1.清理基层; 2.抹找平层; 3.面层铺贴、磨边; 4.勾缝; 5.刷防护材料; 6.酸洗、打蜡; 7.材料运输
011108002	拼碎石材零星项目				
011108003	块料零星项目				
011108004	水泥砂浆零星项目	1.工程部位; 2.找平层厚度、砂浆配合比; 3.面层厚度、砂浆厚度	m²	按设计图示尺寸以面积计算	1.清理基层; 2.抹找平层; 3.抹面层; 4.材料运输

注:1.楼梯、台阶牵边和侧面镶贴块料面层,≤0.5m²的少量分散的楼地面镶贴块料面层,应按本表执行。

2.石材、块料与黏结材料的结合面刷防渗材料的种类在防护层材料种类中描述。

②计算实例。

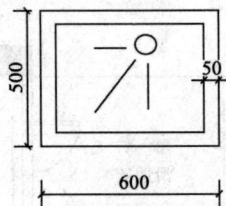

高500拖把池贴面砖

图7-9 拖把池镶贴面砖示意图

【例7-9】 如图7-9所示,某厕所内拖把池1:3水泥砂浆粘贴面砖(池内外高按500mm计),试根据《计量规范》计算其清单工程量并编制该分项工程量清单表。

解 依题意,根据《计量规范》的计算规则,水池贴面砖项目工程量计算如下:

水池贴面砖项目工程量=(0.5+0.6)×2×0.5(池外侧壁)+(0.6-0.05×2+0.5-0.05×2)×2×0.5(池内侧壁)+0.6×0.5(池边及池底)

=2.3(m²)

水池贴面砖项目清单见表7-17。

分部分项工程量清单与计价表(水池贴面砖项目清单)　　表7-17

工程名称:　　　　标段:　　　第 页 共 页

序号	项目编码	项目名称	项目特征描述	计量单位	工程量	综合单价	合价	其中暂估价
1	011108003001	块料零星项目	1.1:3水泥砂浆; 2.面砖面层	m²	2.3			

7.1.2 墙、柱面工程工程量的计算规则

1)墙面抹灰

(1)墙面抹灰分项内容

《计量规范》附录 M 中规定,清单项目中的墙面抹灰项目含 4 个分项,分别是:墙面一般抹灰(011201001),墙面装饰抹灰(011201002),墙面勾缝(011201003),立面砂浆找平层(011201004)。其项目设置要求见表 7-18(《计量规范》表 M.1)。

项目编码	项目名称	项目特征	计量单位	工程量计算规则	工作内容
011201001	墙面一般抹灰	1.墙体类型; 2.底层厚度、砂浆配合比; 3.面层厚度、砂浆配合比; 4.装饰面材料种类; 5.分格缝宽度、材料种类	m²	按设计图示尺寸以面积计算。扣除墙裙、门窗洞口及单个>0.3m²的孔洞面积,不扣除踢脚线、挂镜线和墙与构件交接处的面积,门窗、洞口和孔洞的侧壁及顶面不增加面积。附墙柱、梁、垛、烟囱侧壁并入相应的墙面面积内。 1.外墙抹灰面积按外墙垂直投影面积计算。 2.外墙裙抹灰面积按其长度乘以高度计算。 3.内墙抹灰面积按主墙间的净长乘以高度计算。 (1)无墙裙的,高度按室内楼地面至天棚底面计算; (2)有墙裙的,高度按墙裙顶至天棚底面计算。 4.内墙裙抹灰面按内墙净长乘以高度计算	1.基层清理; 2.砂浆制作、运输; 3.底层抹灰; 4.抹面层; 5.抹装饰面; 6.勾分格缝
011201002	墙面装饰抹灰				
011201003	墙面勾缝	1.墙体类型; 2.找平的砂浆厚度、配合比			1.基层清理; 2.砂浆制作、运输; 3.抹灰找平
011201004	立面砂浆找平层	1.墙体类型; 2.勾缝类型; 3.勾缝材料种类			1.基层清理; 2.砂浆制作、运输; 3.勾缝

注:1.立面砂浆找平项目适用于仅做找平层的立面抹灰。

2.抹石灰砂浆、水泥砂浆、混合砂浆、聚合物水泥砂浆、麻刀石灰浆、石膏灰浆等按墙面一般抹灰列项,水刷石、斩假石、干粘石、假面砖等按墙面装饰抹灰列项。

(1)飘窗凸出外墙面增加的抹灰不计算工程量,在综合单价中考虑。

(2)吊顶天棚的内墙抹灰,抹至吊顶以上部分在综合单价中考虑。

(2)计算实例

【例 7-10】 某仓库混凝土墙面为石灰砂浆抹灰,做法为水泥浆一遍,厚 1mm,1:3:9 水泥石灰砂浆打底,厚 13mm,纸筋石灰罩面,如图 7-10 所示,门的尺寸为 825mm×2100mm,各抹灰面高度为 3460mm,试根据《计量规范》计算其清单工程量并编制该分项工程量清单表。

解 依题意,根据《计量规范》的计算规则,墙面纸筋石灰抹灰项目工程量计算如下:

墙面纸筋石灰抹灰项目工程量＝(8.525＋4.68＋3.1＋1.35＋4.4＋3.83)×

3.46(墙面)－0.825×2.1(门)＋0.2×2×

3.46(柱垛)＋2×0.38×3.46(柱垛)

＝91.84(m²)

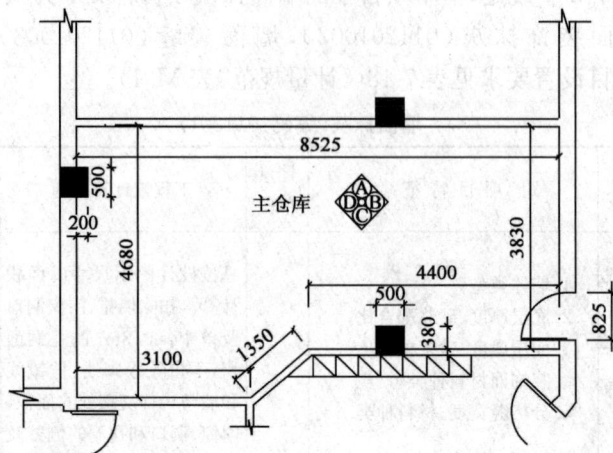

a)平面图

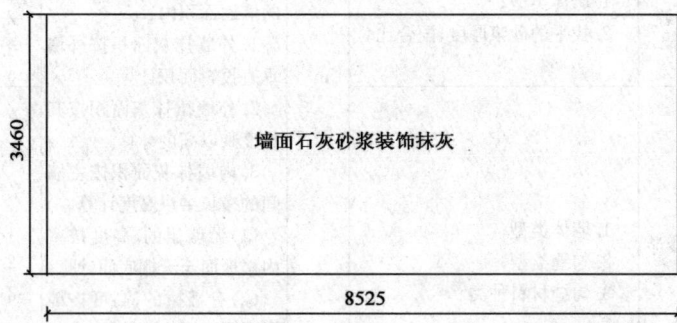

b)A立面图

图 7-10　仓库平、立面示意图

墙面纸筋石灰抹灰项目清单见表 7-19。

分部分项工程量清单与计价表(墙面纸筋石灰抹灰项目清单)　　　　表 7-19

工程名称：　　　　　　　　标段：　　　　　　第　页　共　页

序号	项目编码	项目名称	项目特征描述	计量单位	工程量	金额(元)		
						综合单价	合价	其中暂估价
1	011201001001	墙面一般抹灰	1.水泥浆一遍,厚 1mm; 2.1:3:9 水泥石灰砂浆打底,厚 13mm; 3.纸筋石灰罩面	m²	91.84			

2)柱面抹灰

(1)柱面抹灰分项内容

《计量规范》附录 M 中规定,清单项目中的柱(梁)面抹灰含 4 个分项,分别是:柱、梁面一般抹灰(011202001),柱、梁面装饰抹灰(011202002),柱、梁面砂浆找平(011202003),柱面勾缝(011202004)。其项目设置要求见表 7-20(《计量规范》表 M.2)。

柱(梁)面抹灰(编码:011202) 表 7-20

项目编码	项目名称	项目特征	计量单位	工程量计算规则	工作内容
011202001	柱、梁面一般抹灰	1.柱体类型; 2.底层厚度、砂浆配合比; 3.面层厚度、砂浆配合比; 4.装饰面材料种类; 5.分格缝宽度、材料种类	m²	1.柱面抹灰:按设计图示柱断面周长乘高度以面积计算; 2.梁面抹灰:按设计图示梁断面周长乘长度以面积计算	1.基层清理; 2.砂浆制作、运输; 3.底层抹灰; 4.抹面层; 5.勾分格缝
011202002	柱、梁面装饰抹灰				
011202003	柱、梁面砂浆找平	1.柱体类型; 2.找平的砂浆厚度、配合比			1.基层清理; 2.砂浆制作、运输; 3.抹灰找平
011202004	柱面勾缝	1.勾缝类型; 2.勾缝材料种类		按设计图示柱断面周长乘高度以面积计算	1.基层清理; 2.砂浆制作、运输; 3.勾缝

注:1.砂浆找平项目适用于仅做找平层的柱(梁)面抹灰。
　　2.抹石灰砂浆、水泥砂浆、混合砂浆、聚合物水泥砂浆、麻刀石灰浆、石膏灰浆等按柱(梁)面一般抹灰编码列项,水刷石、斩假石、干粘石、假面砖等按柱(梁)面装饰抹灰编码列项。

(2)计算实例

【例 7-11】 如图 7-11 所示,某二楼大厅内柱面水泥砂浆抹灰,做法为水泥浆黏结 1mm,1:2.5 水泥砂浆打底 13mm,1:3 水泥砂浆罩面 5mm,柱净高 3.5m,试根据《计量规范》计算其清单工程量并编制该分项工程量清单表。

解 依题意,根据《计量规范》的计算规则,水泥砂浆柱面抹灰工程量计算如下:

水泥砂浆柱面抹灰工程量=0.5×4 面×3.5×6 个=42(m²)

水泥砂浆柱面抹灰项目清单见表 7-21。

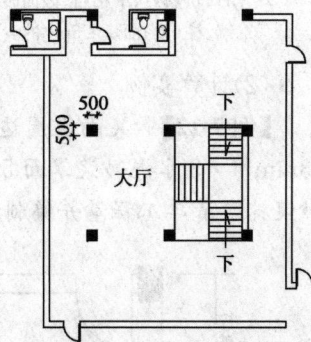

图 7-11 大厅平面示意图

分部分项工程量清单与计价表(水泥砂浆柱面抹灰项目清单) 表 7-21

工程名称: 　　　　标段: 　　　　第 页 共 页

序号	项目编码	项目名称	项目特征描述	计量单位	工程量	综合单价	合价	其中 暂估价
1	011202001001	柱、梁面一般抹灰	1.水泥浆黏结 1mm; 2.1:2.5 水泥砂浆打底 13mm; 3.1:3 水泥砂浆罩面 5mm	m²	42			

3)零星抹灰

(1)零星抹灰分项内容

《计量规范》附录 M 中规定,清单项目中的零星抹灰含 3 个分项,分别是:零星项目一般抹灰(011201001),零星项目装饰抹灰(011201002),零星项目砂浆找平(011201003)。其项目设置要求见表 7-22(《计量规范》表 M.3)。

零星抹灰(编码:011203)   表 7-22

项目编码	项目名称	项目特征	计量单位	工程量计算规则	工作内容
011203001	零星项目一般抹灰	1.墙体类型; 2.底层厚度、砂浆配合比; 3.面层厚度、砂浆配合比; 4.装饰面材料种类; 5.分格缝宽度、材料种类	m²	按设计图示尺寸以面积计算	1.基层清理; 2.砂浆制作、运输; 3.底层抹灰; 4.抹面层; 5.抹装饰面; 6.勾分格缝
011203002	零星项目装饰抹灰	1.墙体类型; 2.底层厚度、砂浆配合比; 3.面层厚度、砂浆配合比; 4.装饰面材料种类; 5.分格缝宽度、材料种类			
011203003	零星项目砂浆找平	1.基层类型; 2.找平的砂浆厚度、配合比			1.基层清理; 2.砂浆制作、运输; 3.抹灰找平

注:1.抹石灰砂浆、水泥砂浆、混合砂浆、聚合物水泥砂浆、麻刀石灰浆、石膏灰浆等按零星项目一般抹灰编码列项,水刷石、斩假石、干粘石、假面砖等按零星项目装饰抹灰编码列项。

2.墙、柱(梁)面≤0.5m² 的少量分散的抹灰按本表零星抹灰项目编码列项。

(2)计算实例

【例 7-12】 某雨篷周边水泥砂浆抹灰,做法为水泥浆黏结 1mm,1:2.5 水泥砂浆打底 13mm,1:3 水泥砂浆罩面 5mm,如图 7-12 所示,试根据《计量规范》计算雨篷周边 1:3 水泥砂浆抹灰清单工程量并编制该分项工程量清单表。

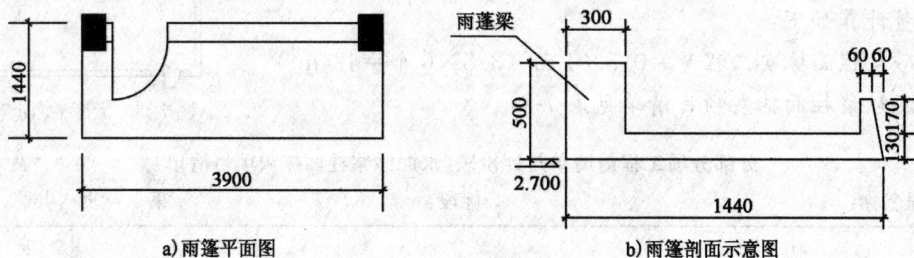

图 7-12 雨篷平面及剖面图

解 依题意,根据《计量规范》的计算规则,水泥砂浆雨棚抹灰工程量计算如下:

$$水泥砂浆雨棚抹灰工程量 S = (\sqrt{0.06^2 + 0.3^2} + 0.06) \times [(1.44 - 0.3) \times 2 + 3.9]$$
$$= 2.26(m^2)$$

水泥砂浆雨棚抹灰项目清单见表 7-23。

工程名称：　　　　　　　　　　标段：　　　　　　　第　页共　　页

序号	项目编码	项目名称	项目特征描述	计量单位	工程量	金额(元)		
						综合单价	合价	其中
								暂估价
1	011203001001	零星项目一般抹灰	1.水泥浆黏结 1mm； 2.1：2.5 水泥砂浆打底 13mm； 3.1：3 水泥砂浆罩面 5mm	m²	2.26			

4)墙面镶贴块料

(1)墙面镶贴块料内容

《计量规范》附录 M 中规定,清单项目中的墙面块料面层含 4 个分项,分别是:石材墙面(011204001),拼碎石材墙面(011204002),块料墙面(011204003),干挂石材钢骨架(011204004)。其项目设置要求见表 7-24(《计量规范》表 M.4)。

墙面块料面层(编码:011204)　　　　　　表 7-24

项目编码	项目名称	项目特征	计量单位	工程量计算规则	工作内容
011204001	石材墙面	1.墙体类型； 2.安装方式； 3.面层材料品种、规格、颜色； 4.缝宽、嵌缝材料种类； 5.防护材料种类； 6.磨光、酸洗、打蜡要求	m²	按镶贴表面积计算	1.基层清理； 2.砂浆制作、运输； 3.黏结层铺贴； 4.面层安装； 5.嵌缝； 6.刷防护材料； 7.磨光、酸洗、打蜡
011204002	拼碎石材墙面				
011204003	块料墙面				
011204004	干挂石材钢骨架	1.骨架种类、规格； 2.防锈漆品种遍数	t	按设计图示以质量计算	1.骨架制作、运输、安装； 2.刷漆

注:1.在描述碎块项目的面层材料特征时可不用描述规格、品牌、颜色。
　　2.石材、块料与黏结材料的结合面刷防渗材料的种类在防护层材料种类中描述。
　　3.安装方式可描述为砂浆或黏结剂粘贴、挂贴、干挂等,不论哪种安装方式,都要详细描述与组价相关的内容。

(2)计算实例

【例 7-13】 如图 7-13 所示,某接待中心一楼大厅部分墙面立面图,高度为 3.2m,已知 40mm 角钢 2.422kg/m,高度方向布置 8 根,长度方向布置 8 根,试根据《计量规范》分别计算石材墙面和石材钢骨架清单工程量,并分别编制分项工程量清单表。

解　依题意,根据《计量规范》的计算规则,黑金砂石材墙面工程量计算如下:

黑金砂石材墙面工程量=0.18×2×4.8=1.72(m²)

灰麻花岗岩墙面工程量=(0.2+0.18+0.04×3)×4.8=2.4(m²)

2.4 高度范围内 40mm 白麻花岗岩有:

2.4/(0.18+0.02)=12(块)

白麻花岗岩墙面工程量=(3.2-0.18×3-0.2-0.02×3+0.02×12)×4.8=11.67(m²)

干挂石材钢骨架工程量=(4.8×8+3.2×8)×2.422×10^{-3}=0.155(t)

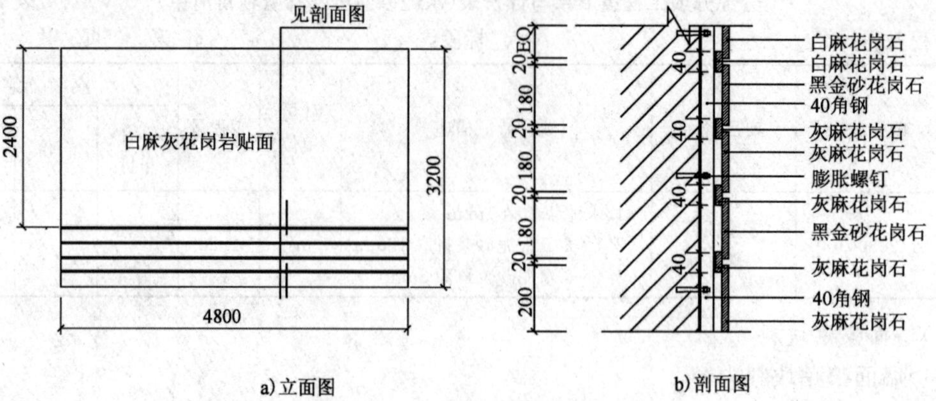

图7-13 接待中心大厅墙面详图

黑金砂石材、白麻花岗岩、黑麻花岗岩、干挂石材钢骨架项目清单见表7-25。

分部分项工程量清单与计价表(干挂花岗岩墙面项目清单)　　　　表 7-25

工程名称：　　　　　　　　标段：　　　　　　　第　　页　共　　页

序号	项目编码	项目名称	项目特征描述	计量单位	工程量	金额(元)		
						综合单价	合价	其中
								暂估价
1	011204001001	石材墙面	黑金砂石材墙面	m²	1.72			
2	011204001002	石材墙面	灰麻花岗岩墙面	m²	2.4			
3	011204001003	石材墙面	白麻花岗岩墙面	m²	11.67			
4	011204004004	干挂石材钢骨架	40角钢,高度方向布置8根,长度方向布置8根	t	0.155			

5)柱面镶贴块料

(1)柱面镶贴块料内容

《计量规范》附录 M 中规定,清单项目中的柱(梁)面镶贴块料含 5 个分项,分别是:石材柱面(011205001),块料柱面(011205002),拼碎块柱面(011205003),石材梁面(011205004),块料梁面(011205005)。其项目设置要求见表 7-26(《计量规范》表 M.5)。

柱(梁)面镶贴块料(编码:011205)　　　　表 7-26

项目编码	项目名称	项目特征	计量单位	工程量计算规则	工作内容
011205001	石材柱面	1.柱截面类型、尺寸; 2.安装方式; 3.面层材料品种、规格、颜色; 4.缝宽、嵌缝材料种类; 5.防护材料种类; 6.磨光、酸洗、打蜡要求	m²	按镶贴表面积计算	1.基层清理; 2.砂浆制作、运输; 3.黏结层铺贴; 4.面层安装; 5.嵌缝; 6.刷防护材料; 7.磨光、酸洗、打蜡
011205002	块料柱面				
011205003	拼碎块柱面				

项目编码	项目名称	项 目 特 征	计量单位	工程量计算规则	工 作 内 容
011205004	石材梁面	1. 安装方式; 2. 面层材料品种、规格、颜色; 3. 缝宽、嵌缝材料种类; 4. 防护材料种类; 5. 磨光、酸洗、打蜡要求	m²	按镶贴表面积计算	1. 基层清理; 2. 砂浆制作、运输; 3. 黏结层铺贴; 4. 面层安装; 5. 嵌缝; 6. 刷防护材料; 7. 磨光、酸洗、打蜡
011205005	块料梁面				

注:1. 在描述碎块项目的面层材料特征时可不用描述规格、品牌、颜色。
　　2. 石材、块料与黏结材料的结合面刷防渗材料的种类在防护层材料种类中描述。
　　3. 柱梁面干挂石材的钢骨架按表7-24相应项目编码列项。

(2)计算实例

【例7-14】 如图7-14所示,某大厅一楼柱子干挂石材柱面,柱高为3250mm,试根据《计量规范》计算石材饰面清单工程量并编制该分项工程量清单表。干挂钢骨架列项暂不计量。

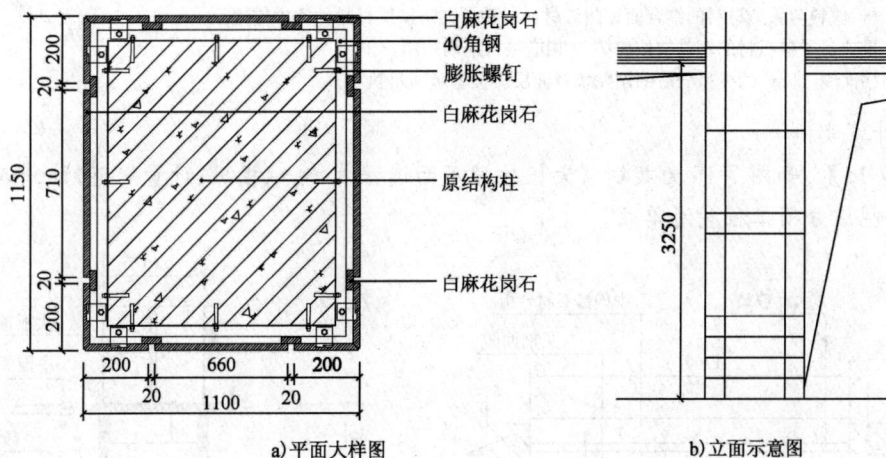

a)平面大样图　　　　　　　b)立面示意图

图7-14　柱平、立面图

解　依题意,根据《计量规范》的计算规则,柱面干挂石材饰面工程量计算如下:

柱面干挂石材饰面工程量=(1.1+1.15)×2×3.25=14.63(m²)

柱面干挂石材饰面项目清单见表7-27。

分部分项工程量清单与计价表(柱面干挂石材饰面项目清单)　　　　表7-27

工程名称:　　　　　　　　　　标段:　　　　　　　　　第 页 共 页

序号	项目编码	项目名称	项目特征描述	计量单位	工程量	综合单价	合价	其中 暂估价
1	011205001001	石材柱面	1. 40角钢干挂; 2. 白麻花岗岩	m²	14.63			
2	011204004001	柱面干挂石材的钢骨架	40角钢骨架	t				

6)零星镶贴块料

(1)零星镶贴块料内容

《计量规范》附录 M 中规定,清单项目中的镶贴零星块料含 3 个分项,分别是:石材零星项目(011206001),块料零星项目(011206002),拼碎块零星项目(011206003)。其项目设置要求见表 7-28(《计量规范》表 M.6)。

镶贴零星块料(编码:011206)　　　　　　　表 7-28

项目编码	项目名称	项目特征	计量单位	工程量计算规则	工 作 内 容
011206001	石材零星项目	1. 安装方式; 2. 面层材料品种、规格、颜色; 3. 缝宽、嵌缝材料种类; 4. 防护材料种类; 5. 磨光、酸洗、打蜡要求	m²	按镶贴表面积计算	1. 基层清理; 2. 砂浆制作、运输; 3. 面层安装; 4. 嵌缝; 5. 刷防护材料; 6. 磨光、酸洗、打蜡
011206002	块料零星项目				
011206003	拼碎块零星项目				

注:1. 在描述碎块项目的面层材料特征时可不用描述规格、品牌、颜色。

2. 石材、块料与黏结材料的结合面刷防渗材料的种类在防护层材料种类中描述。

3. 零星项目干挂石材的钢骨架按表 7-24 相应项目编码列项。

4. 墙柱面≤0.5m² 的少量分散的镶贴块料面层应按零星项目执行。

(2)计算实例

【例 7-15】　如图 7-15 为某橱窗大板玻璃下面墙垛装饰,试根据《计量规范》计算其清单工程量并编制该分项工程量清单表。

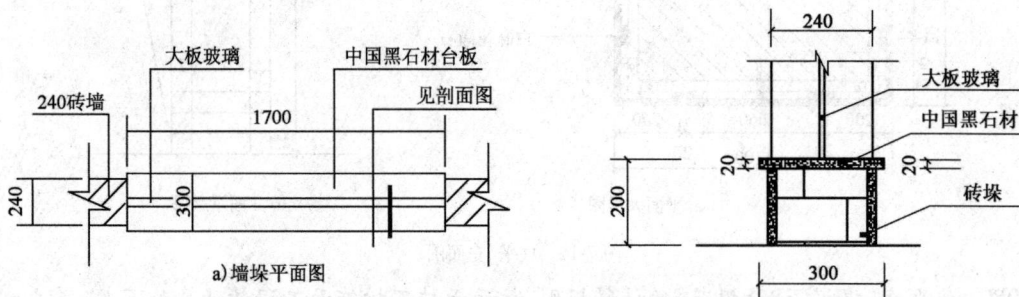

图 7-15　大板玻璃下面墙垛装饰图

解　依题意,根据《计量规范》的计算规则,中国黑花岗岩柱脚工程量计算如下:

中国黑花岗岩柱脚工程量=[(0.2-0.02)×2+0.3]×1.7=1.12(m²)

中国黑花岗岩柱脚项目清单见表 7-29。

分部分项工程量清单与计价表(柱面干挂石材饰面项目清单)　　　　表 7-29

工程名称:　　　　　　　　标段:　　　　　　　　第　页　共　页

序号	项目编码	项目名称	项目特征描述	计量单位	工程量	金额(元)		
						综合单价	合价	其中 暂估价
1	011206001001	石材零星项目	1. 砖柱脚; 2. 中国黑花岗岩贴面	m²	1.12			

7)墙饰面

(1)墙饰面内容

《计量规范》附录 M 中规定,清单项目中的墙饰面含 2 个分项,分别是:墙面装饰板(011207001),墙面装饰浮雕(011207002)。其项目设置要求见表 7-30(《计量规范》表 M.7)。

墙饰面(编码:011207) 表 7-30

项目编码	项目名称	项目特征	计量单位	工程量计算规则	工作内容
011207001	墙面装饰板	1. 龙骨材料种类、规格、中距; 2. 隔离层材料种类、规格; 3. 基层材料种类、规格; 4. 面层材料品种、规格、颜色; 5. 压条材料种类、规格	m²	按设计图示墙净长乘净高以面积计算。扣除门窗洞口及单个>0.3m²的孔洞所占面积	1. 基层清理; 2. 龙骨制作、运输、安装; 3. 钉隔离层; 4. 基层铺钉; 5. 面层铺贴
011207002	墙面装饰浮雕	1. 基层类型; 2. 浮雕材料种类; 3. 浮雕样式		按设计图示尺寸以面积计算	

(2)计算实例

【例 7-16】 如图 7-16 为某办公室墙面饰面图,试根据《计量规范》计算麦哥丽墙饰面清单工程量并编制该分项工程量清单表。

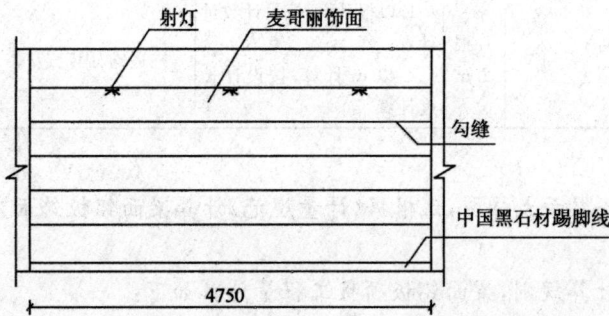

a)立面图

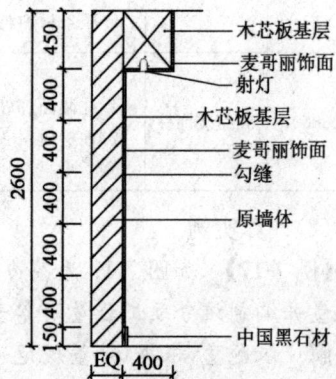

b)剖面图

图 7-16 办公室墙面饰面图

解 依题意,根据《计量规范》的计算规则,墙面饰面项目工程量计算如下:

木芯板基层墙面饰面项目工程量=(2.6-0.15-0.45)×4.75=9.5(m²)

射灯处:麦哥丽墙面饰面工程量=0.45×4.75=2.14(m²)

墙面饰面项目项目清单见表 7-31。

分部分项工程量清单与计价表(墙面饰面项目项目清单)　　　　　表 7-31

工程名称：　　　　　　　　　标段：　　　　　　　第　页 共　页

序号	项目编码	项目名称	项目特征描述	计量单位	工程量	金额(元)		
						综合单价	合价	其中
								暂估价
1	011207001001	墙面装饰板	木芯板贴面	m²	9.5			
2	011207001002	墙面装饰板	1. 木芯板基层； 2. 离墙 400mm，木支撑； 3. 麦哥丽饰面板	m²	2.14			

8)柱(梁)饰面

(1)柱(梁)饰面内容

《计量规范》附录 M 中规定，清单项目中的柱(梁)饰面含 2 个分项，分别是：柱(梁)面装饰(011208001)，成品装饰柱(011208002)。其项目设置要求见表 7-32(《计量规范》表 M.8)。

柱(梁)饰面(编码：011208)　　　　　　表 7-32

项目编码	项目名称	项目特征	计量单位	工程量计算规则	工作内容
011208001	柱(梁)面装饰	1. 龙骨材料种类、规格、中距； 2. 隔离层材料种类； 3. 基层材料种类、规格； 4. 面层材料品种、规格、颜色； 5. 压条材料种类、规格	m²	按设计图示饰面外围尺寸以面积计算。柱帽、柱墩并入相应柱饰面工程量内	1. 清理基层； 2. 龙骨制作、运输、安装； 3. 钉隔离层； 4. 基层铺钉； 5. 面层铺贴
011208002	成品装饰柱	1. 柱截面、高度尺寸； 2. 柱材质	1. 根 2. m	1. 以根计算，按设计数量计算； 2. 以 m 计算，按设计长度计算	柱运输、固定、安装

(2)计算实例

【例 7-17】　如图 7-17 为某办公楼梁面大样图，试根据《计量规范》计算梁面铝板饰面清单工程量并编制该分项工程量清单表。

　　解　依题意，根据《计量规范》的计算规则，梁面铝板项目工程量计算如下：

　　　　梁面铝板饰面项目工程量 $= (0.65+0.13+0.05+0.1) \times 6 = 5.58 (\text{m}^2)$

　　梁面铝板项目清单见表 7-33。

分部分项工程量清单与计价表(梁面铝板项目清单)　　　　　表 7-33

工程名称：　　　　　　　　　标段：　　　　　　　第　页 共　页

序号	项目编码	项目名称	项目特征描述	计量单位	工程量	金额(元)		
						综合单价	合价	其中
								暂估价
1	011208001001	梁面装饰	1. 木芯板基层； 2. 铝板饰面	m²	5.58			

298

a)立面图

中国黑石材
地面玻化砖

铝板饰面

木芯板基层

原梁

金属空调通风百叶

石膏板基层乳胶漆饰面

b)剖面图

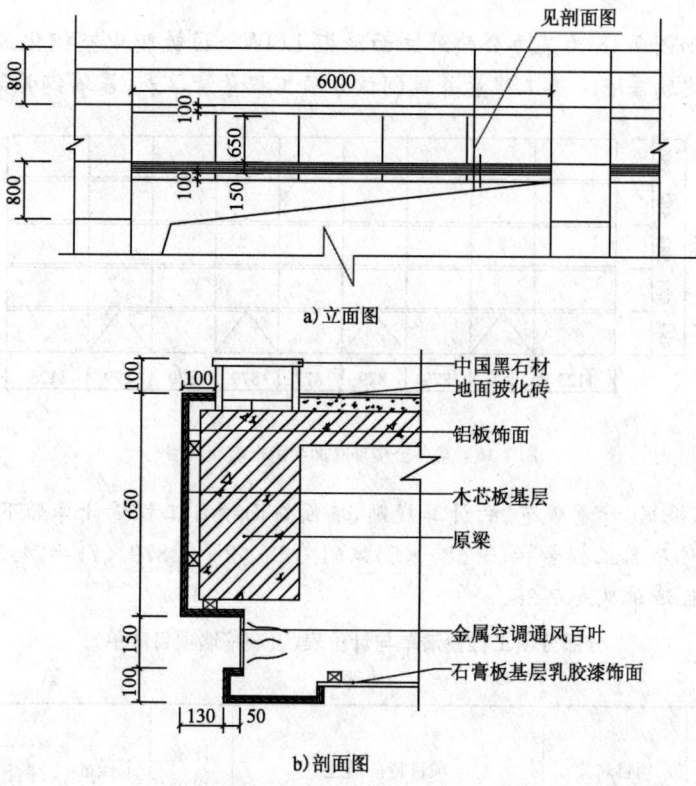

图 7-17　办公楼梁面大样图

9)幕墙工程

(1)幕墙工程内容

《计量规范》附录 M 中规定,清单项目中的幕墙工程含 2 个分项,分别是:带骨架幕墙(011209001),全玻(无框玻璃)幕墙(011209002)。其项目设置要求见表 7-34(《计量规范》表 M.9)。

幕墙工程(编码:011209)　　　　　　　　　　　　　　表 7-34

项目编码	项目名称	项 目 特 征	计量单位	工程量计算规则	工 作 内 容
011209001	带骨架幕墙	1. 骨架材料种类、规格、中距; 2. 面层材料品种、规格、颜色; 3. 面层固定方式; 4. 隔离带、框边封闭材料品种、规格; 5. 嵌缝、塞口材料种类	m²	按设计图示框外围尺寸以面积计算,与幕墙同种材质的窗所占面积不扣除	1. 骨架制作、运输、安装; 2. 面层安装; 3. 隔离带、框边封闭; 4. 嵌缝、塞口; 5. 清洗
011209002	全玻(无框玻璃)幕墙	1. 玻璃品种、规格、颜色; 2. 黏结塞口材料种类; 3. 固定方式		按设计图示尺寸以面积计算。带肋全玻幕墙按展开面积计算	1. 幕墙安装; 2. 嵌缝、塞口; 3. 清洗

注:幕墙钢骨架按表 7-24 干挂石材钢骨架编码列项。

(2)计算实例

【例7-18】 如图7-18为某办公楼外立面隐框LOW－E镀膜中空钢化玻璃幕墙,试根据《计量规范》计算玻璃幕墙清单工程量并编制该分项工程量清单表(幕墙钢骨架暂不列项)。

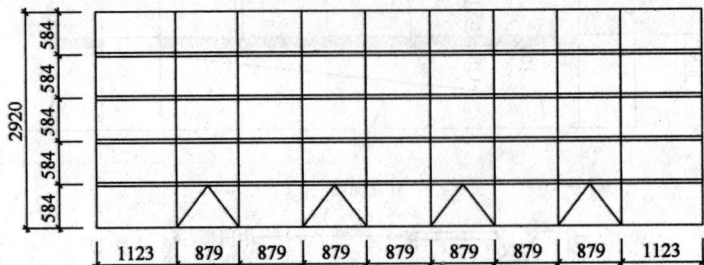

图7-18 某办公楼外立面半隐框玻璃幕墙

解 依题意,根据《计量规范》的计算规则,墙面饰面项目工程量计算如下:

玻璃幕墙项目工程量=(0.584×5)×(1.123×2+0.879×7)=24.53(m²)

玻璃幕墙项目清单见表7-35。

分部分项工程量清单与计价表(玻璃幕墙项目清单) 表7-35

工程名称: 标段: 第 页共 页

序号	项目编码	项目名称	项目特征描述	计量单位	工程量	金额(元)		
						综合单价	合价	其中
								暂估价
1	011209001001	带骨架幕墙	外立面LOW-E镀膜中空钢化玻璃	m²	24.53			

【例7-19】 如图7-19为某办公楼外立面铝塑板幕墙剖面图,幕墙高16.5m,试根据《计量规范》计算铝塑板幕墙清单工程量并编制该分项工程量清单表。

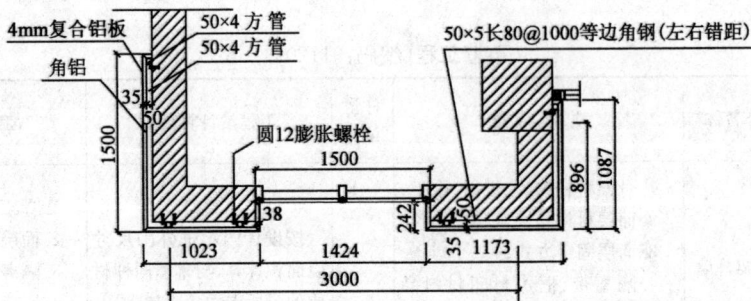

图7-19 办公楼外立面铝塑板幕墙剖面图

解 依题意,根据《计量规范》的计算规则,铝塑板幕墙清单项目工程量计算如下:

铝塑板幕墙清单项目工程量=(0.584×5)×(1.123×2+0.879×7)=24.53(m²)

铝塑板幕墙清单见表7-36。

工程名称: 标段: 第 页 共 页

序号	项目编码	项目名称	项目特征描述	计量单位	工程量	金额(元)		
						综合单价	合价	其中
								暂估价
1	011209002001	带骨架幕墙	1. 复合铝板 4mm 饰面; 2. 竖向骨架 50×4 方钢,横向骨架为 50×5 等边角钢	m²	24.53			

10)隔断

(1)隔断内容

《计量规范》附录 M 中规定,清单项目中的隔断含 6 个分项,分别是:木隔断(011210001),金属隔断(011210002),玻璃隔断(011210003),塑料隔断(011210004),成品隔断(011210005),其他隔断(011210006)。其项目设置要求见表7-37(《计量规范》表 M.10)。

隔断(编码:011210) 表7-37

项目编码	项目名称	项目特征	计量单位	工程量计算规则	工作内容
011210001	木隔断	1.骨架、边框材料种类、规格; 2.隔板材料品种、规格、颜色; 3.嵌缝、塞口材料品种; 4.压条材料种类		按设计图示框外围尺寸以面积计算。不扣除单个≤0.3m²的孔洞所占面积;浴厕门的材质与隔断相同时,门的面积并入隔断面积内	1. 骨架及边框制作、运输、安装; 2. 隔板制作、运输、安装; 3. 嵌缝、塞口; 4. 装钉压条
011210002	金属隔断	1.骨架、边框材料种类、规格; 2.隔板材料品种、规格、颜色; 3.嵌缝、塞口材料品种	m²	按设计图示框外围尺寸以面积计算。不扣除单个≤0.3m²的孔洞所占面积;浴厕门的材质与隔断相同时,门的面积并入隔断面积内	1. 骨架及边框制作、运输、安装; 2. 隔板制作、运输、安装; 3. 嵌缝、塞口
011210003	玻璃隔断	1.边框材料种类、规格; 2.玻璃品种、规格、颜色; 3.嵌缝、塞口材料品种		按设计图示框外围尺寸以面积计算。不扣除单个≤0.3m²的孔洞所占面积	1.边框制作、运输、安装; 2.玻璃制作、运输、安装; 3.嵌缝、塞口
011210004	塑料隔断	1.边框材料种类、规格; 2.隔板材料品种、规格、颜色; 3.嵌缝、塞口材料种类			1. 骨架及边框制作、运输、安装; 2.隔板制作、运输、安装; 3. 嵌缝、塞口
011210005	成品隔断	1.隔断材料品种、规格、颜色; 2.配件品种、规格	1. m²; 2.间	1. 按设计图示框外围尺寸以面积计算; 2. 按设计间的数量以间计算	1. 隔断运输、安装; 2. 嵌缝、塞口
011210006	其他隔断	1.骨架、边框材料种类、规格; 2.隔板材料品种、规格、颜色; 3.嵌缝、塞口材料品种	m²	按设计图示框外围尺寸以面积计算。不扣除单个≤0.3m²的孔洞所占面积	1.骨架及边框安装; 2.隔板安装; 3.嵌缝、塞口

301

Building Decoration Engineering Budget

（2）计算实例

【例 7-20】 如图 7-20 为某接待中心办公室隔断图，不锈钢立柱为成品定制，试根据《计量规范》计算其清单工程量并编制该分项工程量清单表。

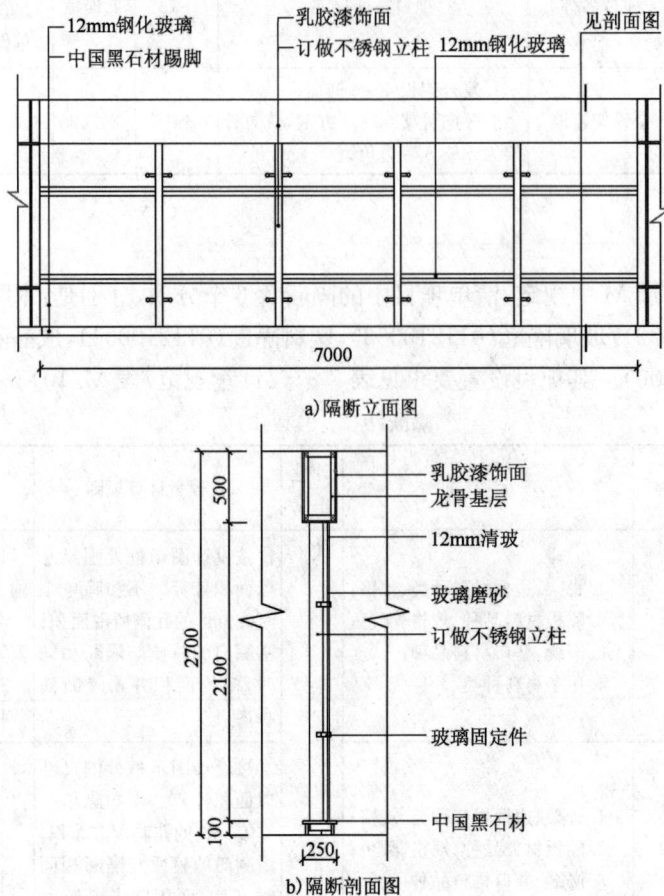

a) 隔断立面图

b) 隔断剖面图

图 7-20 接待中心办公室隔断详图

解 依题意，根据《计量规范》的计算规则，成品玻璃隔断清单项目工程量计算如下：

$$玻璃隔断清单项目工程量 = 2.1 \times 7 = 14.7 (m^2)$$

玻璃隔断清单见表 7-38。

分部分项工程量清单与计价表（玻璃幕墙项目清单）　　　　　　表 7-38

工程名称：　　　　　　　　　标段：　　　　　　　　第　页　共　页

序号	项目编码	项目名称	项目特征描述	计量单位	工程量	金额（元）		
						综合单价	合价	其中
								暂估价
1	011210005001	成品隔断	1. 磨砂玻璃、12mm 清玻； 2. 不锈钢立柱	m²	14.7m²			

【例 7-21】 如图 7-21 为某会议室隔断图，隔断用 5mm 白玻，试根据《计量规范》计算铝合金玻璃隔断清单工程量并编制该分项工程量清单表。

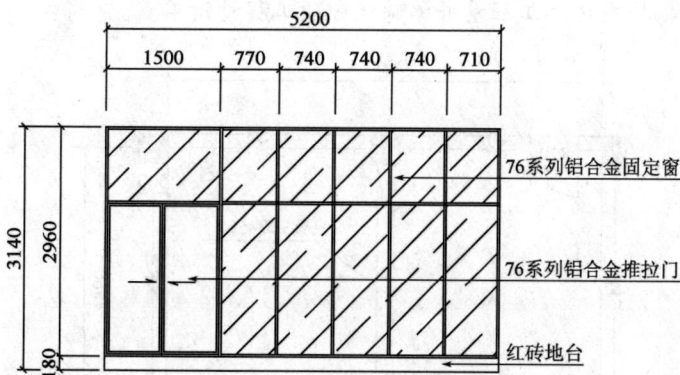

图 7-21 某会议室铝合金隔断图

解 依题意,根据《计量规范》的计算规则,铝合金玻璃隔断清单项目工程量计算如下:

铝合金玻璃隔断清单项目工程量＝5.2×2.96＝15.39(m²)

铝合金玻璃隔断清单见表 7-39。

分部分项工程量清单与计价表(铝合金玻璃隔断项目清单)　　　　表 7-39

工程名称:　　　　　　　　　　标段:　　　　　　　第　页　共　页

序号	项目编码	项目名称	项目特征描述	计量单位	工程量	金额(元)		
						综合单价	合价	其中
								暂估价
1	011210002001	金属隔断	铝合金固定窗、固定推拉门,76 系列	m²	15.39			

7.1.3 天棚装饰工程工程量的计算规则

1)天棚抹灰

(1)天棚抹灰内容

《计量规范》附录 N 中规定,清单项目中的天棚抹灰只有天棚抹灰(011301001)1 个分项,其项目设置要求见表 7-40(《计量规范》表 N.1)。

天棚抹灰(编码:011301)　　　　表 7-40

项目编码	项目名称	项目特征	计量单位	工程量计算规则	工作内容
011301001	天棚抹灰	1.基层类型; 2.抹灰厚度、材料种类; 3.砂浆配合比	m²	按设计图示尺寸以水平投影面积计算。不扣除间壁墙、垛、柱、附墙烟囱、检查口和管道所占的面积,带梁天棚、梁两侧抹灰面积并入天棚面积内,板式楼梯底面抹灰按斜面积计算,锯齿形楼梯底板抹灰按展开面积计算	1.基层清理; 2.底层抹灰; 3.抹面层

(2)计算实例

【例 7-22】 如图 7-22 为某教室天棚面 1∶3 水泥砂浆抹灰,梁侧净高为 380mm,试根据

《计量规范》计算天棚抹灰清单工程量并编制该分项工程量清单表。

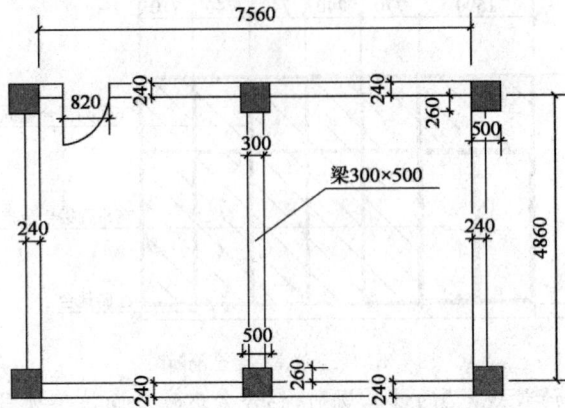

图 7-22 天棚面水泥砂浆抹灰示意图

解 依题意,根据《计量规范》的计算规则,天棚面水泥砂浆抹灰清单项目工程量计算如下:

天棚面水泥砂浆抹灰清单项目工程量 $=7.56\times4.86+(4.8-0.26\times2)\times0.38\times2=39.99(\text{m}^2)$

天棚面水泥砂浆抹灰清单见表 7-41。

分部分项工程量清单与计价表(天棚面水泥砂浆抹灰项目清单) 表 7-41

工程名称: 标段: 第 页 共 页

序号	项目编码	项目名称	项目特征描述	计量单位	工程量	综合单价	合价	其中暂估价
1	011301001001	天棚抹灰	1:3水泥砂浆抹灰	m²	39.99			

2)天棚吊顶

(1)天棚吊顶内容

《计量规范》附录 N 中规定,清单项目中的天棚吊顶含 6 个分项,分别是:吊顶天棚(011302001),格栅吊顶(011302002),吊筒吊顶(011302003),藤条造型悬挂吊顶(011302004),织物软雕吊顶(011302005),网架(装饰)吊顶(011302006)。其项目设置要求见表 7-42(《计量规范》表 N.2)。

天棚吊顶(编码:011302) 表 7-42

项目编码	项目名称	项目特征	计量单位	工程量计算规则	工作内容
011302001	吊顶天棚	1.吊顶形式、吊杆规格、高度; 2.龙骨材料种类、规格、中距; 3.基层材料种类、规格; 4.面层材料品种、规格; 5.压条材料种类、规格; 6.嵌缝材料种类; 7.防护材料种类	m²	按设计图示尺寸以水平投影面积计算。天棚面中的灯槽及跌级、锯齿形、吊挂式、藻井式天棚面积不展开计算。不扣除间壁墙、检查口、附墙烟囱、柱垛和管道所占面积,扣除单个>0.3m²的孔洞、独立柱及与天棚相连的窗帘盒所占的面积	1.基层清理、吊杆安装; 2.龙骨安装; 3.基层板铺贴; 4.面层铺贴; 5.嵌缝; 6.刷防护材料

项目编码	项目名称	项目特征	计量单位	工程量计算规则	工作内容
011302002	格栅吊机耕	1.龙骨材料种类、规格、中距; 2.基层材料种类、规格; 3.面层材料品种、规格; 4.防护材料种类	m²	按设计图示尺寸以水平投影面积计算	1.基层清理; 2.安装龙骨; 3.基层板铺贴; 4.面层铺贴; 5.刷防护材料
011302004	藤条造型悬挂吊顶	1.骨架材料种类、规格; 2.面层材料品种、规格	m²		1.基层清理; 2.龙骨安装; 3.铺贴面层
011302005	织物软雕吊顶				1.基层清理; 2.龙骨安装; 3.铺贴面层
011302006	网架(装饰)吊顶	网架材料品种、规格			1.基层清理; 2.网架制作安装

(2)计算实例

【例7-23】 如图7-23所示,某会议室天棚面轻钢龙骨石膏板吊顶,试根据《计量规范》计算石膏板吊顶清单工程量并编制该分项工程量清单表。

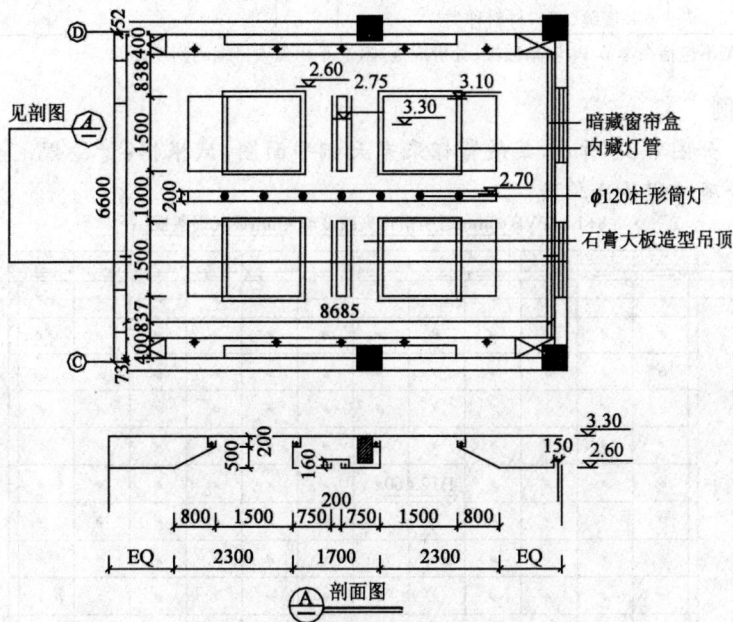

图7-23 会议室天花石膏板吊顶布置图

解 依题意,根据《计量规范》的计算规则,天棚面石膏板吊顶清单项目工程量计算如下:

天棚面石膏板吊顶清单项目工程量=$(6.6-0.052-0.073)\times8.685-0.15\times(6.6-0.052-0.073-0.4\times2)=6.475\times8.685-0.15\times5.675$

$=55.38(\text{m}^2)$

天棚面石膏板吊顶清单见表7-43。

分部分项工程量清单与计价表(天棚面石膏板吊顶项目清单)　　　表7-43

工程名称：　　　　　　　　　　　　标段：　　　　　　　　第　页　共　页

序号	项目编码	项目名称	项目特征描述	计量单位	工程量	金额(元)			
						综合单价	合价	其中	
								暂估价	
1	011302001001	吊顶天棚	1.装配式U形轻钢龙骨不上人形； 2.纸面石膏板面层	m²	55.38				

3)采光天棚工程

(1)采光天棚工程内容

《计量规范》附录N中规定,清单项目中的采光天棚工程只有采光天棚(011303001)1个分项,其项目设置要求见表7-44(《计量规范》表N.3)。

采光天棚工程(编码:011303)　　　表7-44

项目编码	项目名称	项目特征	计量单位	工程量计算规则	工作内容
011303001	采光天棚	1.骨架类型； 2.固定类型、固定材料品种、规格； 3.面层材料品种、规格； 4.嵌缝、塞口材料种类	m²	按框外围展开面积计算	1.清理基层； 2.面层制作、安装； 3.嵌缝、塞口； 4.清洗

注:采光天棚骨架不包括在本节中,应单独按《计价规范》附录F相关项目编码列项。

(2)计算实例

【例7-24】　如图7-24所示,某展览馆采光天棚平面图,试根据《计量规范》计算其清单工程量并编制该分项工程量清单表。

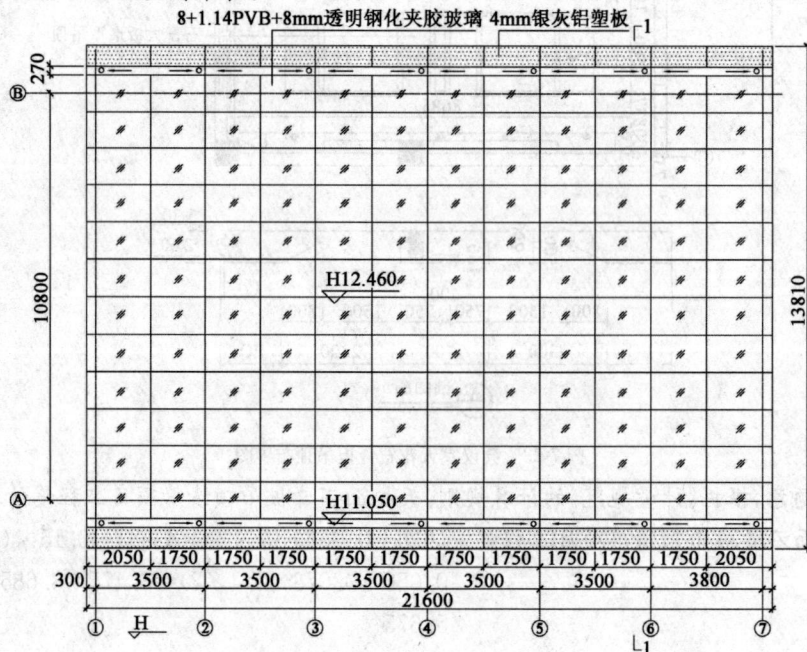

图7-24　采光天棚平面图

解 依题意,根据《计量规范》的计算规则,采光天棚清单项目工程量计算如下:

$$采光天棚清单项目工程量＝21.6×13.81＝298.30(m^2)$$

采光天棚项目清单见表7-45。

表7-45

分部分项工程量清单与计价表(采光天棚项目清单)

工程名称:　　　　　　　标段:　　　　　　　第　页　共　页

序号	项目编码	项目名称	项目特征描述	计量单位	工程量	金额(元)		
						综合单价	合价	其中 暂估价
1	011303001001	采光天棚	1. T形钢25×25,扁钢60以内,槽钢60以内钢骨架,螺栓固定; 2. 8＋1.14PVB＋8mm透明钢化夹胶玻璃; 3. 银灰铝塑板8mm	m²	298.30			

4)天棚其他装饰

(1)天棚其他装饰内容

《计量规范》附录N中规定,清单项目中的天棚其他装饰含2个分项,分别是:灯带(槽)(011304001),送风口、回风口(011304002)。其项目设置要求见表7-46(《计量规范》表N.4)。

天棚其他装饰(编码:011304)　　　　　　　　　　　表7-46

项目编码	项目名称	项目特征	计量单位	工程量计算规则	工作内容
011304001	灯带(槽)	1. 灯带形式、尺寸; 2. 格栅片材料品种、规格; 3. 安装固定方式	m²	按设计图示尺寸以框外围面积计算	安装、固定
011304002	送风口、回风口	1. 风口材料品种、规格; 2. 安装固定方式; 3. 防护材料种类	个	按设计图示数量计算	1. 安装、固定; 2. 刷防护材料

(2)计算实例

【例7-25】 如图7-25为某房间天花布置图,轻钢龙骨石膏板吊顶,安装格栅灯,试根据《计量规范》计算格栅灯带清单工程量并编制该分项工程量清单表。

解 依题意,根据《计量规范》的计算规则,格栅灯带清单项目工程量计算如下:

$$格栅灯带清单项目工程量＝0.6×0.6×6＝2.16(m^2)$$

格栅灯带项目清单见表7-47。

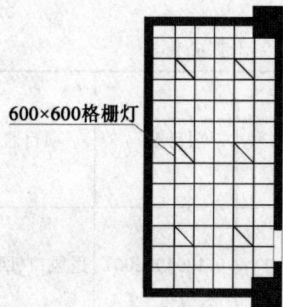

600×600格栅灯

图7-25　房间天花布置图

分部分项工程量清单与计价表(格栅灯带项目清单)　　表 7-47

工程名称：　　　　　　　　　　标段：　　　　　　　　　第　页　共　页

序号	项目编码	项目名称	项目特征描述	计量单位	工程量	金额(元)		
						综合单价	合价	其中
								暂估价
1	011304001001	灯带(槽)	1.轻钢龙骨； 2.600mm×600mm 格栅灯带	m²	2.16			

【例 7-26】　如图 7-26 为某天花布置图,安装有木质回风口,试根据《计量规范》计算回风口清单工程量并编制该分项工程量清单表。

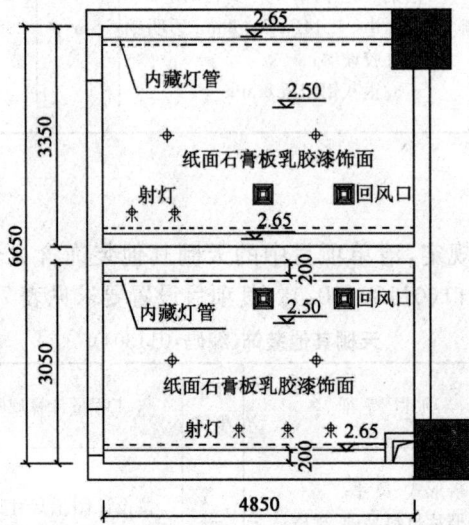

图 7-26　天花布置图

解　依题意,根据《计量规范》的计算规则,回风口清单项目工程量计算如下：

$$回风口清单项目工程量＝4 个$$

回风口项目清单见表 7-48。

分部分项工程量清单与计价表(格栅灯带项目清单)　　表 7-48

工程名称：　　　　　　　　　　标段：　　　　　　　　　第　页　共　页

序号	项目编码	项目名称	项目特征描述	计量单位	工程量	金额(元)		
						综合单价	合价	其中
								暂估价
1	011304002001	送风口、回风口	1.轻钢龙骨； 2.600mm×600mm 格栅灯带	个	4个			

7.1.4 油漆、涂料、裱糊工程

1)门油漆

(1)门油漆内容

《计量规范》附录 P 中规定,清单项目中的门油漆含 2 个分项,分别是:木门油漆(011401001),金属门油漆(011401002)。其项目设置要求见表 7-49(《计量规范》表 P.1)。

门油漆(编号:011401) 表 7-49

项目编码	项目名称	项 目 特 征	计量单位	工程量计算规则	工 作 内 容
011401001	木门油漆	1.门类型; 2.门代号及洞口尺寸; 3.腻子种类; 4.刮腻子遍数; 5.防护材料种类; 6.油漆品种、刷漆遍数	1.樘 2.m²	1.以樘计量,按设计图示数量计量; 2.以 m² 计量,按设计图示洞口尺寸以面积计算	1.基层清理; 2.刮腻子; 3.刷防护材料、油漆
011401002	金属门油漆				1.除锈、基层清理; 2.刮腻子; 3.刷防护材料、油漆

注:1.木门油漆应区分木大门、单层木门、双层(一玻一纱)木门、双层(单裁口)木门、全玻自由门、半玻自由门、装饰门及有框门或无框门等项目,分别编码列项。
2.金属门油漆应区分平开门、推拉门、钢制防火门列项。
3.以平方米计量,项目特征可不必描述洞口尺寸。

(2)计算实例

【例 7-27】 如图 7-27 为某会议室标准单开胶合板门表面做聚氨酯漆二遍,试根据《计量规范》计算胶合板门聚氨酯漆清单工程量并编制该分项工程量清单表。

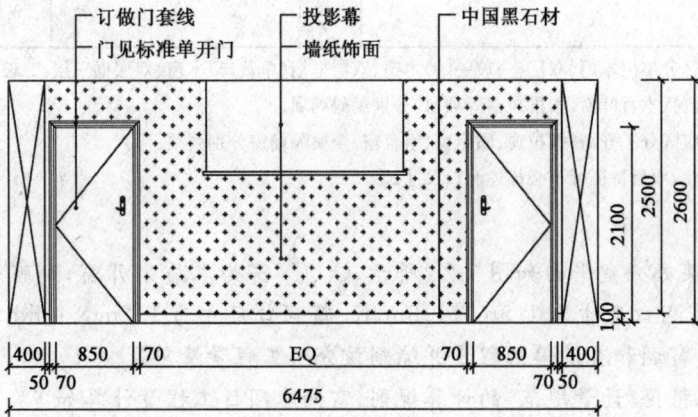

图 7-27 会议室门油漆示意图

解 依题意,根据《计量规范》的计算规则,门油漆清单项目工程量计算如下:
门油漆清单工程量=2 樘或门油漆清单工程量=(0.85+0.07×2)×2.1=2.079(m²)
门油漆项目清单见表 7-50。

Building Decoration Engineering Budget

分部分项工程量清单与计价表(门油漆项目清单)　　　表 7-50

工程名称：　　　　　　　　　标段：　　　　　　　第　页　共　页

序号	项目编码	项目名称	项目特征描述	计量单位	工程量	金额(元)		
						综合单价	合价	其中
								暂估价
1	011401001001	木门油漆	1.胶合板基层； 2.刷底油、刮腻子、聚氨酯漆两遍	樘/m²	2 樘/ 2.079m²			

2)窗油漆

(1)窗油漆内容

《计量规范》附录 P 中规定,清单项目中的窗油漆含 2 个分项,分别是:木窗油漆(011402001),金属窗油漆(011402002)。其项目设置要求见表 7-51(《计量规范》表 P.2)。

窗油漆(编号:011402)　　　表 7-51

项目编码	项目名称	项目特征	计量单位	工程量计算规则	工 作 内 容
011402001	木窗油漆	1.窗类型； 2.窗代号及洞口尺寸； 3.腻子种类； 4.刮腻子遍数； 5.防护材料种类； 6.油漆品种、刷漆遍数	1.樘； 2.m²	1.以樘计量,按设计图示数量计量； 2.以 m² 计量,按设计图示洞口尺寸以面积计算	1.基层清理； 2.刮腻子； 3.刷防护材料、油漆
011402002	金属窗油漆				1.除锈、基层清理； 2.刮腻子； 3.刷防护材料、油漆

注:1.木窗油漆应区分单层木门、双层(一玻一纱)木窗、双层框扇(单裁口)木窗、双层框三层(二玻一纱)木窗、单层组合窗、双层组合窗、木百叶窗、木推拉窗等项目,分别编码列项。

2.金属窗油漆应区分平开窗、推拉窗、固定窗、组合窗、金属隔栅窗分别列项。

3.以平方米计量,项目特征可不必描述洞口尺寸。

(2)计算实例

【例 7-28】 某办公室平面如图 7-28 所示,C₁、C₂ 窗为木质平开窗,刮腻子、刷底漆 1 遍、调和漆 3 遍,C₁ 窗洞口尺寸为 1.5m×1.8m,C₂ 窗洞口尺寸为 1.2m×1.5m,试根据《计量规范》计算木质平开窗调和漆清单工程量并编制该分项工程量清单表。

解 依题意,根据《计量规范》的计算规则,窗油漆项目工程量计算如下:

$$窗油漆工程量=4 樘或窗油漆工程量=1.5×1.8×4=10.8(m^2)$$

$$窗油漆工程量=5 樘或窗油漆工程量=1.2×1.5×5=9(m^2)$$

窗油漆项目清单见表 7-52。

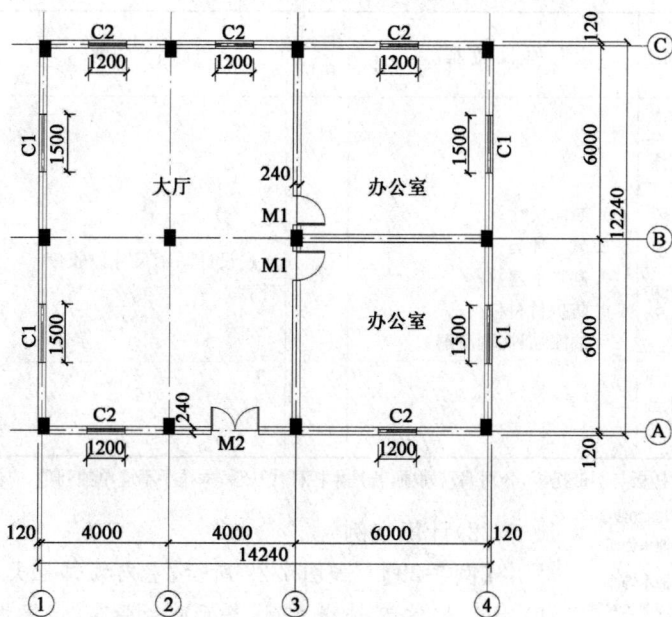

图 7-28　天花布置图

分部分项工程量清单与计价表（窗油漆项目清单）　　　　　　　　表 7-52

工程名称：　　　　　　　　　标段：　　　　　　　　第　页　共　页

序号	项目编码	项目名称	项目特征描述	计量单位	工程量	金额（元）		
						综合单价	合价	其中
								暂估价
1	011402001001	木窗油漆	1. C$_1$ 窗洞口尺寸为 1.5m×1.8m； 2. 刮腻子、刷底漆 1 遍、调和漆 3 遍	樘/m²	4 樘/10.8m²			
2	011402001002	木窗油漆	1. C$_2$ 窗洞口尺寸为 1.2m×1.5m； 2. 刮腻子、刷底漆 1 遍、调和漆 3 遍	樘/m²	5 樘/9m²			

3）木扶手及其他板条、线条油漆

（1）木扶手及其他板条、线条油漆内容

《计量规范》附录 P 中规定，清单项目中的木扶手及其他板条、线条油漆含 5 个分项，分别是：木扶手油漆（011403001），窗帘盒油漆（011403002），封檐板、顺水板油漆（011403003），挂衣板、黑板框油漆（011403004），挂镜线、窗帘棍、单独木线油漆（011403005）。其项目设置要求见表 7-53（《计量规范》表 P.3）。

木扶手及其他板条、线条油漆（编号：011403）　　　表 7-53

项目编码	项目名称	项目特征	计量单位	工程量计算规则	工作内容
011403001	木扶手油漆	1.断面尺寸； 2.腻子种类； 3.刮腻子遍数； 4.防护材料种类； 5.油漆品种、刷漆遍数	m	按设计图示尺寸以长度计算	1.基层清理； 2.刮腻子； 3.刷防护材料、油漆
011403002	窗帘盒油漆				
011403003	封檐板、顺水板油漆				
011403004	挂衣板、黑板框油漆				
011403005	挂镜线、窗帘棍、单独木线油漆				

注：木扶手应区分带托板与不带托板，分别编码列项，若是木栏杆代扶手，木扶手不应单独列项，应包含在木栏杆油漆中。

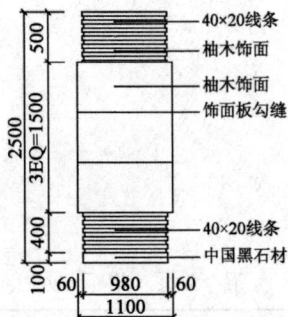

图 7-29　室内装饰柱大样图

（2）计算实例

【例 7-29】 如图 7-29 所示，室内装饰柱大样图，饰面板上粘贴 40×20 木装饰线条，线条面刷树脂漆，试根据《计量规范》计算线条油漆清单工程量并编制该分项工程量清单表。

解　依题意，根据《计量规范》的计算规则，40×20 木线条清单项目工程量计算如下：

40×20 木线条油漆工程量＝0.98×12＝11.76(m)

40×20 木线条项目清单见表 7-54。

分部分项工程量清单与计价表（40×20 木线条项目清单）　　　表 7-54

工程名称：　　　　　　标段：　　　　　　第　页　共　页

序号	项目编码	项目名称	项目特征描述	计量单位	工程量	综合单价	合价	其中暂估价
1	011403005001	挂镜线、窗帘棍、单独木线油漆	1.40×20 木装饰线条； 2.刷底油、刮腻子、聚氨酯漆 2 遍	m	11.76			

4）木材面油漆

（1）木材面油漆内容

《计量规范》附录 P 中规定，清单项目中的木材面油漆含 15 个分项，分别是：木板、纤维板、胶合板油漆（011404001），木护墙、木墙裙油漆（011404002），窗台板、筒子板、盖板、门窗套、踢脚线油漆（011404003），清水板条天棚、檐口油漆（011404004），木方格吊顶天棚油漆（011404005），吸音板墙面、天棚面油漆（011404006），暖气罩油漆（011404007），木间壁、木隔断油漆（011404008），玻璃间壁露明墙筋油漆（011404009），木栅栏、木栏杆（带扶手）油漆（011404010），衣柜、壁柜油漆（011404011），梁柱饰面油漆（011404012），零星木装修油漆（011404013），木地板油漆(011404014),木地板烫硬蜡面(011404015)。其项目设置要求见表 7-55(《计量规范》表 P. 4)。

木材面油漆(编号:011404) 表 7-55

项目编码	项目名称	项 目 特 征	计量单位	工程量计算规则	工 作 内 容
011404001	木板、纤维板、胶合板油漆	1. 腻子种类; 2. 刮腻子遍数; 3. 防护材料种类; 4. 油漆品种、刷漆遍数	m²	按设计图示尺寸以面积计算	1. 基层清理; 2. 刮腻子; 3. 刷防护材料、油
011404002	木护墙、木墙裙油漆				
011404003	窗台板、筒子板、盖板、门窗套、踢脚线油漆				
011404004	清水板条天棚、檐口油漆				
011404005	木方格吊顶天棚油漆				
011404006	吸音板墙面、天棚面油漆				
011404007	暖气罩油漆				
011404008	木间壁、木隔断油漆			按设计图示尺寸以单面外围面积	
011404009	玻璃间壁露明墙筋油漆				
011404010	木栅栏、木栏杆(带扶手)油漆				
011404011	衣柜、壁柜油漆	1. 腻子种类; 2. 刮腻子遍数; 3. 防护材料种类; 4. 油漆品种、刷漆遍数		按设计图示尺寸以油漆部分展开面积计算	1. 基层清理; 2. 刮腻子; 3. 刷防护材料、油漆
011404012	梁柱饰面油漆				
011404013	零星木装修油漆				
011404014	木地板油漆				
011404015	木地板烫硬蜡面	1. 硬蜡品种; 2. 面层处理要求		按设计图示尺寸以面积计算。空洞、空圈、暖气包槽、壁龛的开口部分并入相应的工程量内	1. 基层清理; 2. 烫蜡

(2)计算实例

【例 7-30】 如图 7-30 所示为某工程财务室壁柜,面刷白色硝基清漆 6 遍,试根据《计量规范》计算壁柜油漆清单工程量并编制该分项工程量清单表。

解 依题意,根据《计量规范》的计算规则,壁柜白色硝基清漆清单项目工程量计算如下:

壁柜白色硝基清漆油漆工程量＝(0.465×4＋0.475×4)×0.9＋0.6×1.4×2＋0.302×

$$0.5×4＋1.4×0.302×4＝7.36(m^2)$$

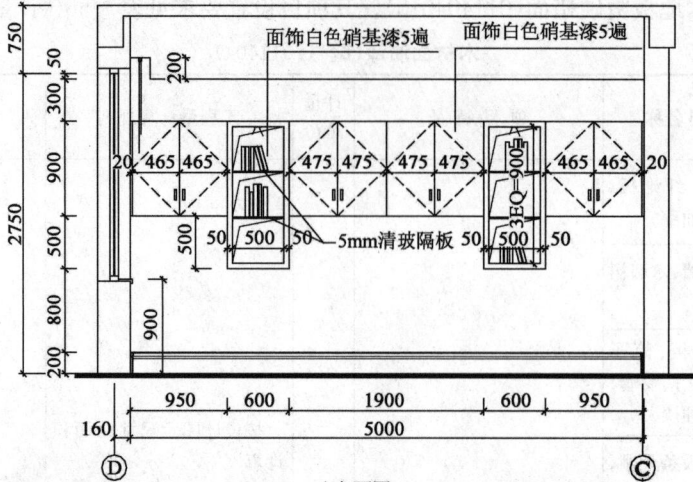

a)立面图

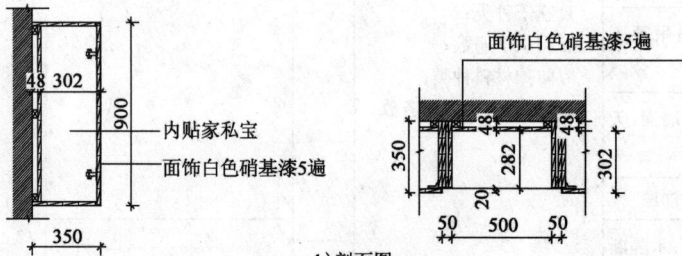

b)剖面图

图 7-30 壁柜装饰大样图

壁柜白色硝基清漆项目清单见表 7-56。

分部分项工程量清单与计价表(壁柜白色硝基清漆项目清单)　　　表 7-56

工程名称：　　　　　　　　　　　　　标段：　　　　　　　　第　　页 共　　页

序号	项目编码	项目名称	项目特征描述	计量单位	工程量	金额(元)		
						综合单价	合价	其中
								暂估价
1	011404011001	衣柜、壁柜油漆	润油粉 2 遍、刮腻子、漆片、硝基清漆 6 遍、磨退出亮	m	7.36			

5)金属面油漆

(1)金属面油漆内容

《计量规范》附录 P 中规定,清单项目中的金属面油漆只有金属面油漆(011405001)1 个分项,其项目设置要求见表 7-57(《计量规范》表 P.5)。

金属面油漆(编号:011405)　　　表 7-57

项目编码	项目名称	项目特征	计量单位	工程量计算规则	工作内容
011405001	金属面油漆	1.构件名称; 2.腻子种类; 3.刮腻子要求; 4.防护材料种类; 5.油漆品种、刷漆遍数	1. t; 2. m²	1.以 t 计量,按设计图示尺寸以质量计算; 2.以 m² 计量,按设计展开面积计算	1.基层清理; 2.刮腻子; 3.刷防护材料、油漆

（2）计算实例

【**例 7-31**】 如图 7-31 为某售楼中心有一根钢柱支撑，表面刷红丹防锈漆 2 遍，试根据《计量规范》计算钢柱支撑油漆清单工程量并编制该分项工程量清单表。

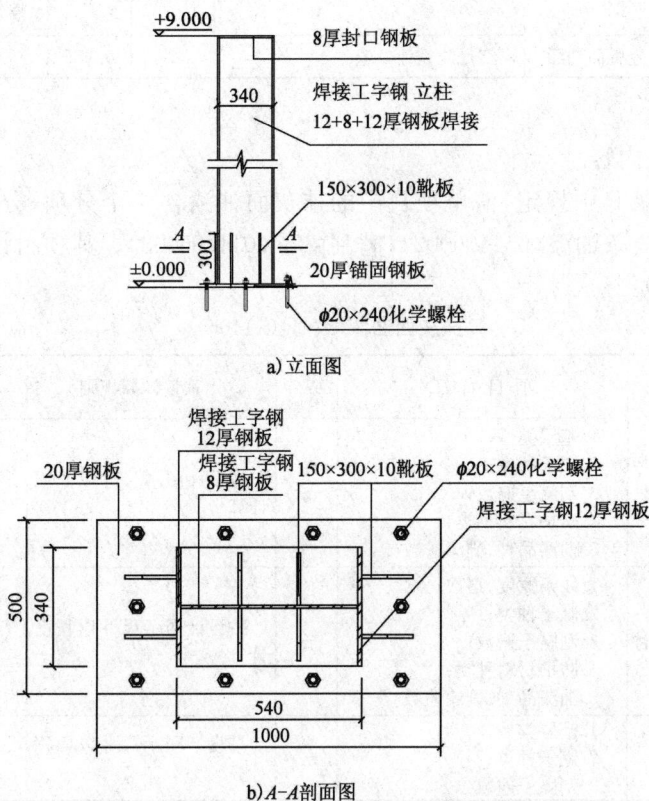

a) 立面图

b) A-A 剖面图

图 7-31 售楼中心钢柱支撑详图

解 依题意，根据《计量规范》的计算规则，钢柱红丹防锈漆清单项目工程量计算如下：

钢柱红丹防锈漆工程量：

20mm 厚钢板工程量 $W = 1 \times 0.5 \times 157$（20mm 钢板质量）$= 78.5$（kg）

10mm 厚靴板工程量 $W = 0.15 \times 0.3 \times 8 \times 78.5$（10mm 靴板质量）$= 28.26$（kg）

12mm 厚钢板工程量 $W = 9 \times 0.34 \times 2 \times 94.2$（12mm 钢板质量）$= 576.5$（kg）

8mm 厚钢板工程量 $W = (0.54 - 0.024) \times 9 \times 62.8$（8mm 钢板质量）$= 291.64$（kg）

8mm 厚盖板工程量 $W = 0.54 \times 0.34 \times 62.8$（8mm 钢板质量）$= 11.53$（kg）

钢材质量总计：$W = 78.5 + 28.26 + 576.5 + 291.64 + 11.53 = 986.43$（kg）

$= 0.986$t

钢柱红丹防锈漆项目清单见表 7-58。

分部分项工程量清单与计价表(钢柱红丹防锈漆项目清单)　　　　　　表 7-58

工程名称：　　　　　　　　　　　　标段：　　　　　　　　　第　页　共　页

序号	项目编码	项目名称	项目特征描述	计量单位	工程量	金额(元)		
						综合单价	合价	其中
								暂估价
1	011405001001	金属面油漆	红丹防锈漆 2 遍	t	0.986			

6)抹灰面油漆

(1)抹灰面油漆内容

《计量规范》附录 P 中规定,清单项目中的抹灰面油漆含 4 个分项,分别是:抹灰面油漆(011406001),抹灰线条油漆(011406002),满刮腻子(011406003)。其项目设置要求见表 7-59(《计量规范》表 P.6)。

抹灰面油漆(编号:011406)　　　　　　表 7-59

项目编码	项目名称	项目特征	计量单位	工程量计算规则	工作内容
011406001	抹灰面油漆	1.基层类型; 2.腻子种类; 3.刮腻子遍数; 4.防护材料种类; 5.油漆品种、刷漆遍数	m²	按设计图示尺寸以面积计算	1.基层清理; 2.刮腻子; 3.刷防护材料、油漆
011406002	抹灰线条油漆	1.线条宽度、道数; 2.腻子种类; 3.刮腻子遍数; 4.防护材料种类; 5.油漆品种、刷漆遍数	m	按设计图示尺寸以长度计算	
011406003	满刮腻子	1.基层类型; 2.腻子种类; 3.刮腻子遍数	m²	按设计图示尺寸以面积计算	1.基层清理; 2.刮腻子

(2)计算实例

【例 7-32】　如图 7-32 所示办公室立面图,试根据《计量规范》计算抹灰线条 3 遍调和漆清单工程量并编制该分项工程量清单表。

图 7-32　办公室立面线条示意图

解 依题意,根据《计量规范》的计算规则,抹灰线条调和漆清单项目工程量计算如下:

抹灰线条调和漆清单工程量=(0.45+1.05)×2×2=6(m)

抹灰线条调和漆项目清单见表7-60。

分部分项工程量清单与计价表(抹灰线条调和漆项目清单)

表7-60

工程名称: 标段: 第 页 共 页

序号	项目编码	项目名称	项目特征描述	计量单位	工程量	综合单价	合价	其中 暂估价
1	011404011001	抹灰线条油漆	底油1遍、刮腻子、调和漆3遍	m	6			

7)喷刷、涂料

(1)喷刷、涂料内容

《计量规范》附录P中规定,清单项目中的喷刷涂料含6个分项,分别是:墙面喷刷涂料(011407001),天棚喷刷涂料(011407002),空花格、栏杆刷涂料(011407003),线条刷涂料(011407004),金属构件刷防火涂料(011407005),木材构件喷刷防火涂料(011407006)。其项目设置要求见表7-61(《计量规范》表P.7)。

喷刷涂料(编号:011407)

表7-61

项目编码	项目名称	项目特征	计量单位	工程量计算规则	工作内容
011407001	墙面喷刷涂料	1.基层类型; 2.喷刷涂料部位; 3.腻子种类; 4.刮腻子要求; 5.涂料品种、喷刷遍数	m²	按设计图示尺寸以面积计算	1.基层清理; 2.刮腻子; 3.刷、喷涂料
011407002	天棚喷刷涂料				
011407003	空花格、栏杆刷涂料	1.腻子种类; 2.刮腻子遍数; 3.涂料品种、刷喷遍数	m²	按设计图示尺寸以单面外围面积计算	1.基层清理; 2.刮腻子; 3.刷、喷涂料
011407004	线条刷涂料	1.基层清理; 2.线条宽度; 3.刮腻子遍数; 4.刷防护材料、油漆	m	按设计图示尺寸以长度计算	
011407005	金属构件刷防火涂料	1.喷刷防火涂料构件名称; 2.防火等级要求; 3.涂料品种、喷刷遍数	1.m²; 2.t	1.以t计量,按设计图示尺寸以质量计算; 2.以m²计量,按设计展开面积计算	1.基层清理; 2.刷防护材料、油漆
011407006	木材构件喷刷防火涂料		1.m²; 2.m³	1.以m²计量,按设计图示尺寸以面积计算; 2.以m³计量,按设计结构尺寸以体积计算	1.基层清理; 2.刷防火材料

注:喷刷墙面涂料部位要注明内墙或外墙。

（2）计算实例

【例 7-33】 如图 7-33 为办公室立面图,试根据《计量规范》计算混凝土墙面 3 遍乳胶漆清单工程量并编制该分项工程量清单表。

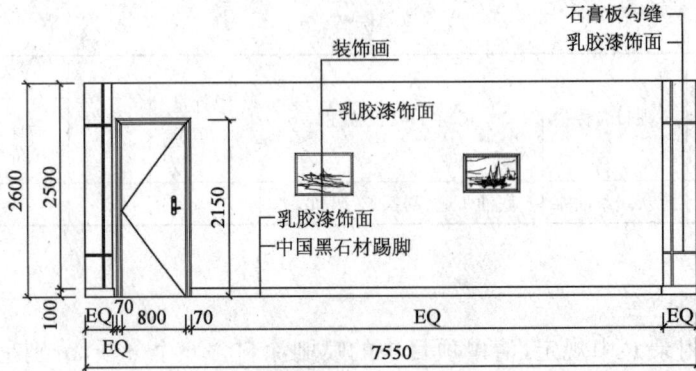

图 7-33 办公室立面图

解 依题意,根据《计量规范》的计算规则,抹灰线条调和漆清单项目工程量计算如下:

抹灰线条调和漆清单工程量＝(0.45＋1.05)×2×2＝6(m)

抹灰线条调和漆项目清单见表 7-62。

分部分项工程量清单与计价表(抹灰线条调和漆项目清单)　　　　表 7-62

工程名称:　　　　　　　　　　标段:　　　　　　　　第　页　共　页

序号	项目编码	项目名称	项目特征描述	计量单位	工程量	金额(元)		
						综合单价	合价	其中暂估价
1	011404011001	抹灰线条油漆	底油 1 遍、刮腻子、调和漆 3 遍	m	6			

8)裱糊

（1）裱糊内容

《计量规范》附录 P 中规定,清单项目中的裱糊含 2 个分项,分别是:墙纸裱糊(011408001),织锦缎裱糊(011408002)。其项目设置要求见表 7-63(《计量规范》表 P.8)。

裱糊(编号:011408)　　　　　　表 7-63

项目编码	项目名称	项目特征	计量单位	工程量计算规则	工作内容
011408001	墙纸裱糊	1.基层类型; 2.裱糊部位; 3.腻子种类; 4.刮腻子遍数; 5.黏结材料种类; 6.防护材料种类; 7.面层材料品种、规格、颜色	m²	按设计图示尺寸以面积计算	1.基层清理; 2.刮腻子; 3.面层铺粘; 4.刷防护材料
011408002	织锦缎裱糊				

（2）计算实例

【例 7-34】 如图 7-34 为某接待中心办公室部分墙面装饰图，试根据《计量规范》计算工艺壁纸清单工程量并编制该分项工程量清单表。

解 依题意，根据《计量规范》的计算规则，混凝土墙面工艺壁纸清单项目工程量计算如下：

$$混凝土墙面工艺壁纸清单工程量 = 1.65 \times 1.68 = 2.77 (m^2)$$

混凝土墙面工艺壁纸项目清单见表 7-64。

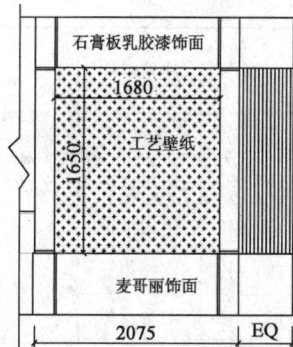

图 7-34 办公室部分墙面装饰图

分部分项工程量清单与计价表（混凝土墙面工艺壁纸项目清单） 表 7-64

工程名称： 标段： 第 页 共 页

序号	项目编码	项目名称	项目特征描述	计量单位	工程量	综合单价	合价	其中 暂估价
						金额（元）		
1	011408001001	墙纸裱糊	1.混凝土墙面刮腻子2遍； 2.对花工艺墙纸饰面	m²	2.77			

7.1.5 其他工程

1）柜类、货架

（1）柜类、货架内容

《计价规范》附录 Q 中规定，清单项目中的含 20 个分项，分别是：柜台（011501001），酒柜（011501002），衣柜（011501003），存包柜（011501004），鞋柜（011501005），书柜（011501006），厨房壁柜（011501007），木壁柜（011501008），厨房低柜（011501009），厨房吊柜（011501010），矮柜（011501011），吧台背柜（011501012），酒吧吊柜（011501013），酒吧台（011501014），展台（011501015），收银台（011501016），试衣间（011501017），货架（011501018），书架（011501019），服务台（011501020）。其项目设置要求见表 7-65（《计量规范》表 Q.1）。

柜类、货架（编号：011501） 表 7-65

项目编码	项目名称	项目特征	计量单位	工程量计算规则	工作内容
011501001	柜台	1.台柜规格； 2.材料种类、规格； 3.五金种类、规格； 4.防护材料种类； 5.油漆品种、刷漆遍数	1.个； 2.m； 3.m³	1.以个计量，按设计图示数量计量； 2.以 m 计量，按设计图示尺寸以延长米计算； 3.以 m³ 计量，按设计图示尺寸以体积计算	1.台柜制作、运输、安装（安放）； 2.刷防护材料、油漆； 3.五金件安装
011501002	酒柜				
011501003	衣柜				
011501004	存包柜				
011501005	鞋柜				
011501006	书柜				
011501007	厨房壁柜				

项目编码	项目名称	项 目 特 征	计量单位	工程量计算规则	工 作 内 容
011501008	木壁柜				
011501009	厨房低柜				
011501010	厨房吊柜				
011501011	矮柜				
011501012	吧台背柜	1.台柜规格;	1.个;	1.以个计量,按设计图示数量计量;	1.台柜制作、运输、安装
011501013	酒吧吊柜	2.材料种类、规格;	2.m;	2.以 m 计量,按设计图示尺寸以延长米计算;	(安放);
011501014	酒吧台	3.五金种类、规格;	3.m³	3.以 m³ 计量,按设计图示尺寸以体积计算	2.刷防护材料、油漆;
011501015	展台	4.防护材料种类;			3.五金件安装
011501016	收银台	5.油漆品种、刷漆遍数			
011501017	试衣间				
011501018	货架				
011501019	书架				
011501020	服务台				

(2)计算实例

【例 7-35】 如图 7-35 所示某宿舍楼的衣柜立面图,试根据《计量规范》计算衣柜清单工程量并编制该分项工程量清单表。

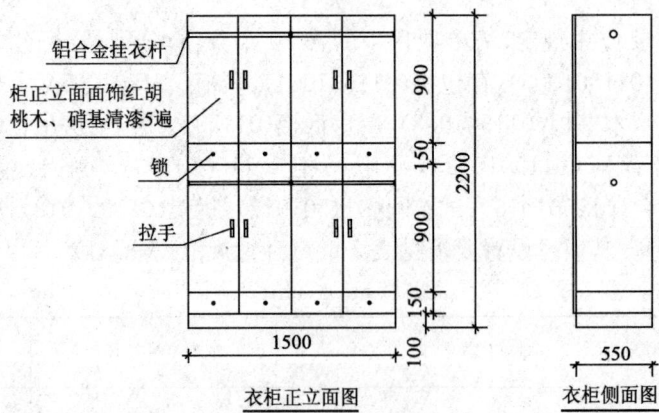

图 7-35 宿舍楼的衣柜立面图

解 依题意,根据《计量规范》的计算规则,衣柜清单项目工程量计算如下:

$$衣柜清单工程量＝1 个$$

衣柜项目清单见表 7-66。

工程名称：　　　　　　　　　　标段：　　　　　　　　　第　　页　共　　页

序号	项目编码	项目名称	项目特征描述	计量单位	工程量	金额（元）		
						综合单价	合价	其中
								暂估价
1	011501003001	衣柜	1. 铝合金挂衣杆； 2. 饰面胡桃木； 3. 硝基清漆 5 遍； 4. 金属拉手、金属锁； 5. 指接板柜体	个	1			

2）装饰线

（1）装饰线内容

《计量规范》附录 Q 中规定，清单项目中的装饰线含 8 个分项，分别是：金属装饰线（011502001），木质装饰线（011502002），石材装饰线（011502003），石膏装饰线（011502004），镜面玻璃线（011502005），铝塑装饰线（011502006），塑料装饰线（011502007），GRC 装饰线条（011502008）。其项目设置要求见表 7-67（《计量规范》表 Q.2）。

装饰线（编号：011502）　　　表 7-67

项目编码	项目名称	项目特征	计量单位	工程量计算规则	工作内容
011502001	金属装饰线	1. 基层类型； 2. 线条材料品种、规格、颜色； 3. 防护材料种类	m	按设计图示尺寸以长度计算	1. 线条制作、安装； 2. 刷防护材料
011502002	木质装饰线				
011502003	石材装饰线				
011502004	石膏装饰线				
011502005	镜面玻璃线	1. 基层类型； 2. 线条材料品种、规格、颜色； 3. 防护材料种类			
011502006	铝塑装饰线				线条制作、安装
011502007	塑料装饰线				
011502008	GRC 装饰线条	1. 基层类型； 2. 线条规格； 3. 线条安装部位； 4. 填充材料种类			

（2）计算实例

【例 7-36】　如图 7-36 所示，某接待室墙面立面图，试根据《计量规范》计算镜子周边 10mm 木压条清单工程量并编制该分项工程量清单表。

解　依题意，根据《计量规范》的计算规则，木质装饰线清单项目工程量计算如下：

$$木质装饰线清单工程量 = (0.63 + 1.85) \times 2$$

$$= 4.96(m)$$

木质装饰线项目清单见表 7-68。

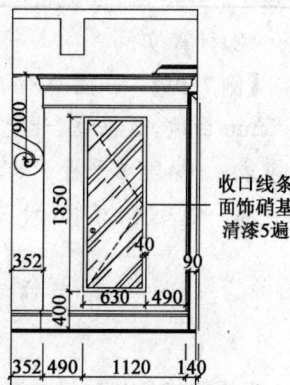

图 7-36　接待室墙面立面图

分部分项工程量清单与计价表(木质装饰线项目清单)　　　　　　表 7-68

工程名称：　　　　　　　　　　　标段：　　　　　　　　　　第　页　共　页

序号	项目编码	项目名称	项目特征描述	计量单位	工程量	金额(元)		
						综合单价	合价	其中
								暂估价
1	011502002001	木质装饰线	1.10mm 木装饰线条； 2.润油粉 2 遍、刮腻子、漆片、硝基清漆 5 遍	m	4.96			

3)扶手、栏杆、栏板装饰

(1)扶手、栏杆、栏板装饰内容

《计量规范》附录 Q 中规定，清单项目中的扶手、栏杆、栏板装饰含 8 个分项，分别是：金属扶手、栏杆、栏板(011503001)，硬木扶手、栏杆、栏板(011503002)，塑料扶手、栏杆、栏板(011503003)，GRC 栏杆、扶手(011503004)，金属靠墙扶手(011503005)，硬木靠墙扶手(011503006)，塑料靠墙扶手(011503007)，玻璃栏板(011503008)。其项目设置要求见表 7-69(《计量规范》表 Q.3)。

扶手、栏杆、栏板装饰(编码：011503)　　　　　　　　　表 7-69

项目编码	项目名称	项目特征	计量单位	工程量计算规则	工作内容
011503001	金属扶手、栏杆、栏板	1.扶手材料种类、规格、品牌； 2.栏杆材料种类、规格、品牌； 3.栏板材料种类、规格、品牌、颜色； 4.固定配件种类； 5.防护材料种类	m	按设计图示以扶手中心线长度(包括弯头长度)计算	1.制作； 2.运输； 3.安装； 4.刷防护材料
011503002	硬木扶手、栏杆、栏板				
011503003	塑料扶手、栏杆、栏板				
011503004	GRC 栏杆、扶手				
011503005	金属靠墙扶手	1.扶手材料种类、规格、品牌； 2.固定配件种类； 3.防护材料种类			1.制作； 2.运输； 3.安装； 4.刷防护材料
011503006	硬木靠墙扶手				
011503007	塑料靠墙扶手				
011503008	玻璃栏板				

(2)计算实例

【例 7-37】　如图 7-37 所示，某学校图书馆一层平面图，楼梯为 Φ50 不锈钢钢管栏杆，栏板为 5mm 白玻，试根据《计量规范》计算楼梯不锈钢钢管栏杆清单工程量并编制该分项工程量清单表。(梯段水平投影长＝300mm，踏步高＝150mm)

解　依题意，根据《计量规范》的计算规则，不锈钢钢管栏杆清单项目工程量计算如下：

$$扶手、栏杆、栏板装饰工程量＝水平投影长度×\frac{梯段斜长}{梯段水平投影长}$$

$$不锈钢钢管栏杆清单工程量＝(4.2+4.6)×\frac{\sqrt{0.15^2+0.3^2}}{0.3}+0.48+0.24=10.58(m)$$

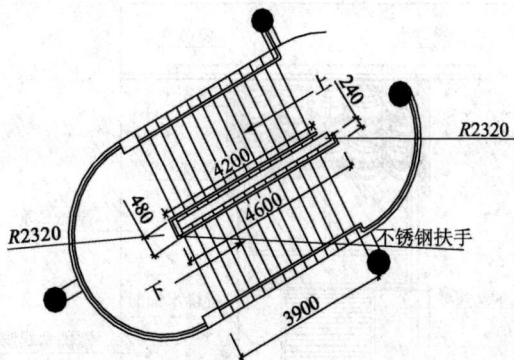

图 7-37　楼梯为不锈钢钢管栏杆示意图

不锈钢钢管栏杆项目清单见表 7-70。

分部分项工程量清单与计价表（不锈钢钢管栏杆项目清单）　　　表 7-70

工程名称：　　　　　　　　　　　　　标段：　　　　　　　第　页　共　页

序号	项目编码	项目名称	项目特征描述	计量单位	工程量	金额（元）		
						综合单价	合价	其中
								暂估价
1	011502002001	木质装饰线	1.10mm 木装饰线条； 2.润油粉 2 遍、刮腻子、漆片、硝基清漆 5 遍	m	10.58			

4）暖气罩

（1）暖气罩内容

《计量规范》附录 Q 中规定，清单项目中的暖气罩含 3 个分项，分别是：饰面板暖气罩（011504001），塑料板暖气罩（011504002），金属暖气罩（011504003）。其项目设置要求见表 7-71（《计量规范》表 Q.4）。

暖气罩（编号：011504）　　　表 7-71

项目编码	项目名称	项目特征	计量单位	工程量计算规则	工作内容
011504001	饰面板暖气罩	1.暖气罩材质； 2.防护材料种类	m²	按设计图示尺寸以垂直投影面积（不展开）计算	1.暖气罩制作、运输、安装； 2.刷防护材料、油漆
011504002	塑料板暖气罩				
011504003	金属暖气罩				

（2）计算实例

【例 7-38】　如图 7-38 所示包房内墙面装饰，暖气罩面刷聚氨酯漆 3 遍，试根据《计量规范》计算暖气罩清单工程量并编制该分项工程量清单表。

解　依题意，根据《计量规范》的计算规则，暖气罩清单项目工程量计算如下：

$$暖气罩清单工程量 = 0.78 \times 0.84 = 0.66 (m^2)$$

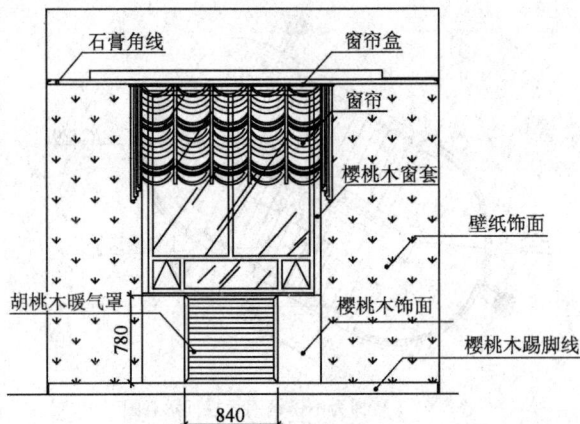

图 7-38　包房内墙面装饰

暖气罩项目清单见表 7-72。

分部分项工程量清单与计价表(暖气罩项目清单)　　　　　　表 7-72

工程名称：　　　　　　　　　标段：　　　　　　　第　页共　页

序号	项目编码	项目名称	项目特征描述	计量单位	工程量	金额(元)		
						综合单价	合价	其中 暂估价
1	011504001001	饰面板暖气罩	1.胡桃木暖气罩； 2.刷底油、刮腻子、聚氨酯漆3遍	m²	0.66			

5)浴厕配件

(1)暖气罩内容

《计量规范》附录 Q 中规定,清单项目中的浴厕配件含 11 个分项,分别是：洗漱台(011505001),晒衣架(011505002),帘子杆(011505003),浴缸拉手(011505004),卫生间扶手(011505005),毛巾杆(架)(011505006),毛巾环(011505007),卫生纸盒(011505008),肥皂盒(011505009),镜面玻璃(011505010),镜箱(011505011)。其项目设置要求见表 7-73(《计量规范》表 Q.5)。

浴厕配件(编号:011505)　　　　　　表 7-73

项目编码	项目名称	项目特征	计量单位	工程量计算规则	工作内容
011505001	洗漱台	1.材料品种、规格、品牌、颜色； 2.支架、配件品种、规格、品牌	1.m²； 2.个	1.按设计图示尺寸以台面外接矩形面积计算。不扣除孔洞、挖弯、削角所占面积,挡板、吊沿板面积并入台面面积内； 2.按设计图示数量计算	1.台面及支架、运输、安装； 2.杆、环、盒、配件安装； 3.刷油漆
011505002	晒衣架		个	按设计图示数量计算	
011505003	帘子杆				
011505004	浴缸拉手				
011505005	卫生间扶手				

项目编码	项目名称	项目特征	计量单位	工程量计算规则	工作内容
011505006	毛巾杆(架)		套		1.台面及支架制作、运输、安装;
011505007	毛巾环	1.材料品种、规格、品牌、颜色;	副	按设计图示数量计算	2.杆、环、盒、配件安装;
011505008	卫生纸盒	2.支架、配件品种、规格、品牌			3.刷油漆
011505009	肥皂盒		个		
011505010	镜面玻璃	1.镜面玻璃品种、规格; 2.框材质、断面尺寸; 3.基层材料种类; 4.防护材料种类	m²	按设计图示尺寸以边框外围面积计算	1.基层安装; 2.玻璃及框制作、运输、安装
011505011	镜箱	1.箱材质、规格; 2.玻璃品种、规格; 3.基层材料种类; 4.防护材料种类; 5.油漆品种、刷漆遍数	个	按设计图示数量计算	1.基层安装; 2.箱体制作、运输、安装; 3.玻璃安装; 4.刷防护材料、油漆

(2)计算实例

【例7-39】 如图7-39为卫生间立面图,试根据《计量规范》计算洗漱台清单工程量并编制该分项工程量清单表。

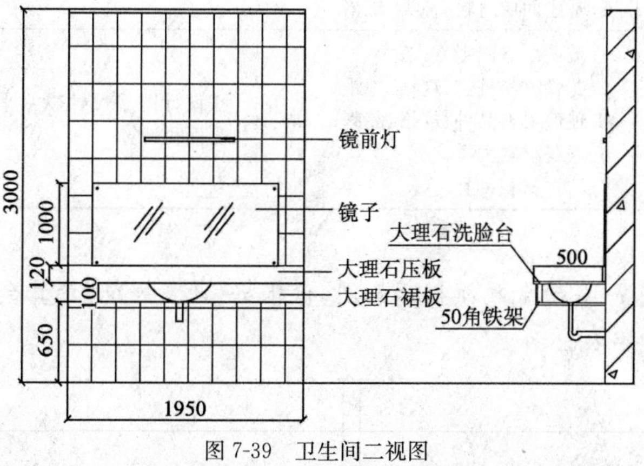

图7-39 卫生间二视图

解 依题意,根据《计量规范》的计算规则,洗漱台清单项目工程量计算如下:

洗漱台清单工程量=1.95×0.5+0.1×1.95+0.12×1.95=1.40(m²)

洗漱台项目清单见表7-74。

分部分项工程量清单与计价表(洗漱台项目清单)　　　　表7-74

工程名称:　　　　　　　标段:　　　　　　第 页 共 页

序号	项目编码	项目名称	项目特征描述	计量单位	工程量	综合单价	合价	其中 暂估价
1	011505001001	洗漱台	1.大理石裙板; 2.50角铁架焊接支撑; 3.角铁架面刷红丹防锈漆2遍,银粉漆2遍	m²	1.40			

6)雨篷、旗杆

(1)雨篷、旗杆内容

《计量规范》附录 Q 中规定,清单项目中的雨篷、旗杆含 3 个分项,分别是:雨篷吊挂饰面(011506001),金属旗杆(011506002),玻璃雨篷(011506003)。其项目设置要求见表 7-75(《计量规范》表 Q.6)。

雨篷、旗杆(编号:011506)   表 7-75

项目编码	项目名称	项目特征	计量单位	工程量计算规则	工作内容
011506001	雨篷吊挂饰面	1.基层类型; 2.龙骨材料种类、规格、中距; 3.面层材料品种、规格、品牌; 4.吊顶(天棚)材料品种、规格、品牌; 5.嵌缝材料种类; 6.防护材料种类	m²	按设计图示尺寸以水平投影面积计算	1.底层抹灰; 2.龙骨基层安装; 3.面层安装; 4.刷防护材料、油漆
011506002	金属旗杆	1.旗杆材料、种类、规格; 2.旗杆高度; 3.基础材料种类; 4.基座材料种类; 5.基座面层材料、种类、规格	根	按设计图示数量计算	1.土石挖、填、运; 2.基础混凝土浇筑; 3.旗杆制作、安装; 4.旗杆台座制作、饰面
011506003	玻璃雨篷	1.玻璃雨篷固定方式; 2.龙骨材料种类、规格、中距; 3.玻璃材料品种、规格、品牌; 4.嵌缝材料种类; 5.防护材料种类	m²	按设计图示尺寸以水平投影面积计算	1.龙骨基层安装; 2.面层安装; 3.刷防护材料、油漆

(2)计算实例

【例 7-40】 如图 7-40 为金属旗杆示意图,试根据《计量规范》计算金属旗杆清单工程量并编制该分项工程量清单表。

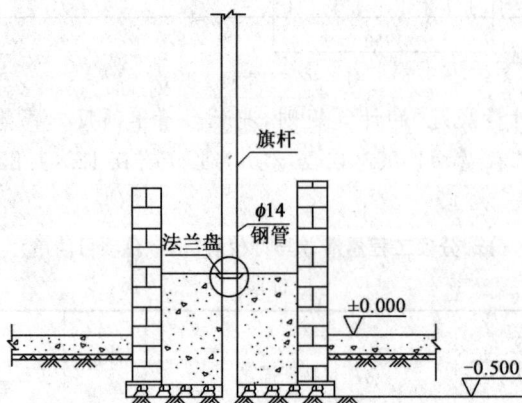

图 7-40 金属旗杆示意图

解 依题意,根据《计量规范》的计算规则,旗杆清单项目工程量计算如下:

旗杆清单工程量=1 根

旗杆项目清单见表 7-76。

工程名称: 标段: 第 页 共 页

序号	项目编码	项目名称	项目特征描述	计量单位	工程量	金额(元)		
						综合单价	合价	其中
								暂估价
1	011506002001	金属旗杆	1. 不锈钢电动旗杆; 2. 12m 高; 3. 碎石垫层,混凝土基础; 4. 砖砌体维护	根	1			

7)招牌、灯箱

(1)招牌、灯箱内容

《计量规范》附录 Q 中规定,清单项目中的招牌、灯箱含 4 个分项,分别是:平面、箱式招牌(011507001),竖式标箱(011507002),灯箱(011507003),信报箱(011507004)。其项目设置要求见表 7-77(《计量规范》表 Q.7)。

招牌、灯箱(编号:011507) 表 7-77

项目编码	项目名称	项目特征	计量单位	工程量计算规则	工 作 内 容
011507001	平面、箱式招牌	1. 箱体规格; 2. 基层材料种类; 3. 面层材料种类; 4. 防护材料种类	m²	按设计图示尺寸以正立面边框外围面积计算。复杂形的凸凹造型部分不增加面积	1. 基层安装; 2. 箱体及支架制作、运输、安装; 3. 面层制作、安装; 4. 刷防护材料、油漆
011507002	竖式标箱	1. 箱体规格; 2. 基层材料种类; 3. 面层材料种类; 4. 防护材料种类; 5. 户数	个	按设计图示数量计算	
011507003	灯箱				
011507004	信报箱				

（2）计算公式

【例 7-41】 如图 7-41 为 600mm×200mm×450mm 角铁架箱体,有机玻璃片饰面灯箱示意图,试根据《计量规范》计算箱体招牌清单工程量并编制该分项工程量清单表。

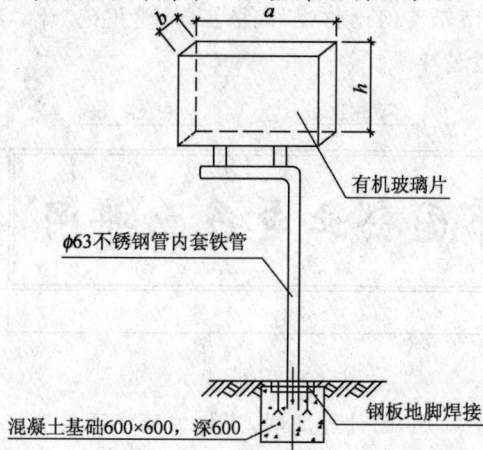

图 7-41 有机玻璃片灯箱示意图

解 依题意,根据《计量规范》的计算规则,灯箱清单项目工程量计算如下:

$$灯箱清单工程量＝1 个$$

灯箱项目清单见表 7-78。

分部分项工程量清单与计价表(灯箱项目清单)　　　　　　　　表 7-78

工程名称:　　　　　　　　　　　标段:　　　　　　　　　第　页共　页

序号	项目编码	项目名称	项目特征描述	计量单位	工程量	金额(元)		
						综合单价	合价	其中
								暂估价
1	011507003001	灯箱	1.600mm×200mm×450mm 角铁架箱体; 2.有机玻璃片饰面	个	1			

8)美术字

(1)美术字内容

《计量规范》附录 Q 中规定,清单项目中的美术字含 5 个分项,分别是:泡沫塑料字(011508001),有机玻璃字(011508002),木质字(011508003),金属字(011508004),吸塑字(011508005)。其项目设置要求见表 7-79(《计量规范》表 Q.8)。

美术字(编号:011508)　　　　　　　　表 7-79

项目编码	项目名称	项目特征	计量单位	工程量计算规则	工作内容
011508001	泡沫塑料字	1.基层类型; 2.镂字材料品种、颜色; 3.字体规格; 4.固定方式; 5.油漆品种、刷漆遍数	个	按设计图示数量计算	1.字制作、运输、安装; 2.刷油漆
011508002	有机玻璃字				
011508003	木质字				
011508004	金属字				
011508005	吸塑字				

(2)计算实例

【例 7-42】 如图 7-42 所示某网站招牌,试根据《计量规范》计算红色有机玻璃招牌字清单工程量并编制该分项工程量清单表。

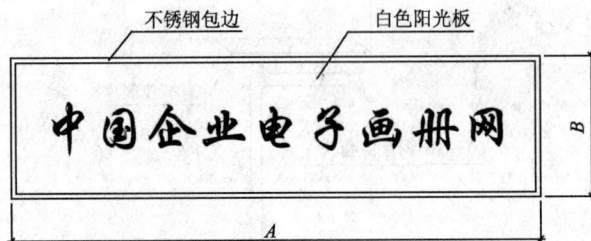

图 7-42 网站招牌示意图

解 依题意,根据《计量规范》的计算规则,有机玻璃字清单项目工程量计算如下:

$$有机玻璃字清单工程量＝9 个$$

有机玻璃字项目清单见表 7-80。

分部分项工程量清单与计价表（有机玻璃字项目清单）　　　　表 7-80

工程名称：　　　　　　　　　标段：　　　　　　第　页共　页

序号	项目编码	项目名称	项目特征描述	计量单位	工程量	金额（元）		
						综合单价	合价	其中
								暂估价
1	011508002001	有机玻璃字	红色有机玻璃字	个	9			

7.1.6 拆除工程

二次装修往往存在一些拆除项目，拆除项目的算量计价也包含在整个预算里，2013 版《计价规范》对拆除工程的项目计量做出了明确的规定，由于拆除项目与制作项目的计算方法基本对应，本节不一一列举案例。

1）砖砌体拆除

《计量规范》附录 R 中规定，清单项目中的砖砌体拆除只有砖砌体拆除（011601001）1 个分项，其项目设置要求见表 7-81（《计量规范》表 R.1）。

砖砌体拆除（编码：011601）　　　　表 7-81

项目编码	项目名称	项目特征	计量单位	工程量计算规则	工作内容
011601001	砖砌体拆除	1. 砌体名称； 2. 砌体材质； 3. 拆除高度； 4. 拆除砌体的截面尺寸； 5. 砌体表面的附着物种类	1. m³； 2. m	1. 以 m³ 计量，按拆除的体积计算； 2. 以 m 计量，按拆除的延长米计算	1. 拆除； 2. 控制扬尘； 3. 清理； 4. 建渣场内、外运输

注：1. 砌体名称指墙、柱、水池等；
　　2. 砌体表面的附着物种类指抹灰层、块料层、龙骨及装饰面层等；
　　3. 以 m 计量，如砖地沟、砖明沟等必须描述拆除部位的截面尺寸；以 m³ 计量，截面尺寸则不必描述。

2）混凝土及钢筋混凝土构件拆除

《计量规范》附录 R 中规定，清单项目中的混凝土及钢筋混凝土构件拆除含 2 个分项，分别是：混凝土构件拆除（011602001），钢筋混凝土构件拆除（011602002）。其项目设置要求见表 7-82（《计量规范》表 R.2）。

混凝土及钢筋混凝土构件拆除（编码：011602）　　　　表 7-82

项目编码	项目名称	项目特征	计量单位	工程量计算规则	工作内容
011602001	混凝土构件拆除	1. 构件名称； 2. 拆除构件的厚度或规格尺寸； 3. 构件表面的附着物种类	1. m³； 2. m²； 3. m	1. 以 m³ 计量，按拆除构件的混凝土体积计算； 2. 以 m² 计量，按拆除部位的面积计算； 3. 以 m 计量，按拆除部位的延长米计算	1. 拆除； 2. 控制扬尘； 3. 清理； 4. 建渣场内、外运输
011602002	钢筋混凝土构件拆除				

注：1. 以 m³ 作为计量单位时，可不描述构件的规格尺寸，以 m² 作为计量单位时，则应描述构件的厚度，以 m 作为计量单位时，则必须描述构件的规格尺寸。
　　2. 构件表面的附着物种类指抹灰层、块料层、龙骨及装饰面层等。

3)木构件拆除

《计量规范》附录 R 中规定,清单项目中的木构件拆除只有木构件拆除(011603001)1 个分项,其项目设置要求见表 7-83(《计量规范》表 R.3)。

项目编码	项目名称	项目特征	计量单位	工程量计算规则	工作内容
011603001	木构件拆除	1. 构件名称; 2. 拆除构件的厚度或规格尺寸; 3. 构件表面的附着物种类	1. m³; 2. m²; 3. m	1. 以 m³ 计算,按拆除构件的混凝土体积计算; 2. 以 m² 计算,按拆除面积计算; 3. 以 m 计算,按拆除延长米计算	1. 拆除; 2. 控制扬尘; 3. 清理; 4. 建渣场内、外运输

注:1. 拆除木构件应按木梁、木柱、木楼梯、木屋架、承重木楼板等分别在构件名称中描述。

　　2. 以 m³ 作为计量单位时,可不描述构件的规格尺寸,以 m² 作为计量单位时,则应描述构件的厚度,以 m 作为计量单位时,则必须描述构件的规格尺寸。

　　3. 构件表面的附着物种类指抹灰层、块料层、龙骨及装饰面层等。

4)抹灰面拆除

《计量规范》附录 R 中规定,清单项目中的抹灰面拆除含 3 个分项,分别是:平面抹灰层拆除(011604001),立面抹灰层拆除(011604002),天棚抹灰面拆除(011604003)。其项目设置要求见表 7-84(《计量规范》表 R.4)。

项目编码	项目名称	项目特征	计量单位	工程量计算规则	工作内容
011604001	平面抹灰层拆除	1. 拆除部位; 2. 抹灰层种类	m²	按拆除部位的面积计算	1. 拆除; 2. 控制扬尘; 3. 清理; 4. 建渣场内、外运输
011604002	立面抹灰层拆除				
011604003	天棚抹灰面拆除				

注:1. 单独拆除抹灰层应按《计量规范》表 P.4 项目编码列项。

　　2. 抹灰层种类可描述为一般抹灰或装饰抹灰。

5)块料面层拆除

《计量规范》附录 R 中规定,清单项目中的块料面层拆除含 2 个分项,分别是:平面块料拆除(011605001),立面块料拆除(011605002)。其项目设置要求见表 7-85(《计量规范》表 R.5)。

项目编码	项目名称	项目特征	计量单位	工程量计算规则	工作内容
011605001	平面块料拆除	1. 拆除的基层类型; 2. 饰面材料种类	m²	按拆除面积计算	1. 拆除; 2. 控制扬尘; 3. 清理; 4. 建渣场内、外运输
011605002	立面块料拆除				

注:1. 如仅拆除块料层,拆除的基层类型不用描述。

　　2. 拆除的基层类型的描述指砂浆层、防水层、干挂或挂贴所采用的钢骨架层等。

6)龙骨及饰面拆除

《计量规范》附录 R 中规定,清单项目中的龙骨及饰面拆除含 3 个分项,分别是:楼地面龙骨及饰面拆除(011606001),墙柱面龙骨及饰面拆除(011606002),天棚面龙骨及饰面拆除(011606003)。其项目设置要求见表 7-86(《计量规范》表 R.6)。

表 7-86

龙骨及饰面拆除(编码:011606)

项目编码	项目名称	项 目 特 征	计量单位	工程量计算规则	工 作 内 容
011606001	楼地面龙骨及饰面拆除				1.拆除;
011606002	墙柱面龙骨及饰面拆除	1.拆除的基层类型; 2.龙骨及饰面种类	m²	按拆除面积计算	2.控制扬尘; 3.清理; 4.建渣场内、外运输
011606003	天棚面龙骨及饰面拆除				

注:1.基层类型的描述指砂浆层、防水层等。
　　2.如仅拆除龙骨及饰面,拆除的基层类型不用描述。
　　3.如只拆除饰面,不用描述龙骨材料种类。

7)屋面拆除

《计量规范》附录 R 中规定,清单项目中的屋面拆除含 2 个分项,分别是:刚性层拆除(011607001),防水层拆除(011607002)。其项目设置要求见表 7-87(《计量规范》表 R.7)。

屋面拆除(编码:011607)

表 7-87

项目编码	项目名称	项 目 特 征	计量单位	工程量计算规则	工 作 内 容
011607001	刚性层拆除	刚性层厚度			1.铲除;
011607002	防水层拆除	防水层种类	m²	按铲除部位的面积计算	2.控制扬尘; 3.清理; 4.建渣场内、外运输

8)铲除油漆涂料裱糊面

《计量规范》附录 R 中规定,清单项目中的铲除油漆涂料裱糊面含 3 个分项,分别是:铲除油漆面(011608001),铲除涂料面(011608002),铲除裱糊面(011608003)。其项目设置要求见表 7-88(《计量规范》表 R.8)。

铲除油漆涂料裱糊面(编码:011608)

表 7-88

项目编码	项目名称	项 目 特 征	计量单位	工程量计算规则	工 作 内 容
011608001	铲除油漆面			1.以 m² 计算,按铲除部位的面积计算;	1.铲除;
011608002	铲除涂料面	1.铲除部位名称; 2.铲除部位的截面尺寸	1. m²; 2. m		2.控制扬尘; 3.清理;
011608003	铲除裱糊面			2.以 m 计算,按铲除部位的延长米计算	4.建渣场内、外运输

注:1.单独铲除油漆涂料裱糊面的工程按表 7-63 编码列项。
　　2.铲除部位名称的描述指墙面、柱面、天棚、门窗等。
　　3.按 m 计算,必须描述铲除部位的截面尺寸,以 m² 计量时,则不用描述铲除部位的截面尺寸。

9)栏杆、轻质隔断隔墙拆除

《计量规范》附录 R 中规定,清单项目中的栏杆、轻质隔断隔墙拆除含 2 个分项,分别是:栏杆、栏板拆除(011609001),隔断隔墙拆除(011609002)。其项目设置要求见表 7-89(《计量规范》表 R.9)。

栏杆、轻质隔断隔墙拆除(编码:011609)　　　　　　　　表 7-89

项目编码	项目名称	项目特征	计量单位	工程量计算规则	工作内容
011609001	栏杆、栏板拆除	1.栏杆(板)的高度; 2.栏杆、栏板种类	1.m²; 2.m	1.以 m² 计量,按拆除部位的面积计算; 2.以 m 计量,按拆除的延长米计算	1.拆除; 2.控制扬尘; 3.清理; 4.建渣场内、外运输
011609002	隔断隔墙拆除	1.拆除隔墙的骨架种类; 2.拆除隔墙的饰面种类	m²	按拆除部位的面积计算	

注:以 m² 计量,不用描述栏杆(板)的高度。

10)门窗拆除

《计量规范》附录 R 中规定,清单项目中的门窗拆除含 2 个分项,分别是:木门窗拆除(011610001),金属门窗拆除(011610002)。其项目设置要求见表 7-90(《计量规范》表 R.10)。

门窗拆除(编码:011610)　　　　　　　　表 7-90

项目编码	项目名称	项目特征	计量单位	工程量计算规则	工作内容
011610001	木门窗拆除	1.室内高度; 2.门窗洞口尺寸	1.m²; 2.樘	1.以 m² 计量,按拆除面积计算; 2.以樘计量,按拆除樘数计算	1.拆除; 2.控制扬尘; 3.清理; 4.建渣场内、外运输
011610002	金属门窗拆除				

注:门窗拆除以 m² 计量,不用描述门窗的洞口尺寸。室内高度指室内楼地面至门窗的上边框。

11)金属构件拆除

《计量规范》附录 R 中规定,清单项目中的金属构件拆除含 5 个分项,分别是:钢梁拆除(011611001),钢柱拆除(011611002),钢网架拆除(011611003),钢支撑、钢墙架拆除(011611004),其他金属构件拆除(011611005)。其项目设置要求见表 7-91(《计量规范》表 R.11)。

金属构件拆除(编码:011611)　　　　　　　　表 7-91

项目编码	项目名称	项目特征	计量单位	工程量计算规则	工作内容
011611001	钢梁拆除		1.t; 2.m	1.以 t 计量,按拆除构件的质量计算; 2.以 m 计量,按拆除延长米计算	
011611002	钢柱拆除				1.拆除; 2.控制扬尘; 3.清理; 4.建渣场内、外运输
011611003	钢网架拆除	1.构件名称; 2.拆除构件的规格尺寸	t	按拆除构件的质量计算	
011611004	钢支撑、钢墙架拆除		1.t; 2.m	1.以 t 计量,按拆除构件的质量计算; 2.以 m 计量,按拆除延长米计算	
011611005	其他金属构件拆除				

12）管道及卫生洁具拆除

《计量规范》附录 R 中规定,清单项目中的管道及卫生洁具拆除含 2 个分项,分别是:管道拆除(011612001),卫生洁具拆除(011612002)。其项目设置要求见表 7-92(《计量规范》表 R.12)。

管道及卫生洁具拆除（编码:011612）　　　　　　　　　　　　　　　表 7-92

项目编码	项目名称	项 目 特 征	计量单位	工程量计算规则	工 作 内 容
011612001	管道拆除	1. 管道种类、材质; 2. 管道上的附着物种类	m	按拆除管道的延长米计算	1. 拆除; 2. 控制扬尘; 3. 清理; 4. 建渣场内、外运输
011612002	卫生洁具拆除	卫生洁具种类	1. 套; 2. 个	按拆除的数量计算	

13）灯具、玻璃拆除

《计量规范》附录 R 中规定,清单项目中的灯具、玻璃拆除含 2 个分项,分别是:灯具拆除(011613001),玻璃拆除(011613002)。其项目设置要求见表 7-93(《计量规范》表 R.13)。

灯具、玻璃拆除（编码:011613）　　　　　　　　　　　　　　　表 7-93

项目编码	项目名称	项 目 特 征	计量单位	工程量计算规则	工 作 内 容
011613001	灯具拆除	1. 拆除灯具高度; 2. 灯具种类	套	按拆除的数量计算	1. 拆除; 2. 控制扬尘; 3. 清理; 4. 建渣场内、外运输
011613002	玻璃拆除	1. 玻璃厚度; 2. 拆除部位	m²	按拆除的面积计算	

注:拆除部位的描述指门窗玻璃、隔断玻璃、墙玻璃、家具玻璃等。

14）其他构件拆除

《计量规范》附录 R 中规定,清单项目中的其他构件拆除含 6 个分项,分别是:暖气罩拆除(011614001),柜体拆除(011614002),窗台板拆除(011614003),筒子板拆除(011614004),窗帘盒拆除(011614005),窗帘轨拆除(011614006)。其项目设置要求见表 7-94(《计量规范》表 R.14)。

其他构件拆除（编码:011614）　　　　　　　　　　　　　　　表 7-94

项目编码	项目名称	项 目 特 征	计量单位	工程量计算规则	工 作 内 容
011614001	暖气罩拆除	暖气罩材质	1. 个; 2. m	1. 以个为单位计量,按拆除个数计算; 2. 以 m 为单位计量,按拆除延长米计算	1. 拆除; 2. 控制扬尘; 3. 清理; 4. 建渣场内、外运输
011614002	柜体拆除	1. 柜体材质; 2. 柜体尺寸:长、宽、高			
011614003	窗台板拆除	窗台板平面尺寸	1. 块; 2. m	1. 以块计量,按拆除数量计算; 2. 以 m 计量,按拆除的延长米计算	
011614004	筒子板拆除	筒子板的平面尺寸			
011614005	窗帘盒拆除	窗帘盒的平面尺寸	m	按拆除的延长米计算	
011614006	窗帘轨拆除	窗帘轨的材质			

注:双轨窗帘轨拆除按双轨长度分别计算工程量。

15)开孔(打洞)

《计量规范》附录 R 中规定,清单项目中的开孔(打洞)只有开孔(打洞)(011615001)1 个分项,其项目设置要求见表 7-95(《计量规范》表 R.15)。

开孔(打洞)(编码:011615)   表 7-95

项目编码	项目名称	项 目 特 征	计量单位	工程量计算规则	工 作 内 容
011615001	开孔(打洞)	1. 部位; 2. 打洞部位材质; 3. 洞尺寸	个	按数量计算	1. 拆除; 2. 控制扬尘; 3. 清理; 4. 建渣场内、外运输

注:1. 部位可描述为墙面或楼板。

　　2. 打洞部位材质可描述为页岩砖或空心砖或钢筋混凝土等。

7.1.7 施工技术措施单价项目清单工程量计算

脚手架清单工程量计算如下:

1)脚手架分项内容

《计量规范》附录 S 中规定,清单项目中的脚手架工程含 8 个分项,分别是:综合脚手架(011701001),外脚手架(011701002),里脚手架(011701003),悬空脚手架(011701004),挑脚手架(011701005),满堂脚手架(011701006),整体提升架(011701007),外装饰吊篮(011701008)。其项目设置要求见表 7-96(《计量规范》表 S.1)。

脚手架工程(编码:011701)   表 7-96

项目编码	项目名称	项 目 特 征	计量单位	工程量计算规则	工 作 内 容
011701001	综合脚手架	1. 建筑结构形式; 2. 檐口高度	m²	按建筑面积计算	1. 场内、场外材料搬运; 2. 搭、拆脚手架、斜道、上料平台; 3. 安全网的铺设; 4. 选择附墙点与主体连接; 5. 测试电动装置、安全锁等; 6. 拆除脚手架后材料的堆放
011701002	外脚手架	1. 搭设方式; 2. 搭设高度; 3. 脚手架材质	m²	按所服务对象的垂直投影面积计算	1. 场内、场外材料搬运; 2. 搭、拆脚手架、斜道、上料平台; 3. 安全网的铺设; 4. 拆除脚手架后材料的堆放
011701003	里脚手架				
011701004	悬空脚手架	1. 搭设方式; 2. 悬挑宽度; 3. 脚手架材质	m	按搭设的水平投影面积计算	
011701005	挑脚手架			按搭设长度乘以搭设层数以延长米计算	
011701006	满堂脚手架	1. 搭设方式; 2. 搭设高度; 3. 脚手架材质	m²	按搭设的水平投影面积计算	

项目编码	项目名称	项目特征	计量单位	工程量计算规则	工作内容
011701007	整体提升架	1.搭设方式及启动装置; 2.搭设高度	m²	按所服务对象的垂直投影面积计算	1.场内、场外材料搬运; 2.选择附墙点与主体连接; 3.搭、拆脚手架、斜道、上料平台; 4.安全网的铺设; 5.测试电动装置、安全锁等; 6.拆除脚手架后材料的堆放
011701008	外装饰吊篮	1.升降方式及启动装置; 2.搭设高度及吊篮型号	m²	按所服务对象的垂直投影面积计算	1.场内、场外材料搬运; 2.吊篮的安装; 3.测试电动装置、安全锁、平衡控制器等; 4.吊篮的拆卸

注:1.使用综合脚手架时,不再使用外脚手架、里脚手架等单项脚手架;综合脚手适用于能够按《建筑面积计算规则》计算建筑面积的建筑工程脚手架,不适用于房屋加层、构筑物及附属工程脚手架。

2.同一建筑物有不同檐高时,按建筑物竖向切面分别按不同檐高编列清单项目。

3.整体提升架已包括2m高的防护架体设施。

4.脚手架材质可以不描述,但应注明由投标人根据工程情况按照国家现行标准《建筑施工扣件式钢管脚手架安全技术规范》(JGJ 130—2011)、《建筑施工附着升降脚手架管理暂行规定》(建建〔2000〕230号)等规范自行确定。

2)计算实例

以综合脚手架和满堂脚手架为例进行说明。

(1)综合脚手架

综合脚手架是由钢管、竹、木及扣件搭设的,用于外墙砌筑、装饰及内墙砌筑。综合脚手架是按建筑面积(附建筑面积计算规则)计算工程量的,与建筑结构形式和檐口高度有关,报价考虑各地区定额的规定。

【例7-43】 某建筑物6层,地下室一层,建筑面积为1000m²,其余每层建筑面积均为800m²,底层层高为8.7m,二层层高为6.6m,其余各层层高为3m,试根据《计量规范》计算综合脚手架字清单工程量并编制该分项工程量清单表。

解 依题意,根据《计量规范》的计算规则,综合脚手架清单项目工程量计算如下:

综合脚手架清单工程量＝1000＋800×6＝5800(m²)

综合脚手架项目清单见表7-97。

分部分项工程量清单与计价表(综合脚手架项目清单)　　　　　表7-97

工程名称:　　　　　　　　　　标段:　　　　　　　　第　页共　页

序号	项目编码	项目名称	项目特征描述	计量单位	工程量	综合单价	合价	其中暂估价
1	011701001001	综合脚手架	1.9m以内钢管里脚手架; 2.底层层高为8.7m,二层层高为6.6m,其余各层层高为3m	m²	5800			

（2）里脚手架

【例 7-44】 如图 7-43 所示某办公室内墙面、柱面、天棚面乳胶漆,已知室内净高为 3.2m,试根据《计量规范》计算简易脚手架清单工程量并编制该分项工程量清单表。

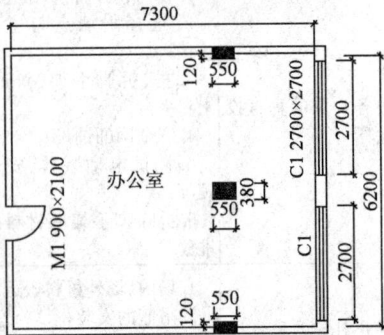

图 7-43 办公室平面图

解 依题意,根据《计量规范》的计算规则,里脚手架清单项目工程量计算如下:

墙面简易脚手架工程量 $=(7.3+6.2)\times2\times3.2+$
$(0.12\times2)\times2\times3.2-$
$0.9\times2.1-2.7\times2.7\times$
$2=71.47(m^2)$

柱面简易脚手架工程量 $=(0.55+0.38+3.6)\times2\times3.2$
$=28.99(m^2)$

里脚手架项目清单见表 7-98。

分部分项工程量清单与计价表(里脚手架项目清单)　　　　表 7-98

工程名称:　　　　　　　　　标段:　　　　　　　　第　页　共　页

序号	项目编码	项目名称	项目特征描述	计量单位	工程量	金额(元)		
						综合单价	合价	其中暂估价
1	011701003001	里脚手架	1.装饰简易内脚手架; 2.内墙、柱面 3.6m 以内; 3.松木锯材	m²	71.47			
2	011701003002	里脚手架	1.装饰简易内脚手架; 2.天棚面 3.6m 以内; 3.松木锯材	m²	28.99			

（3）满堂脚手架

【例 7-45】 某办公室内墙面、柱面、天棚面乳胶漆,已知室内净高为 4.6m,搭设水平投影净面积为 80m²,试根据《计量规范》计算满堂脚手架清单工程量并编制该分项工程量清单表。

解 依题意,根据《计量规范》的计算规则,里脚手架清单项目工程量计算如下:

$$满堂脚手架清单工程量=80m^2$$

满堂脚手架清单项目清单见表 7-99。

分部分项工程量清单与计价表(满堂脚手架项目清单)　　　　表 7-99

工程名称:　　　　　　　　　标段:　　　　　　　　第　页　共　页

序号	项目编码	项目名称	项目特征描述	计量单位	工程量	金额(元)		
						综合单价	合价	其中暂估价
1	011701006001	满堂脚手架	1.钢管扣件,竹脚手板; 2.室内净高 4.6m	m²	80			

7.1.8 垂直运输工程工程量计算

(1)垂直运输分项内容

《计量规范》附录 S 中规定,清单项目中的垂直运输只有垂直运输(011703001)1 个分项,其项目设置要求见表 7-100(《计量规范》表 S.3)。

垂直运输(011703)　　　　　　　　　　表 7-100

项目编码	项目名称	项 目 特 征	计量单位	工程量计算规则	工 作 内 容
011703001	垂直运输	1. 建筑物建筑类型及结构形式; 2. 地下室建筑面积; 3. 建筑物檐口高度、层数	1. m²; 2. 天	1. 按建筑面积计算; 2. 按施工工期日历天数	1. 垂直运输机械的固定装置、基础制作、安装; 2. 行走式垂直运输机械轨道的铺设、拆除、摊销

注:1.建筑物的檐口高度是指设计室外地坪至檐口滴水的高度(平屋顶系指屋面板底高度),突出主体建筑物屋顶的电梯机房、楼梯出口间、水箱间、瞭望塔、排烟机房等不计入檐口高度。

2.垂直运输机械指施工工程在合理工期内所需的垂直运输机械。

3.同一建筑物有不同檐高时,按建筑物的不同檐高做纵向分割,分别计算建筑面积,以不同檐高分别编码列项。

(2)计算实例

【例 7-46】 某建筑物 4 层,每层建筑面积均为 1200m²,地下室一层 1200m²,试根据《计量规范》计算该工程垂直运输清单工程量并编制该分项工程量清单表。

解 依题意,根据《计量规范》的计算规则,垂直运输里脚手架清单项目工程量计算如下:

$$垂直运输清单工程量=1200×5=6000(m²)$$

垂直运输清单项目清单见表 7-101。

分部分项工程量清单与计价表(垂直运输项目清单)　　　表 7-101

工程名称:　　　　　　　　　标段:　　　　　　　第　页　共　页

序号	项目编码	项目名称	项目特征描述	计量单位	工程量	金额(元)		
						综合单价	合价	其中 暂估价
1	011703001001	垂直运输	1.建筑物 4 层,每层建筑面积均为 1200m²; 2.地下室一层 1200m²	m²	6000			

【例 7-47】 某建筑物 10 层,檐口高度 42m,每层建筑面积为 800m²,试根据《计量规范》计算该工程垂直运输及超高清单工程量并编制该分项工程量清单表。

解 依题意,根据《计量规范》的计算规则,垂直运输里脚手架清单项目工程量计算如下:

$$垂直运输清单工程量=800×10=8000(m²)$$

垂直运输清单项目清单见表 7-102。

337

Building Decoration Engineering Budget

第 7 章　清单计价模式下清单项目计量详解

分部分项工程量清单与计价表(垂直运输项目清单) 表 7-102

工程名称： 标段： 第 页 共 页

序号	项目编码	项目名称	项目特征描述	计量单位	工程量	金额(元)		
						综合单价	合价	其中 暂估价
1	011703001001	垂直运输	1. 建筑物 10 层，每层建筑面积均为 800m²； 2. 檐口高度 42m	m²	8000			

7.1.9 安全文明施工及其他措施项目

(1)安全文明施工及其他措施项目分项内容

《计价规范》附录 S 中规定,清单项目中的安全文明施工及其他措施项目含 7 个分项,分别是:安全文明施工(011707001),夜间施工(011707002),非夜间施工照明(011707003),二次搬运(011707004),冬雨季施工(011707005),地上、地下设施、建筑物的临时保护设施(011707006),已完工程及设备保护(011707007)。其项目设置要求见表 7-103。

(S.7)安全文明施工及其他措施项目(011707) 表 7-103

项目编码	项目名称	工作内容及包含范围
011707001	安全文明施工	1.环境保护包含范围:现场施工机械设备降低噪声、防扰民措施费用;水泥和其他易飞扬细颗粒建筑材料密闭存放或采取覆盖措施等费用;工程防扬尘洒水费用;土石方、建渣外运车辆冲洗、防洒漏等费用;现场污染源的控制、生活垃圾清理外运、场地排水排污措施的费用;其他环境保护措施费用。 2.文明施工包含范围:"五牌一图"的费用;现场围挡的墙面美化(包括内外粉刷、刷白、标语等)、压顶装饰费用;现场厕所便槽刷白、贴瓷砖,水泥砂浆地面或地砖费用,建筑物内临时便溺设施费用;其他施工现场临时设施的装饰装修、美化措施费用;现场生活卫生设施费用;符合卫生要求的饮水设备、淋浴、消毒等设施费用;生活用洁净燃料费用;防煤气中毒、防蚊虫叮咬等措施费用;施工现场操作场地的硬化费用;现场绿化费用、治安综合治理费用;现场配备医药保健器材、物品费用和急救人员培训费用;用于现场工人的防暑降温费、电风扇、空调等设备及用电费用;其他文明施工措施费用。 3.安全施工包含范围:安全资料、特殊作业专项方案的编制,安全施工标志的购置及安全宣传的费用;"三宝"(安全帽、安全带、安全网)、"四口"(楼梯口、电梯井口、通道口、预留洞口)、"五临边"(阳台周边、楼板周边、屋面周边、槽坑周边、卸料平台两侧)、水平防护架、垂直防护架、外架封闭等防护的费用;施工安全用电的费用,包括配电箱三级配电、两级保护装置要求、外电防护措施;起重机、塔吊等起重设备(含井架、门架)及外用电梯的安全防护措施(含警示标志)费用及卸料平台的临边防护、层间安全门、防护棚等设施费用;建筑工地起重机械的检验检测费用;施工机具防护棚及其围栏的安全保护设施费用;施工安全防护通道的费用;工人的安全防护用品、用具购置费用;消防设施与消防器材的配置费用;电气保护、安全照明设施费;其他安全防护措施费用。 4.临时设施包含范围:施工现场采用彩色、定型钢板,砖、混凝土砌块等围挡的安砌、维修、拆除费或摊销费;施工现场临时建筑物、构筑物的搭设、维修、拆除或摊销的费用;如临时宿舍、办公室、食堂、厨房、厕所、诊疗所、临时文化福利用房、临时仓库、加工场、搅拌台、临时简易水塔、水池等。施工现场临时设施的搭设、维修、拆除或摊销的费用。如临时供水管道、临时供电管线、小型临时设施等;施工现场规定范围内临时简易道路铺设,临时排水沟、排水设施安砌、维修、拆除的费用;其他临时设施费搭设、维修、拆除或摊销的费用

338

项目编码	项目名称	工作内容及包含范围
011707002	夜间施工	1.夜间固定照明灯具和临时可移动照明灯具的设置、拆除。 2.夜间施工时,施工现场交通标志、安全标牌、警示灯等的设置、移动、拆除。 3.包括夜间照明设备摊销及照明用电、施工人员夜班补助、夜间施工劳动效率降低等费用
011707003	非夜间施工照明	为保证工程施工正常进行,在如地下室等特殊施工部位施工时所采用的照明设备的安拆、维护、摊销及照明用电等费用
011707004	二次搬运	包括由于施工场地条件限制而发生的材料、成品、半成品等一次运输不能到达堆放地点,必须进行二次或多次搬运的费用
011707005	冬雨季施工	1.冬雨(风)季施工时增加的临时设施(防寒保温、防雨、防风设施)的搭设、拆除。 2.冬雨(风)季施工时,对砌体、混凝土等采用的特殊加温、保温和养护措施。 3.冬雨(风)季施工时,施工现场的防滑处理、对影响施工的雨雪的清除。 4.包括冬雨(风)季施工时增加的临时设施的摊销、施工人员的劳动保护用品、冬雨(风)季施工劳动效率降低等费用
011707006	地上、地下设施、建筑物的临时保护设施	在工程施工过程中,对已建成的地上、地下设施和建筑物进行的遮盖、封闭、隔离等必要保护措施所发生的费用
011707007	已完工程及设备保护	对已完工程及设备采取的覆盖、包裹、封闭、隔离等必要保护措施所发生的费用

注:本表所列项目应根据工程实际情况计算措施项目费用,需分摊的应合理计算摊销费用。

（2）计算案例

以安全文明施工及其他措施项目为例,一般是按照各省市、各地区的费用定额的规定进行计算的,以湖北费用定额为例,计算案例见第 5 章案例。

7.2 装饰装修工程计量案例

7.2.1 清单项目计量的步骤与方法

1）列出分部分项工程项目的名称

根据装饰装修工程施工图纸及清单工程量计算规则,遵循适当的计算顺序,列出单位工程施工图的分项工程项目的名称。比如木扶手刷调和漆、格栅吊顶、带骨架玻璃幕墙等。

2）列出工程量计算式

分项工程项目列出后,可以根据施工图纸所示的部位、尺寸和数量,按照清单工程量计算规则,列出工程量计算式。工程量计算通常采用计算表格进行,这样既便于校对,又可减少计算过程中的重复现象,也便于统一格式,方便审核。

3）计算出正确的结果并校对汇总

列出工程量计算式后计算出正确的结果,然后将相同的分项工程的工程量累计在一起,得到每一分项工程的合计数量,填好相应的计算表,校对后编制工程量清单。

7.2.2 装饰装修工程计量指导

1)装饰装修工程施工图

(1)设计说明

①本工程为某娱乐城的一间 KTV 包房,室内净面积为 40.847m²;

②本工程设计达到隔音要求;

③本设计不含水电安装部分,另见详图;

④本工程所用材料的品种、规格、颜色见详图,且应通过质量检测标准;

⑤本工程工艺做法见详图,未详者按常规工艺处理;

⑥本工程豪华不锈钢拉手均为厂家定做;

⑦本工程沙发、茶几等活动家具为甲方根据需要自行购买,本设计仅为示意图。

(2)施工图纸

装饰装修工程施工图纸如图 7-44～图 7-62 所示。

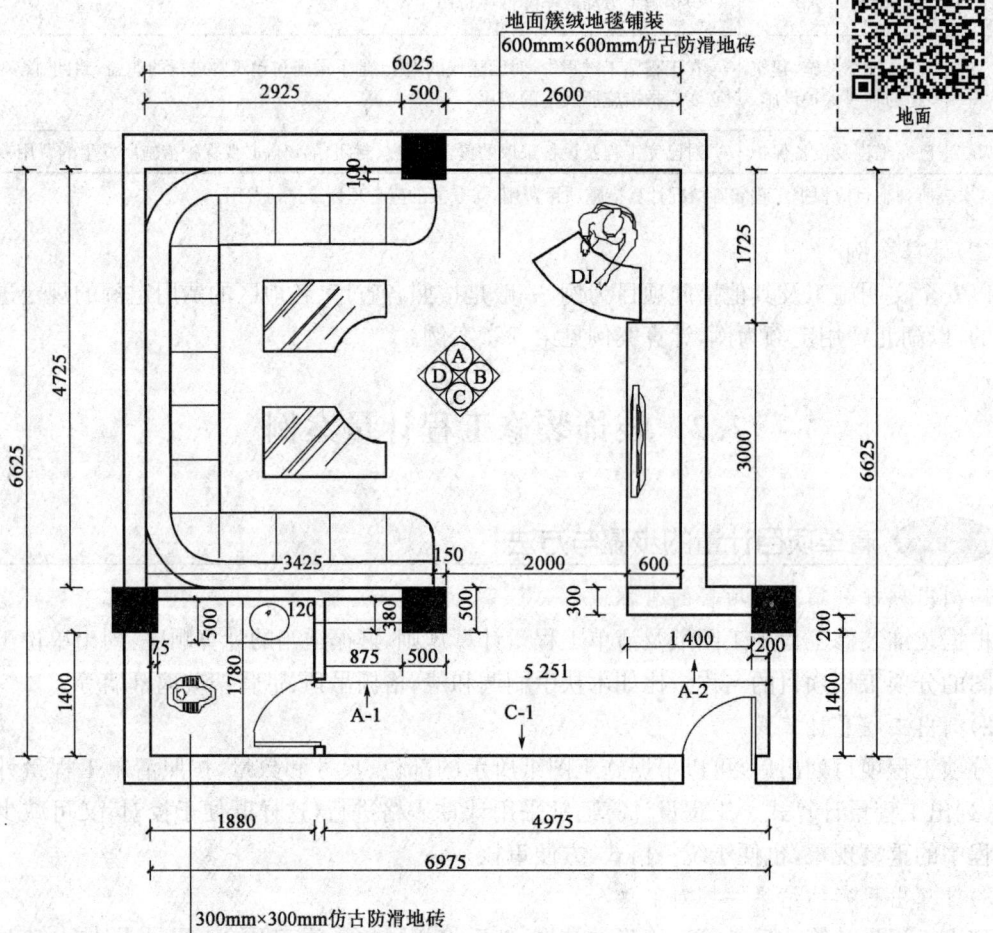

图 7-44 RM 01 号包房平面图

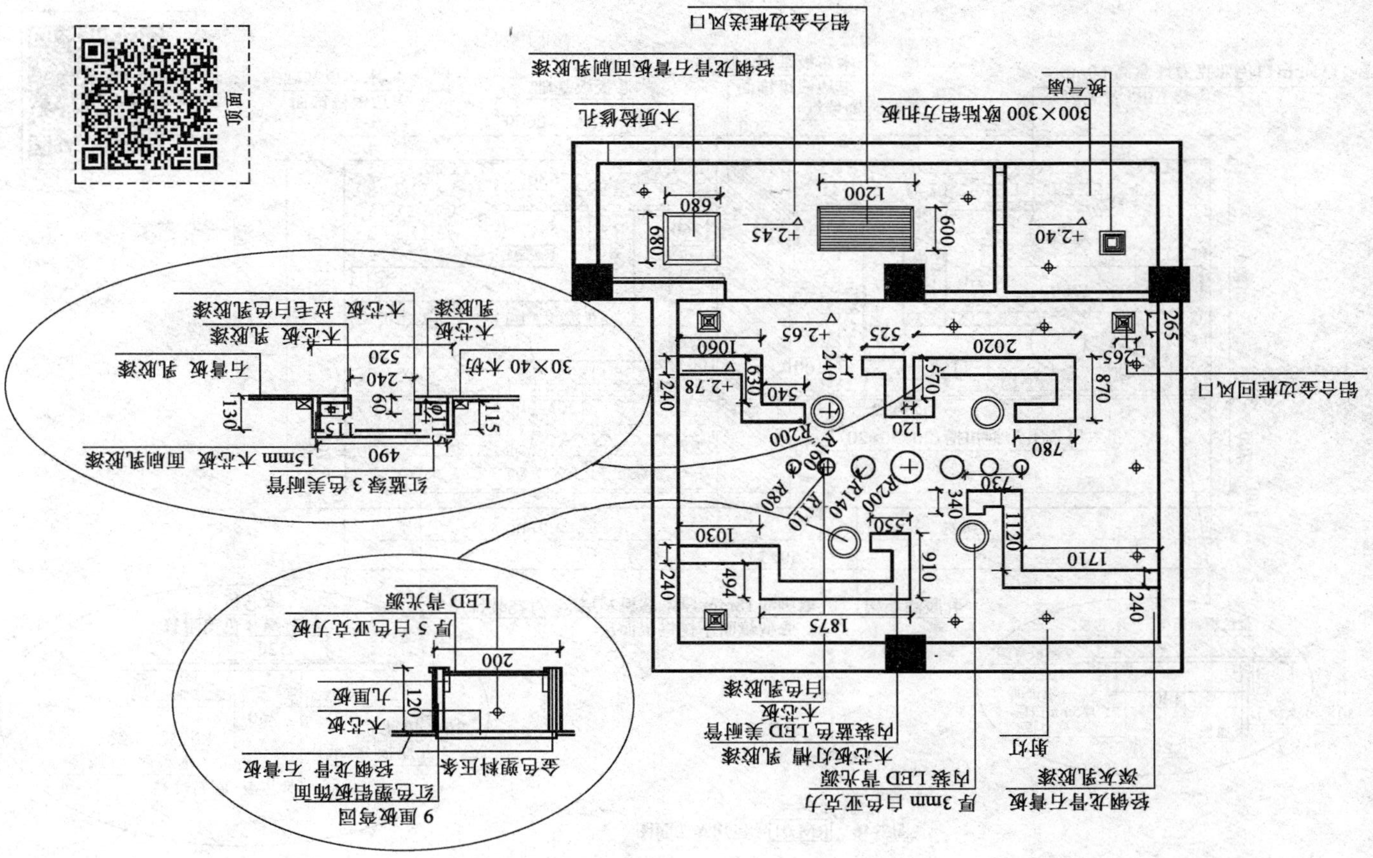

9 厘板夸园

红色塑铝板饰面 石膏板

金色塑料压条

轻钢龙骨 石膏板

木芯板

九厘板

厚 5 白色亚克力板

LED 背光源

200

120

红蓝绿 3 色美耐管

15mm 木芯板 面刷乳胶漆

石膏板 乳胶漆

木芯板 乳胶漆

木芯板 拉毛白色乳胶漆

木芯板 乳胶漆

木芯板 乳胶漆

30×40 木枋

130

115

490

240

520

115

顶面

轻钢龙骨石膏板面刷乳胶漆

木质检修孔

680

680

+2.45

铝合金边框送风口

300×300 欧陆铝方扣板

换气扇

+2.40

1200

600

厚 3mm 白色亚克力

内装 LED 背光源

木芯板灯槽 乳胶漆

内装蓝色 LED 美耐管

木芯板

白色乳胶漆

轻钢龙骨石膏板

深灰乳胶漆

射灯

铝合金边框回风口

240

240

240

240

1030

494

1875

1060

630

540

+2.78

+2.65

R200

R140

R110

R80

R160

200

240

250

120

525

570

910

340

730

112

2020

780

870

1710

265

265

图7-45 RM 01]号包房顶面图

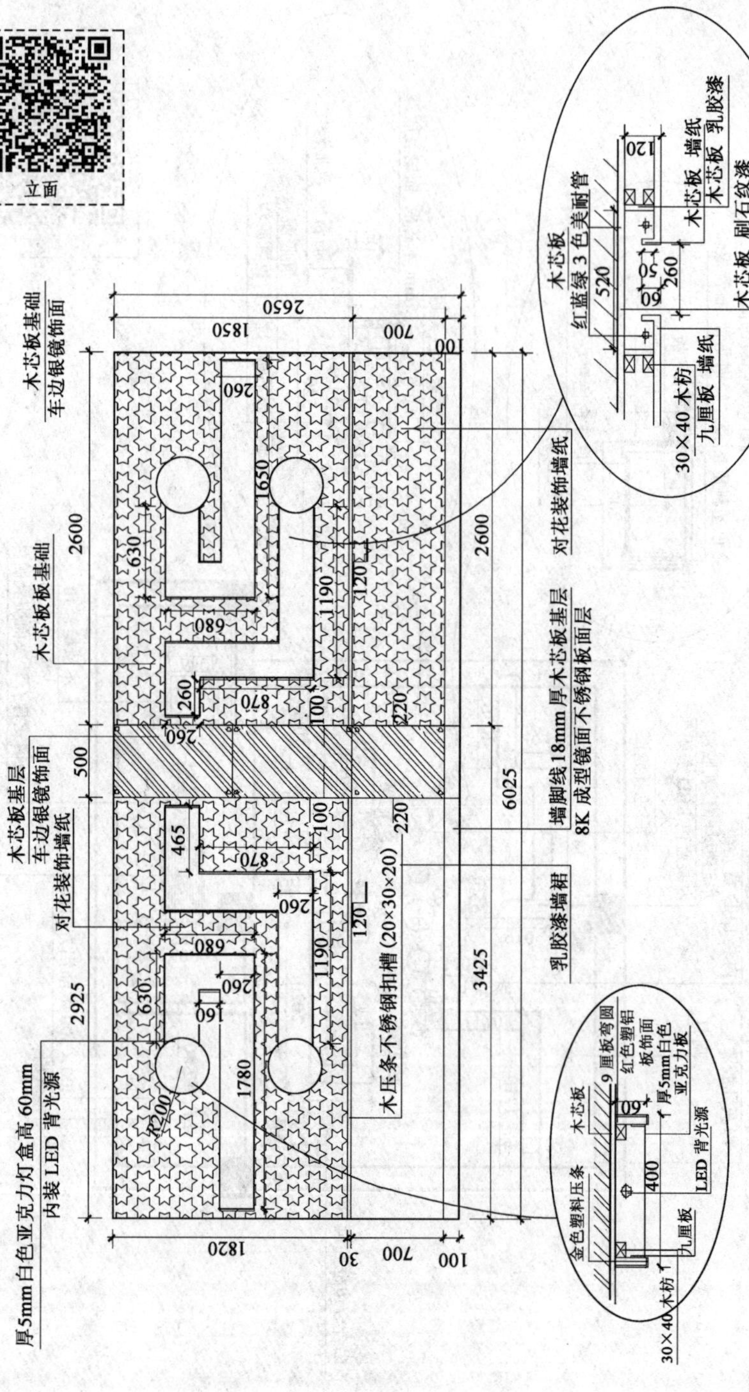

图7-46 RM 01号包房A立面图

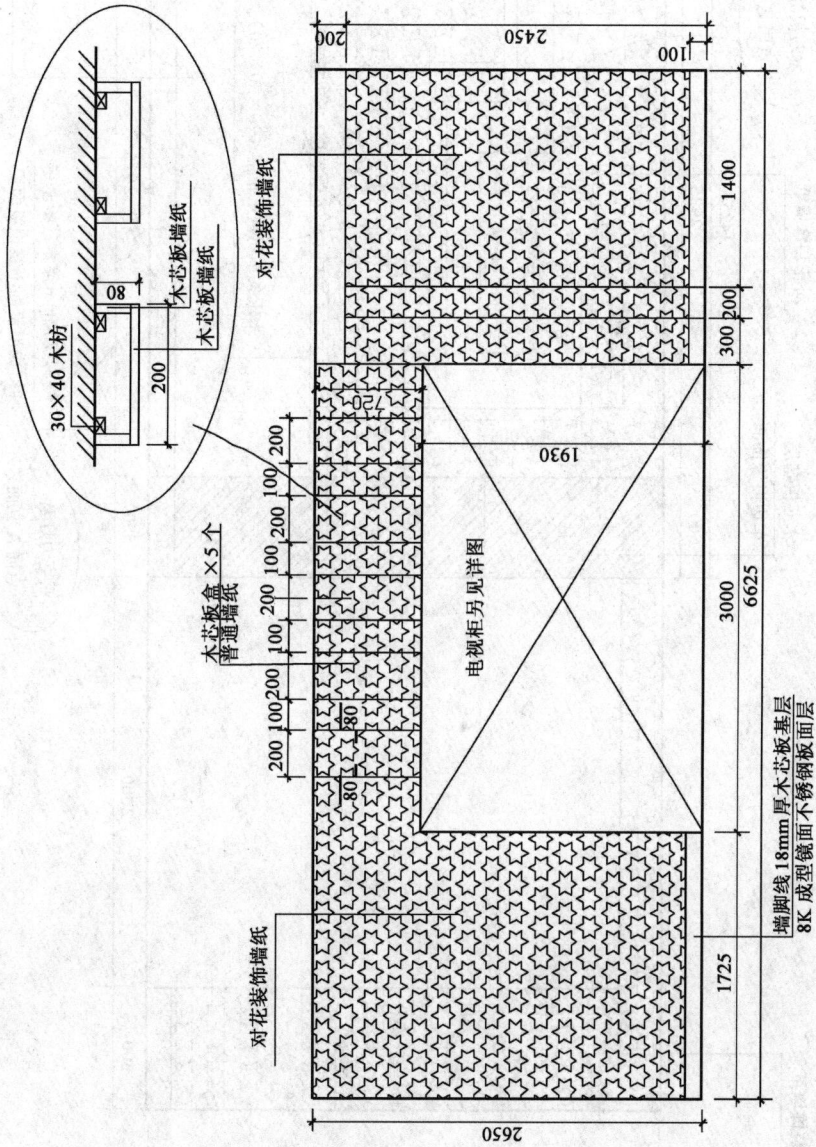

图7-47　RM 01号包房B立面图

344

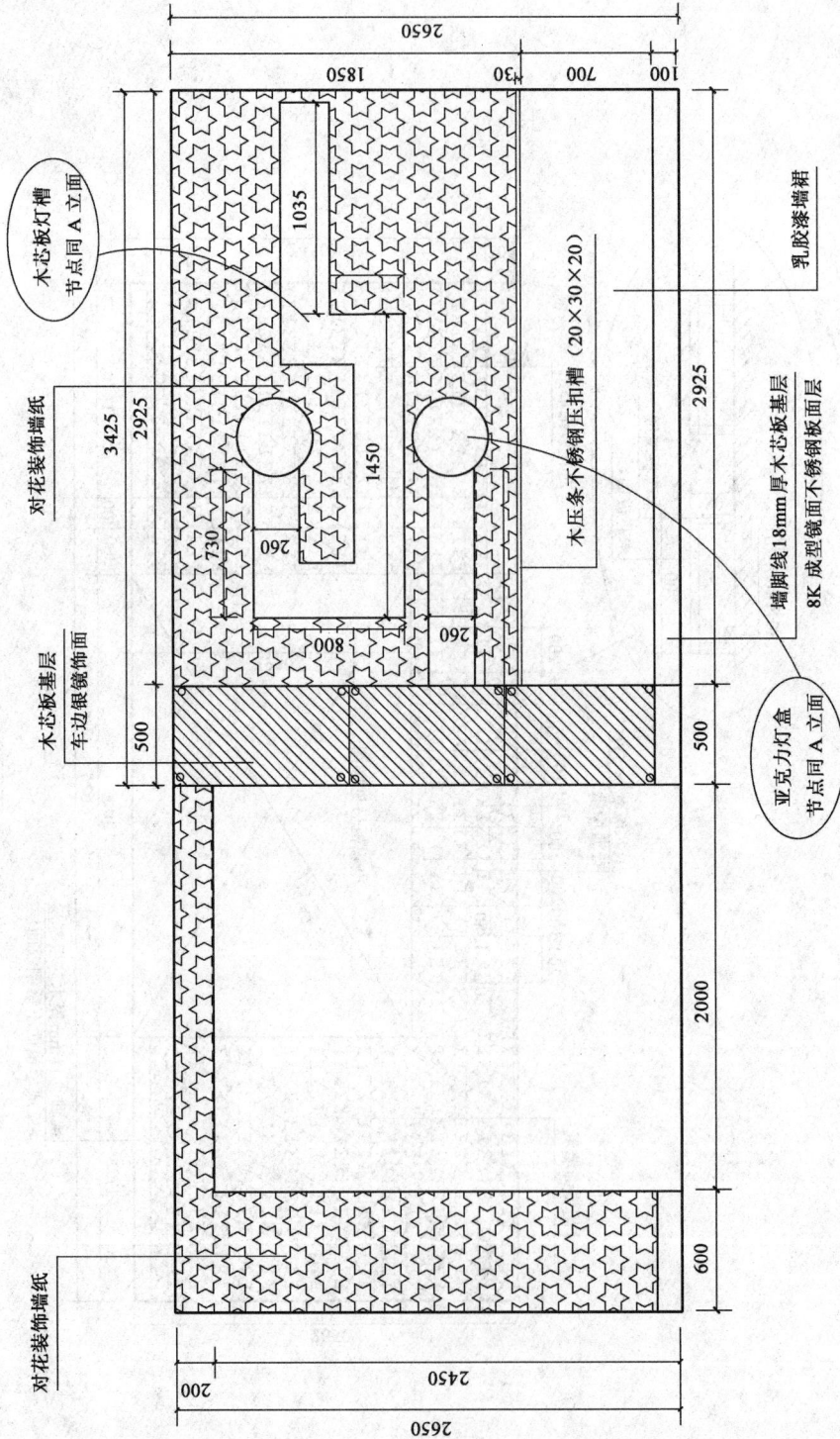

图7-48 RM 01号包房C立面图

对花装饰墙纸

木芯板基层
车边银镜饰面

木芯板灯槽
节点同A立面

对花装饰墙纸

乳胶漆墙裙

木压条不锈钢压扣槽（20×30×20）

墙脚线18mm厚木芯板基层
8K 成型镜面不锈钢板面层

亚克力灯盒
节点同A立面

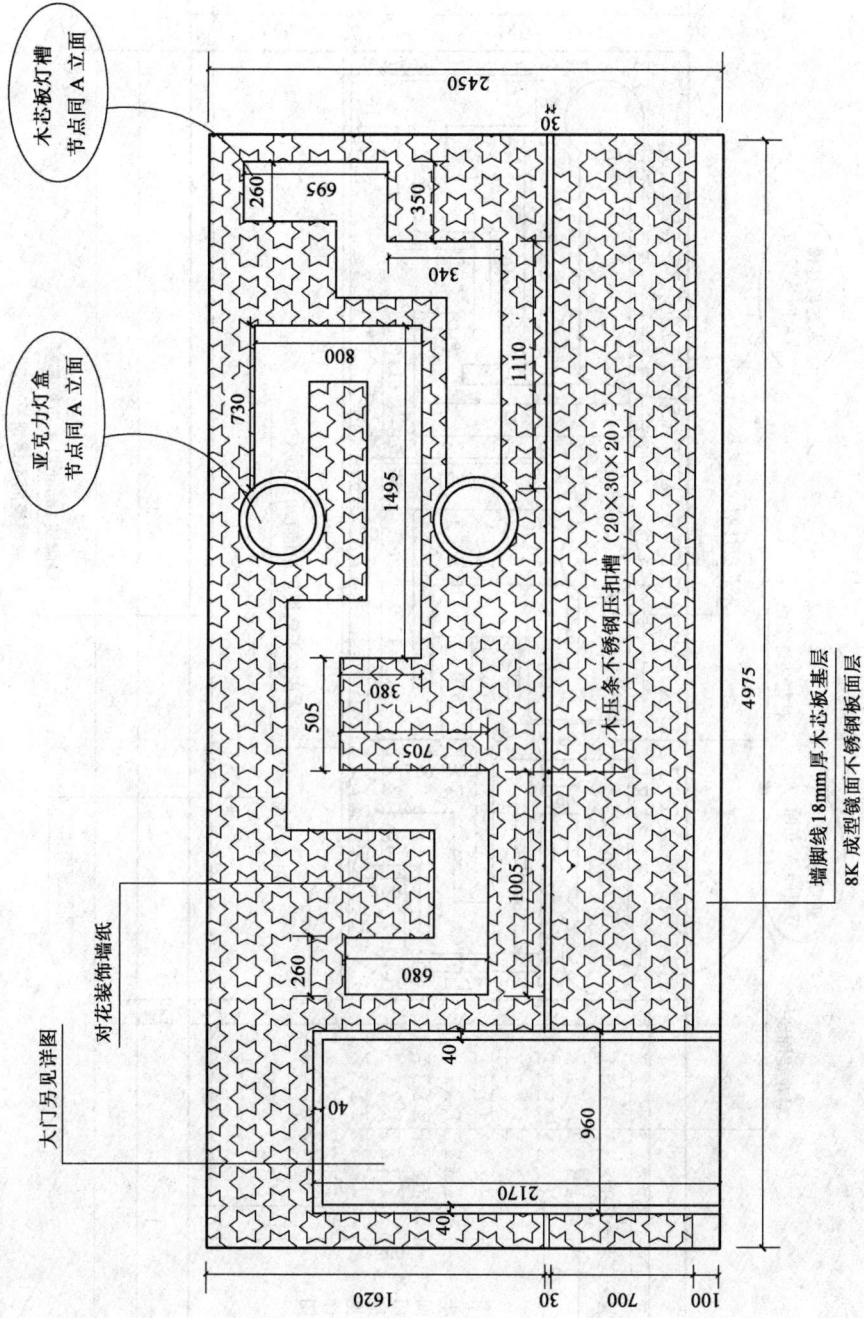

木芯板灯槽
节点同 A 立面

亚克力灯盒
节点同 A 立面

大门另见详图

对花装饰墙纸

木压条不锈钢压扣槽 (20×30×20)

墙脚线 18mm 厚木芯板基层
8K 成型镜面不锈钢板面层

图7-49 RM 01号包房C-1立面图

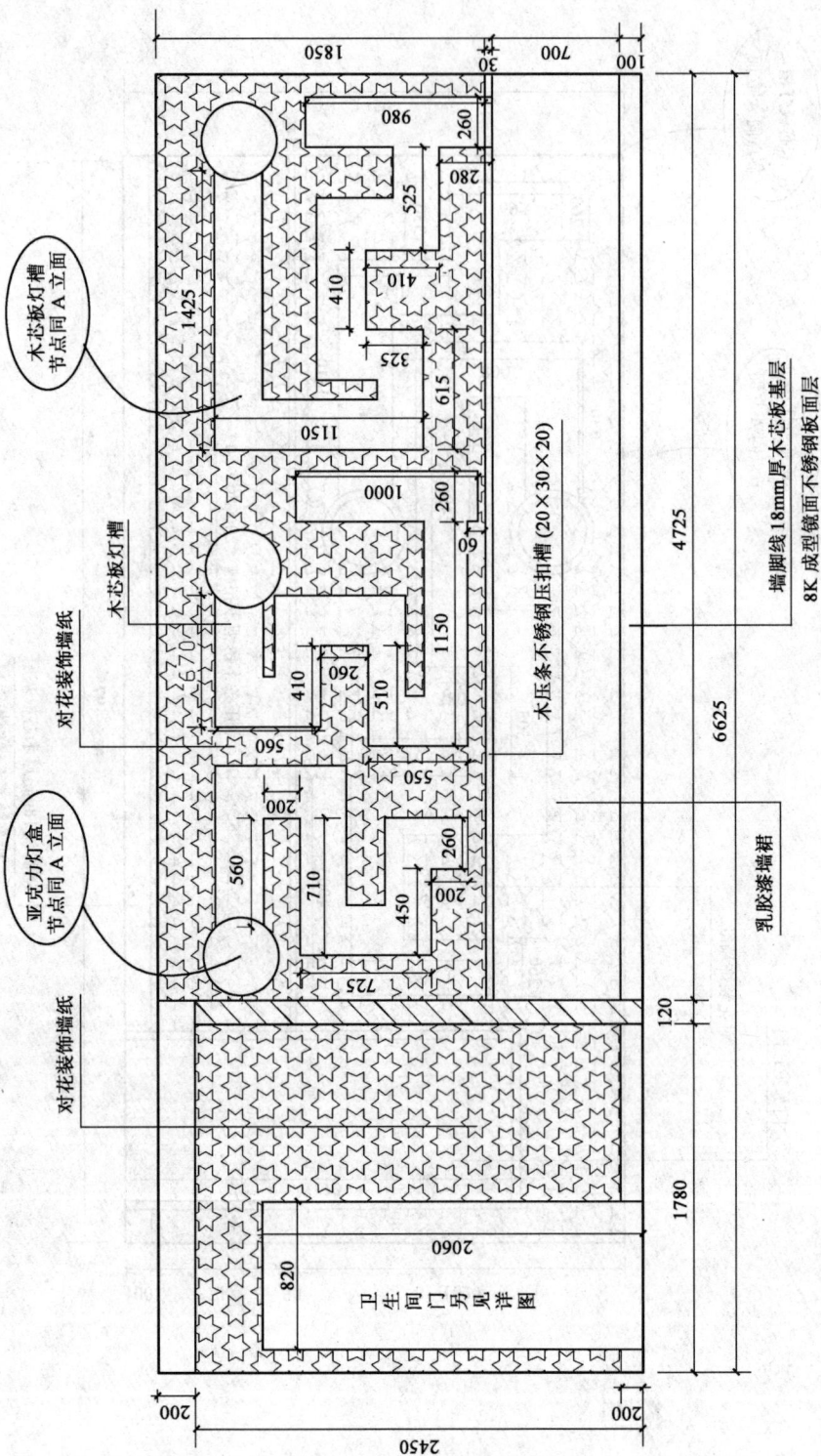

图7-50 RM 01号包房D立面图

346

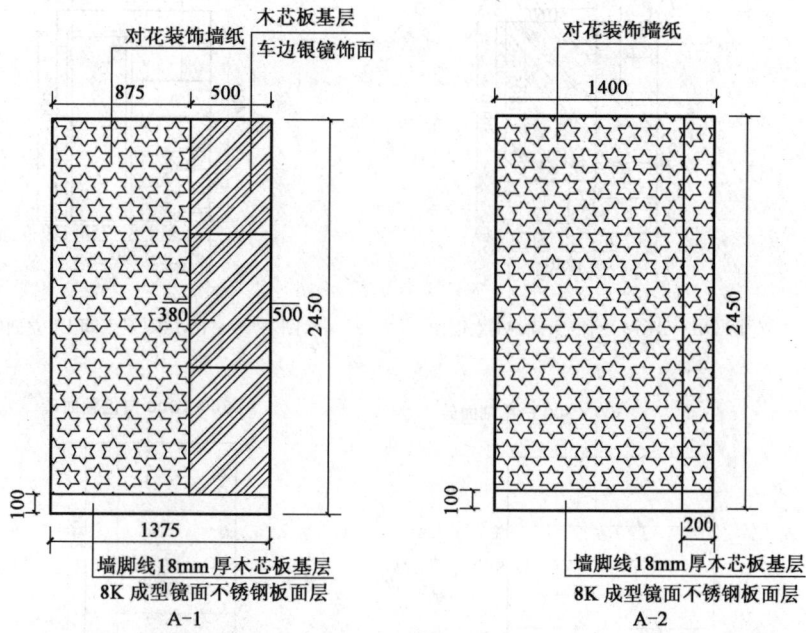

图 7-51　RM 01 号包房 A-1;A-2 立面图

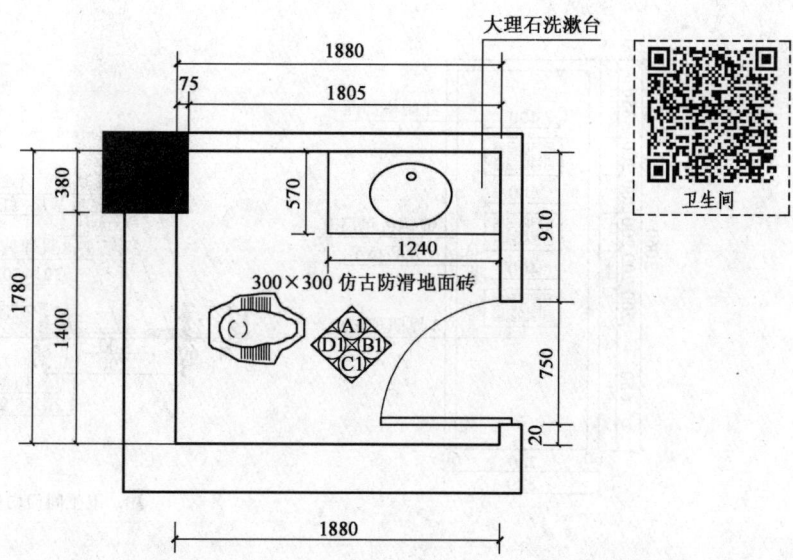

图 7-52　RM 01 卫生间平面图

第7章　清单计价模式下清单项目计量详解

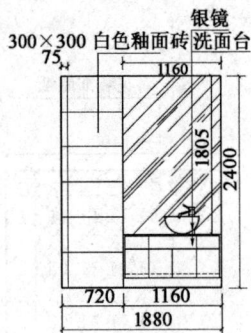

图 7-53　RM 01 卫生间 A1 立面图

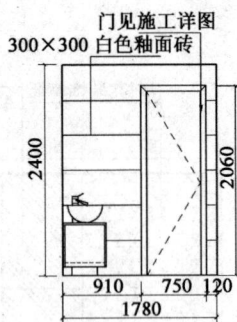

图 7-54　RM 01 卫生间 B1 立面图

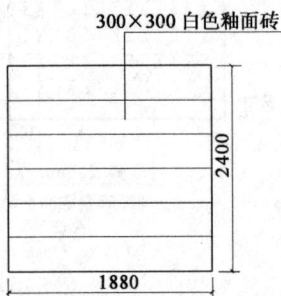

图 7-55　RM 01 卫生间 C1 立面图

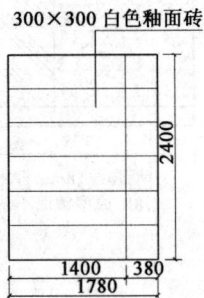

图 7-56　RM 01 卫生间 D1 立面图

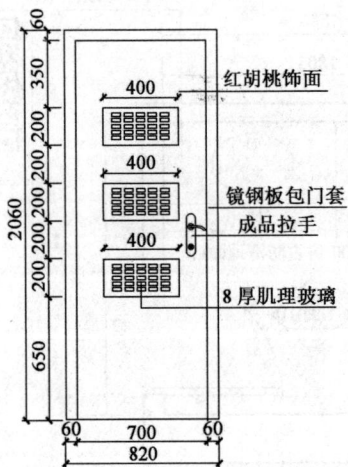

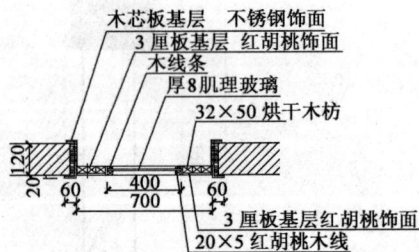

注：卫生间门均安装门锁、门吸及插销。

图 7-57　RM 01 卫生间门及门套详图

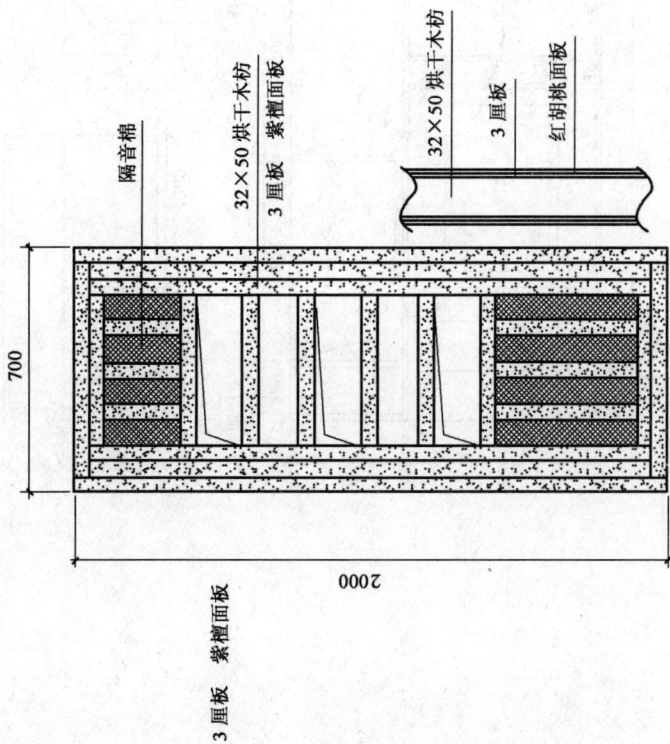

图7-59 盥洗台

白色台下盆
膨胀螺栓
厚0.8mm 不锈钢板饰面
厚20mm 花岗石车边台面
厚1.2mm 30×30 不锈钢方管
厚0.8mm 不锈钢板饰面

盥洗台

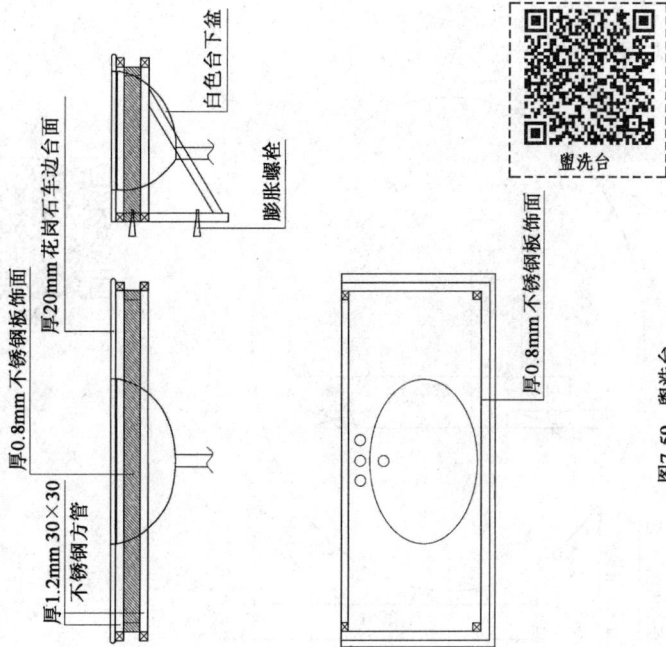

图7-58 RM 01 卫生间门龙骨图

隔音棉
32×50 烘干木枋
3 厘板 紫檀面板
32×50 烘干木枋
3 厘板
红胡桃面板
3 厘板 紫檀面板
700
2000

350

电视柜

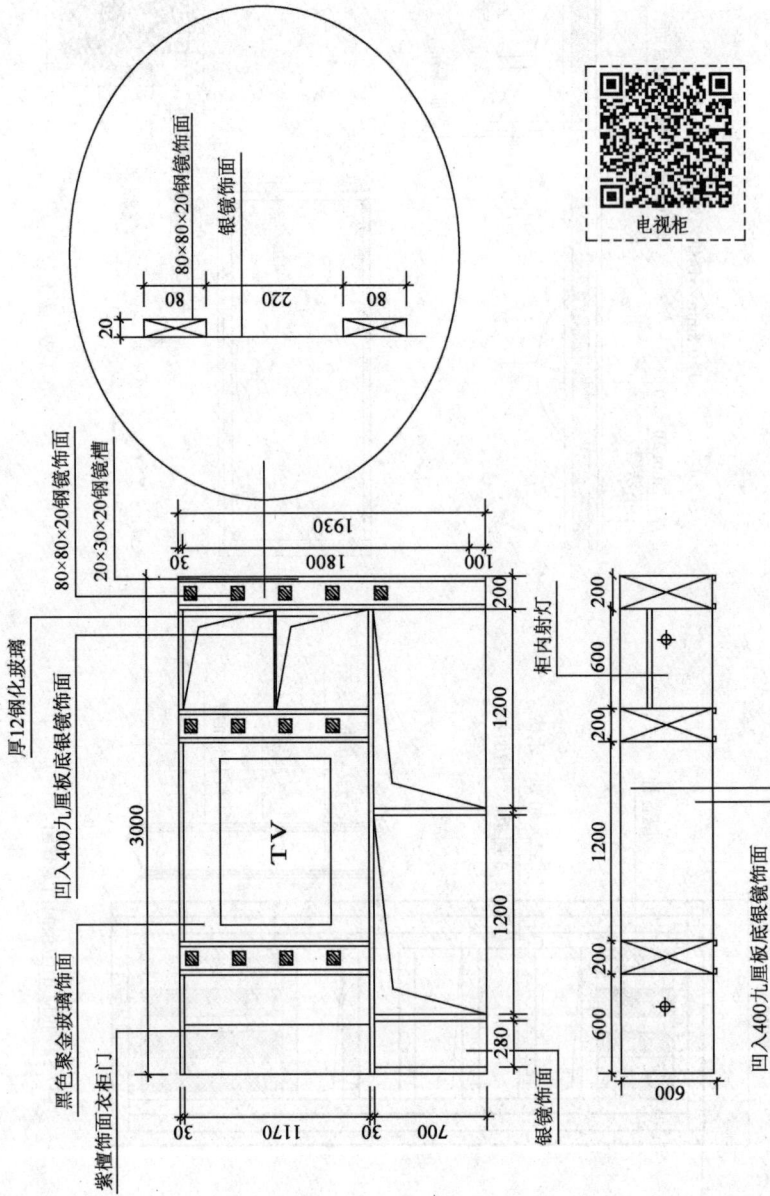

图7-60　RM 0] 电视柜施工图

80×80×20钢镜饰面
银镜饰面
80×80×20钢镜饰面
20×30×20钢镜槽
厚12钢化玻璃
凹入400孔厘板底银镜饰面
黑色聚金玻璃饰面
紫檀饰面衣柜门
银镜饰面
柜内射灯
凹入400孔厘板底银镜饰面

TV

机箱及主机位

哑光不锈钢饰面

40×10紫檀线条

紫檀木饰面

RM 01 DJ台背面图

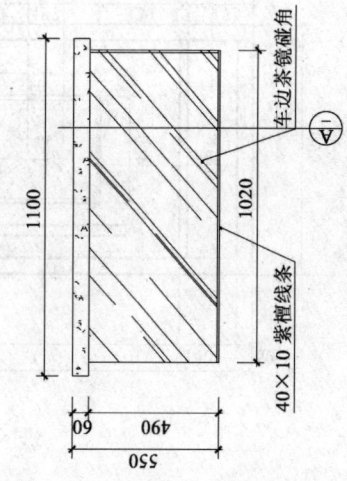

紫檀木饰面

RM 01 DJ台剖面图

DJ台

哑光不锈钢饰面

车边茶镜碰角

40×10紫檀线条

RM 01 DJ台侧面图

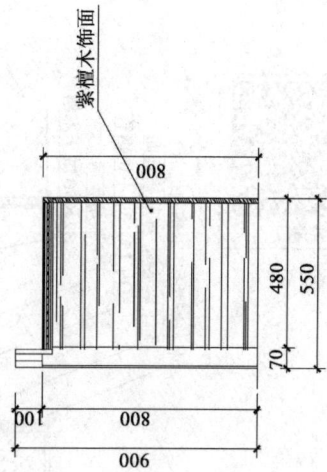

图7-61　DJ台施工图

哑光不锈钢饰面

银镜背喷砂

内藏LED背光源

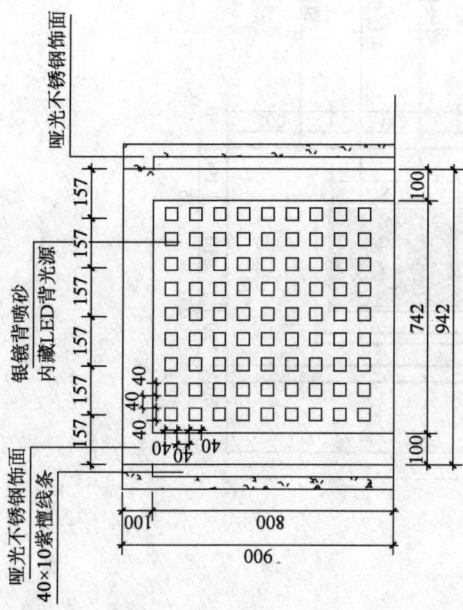

RM 01 DJ台立面图

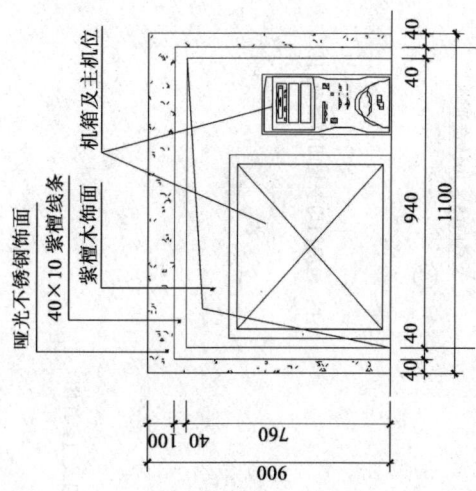

哑光不锈钢饰面

40×10紫檀线条

车边茶镜碰角

40×10紫檀线条

RM 01 DJ台平面图

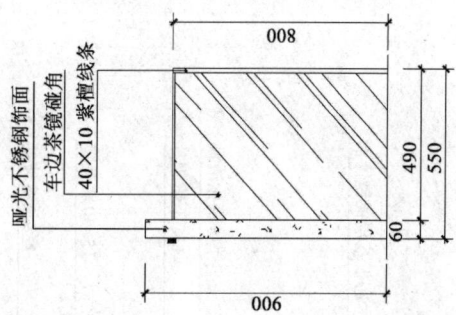

装饰门

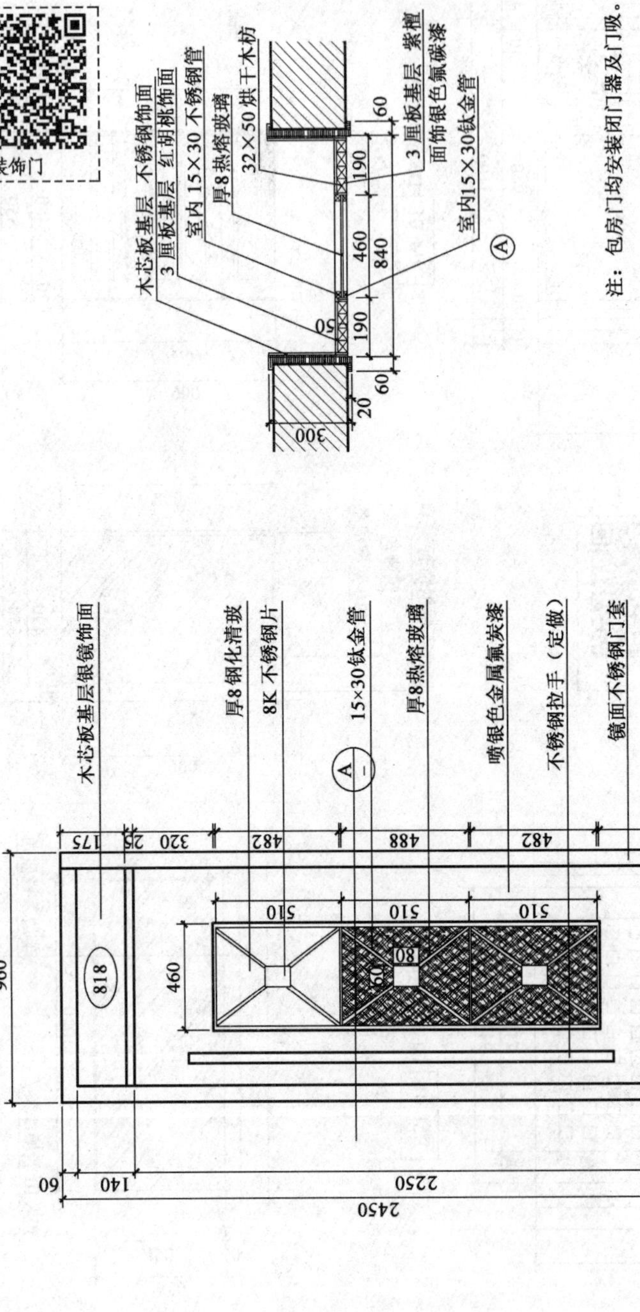

木芯板基层 不锈钢饰面
3 厘板基层 红胡桃饰面
室内15×30 不锈钢管
厚8热熔玻璃
32×50 烘干木枋
3 厘面板基层 紫檀
面饰银色氟碳漆
室内15×30钛金管

300

60
190
460
840
190
50
190
20
60

Ⓐ

注：包房门均安装闭门器及门吸。

木芯板基层银镜饰面
厚8钢化清玻
8K 不锈钢片
15×30钛金管
厚8热熔玻璃
喷银色金属氟碳漆
不锈钢拉手（定做）
镜面不锈钢套

175 25 320 320 482 488 482 400 60

190 25 410 25 190

510 510 510

460

960

818

60 140 2250 60

2450

Ⓐ

图7-62 包房大门及门套详图 RM 01

2)地面工程清单工程量计算

以包房地面工程为例,根据附录 L 清单工程量计算规则,地面清单项目工程量计算见表 7-104、表 7-105。

分部分项清单工程量计算表 表 7-104

序号	项目编码	项目名称	计量单位	工程量	计 算 式
1	011102003001	块料楼地面（600×600 仿古防滑地砖）	m²	38.87	$S=6.025\times4.725+4.975\times1.4+0.38\times0.875+0.5\times5.25+1.4\times0.2-0.1\times0.5+0.84\times0.3$
2	011102003002	块料楼地面（300×300 仿古防滑地砖）	m²	2.75	$S=1.78\times1.88-0.57\times1.24-0.075\times0.38+0.75\times0.18$
3	011104001001	地毯	m²	38.87	$S=6.025\times4.725+4.975\times1.4+0.38\times0.875+0.5\times5.25+1.4\times0.2-0.1\times0.5+0.84\times0.3$
4	011105005001	木质踢脚线	m²	2.724	$S=\{[6.025+0.22\times2(柱侧)](包房 A 立面)+(6.625-3)(包房 B 立面)+(2.925+0.5+0.6)(包房 C 立面)+(6.625+0.5+0.38-0.82)(包房 C 立面)(4.975-0.96)(包房 C-1 立面)+1.375(包房 A-1 立面)+1.4(包房 A-2 立面)\}\times0.1$ $=0.647+0.325+0.403+0.669+0.402+0.138+0.14$

分部分项工程量清单与计价表 表 7-105

工程名称：　　　　　　　　　标段：　　　　　第　页　共　页

序号	项目编码	项目名称	项目特征描述	计量单位	工程量	金额(元)		
						综合单价	合价	其中 暂估价
1	011703001001	块料楼地面	1.找平层 1:3 水泥砂浆,厚度 20mm; 2.600mm×600mm 仿古防滑地面砖	m²	38.87			
2	011102003002	块料楼地面	1.找平层 1:3 水泥砂浆,厚度 20mm; 2.300mm×300mm 仿古防滑地面砖	m²	2.75			
3	011104001001	地毯	簇绒地毯,固定,带垫	m²	38.87			
4	011105005001	木质踢脚线	1.18mm 厚木芯板质踢脚线基层; 2.8K 成型镜面不锈钢面层	m²	2.724			

3)墙面工程清单工程量计算

以包房 A 立面、B 立面、C 立面、D 立面、C-1 立面、A-1 立面、A-2 立面为例,根据附录 M 清单工程量计算规则,列项计算见表 7-106、表 7-107。

分部分项清单工程量计算表　　　　　　　　　　　　　　　　表 7-106

序号	项目编码	项目名称	计量单位	工程量	计 算 式
1	011207001001	装饰板墙面	m²	32.608	$S=(3.27+2.6)\times1.85$(包房 A 立面)$+(2.85+0.6)\times1.85$(包房 C 立面)$+(4.975-0.96)\times1.65$(包房 C-1 立面)$+4.725\times1.85$[(包房 D 立面)
2	011207001002	装饰板墙面(灯带部分)	m²	7.745	$[(1.7+0.26\times2+0.16+0.63-0.26\times2)+(1.19+0.87+0.45-0.26/2)]\times2\times0.26$(包房 A 立面)$+[(0.73+0.8+1.45+0.38+1.035-0.26\times2)+1.06]\times0.26$(包房 C 立面)$+[(0.68+1.05+0.705+0.505+1.495+0.8+0.73-0.26\times4)+(1.11+0.54+0.35+0.695-0.26)]\times0.26$(包房 C-1 立面)$+[(0.56+0.2+0.71+0.725+0.45+0.2+0.26)+(0.67+0.56+0.41+0.26+0.51+0.55+1.15+1+0.06-0.26\times2)]\times0.26$ (包房 D 立面)$=2.532+1.283+1.914+2.0163$
3	01B001	灯盒	个	11	4(包房 A 立面)+2(包房 C 立面)+2(包房 C-1 立面)+3(包房 D 立面)
4	01B002	灯盒	个	5	5(包房 B 立面)
5	011204003002	卫生间块料墙	m²	13.24	$S=0.72\times2.4$(卫生间 A-1 立面)$+1.78\times2.4-2.06\times0.75$(卫生间 B-1 立面)$+1.88\times2.4$(卫生间 C-1 立面)$+1.78\times2.4$(卫生间 D-1 立面)
6	011208001001	柱面装饰	m²	6.657	$(0.5+0.22\times2)\times0.7+(0.5+0.1\times2)\times1.85$(包房 A 立面)$+(0.5+0.16)\times0.7+(0.5+0.04)\times1.85$(包房 C 立面)$+(0.38+0.5+0.5)\times2.35$(包房 A-1 立面)

分部分项工程量清单与计价表　　　　　　　　　　　　　　　　表 7-107

工程名称:　　　　　　　　　标段:　　　　　　　　第　页　共　页

序号	项目编码	项目名称	项目特征描述	计量单位	工程量	金额(元) 综合单价	金额(元) 合价	金额(元) 其中 暂估价
1	011207001001	装饰板墙面	1. 枋龙骨基层; 2. 18mm 厚木芯板基层	m²	32.608			
2	011207001002	装饰板墙面(灯带部分)	1. 9 厘板饰面; 2. 木材面刷石纹漆; 3. 木基层防火漆两遍	m²	7.745			
3	01B001	灯盒	1. 枋龙骨基层; 2. 木芯板灯盒基层; 3. 红色铝塑板饰面; 4. 5mm 白色亚克厘板; 5. 金色塑料压条	个	11			

序号	项目编码	项目名称	项目特征描述	计量单位	工程量	金额(元)		
						综合单价	合价	其中
								暂估价
4	01B002	灯盒	1.30mm×40mm 木龙骨基层; 2.18 厚木芯板	个	5			
5	011204003002	块料墙面	贴 300mm × 300mm 白色釉面砖	m²	13.24			
6	011208001001	柱面装饰	1.18mm 厚木芯板基层; 2. 银镜饰面; 3. 广告钉固定	m²	6.657			

4)顶面工程清单工程量计算

以包房顶面为例,根据附录 N 清单工程量计算规则,列项计算如表 7-108、表 7-109 所示。

分部分项清单工程量计算表　　　　　　　　　　　　　　　表 7-108

序号	项目编码	项目名称	计量单位	工程量	计 算 式
1	011302001001	吊顶天棚	m²	36.781	$S=6.025×4.725+4.975×1.9-1.4×0.3-1.2×0.6$
2	011302001002	吊顶天棚(圆形灯盒)	m²	0.126	$S=3.14×0.1^2×4$
3	011302001002	卫生间铝扣板天棚吊顶	m²	3.346	$S=1.78×1.88$
4	011304001001	灯带(槽)	m²	3.38	$[(1.71+0.73)+(0.505+0.91+1.875+0.49+1.03-0.24×2)+(0.78+0.87+2.02+0.57+0.525+0.57-0.24)+(0.54+0.63+1.06)]×0.24=(2.44+4.33+5.095+2.23)×0.24$
5	011304002001	射灯孔	个	11	
6	011304002002	铝合金边框回风口	个	1	
7	011304002003	铝合金边框送风口	个	3	
8	011304002004	铝合金边框检修口	个	1	
9	011304002005	铝合金换气扇孔	个	1	

分部分项工程量清单与计价表　　　　　　　　　　　　　　表 7-109

工程名称:　　　　　　　　　标段:　　　　　　　　第　页　共　页

序号	项目编码	项目名称	项目特征描述	计量单位	工程量	金额(元)		
						综合单价	合价	其中
								暂估价
1	011302001001	吊顶天棚	1.一级不上人形轻钢龙骨吊顶; 2.天棚面层:大板纸面石膏板; 3.天棚面乳胶漆; 4.木芯板圆形饰面	m²	36.781			
2	011302001002	吊顶天棚	1.一级不上人形轻钢龙骨吊顶; 2.灯盒:木芯板基层;九夹板灯盒基层;红色铝塑板饰面;5mm 白色亚克力板;金色塑料压条	m²	0.126			

序号	项目编码	项目名称	项目特征描述	计量单位	工程量	金额(元)		
						综合单价	合价	其中
								暂估价
3	011302001002	铝扣板天棚吊顶	1. 一级不上人形铝合金轻钢龙骨吊顶; 2.0.6mm 厚,150mm 宽淡蓝色铝扣板	m²	3.346			
4	011304001001	灯带(槽)	1. 一级不上人形轻钢龙骨吊顶; 2. 天棚灯槽:暗藏灯槽,异形	m²	3.38			
5	011304002001	射灯孔	筒灯	个	11			
6	011304002002	回风口	铝合金边框	个	1			
7	011304002003	送风口	铝合金边框	个	3			
8	011304002004	检修口	铝合金边框	个	1			
9	011304002005	换气扇孔	铝合金	个	1			

5)门窗工程清单工程量计算

以门窗工程为例,根据附录 H 清单工程量计算规则,列项计算如表 7-110、表 7-111 所示。

分部分项清单工程量计算表　　　　　　　　表 7-110

序号	项目编码	项目名称	计量单位	工程量	计 算 式
1	010801001001	木质门(进户装饰门)	樘	1	
2	010801001002	木质门(卫生间装饰门)	樘	1	
3	010801006001	门锁安装(进户装饰门)	个(套)	1	
4	010801006002	门锁安装(卫生间装饰门)	个(套)	1	
5	010808001001	木芯板基层不锈钢门套	m²	3.647	$(0.3+0.06\times2)\times(0.96+2.45\times2)$(进户门)+$(0.12+0.06\times2)\times(0.82+2.06\times2)$(卫生间门)

分部分项工程量清单与计价表　　　　　　　　表 7-111

工程名称:　　　　　　　　标段:　　　　　　　　第　页　共　页

序号	项目编码	项目名称	项目特征描述	计量单位	工程量	金额(元)		
						综合单价	合价	其中
								暂估价
1	010801001001	木质门	1.18mm 木芯板基层,银镜饰面; 2. 门扇 8mm 厚钢化玻璃; 3. 门扇 32×50 烘干木枋; 4. 门扇室内部分 3mm 夹板基层,红胡桃饰面刷树脂漆,室外 3mm 夹板基层,紫檀饰面喷银色氟碳漆; 5. 门扇 8mm 厚热熔玻璃饰面; 6. 门扇室内 25×30 不锈钢管,室外 25×30 钛金管; 7. 不锈钢拉手	樘	1			

序号	项目编码	项目名称	项目特征描述	计量单位	工程量	金额(元)			
						综合单价	合价	其中	
								暂估价	
2	010801001002	木质门	1.门扇32×50烘干木枋; 2.门扇3mm夹板基层,红胡桃饰面刷树脂漆; 3.门扇8mm厚肌理白玻; 4.不锈钢拉手; 5.玻璃木线条固定,面刷树脂漆	樘	1				
3	010801006001	门锁安装(进户装饰门)	1.锁舌材质:锌合金;面板、把手材质:不锈钢;锁芯材质:铜; 2.锁舌5cm(60锁距);锁边距:60/70mm;适配门厚度:35～50mm;带钥匙	个(套)	1				
4	010801006002	门锁安装(卫生间装饰门)	1.锁舌材质:锌合金;面板、把手材质:不锈钢;锁芯材质:铜; 2.不锈钢(孔距130)锁舌35;中心距:50mm;锁边距:35mm;适配门厚度:35～50mm;不带钥匙	个(套)	1				
5	010808001001	门套	1.木芯板基层; 2.镜面不锈钢包门套	m²	3.647				

6)油漆裱糊工程清单工程量计算

以A立面、B立面、C立面、D立面、C-1立面、A-1立面、A-2立面为例,根据附录N清单工程量计算规则,列项计算如表7-112、表7-113。

分部分项清单工程量计算表　　　　　　　表7-112

序号	项目编码	项目名称	计量单位	工程量	计 算 式
1	011408001001	墙纸裱糊	m²	57.94	1.82×2.925＋(1.85＋0.7)×2.6(包房A立面)＋0.875＋(2.455－0.1)(包房A-1立面)＋1.4×(2.455－0.1)(包房A-2立面)＋2.65×(1.725＋3)－1.93×3＋2.45×(1.4＋0.5)－1.725×0.1(包房B立面)＋2.65×2.6－2×2.45＋1.85×2.925(包房C立面)＋4.975×(2.45－0.1)－(2.45－0.1)×0.96(包房C-1立面)＋2.45×1.78－0.82×2.06＋4.725×1.85(包房D立面)
2	011407001001	墙面乳胶漆	m²	7.75	3.425×0.7(包房A立面)＋2.925×0.7(包房C立面)＋4.725×0.7(包房D立面)

357

Building Decoration Engineering Budget

分部分项工程量清单与计价表　　　　　　表 7-113

工程名称：　　　　　　　标段：　　　　　　第　页　共　页

序号	项目编码	项目名称	项目特征描述	计量单位	工程量	综合单价	合价	暂估价
1	011408001001	墙纸裱糊	1.刮腻子2遍； 2.墙面贴装饰墙纸	m²	57.94			
2	010801001002	墙面乳胶漆	1.刮腻子2遍； 2.抹灰面乳胶漆3遍	m²	7.75			

7)其他工程清单工程量计算

以包房 DJ 台为例，根据附录 Q 清单工程量计算规则，列项计算如表 7-114、表 7-115所示。

分部分项清单工程量计算表　　　　　　表 7-114

序号	项目编码	项目名称	计量单位	工程量	计 算 式
1	011502001001	金属装饰线条	m	17.19	(6.025-0.5)(包房A立面)+2.925(包房C立面)+4.975-0.96(包房C-1立面)+4.725(包房D立面)
2	011505010001	卫生间镜面玻璃	m²	2.094	1.16×1.805
3	011505001001	卫生间洗漱台	m²	0.707	1.24×0.57
4	011501001001	矮柜(DJ 台)	个	1	
5	011501008001	木壁柜(电视柜)	m	5.790	3

注：不含浴室柜，该项为成品购买安装，未计量。台盆及龙头都为成品购买，暂不计量。

分部分项工程量清单与计价表　　　　　　表 7-115

工程名称：　　　　　　　标段：　　　　　　第　页　共　页

序号	项目编码	项目名称	项目特征描述	计量单位	工程量	综合单价	合价	暂估价
1	011502001001	金属装饰线条	1.30×20mm 木装饰线条； 2.8K成型镜面不锈钢板	m	17.19			
2	011505010001	卫生间镜面玻璃	镜面玻璃,不带框	m²	2.094			
3	011505001001	卫生间洗漱台	1.大理石洗漱台； 2.侧面30mm×30mm不锈钢方管固定,0.8mm厚不锈钢板饰面	m²	0.707			
4	011501001001	矮柜(DJ 台)	1.木芯板、胶合板基层； 2.紫檀饰面； 3.银镜喷砂饰面； 4.哑光不锈钢饰面； 5.车边茶镜碰角； 6.40mm×10mm紫檀木线条	个	1			

序号	项目编码	项目名称	项目特征描述	计量单位	工程量	综合单价	合价	其中暂估价
						金额(元)		
5	011501008001	木壁柜(电视柜)	1. 木芯板、胶合板基层； 2. 紫檀饰面衣柜门； 3. 凹入400mm处九厘板基层银镜饰面； 4. 厚12mm的钢化玻璃； 5. 黑色聚金玻璃饰面； 6. 80mm×80mm×20mm钢镜玻璃饰面； 7. 20mm×30mm×20mm钢镜槽； 8. 10mm×10mm榉木内角线	m	3			

8) 防水工程清单工程量计算

附录 J 防水工程属于各专业工程通用项目,本工程卫生间地面、墙面也涉及,以此为例,根据附录 J 清单工程量计算规则,列项计算如表 7-116、表 7-117。

分部分项清单工程量计算表 表 7-116

序号	项目编码	项目名称	计量单位	工程量	计 算 式
1	010904002001	(楼)地面涂膜防水	m²	3.48	$S=1.78×1.88+0.75×0.18$
2	010903002001	墙面涂膜防水	m²	16.02	1.88×2.4(卫生间 A-1 立面)+1.78×2.4−0.75×2.06(卫生间 B-1 立面)+1.88×2.4(卫生间 C-1 立面)+1.78×2.4(卫生间 D-1 立面)

分部分项工程量清单与计价表 表 7-117

工程名称：　　　　　　　　　标段：　　　　　　第　页 共　页

序号	项目编码	项目名称	项目特征描述	计量单位	工程量	综合单价	合价	其中暂估价
						金额(元)		
1	010903002001	地面涂膜防水	1. 聚氨酯涂抹防水二遍； 2. 20mm厚1:3水泥砂浆 保护层	m²	3.48			
2	010903002001	墙面涂膜防水	1. 聚氨酯涂抹防水二遍； 2. 20mm厚1:3水泥砂浆 保护层	m²	16.02			

小 知 识

在施工过程中承包人计算工程量只是为了配备材料或申请支付进度款,与报价时的计价工程量没有太大关系,但是建设单位一般会以投标工程量作为参考依据,以免多付工程款。

◀ **课堂练习题** ▶

1. 按设计图示尺寸以质量计算清单工程量的是(　　)。

    A. 暖气罩油漆　　　B. 木地板烫硬蜡面　C. 金属面油漆　　　D. 窗油漆

2. 按设计图示尺寸以油漆部分展开面积计算清单工程量的是(　　)。

    A. 衣柜油漆　　　　B. 黑板框油漆　　　C. 梁柱饰面油漆　D. 零星木装修油漆

3. 不属于铝合金门的五金是(　　)。

    A. 地弹簧　　　　　B. 拉手　　　　　　C. 风撑　　　　　　D. 螺丝

4. 下列属于天棚吊顶工程分项项目特征描述的是(　　)。

    A. 吊顶形式　　　　　　　　　　B. 油漆的品种、刷漆的遍数

    C. 材料种类、规格　　　　　　　D. 以上都不是

5. 清单编码可以设置为011208001001的是(　　)。

    A. 柱面装饰　　　B. 装饰板墙面　　　C. 梁面装饰　　　D. 碎拼石材零星项目

◀ **复习思考题** ▶

1. 地面清单项目设置需注意什么?

2. 墙面清单项目设置需注意什么?

3. 天棚清单项目设置需注意什么?

4. 墙纸裱糊有哪些项目特征?

5. 窗台板工程量计算规则是什么?

第 8 章

清单计价模式下工程量清单计价详解

【知识要点】

1. 工程量清单计价模式下的装饰装修工程计价(清单计价的含义、原则及清单计价文件编制的程序)。

2. 综合单价(定义、组价方法)。

3. 清单计价表的编制方法(分部分项工程清单与计价表、措施项目清单与计价表、其他项目清单与计价表、规费及税金项目清单与计价表)。

【学习要求】

1. 了解装饰装修工程清单计价程序。

2. 熟悉工程量清单计价的内容。

3. 掌握综合单价组价方法,掌握清单计价表的编制方法及报价文件的编制。

8.1 清单计价模式下装饰装修工程计价

8.1.1 装饰装修工程量清单计价概述

1)装饰装修工程量清单计价的内容

装饰装修工程量清单计价包含三个内容:工程量清单、工程量清单计价和工程量清单计价方法。

装饰装修工程量清单详见第 6 章。

装饰装修工程量清单计价就是指投标人完成由招标人提供的工程量清单所需的全部费用,包括分部分项工程费、措施项目费、其他项目费、规费项目费和税金项目费。

装饰装修工程量清单计价方法是指工程实施阶段从招投标开始到办理竣工结算以及工程索赔的全过程中,投标人根据招标人提供的工程量清单,按照《计价规范》、《计量规范》的要求,根据本企业自身的施工技术条件、工程管理水平、设计能力,本着自主报价的原则,逐项填写单价后计算出整个工程造价,并作为投标书的商务标文本进行投标报价,经市场竞争形成工程造价的一种计价方式,也包括施工过程中工程量的计量与价款支付、索赔、现场签证、工程价款的调整,工程竣工后竣工结算的办理以及对工程计价争议的处理。

2)装饰装修工程量清单计价的原则

(1)遵循客观、公正、公平、诚实信用的原则

所谓客观、公正、公平的原则,就是要求工程量清单计价活动具有高度的透明度,工程量清单的编制要实事求是,不弄虚作假,招标人要一律公平地对待所有投标人,不歧视投标人,给予均等的机会。双方应以诚实、信用的态度进行工程招投标及竣工结算等工作。

(2)遵守相关的法律、法规和规范的原则

工程量清单计价活动完全以市场为导向,必须受到《中华人民共和国建筑法》、《中华人民共和国招投标法》、《中华人民共和国合同法》、《中华人民共和国价格法》、《建筑工程施工发包与承包计价管理办法》及《计价规范》等法律、法规和规范的约束。相关政策文件的制定,为依法查处违反工程量清单规范强制性标准的行为提供了保障。工程量清单的编制要实事求是,不弄虚作假,投标人要从本企业的实际情况出发,不串通报价。必须依法加强监管和处罚力度,制止垄断和不正当竞争。

(3)勤于询价,加强材料信息储备管理的原则

由于清单计价的准确性在很大程度上取决于材料价格的准确性,但计价规范清单项目中,既没有材料消耗量的标准,也没有材料的价格。材料消耗量可以取之于企业定额或是地方定额,而材料价格却完全服从于市场。这样一来,在种类繁多、瞬息万变的材料价格市场信息中,如何快速广泛地获取材料价格信息,准确判定报出材料价格,无疑成为清单报价中的焦点问题。所以在装饰装修工程中对多种多样的材料询价和材料信息储备工作应该及时和准确。

3)装饰装修工程工程量清单计价的程序

装饰装修工程量清单计价是一个非常复杂的过程,投标人根据工程量清单进行报价是很慎重的,报价是否合适决定着企业中标的可能性,所以投标人取得标书以后需要按一定的程序和步骤完成投标工作,具体做法如图8-1所示。

8.1.2 综合单价的计算

发包人提供的工程量清单对每个承包人都是统一的、透明的,因此确定清单项目单价是工程量清单计价的重要工作,在《计价规范》中称为综合单价。

1)综合单价的含义

综合单价是完成一个规定清单项目所需的人工费、材料和工程设备费、施工机具使用费和企业管理费、利润以及一定范围内的风险费用。

为了简化计价程序,实现与国际接轨的要求,工程量清单计价采用了综合单价计价,它是有别于现行定额工料单价法计价的另一种项目单价计价方式,它应包括完成一个规定计量单位的合格产品所需的全部费用。

综合单价的编制是否合理,决定了清单报价是否合适,同时也检验招标控制价是否合理。综合单价不但适用于分部分项工程量清单,也适用于措施项目清单、其他项目清单。企业根据自身的技术水平、材料的供应渠道及期望的利润值来编制综合单价,它是工程量清单计价的核

心内容,是投标人能否中标的关键点,是投标人中标后盈亏的衡量值,是投标企业整体实力的真实体现。

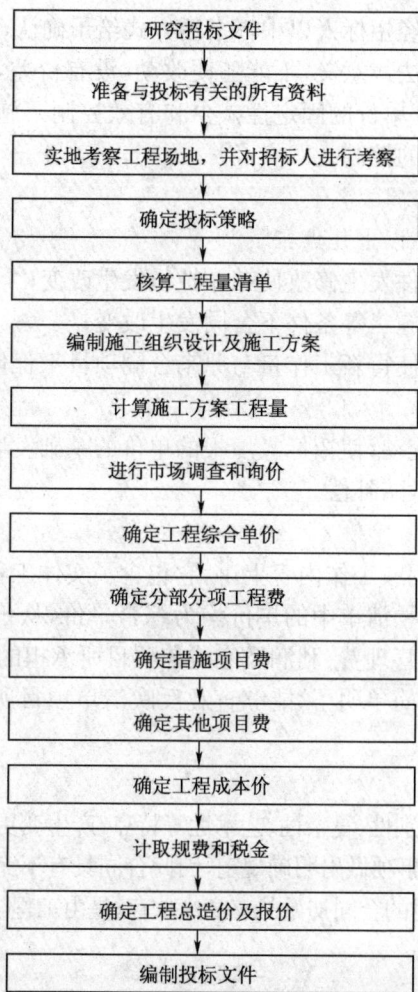

图 8-1　装饰装修工程工程量清单计价的程序

2)综合单价的组成

根据我国的实际情况,综合单价包括除规费、税金以外的全部费用,即综合单价除含有实体成本以外,还包含了企业的管理费用、所获得的利润,还应包括招标文件中划分的应由投标人承担的风险范围及其费用。招标文件中没有明确的,如是工程造价咨询人编制,应提请招标人明确;如是招标人编制,应予明确。需要注意的是,根据《计价规范》的工程量计算规则算出的工程量与实际施工量之差在综合单价的分析中也摊入了综合单价内,如墙面造型。根据我国工程建设特点,投标人应完全承担的风险是技术风险和管理风险,如管理费和利润;应有限度承担的是市场风险,如材料价格、施工机具使用费等的风险,应完全不承担的是法律、法规、规章和政策变化的风险。所以综合单价中不包含规费和税金。

3)综合单价的特性

(1)单价的固定性

单价的固定性是指综合单价在规定的合同条件下是固定不变的,即工程量清单经投标人填写价格后成为清单报价表,经招标人以中标书的方式给予确认,施工合同也有明确的条款规定,工程量清单单价就具有了法律意义,不能随便改动,没有价差,也不用调整各项费率,竣工结算时一般也不能任意改变。单价的固定性减少和有效控制了施工单位的不合理索赔,减少了结算争议,有利于工程造价的控制。

(2)单价的可变性

综合单价的可变性体现在以下几点:

①合同上的变更,合同文件发生修改使工作性质发生改变;

②工程条件变化,如加速施工等条件下合同发生改变;

③工程变更或额外工程,使得新工作量与原来合同项目工程量发生实质性变动,从而单价不适用;

④价格调整和后续法规变动,使招标人填报的单价的基础发生了变动;

⑤施工企业进行合理的索赔补偿。

(3)单价的综合性

从综合单价所包含的工程或工作内容上讲,它包含了实体工程项目、措施项目及其他项目等,具有一定的综合性。工程量清单中的单价均为综合单价,从价值的构成上讲,包括项目所需的人工费、材料费、机械费、管理费、利润及完成该项目所承担的责任、义务和风险,与以往定额计价相比,清单合同的单价简单明了,能够直观反映清单项目所需的各种消耗和资源,也表现了单价的综合性。

(4)单价的依存性

装饰装修工程项目具有个别性、复杂性、艺术性等特点,产生变更的因素较多,所以签订的工程合同不可能对施工过程中各种事项做出明确规定,因此合同具有不完全性,单价的依存性由此而产生,它的单价的有效性与投标时的合同初始状态高度依存,是由工程合同的不完全性决定的。

4)综合单价组价的依据

(1)工程量清单

清单中全面提供了相应清单项目所包含的项目特征和施工过程,它是组价的内容。

(2)招标文件

对组价内容进行了明确的规定,比如是否有业主供应材料等,应在综合单价中列入。

(3)企业定额

企业定额是企业自主报价的主要依据,也是企业施工管理和施工技术水平的具体体现。

(4)现行装饰装修工程消耗量定额

在企业定额还未普遍形成时,现行装饰装修工程消耗量定额的人、料、机消耗量对综合单价组价最具参考性。

(5)施工组织设计及施工方案

施工单位制订的工程总进度计划、施工方案的选择、施工机具和劳动力的配备情况,对组价都有较大的影响,是清单组价的必备条件。

（6）以往的报价资料

以往的报价资料可以作为组价的重要参考，施工单位能够根据以往报价和中标情况对新工程报价做适当的调整，有利于投标成功。

（7）人工单价、现行材料、机械台班价格信息

人工单价、现行材料、机械台班价格信息都是综合单价组价的基础，询价工作是清单组价的一个不可缺少的环节。

5）综合单价组价时应注意的问题

综合单价组价是一项具有挑战性的工作，它体现了造价人员报价水平的高低，因此在组价过程中应该仔细斟酌，需要注意以下几个问题：

（1）熟悉招标书的全部内容，仔细审核清单项目，理解招标单位的意图，以便准确组价。

（2）熟悉施工工艺，准确确定工程量清单表中的工程内容的分项组合，以便合理报价。

（3）熟悉施工组织设计和施工方案，将工程量增减的因素及施工过程中的各类合理损耗都考虑在综合单价中。

（4）熟悉企业定额的编制原理，对施工项目人工、材料、机械消耗量进行准确计算，为合理组价奠定基础。

（5）经常进行市场询价和商情调查，合理确定人工、材料、机械的市场单价，以便合理组价。

（6）熟悉风险管理的有关内容，增强风险意识，将风险因素合理地考虑在综合单价的报价中。

（7）广泛搜集各类基础性资料及积累以往的报价经验，为准确而迅速地做好报价提供依据。

（8）经常与企业及项目决策领导者进行沟通，明确投标策略，以便合理计算综合单价并确定管理费率及利润率。

6）综合单价的组价程序及方法

（1）组价程序

①确定工程内容所对应的工程量。根据招标文件提供的工程量清单项目名称，编制施工组织设计，计算方案工程量。

②选用定额。确定选用的消耗量定额，采用企业定额或参照各省、各地区、各部门定额。

③根据清单项目内容拆分清单项目，查找分部分项工程消耗量定额。

④计算清单项目的综合单价。

（2）组价方法

选套组价定额项目的人工、材料、机械台班消耗量，其中人工、材料、机械台班的单价为市场价，计算组价项目的人工费、材料费、机械费。这种方法是企业暂无企业定额的情况下，参照各地区、各部门消耗量定额中人、料、机耗用量进行综合单价分析的方法。

①计算综合单价中的人工费，公式如下：

综合单价中人工费＝(清单项目组价内容工程量×企业定额人工消耗量指标×

人工工日单价)/清单项目工程数量

目前绝大多数企业都没有具备完善适用的企业定额，综合单价的形成除了参照消耗量定

额以外没有可依据的标准,故大多数企业仍参照消耗量定额进行报价,所以,综合单价中人工费的另一种计算公式如下:

$$综合单价中人工费=\sum[(清单项目组价内容工程量/清单项目工程数量)\times$$

$$消耗量定额人工含量\times人工单价]$$

②计算综合单价中的材料费,公式如下:

$$综合单价材料费=\sum[(清单项目组价内容工程量/清单项目工程数量)\times$$

$$消耗量定额材料含量\times材料单价]$$

③计算综合单价中的机械费,公式如下:

$$综合单价机械费=\sum[(清单项目组价内容工程量/清单项目工程数量)\times$$

$$消耗量定额机械含量\times机械台班单价]$$

注意:清单项目组价内容工程量是指按施工方案计算出的分部分项工程的数量,也称计价工程量。

④计算管理费:

a. 以直接费为计费基础,管理费=直接费×管理费费率。

b. 以人工费与机械费之和为计费基础,管理费=∑(人工费+机械费)×管理费费率。

c. 以人工费为计费基础,管理费=∑人工费×管理费费率。

⑤计算利润:

a. 以直接费为计费基础,利润=直接费×利润率。

b. 以人工费与机械费之和为计费基础,利润=∑(人工费+机械费)×利润率。

c. 以人工费为计费基础,利润=∑人工费×利润率。

⑥考虑风险因素并计算。风险因素按一定的原理,采取风险系数来反映,即:

$$风险费用=(人工费+材料费+机械费+管理费+利润)\times风险系数$$

⑦计算综合单价,公式如下:

$$清单项目综合单价=(人工费+材料费+机械费+管理费+利润)\times(1+风险系数)$$

7)综合单价的组价案例

大多数企业都是参照本省的消耗量定额完成综合单价组价的,由于《计价规范》与消耗量定额之间可能产生计算规则、计量单位、工程实体项目内容的差异,使综合单价的组价增加了复杂性和多样性。以编制招标控制价为例,参照消耗量定额介绍三种常用的组价方法:直接套用定额组价、套用定额合并组价和重新计算工程量组价。

(1)直接套用定额组价

当《计价规范》分项工程的工程内容、计量单位及工程量计算规则与《消耗量定额》一致,只与一个定额项目相对应。

【例8-1】 某酒店大堂餐厅北墙砖墙面挂贴金线米黄花岗岩,管理费取费基数为人工费与机械费之和,费率为13.47%,利润取费基数为人工费与机械费之和,费率为15.8%,选用湖北省消耗量定额作为参考,假设定额中的人工、材料、机械单价均为市场价(如果不同可替换),试确定该清单项目的综合单价,清单项目参见表8-1,定额项目参见表8-2、表8-3。

解 依题意,墙面挂贴金线米黄石材项目的清单编码为011204001001,见表8-1,单位为m^2,以湖北省《消耗量定额》为例,见表8-2,综合单价计算结果见表8-4,计算过程如下:

定额子目套项为A14-120[挂贴大理石(花岗岩)、砖墙面],其中人工费=7229.56元/$100m^2$,材料费=13603.9元/$100m^2$,机械费=106.25元/$100m^2$。

管理费=(7229.56+106.25)×13.47%=988.13(元/$100m^2$)

利润=(7229.56+106.25)×15.8%=1159.06(元/$100m^2$)

管理费+利润=988.13+1159.06=2147.19(元/$100m^2$)

综合单价=(7229.56+13603.9+106.25+2147.19)/100=(230.87元/m^2)

参 考 清 单 项 目

表 8-1

项目编码	项目名称	项 目 特 征	计量单位	工程量计算规则	工 作 内 容
011102003	块料楼地面	1.垫层材料种类、厚度; 2.找平层厚度、砂浆配合比; 3.结合层厚度、砂浆配合比; 4.面层材料品种、规格、颜色; 5.嵌缝材料种类; 6.防护层材料种类; 7.酸洗、打蜡要求	m^2	按设计图示尺寸以面积计算。门洞、空圈、暖气包槽、壁龛的开口部分并入相应的工程量内	1.基层清理、抹找平层; 2.面层铺设、磨边; 3.嵌缝; 4.刷防护材料; 5.酸洗、打蜡; 6.材料运输
011204001	石材墙面	1.墙体类型; 2.安装方式; 3.面层材料品种、规格、颜色; 4.缝宽、嵌缝材料种类; 5.防护材料种类; 6.磨光、酸洗、打蜡要求	m^2	按镶贴表面积计算	1.基层清理; 2.砂浆制作、运输; 3.黏结层铺贴; 4.面层安装; 5.嵌缝; 6.刷防护材料; 7.磨光、酸洗、打蜡
011407001	墙面喷刷涂料	1.基层类型; 2.喷刷涂料部位; 3.腻子种类; 4.刮腻子要求; 5.涂料品种、喷刷遍数	m^2	按设计图示尺寸以面积计算	1.基层清理; 2.刮腻子; 3.刷、喷涂料
011204003	块料墙面	1.墙体类型; 2.安装方式; 3.面层材料品种、规格、颜色; 4.缝宽、嵌缝材料种类; 5.防护材料种类; 6.磨光、酸洗、打蜡要求	m^2	按镶贴表面积计算	1.基层清理; 2.砂浆制作、运输; 3.黏结层铺贴; 4.面层安装; 5.嵌缝; 6.刷防护材料; 7.磨光、酸洗、打蜡

项目编码	项目名称	项 目 特 征	计量单位	工程量计算规则	工 作 内 容
010801001	木质门	1.门代号及洞口尺寸; 2.镶嵌玻璃品种、厚度	1.樘; 2.m²	1.以樘计量,按设计图示数量计算; 2.以m²计量,按设计图示洞口尺寸以面积计算	1.门安装; 2.玻璃安装; 3.五金安装
011302001	吊顶天棚	1.吊顶形式、吊杆规格、高度; 2.龙骨材料种类、规格、中距; 3.基层材料种类、规格; 4.面层材料品种、规格; 5.压条材料种类、规格; 6.嵌缝材料种类; 7.防护材料种类	m²	按设计图示尺寸以水平投影面积计算。天棚面中的灯槽及跌级、锯齿形、吊挂式、藻井式天棚面积不展开计算。不扣除间壁墙、检查口、附墙烟囱、柱垛和管道所占面积,扣除单个>0.3m²的孔洞、独立柱及与天棚相连的窗帘盒所占的面积	1.基层清理、吊杆安装; 2.龙骨安装; 3.基层板铺贴; 4.面层铺贴; 5.嵌缝; 6.刷防护材料
011501011	矮柜	1.台柜规格; 2.材料种类、规格; 3.五金种类、规格; 4.防护材料种类; 5.油漆品种、刷漆遍数	1.个; 2.m; 3.m³	1.以个计量,按设计图示数量计量; 2.以m计量,按设计图示尺寸以延长米计算; 3.以m³计量,按设计图示尺寸以体积计算	1.台柜制作、运输、安装(安放); 2.刷防护材料、油漆; 3.五金件安装

定额项目参考一　　　　表 8-2

定额编号	A13-20	A13-105	A14-120	A14-149	A16-72
项目	水泥砂浆找平层 混凝土或硬基层上 厚度20m	陶瓷地砖楼地面 周长2400mm 水泥砂浆	挂贴大理石 砖墙面	陶瓷锦砖 水泥砂浆粘贴 墙面	铝合金方板天棚龙骨嵌入式 不上人形面层规格 600×600
基价	1343.39	16288.50	20939.75	6291.94	4484.45

其中	人工费			635.36	2273.00	7229.56	4857.12	1227.52
	材料费			670.49	13976.86	13603.94	1429.30	3237.98
	机械费			37.54	38.64	106.25	5.52	18.95
	名　称	单位	单价	数　量				
人工	普工	工日	60.00	2.570	9.210	29.290	19.680	3.500
	技工	工日	92.00	5.230	18.700	59.480	39.960	9.380
材料	水泥砂浆 1:3	m³	296.69	2.020				
	水泥浆	m³	692.87	0.100	0.100	0.100	0.100	
	水	m³	3.15	0.600	2.600	1.410	0.780	
	陶瓷地砖 600×600	m²	130.00	—	102.500	—	—	
	水泥砂浆 1:4	m³	250.13		2.020		—	
	白水泥	kg	0.62	—	10.300	15.500	25.800	
	石料切割锯片	片	150.00	—	0.320	2.690		
	电	度	0.97		6.570	17.750		
	棉纱头	kg	6.00		1.000	1.000	1.000	
	锯木屑	m³	3.93		0.600			
	大理石板	m²	103.00			102.000		
	水泥砂浆 1:2.5	m³	334.04			3.930		
	钢筋	kg	3.91			107.650		
	铁件	kg	5.50			34.870		0.010
	铜丝	kg	67.00			7.770		
	草酸	kg	5.09			1.000		
	松节油	kg	5.24			0.600		
	硬白蜡	kg	10.53			2.650		
	煤油	kg	9.50			4.000		
	清油	kg	18.16			0.530		
	塑料薄膜	m²	1.72			28.050		
	电焊条	kg	6.50			1.510		1.280
	陶瓷棉砖	m²	11.35				101.500	
	水泥砂浆 1:1	m³	431.84				0.310	
	801 胶	kg	2.60				19.100	
	U 形铝合金大龙骨 h45	m	4.72					133.660
	T 形铝合金中龙骨 h30	m	3.13					191.660
	铝合金龙骨主接件	个	1.20					58.000
	铝合金龙骨次接件	个	0.83					28.000

369

	名称	单位	单价					
材料	铝合金中龙骨平面连接件	个	0.55					58.000
	铝合金大龙骨垂直吊挂件	个	1.20					152.000
	铝合金中龙骨垂直吊挂件	个	0.51					456.000
	吊筋	kg	3.91					23.730
	角钢	kg	3.91					151.000
	射钉	个	0.33					152.000
	螺母	个	0.11					304.000
	半圆头螺栓	个	1.50					456.000
	高强螺栓	kg	7.94					1.050
机械	灰浆搅拌机 200L	台班	110.40	0.340	0.350		0.670	
	钢筋调直机 φ14	台班	31.78				0.050	
	钢筋切断机 400mm	台班	45.39				0.050	
	交流弧焊机 30kV·A	台班	189.46				0.150	0.100

定 额 项 目 参 考 二

表 8-3

定额编号			A16-133	A17-30	A18-93	A18-277	A18-297
项目			铝合金方板天棚	实木装饰门安装	润油粉，刮腻子，油色，清漆四遍，磨退出亮	乳胶漆两遍	刮腻子
							水泥砂浆混合砂浆墙面
			嵌入式平板		单层木门	砖墙面	两遍
基价			12004.90	57293.10	8628.93	633.52	868.12
其中	人工费		789.12	3616.88	6735.98	256.44	504.18
	材料费		11215.78	53676.22	1892.95	377.08	363.94
	机械费		—	—	—	—	—
	名 称	单位	单价		数 量		
人工	普工	工日	60.00	2.250	10.310	22.850	0.870	1.710
	技工	工日	60.00	6.030	27.640	51.220	1.950	3.840
	高级技工	工日	138.00	0.720	3.300	4.730	0.180	0.350
材料	铝合金平方板	m²	108.00	102.000				
	铝合金靠墙条板	m	11.15	5.000				
	膨胀螺栓 M8×75	套	0.84	109.000				
	其他材料费(占材料费)	%	—	0.470	0.570			
	实木装饰门(成品)	m²	550.00		97.040			
	醇酸清漆					65.21		

							0.80		
	酚醛清漆						0.80		
	色调和漆						1.01		
	熟桐油						7.00		
	油漆溶剂油						13.100		
	醇酸稀释剂						14.400		
材料	乳胶漆							56.700	
	成品腻子粉								84.000
	801胶								13.900
	石膏粉								8.400
	豆包布(白布)宽0.9m								0.180
	砂纸								6.00

工程量清单综合单价分析表

表8-4

工程名称:××酒店装饰工程　　　　　　　　标段:　　　　　第　页　共　页

项目编码	011204001001		项目名称		石材墙面	计量单位	m²	工程量	1

清单综合单价组成明细									

定额编号	定额项目名称	定额单位	数量	单价				合价			
				人工费	材料费	机械费	管理费和利润	人工费	材料费	机械费	管理费和利润
A14-120	挂贴大理石(花岗岩)砖墙面	100m²	0.01	7229.56	13603.94	106.25	2147.19	72.30	136.04	1.06	21.47
人工单价		小计						72.30	136.04	1.06	21.47
技工92元/工日;普工60元/工日		未计价材料费						0			
清单项目综合单价								230.87			

	主要材料名称、规格、型号	单位	数量	单价(元)	合价(元)	暂估单价(元)	暂估合价(元)
材料费明细	白水泥	kg	15.5	0.62	9.61		
	大理石板	m²	102	103	10506		
	石料切割锯片	片	2.69	150	403.5		
	塑料薄膜	m²	28.05	1.72	48.25		
	棉纱头	kg	1	6	6		

材料费明细	电焊条	kg	1.51	6.5	9.82		
	铁件	kg	34.87	5.5	191.79		
	水	m³	1.41	3.15	4.44		
	电	度	17.75	0.97	17.22		
	松节油	kg	0.6	5.24	3.14		
	钢筋	kg	107.65	3.91	420.91		
	铜丝	kg	7.77	67	520.59		
	清油	kg	0.53	18.16	9.62		
	煤油	kg	4	9.5	38		
	硬白蜡	kg	2.65	10.53	27.9		
	草酸	kg	1	5.09	5.09		
	其他材料费			—	1382.06	—	0
	材料费小计				13603.94	—	0

注:1. 如不使用省级或行业建设主管部门发布的计价依据,可不填定额编码、名称等。

2. 招标文件提供了暂估单价的材料,按暂估的单价填入表内"暂估单价"栏及"暂估合价"栏。

【例 8-2】 某酒店开水房墙面贴陶瓷锦砖,管理费取费基数为人工费与机械费之和,费率为 13.47%,利润取费基数为人工费与机械费之和,费率为 15.8%,选用湖北省消耗量定额作为参考,假设定额中的人工、材料、机械单价均为市场价(如果不同可替换),试确定该清单项目的综合单价。

解 依题意,开水房墙面贴陶瓷锦砖项目的清单编码为 011204003001,见表 8-5,单位为 m²,以某省《消耗量定额》为例,见表 8-2,综合单价计算结果见表 8-5,计算过程如下:

定额子目套项为 A14—149(陶瓷锦砖、水泥砂浆粘贴、墙面),其中人工费=4857.12 元/100m²,材料费=1429.3 元/100m²,机械费=5.52 元/100m²。

$$管理费=(4857.12+5.52)\times13.47\%=655(元/100m²)$$

$$利润=(4857.12+5.52)\times15.8\%=768.3(元/100m²)$$

$$管理费+利润=655+768.3=1423.3(元/100m²)$$

$$综合单价=(4857.12+1429.3+5.52+1423.3)/100=77.15(元/m²)$$

工程量清单综合单价分析表　　　　　　　　　　　　　　　表 8-5

工程名称:××酒店装饰工程　　　　　　　　　　标段:　　　第　　页 共　　页

项目编码	011204003001		项目名称		块料墙面	计量单位	m²	工程量	1

清单综合单价组成明细

定额编号	定额项目名称	定额单位	数量	单价				合价			
				人工费	材料费	机械费	管理费和利润	人工费	材料费	机械费	管理费和利润
A14-149	陶瓷锦砖水泥砂浆粘贴墙面	100m²	0.01	4857.12	1429.3	5.52	1423.3	48.57	14.30	0.06	14.23
人工单价	小计	48.57	14.30	0.06	14.23						

技工 92 元/工日;普工 60 元/工日		未计价材料费				0	
清单项目综合单价						77.15	
材料费明细	主要材料名称、规格、型号		单位	数量	单价(元)	合价(元)	暂估单价(元)	暂估合价(元)
	白水泥		kg	25.8	0.62	16		
	棉纱头		kg	1	6	6		
	水		m³	0.78	3.15	2.46		
	陶瓷锦砖		m²	101.5	11.35	1152.03		
	801 胶		kg	19.1	2.6	49.66		
	其他材料费				—	203.16		0
	材料费小计				—	1429.3	—	0

注：1. 如不使用省级或行业建设主管部门发布的计价依据，可不填定额编码、名称等。
    2. 招标文件提供了暂估单价的材料，按暂估的单价填入表内"暂估单价"栏及"暂估合价"栏。

(2) 套用定额，合并组价

当《计价规范》中清单项目由《消耗量定额》中几个定额分项组成，且单位一致，其综合单价计算公式如下：

$$清单项目综合单价 = \sum(定额项目单价 + 管理费 + 利润 + 风险)$$

【例 8-3】 某酒店室内装修，标准间墙面统一粉刷格拉丝牌乳胶漆，刮腻子 2 遍，乳胶漆面层 2 遍，管理费取费基数为人工费与机械费之和，费率为 13.47%，利润取费基数为人工费与机械费之和，费率为 15.8%，选用湖北省《消耗量定额》作为参考，假设定额中的人工、材料、机械单价均为市场价(如果不同可替换)，试确定该清单项目的综合单价。

解 依题意，标准间墙面统一粉刷格拉丝牌乳胶漆项目的清单编码为 011407001001，见表 8-6，单位为 m²，其清单项目内容是由一个消耗量定额中的子项目组成，以湖北省《消耗量定额》为例，见表 8-3，综合单价计算结果见表 8-6，计算过程如下：

该清单项目需套用两个定额子目，定额子目为 A18-277(乳胶漆 2 遍、砖墙面)，其中人工费 = 256.44 元/100m²，材料费 = 377.08 元/100m²，机械费 = 0 元/100m²。

$$管理费 = (256.44 + 0) \times 13.47\% = 34.54(元/100m^2)$$

$$利润 = (256.44 + 0) \times 15.8\% = 40.52(元/100m^2)$$

$$管理费 + 利润 = 34.54 + 40.52 = 75.06(元/100m^2)$$

定额子目为 A18-297(刮腻子、水泥砂浆混合砂浆墙面两遍)，其中人工费 = 504.18 元/100m²，材料费 = 363.94 元/100m²。

$$管理费 = (504.18 + 0) \times 13.47\% = 67.91(元/100m^2)$$

$$利润 = (504.18 + 0) \times 15.8\% = 79.66 元/100(m^2)$$

$$管理费 + 利润 = 67.91 + 79.66 = 147.57 元/100(m^2)$$

$$综合单价 = [(256.44 + 504.18) + (377.08 + 363.94) + (75.06 + 147.57)]/100$$
$$= (760.62 + 741.02 + 222.63)/100 = 17.24(元/m^2)$$

工程量清单综合单价分析表   表 8-6

工程名称：××酒店装饰工程   标段：   第   页 共   页

项目编码	011407001001		项目名称	墙面喷刷涂料	计量单位	m²	工程量	1

清单综合单价组成明细

定额编号	定额项目名称	定额单位	数量	单价				合价			
				人工费	材料费	机械费	管理费和利润	人工费	材料费	机械费	管理费和利润
A18-277	乳胶漆2遍砖墙面	100m²	0.01	256.44	377.08	0	75.06	2.56	3.77	0	0.75
A18-297	刮腻子水泥砂浆混合砂浆墙面2遍	100m²	0.01	504.18	363.94		147.57	5.04	3.64	0	1.48
人工单价			小计					7.60	7.41	0	2.23
高级技工138元/工日；技工92元/工日；普工60元/工日			未计价材料费					0			
			清单项目综合单价					17.24			

材料费明细	主要材料名称、规格、型号	单位	数量	单价(元)	合价(元)	暂估单价(元)	暂估合价(元)
	801胶	kg	13.9	2.6	36.14		
	成品腻子粉	kg	84	3.8	319.2		
	乳胶漆	kg	36.86	10.23	377.08		
	其他材料费		—		8.6	—	0
	材料费小计				741.01		0

注：1. 如不使用省级或行业建设主管部门发布的计价依据，可不填定额编码、名称等。

2. 招标文件提供了暂估单价的材料，按暂估的单价填入表内"暂估单价"栏及"暂估合价"栏。

【例8-4】 某酒店标准客房卫生间吊顶材质为 600×600 圆蘑花铝扣板，管理费取费基数为人工费与机械费之和，费率为 13.47%，利润取费基数为人工费与机械费之和，费率为 15.8%，选用湖北省《消耗量定额》作为参考，假设定额中的人工、材料、机械单价均为市场价(如果不同可替换)，试确定该清单项目的综合单价。

解 依题意，卫生间圆蘑花铝扣板吊顶项目的清单编码为 011302001001，见表 8-7，单位为平方米，其清单项目内容是由两个消耗量定额中的子项目组成，以湖北省《消耗量定额》为例，见表 8-2，综合单价计算结果见表 8-7，计算过程如下：

该清单项目需套用两个定额子目，定额子目为 A16-72[铝合金方板天棚龙骨嵌入式、不上人形面层规格(mm)600×600]其中人工费=1227.52 元/100m²，材料费=3237.98 元/100m²，机械费＝18.95 元/100m²。

$$管理费＝(1227.52＋18.95)×13.47\%＝167.9(元/100m²)$$

$$利润＝(1227.52＋18.95)×15.8\%＝196.94(元/100m²)$$

$$管理费＋利润＝167.9＋196.94＝364.84(元/100m²)$$

定额子目为 A16-133(铝合金方板天棚嵌入式平板)其中人工费＝789.12 元/100m²,材料费＝11215.78 元/100m²。

$$管理费＝(789.12＋0)×13.47\%＝106.29(元/100m²)$$

$$利润＝(789.12＋0)×15.8\%＝124.68(元/100m²)$$

$$管理费＋利润＝106.29＋124.68＝230.97(元/100m²)$$

综合单价＝[(1227.52＋789.12)＋(3237.98＋11215.78)＋18.95＋(364.84＋230.97)]/
100＝(2016.64＋14453.76＋18.95＋595.81)/100＝170.85(元/m²)

工程量清单综合单价分析表　　　　　　　　　　　　　表 8-7

工程名称:××酒店装饰工程　　　　　　　标段:　　　　　　　第　页 共　页

项目编码	011302001001		项目名称		吊顶天棚	计量单位	m²	工程量	1
清单综合单价组成明细									
定额编号	定额项目名称	定额单位	数量	单价				合价	

定额编号	定额项目名称	定额单位	数量	人工费	材料费	机械费	管理费和利润	人工费	材料费	机械费	管理费和利润
A16-72	铝合金方板天棚龙骨嵌入式不上人形面层规格(mm)600×600	100m²	0.01	1227.52	3237.98	18.95	364.84	12.28	32.37	0.19	3.65
A16-133	铝合金方板天棚嵌入式平板	100m²	0.01	789.12	11215.78	0	230.97	7.89	112.16	0	2.31
人工单价			小计					20.17	144.53	0.19	5.96
高级技工 138 元/工日;技工 92 元/工日;普工 60 元/工日			未计价材料费					0			
清单项目综合单价								170.85			

材料费明细	主要材料名称、规格、型号	单位	数量	单价(元)	合价(元)	暂估单价(元)	暂估合价(元)
	铁件	kg	0.01	5.5	0.06		
	U 形铝合金大龙骨 h45	m	133.66	4.72	630.88		
	T 形铝合金中龙骨 h30	m	191.66	3.13	599.9		
	铝合金中龙骨垂直吊挂件	个	456	0.51	232.56		
	铝合金大龙骨垂直吊挂件	个	152	1.2	182.4		

材料费明细	吊筋	kg	23.73	3.91	92.78		
	角钢	kg	151	3.91	590.41		
	半圆头螺栓	个	456	1.5	684		
	铝合金平方板	m²	102	108	11016		
	膨胀螺栓 M8×75	套	109	0.84	91.56		
	其他材料费		—	333.21	—		0
	材料费小计		—	14453.75	—		0

注:1. 如不使用省级或行业建设主管部门发布的计价依据,可不填定额编码、名称等。

2. 招标文件提供了暂估单价的材料,按暂估的单价填入表内"暂估单价"栏及"暂估合价"栏。

【例 8-5】 某酒店棋牌室地面贴木材纹 600×600 的陶瓷地砖,棋牌室地面与设计标高相差 55mm,需找平 20mm,管理费取费基数为人工费与机械费之和,费率为 13.47%,利润取费基数为人工费与机械费之和,费率为 15.8%,选用湖北省《消耗量定额》作为参考,假设定额中的人工、材料、机械单价均为市场价(如果不同可替换),试确定该清单项目的综合单价。

解 依题意,棋牌室地面贴 600×600 的陶瓷砖项目的清单编码为 011102003001,见表 8-8,单位为 m²,其清单项目内容是由两个消耗量定额中的子项目组成,以湖北省《消耗量定额》为例,见表 8-2,综合单价计算结果见表 8-8,计算过程如下:

该清单项目需套用两个定额子目,定额子目为 A13-20(水泥砂浆找平层、混凝土或硬基层上、厚度 20mm)其中人工费=635.36 元/100m²,材料费=670.49 元/100m²,机械费=37.54 元/100m²

$$管理费=(635.36+37.54)×13.47\%=90.64(元/100m²)$$

$$利润=(635.36+37.54)×15.8\%=106.32(元/100m²)$$

$$管理费+利润=90.64+106.32=196.96(元/100m²)$$

定额子目为 A13-105[陶瓷地砖、楼地面、周长(mm 以内)2400、水泥砂浆],其中人工费=2273 元/100m²,材料费=13976.86 元/100m²,机械费=38.64 元/100m²。

$$管理费=(2273+38.64)×13.47\%=311.38(元/100m²)$$

$$利润=(2273+38.64)×15.8\%=365.24(元/100m²)$$

$$管理费+利润=311.38+365.24=676.62(元/100m²)$$

$$综合单价=[(635.36+2273)+(670.49+13976.86)+(37.54+38.64)+(196.96+$$

$$676.62)]/100$$

$$=(2908.36+14647.35+76.18+873.58)/100$$

$$=185.05(元/m²)$$

工程名称：××酒店装饰工程　　　　　　　　　　标段：　　　第　页共　页

项目编码	011102003001		项目名称		块料楼地面	计量单位	m²	工程量	1
清单综合单价组成明细									

定额编号	定额项目名称	定额单位	数量	单价				合价			
				人工费	材料费	机械费	管理费和利润	人工费	材料费	机械费	管理费和利润
A13-20	水泥砂浆找平层混凝土或硬基层上厚度20mm	100m²	0.01	635.36	670.49	37.54	196.96	6.35	6.70	0.37	1.97
A13-105	陶瓷地砖楼地面周长（mm以内）2400水泥砂浆	100m²	0.01	2273	13976.86	38.64	676.62	22.73	139.77	0.39	6.77
人工单价		小计						29.08	146.47	0.76	8.74
技工92元/工日；普工60元/工日		未计价材料费						0			
清单项目综合单价								185.05			

材料费明细	主要材料名称、规格、型号	单位	数量	单价（元）	合价（元）	暂估单价（元）	暂估合价（元）
	石料切割锯片	片	0.32	150	48		
	陶瓷地砖 600×600	m²	102.5	130	13325		
	其他材料费			—	1274.35	—	0
	材料费小计			—	14647.35	—	0

377

注：1. 如不使用省级或行业建设主管部门发布的计价依据，可不填定额编码、名称等。

2. 招标文件提供了暂估单价的材料，按暂估的单价填入表内"暂估单价"栏及"暂估合价"栏。

（3）重新计算工程量组价

当《计价规范》分项工程的工程内容、计量单位及工程量计算规则与《消耗量定额》不一致时，其综合单价的计算公式为：

清单项目综合单价＝（综合单价人工费＋综合单价材料费＋综合单价机械费＋
管理费＋利润）×（1＋风险系数）

或：

综合单价＝（分项工程人工费＋分项工程材料费＋分项工程机械费＋管理费＋
利润＋风险费）/清单工程量

其中：

综合单价人工费＝Σ（定额人工用量×计价工程量×人工市场价/清单工程量）
综合单价材料费＝Σ（定额材料用量×计价工程量×材料市场价/清单工程量）

综合单价机械费＝∑（定额机械用量×计价工程量×材料市场价/清单工程量）

计价工程量——根据《消耗量定额》的计算规则计算。

清单工程量——根据《计价规范》的计算规则计算。

【例 8-6】 某酒店标准间客房门为 1.89m² /樘，实木装饰面喷清漆 4 遍，管理费取费基数为人工费与机械费之和，费率为 13.47%，利润取费基数为人工费与机械费之和，费率为 15.8%，选用湖北省《消耗量定额》作为参考，假设定额中的人工、材料、机械单价均为市场价（如果不同可替换），试确定该清单项目的综合单价。

解 依题意，客房门项目的清单编码为 010801001001，见表 8-9，单位为樘，其清单项目内容是由两个消耗量定额中的子项目组成，以湖北省《消耗量定额》为例，见表 8-3，综合单价计算结果见表 8-9，计算过程如下：

定额子目套项为 A17-30（实木装饰门安装），其中人工费＝3616.88 元/100m²　材料费＝53676.22 元/100m²　机械费＝0 元/100m²。

$$管理费＝0.0189×(3616.88＋0)×13.47\%＝9.21(元/m^2)$$

$$利润＝0.0189×(3616.88＋0)×15.8\%＝10.8(元/m^2)$$

$$管理费＋利润＝9.21＋10.8＝20.01(元/m^2)$$

定额子目套项为 A18-93（润油粉、刮腻子、油色、清漆 4 遍、磨退出亮、单层木门），其中人工费 6735.98 元/100m²，材料费＝1892.95 元/100m²，机械费＝0 元/100m²。

$$管理费＝0.0189×(6735.98＋0)×13.47\%＝17.15(元/100m^2)$$

$$利润＝0.0189×(6735.98＋0)×15.8\%＝20.11(元/100m^2)$$

$$管理费＋利润＝17.15＋20.11＝37.26(元/100m^2)$$

$$\begin{aligned}综合单价＝&(0.0189×3616.88＋0.0189×6735.98)＋(0.0189×53676.22＋0.0189×\\&1892.95)＋(0.0189×0＋0.0189×0)＋(20.01＋37.26)\\＝&195.67＋1050.26＋0＋57.27\\＝&1303.20(元/m^2)\end{aligned}$$

工程量清单综合单价分析表　　　　　　　　　　　　　　　　　　表 8-9

工程名称：××酒店装饰工程　　　　　　　　　　　　　标段：　第　　页　共　　页

项目编码	010801001001		项目名称		木质门	计量单位	m²	工程量	1
清单综合单价组成明细									
定额编号	定额项目名称	定额单位	数量	单价					
				人工费	材料费	机械费	管理费和利润		
A17-30	实木装饰门安装	100m²	0.0189	3616.88	53676.22	0	1058.66		
A18-93	润油粉、刮腻子、油色、清漆4遍、磨退出亮单层木门	100m²	0.0189	6735.98	1892.95	0	1971.62		

合价			
人工费	材料费	机械费	管理费和利润
68.36	1014.48	0	20.11
127.31	35.77	0	37.26

人工单价	小计		195.67	1050.25	0	57.37
高级技工138元/工日； 技工92元/工日； 普工60元/工日	未计价材料费			0		
清单项目综合单价				1303.20		
材料费 明细	主要材料名称、规格、型号	单位	数量	单价 (元)	合价 (元)	暂估单价 (元)	暂估合价 (元)
	实木装饰门(成品)	m²	1.8341	550	1008.76		
	其他材料费			—	41.53	—	0
	材料费小计			—	1050.28		0

注：1. 如不使用省级或行业建设主管部门发布的计价依据，可不填定额编码、名称等。

2. 招标文件提供了暂估单价的材料，按暂估的单价填入表内"暂估单价"栏及"暂估合价"栏。

【例8-7】 某酒店值班室靠墙用木芯板做高900mm，长2000mm，宽600mm的矮柜，如图8-2所示，柜面刷硝基漆，管理费取费基数为人工费与机械费之和，费率为13.47%，利润取费基数为人工费与机械费之和，费率为15.8%选用湖北省《消耗量定额》作为参考，假设定额中的人工、材料、机械单价均为市场价（如果不同可替换），试确定该清单项目的综合单价。

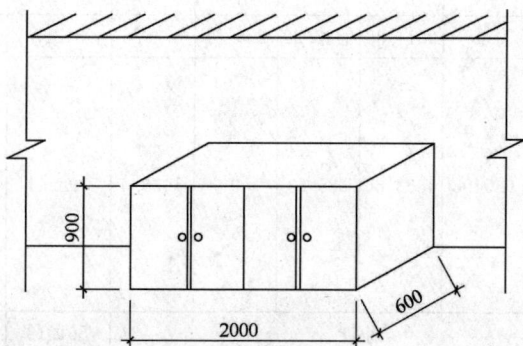

图8-2 靠墙矮柜大样

解 依题意，木芯板矮柜项目的清单编码为011501011001，见表8-10，单位为个，即以个计算工程量。清单项目内容是由两个消耗量定额中的子项目组成，以湖北省《消耗量定额》为例，见表8-3，综合单价计算结果见表8-10，计算过程如下：

已知定额计算规则为：矮柜制作按正立面面积计算工程量，矮柜柜面刷油漆按表面积计算工程量。

该清单项目需套用两个定额子目，定额子目为A19-20[附墙矮柜(10m²)]其中人工费=2014.98元/100m²，材料费=3483.22元/100m²，机械费=286.24元/100m²。

管理费=0.18×(2014.98+286.24)×13.47%=55.8(元/100m²)

利润=0.18×(2014.98+286.24)×15.8%=65.44(元/100m²)

管理费＋利润＝55.8＋65.44＝121.24(元/100m²)

定额子目为 A18-96(润油粉、刮腻子、油色、清漆 4 遍、磨退出亮、其他木材面)其中人工费＝4863.66 元/100m²,材料费＝885.63 元/100m²,机械费＝0 元/100m²。

$$管理费＝0.0408×(4863.66＋0)×13.47\%＝26.73(元/100m²)$$

$$利润＝0.0408×(4863.66＋0)×15.8\%＝31.35(元/100m²)$$

$$管理费＋利润＝26.73＋31.35＝58.08(元/100m²)$$

综合单价＝(0.18×2014.98＋0.0408×4863.66)＋(0.18×3483.22＋0.0408×885.63)＋

(0.18×286.24＋0.0408×0)＋(121.24＋58.08)

＝561.13＋663.11＋51.52＋179.32＝1455.09(元/个)

工程量清单综合单价分析表 表 8-10

工程名称:××酒店装饰工程　　　　　　　　　标段:　第　页 共　页

项目编码	011501011001	项目名称		矮柜	计量单位	个	工程量	1
清单综合单价组成明细								

定额编号	定额项目名称	定额单位	数量	单价				合价			
				人工费	材料费	机械费	管理费和利润	人工费	材料费	机械费	管理费和利润
A19-20	附墙矮柜	10m²	0.18	2014.98	3483.22	286.24	673.56	362.7	626.98	51.52	121.24
A18-96	润油粉、刮腻子、油色、清漆 4 遍、磨退出亮、其他木材面	100m²	0.0408	4863.66	885.63	0	1423.6	198.44	36.13	0	58.08
人工单价			小计					561.13	663.11	51.52	179.32
高级技工 138 元/工日;技工 92 元/工日;普工 60 元/工日			未计价材料费					0			
清单项目综合单价								1455.09			

材料费明细	主要材料名称、规格、型号		单位	数量	单价(元)	合价(元)	暂估单价(元)	暂估合价(元)
	木芯板 δ18		m²	3.3181	48.8	161.92		
	其他材料费				—	501.19	—	0
	材料费小计				—	663.11	—	0

注:1. 如不使用省级或行业建设主管部门发布的计价依据,可不填定额编码、名称等。

2. 招标文件提供了暂估单价的材料,按暂估的单价填入表内"暂估单价"栏及"暂估合价"栏。

8.2 清单计价模式下装饰装修工程费用组成

8.2.1 单位工程费用组成

清单计价模式下单位工程造价是由分部分项工程费、措施项目费、其他项目费、规费项目费和税金项目费组成的。详见图8-3。

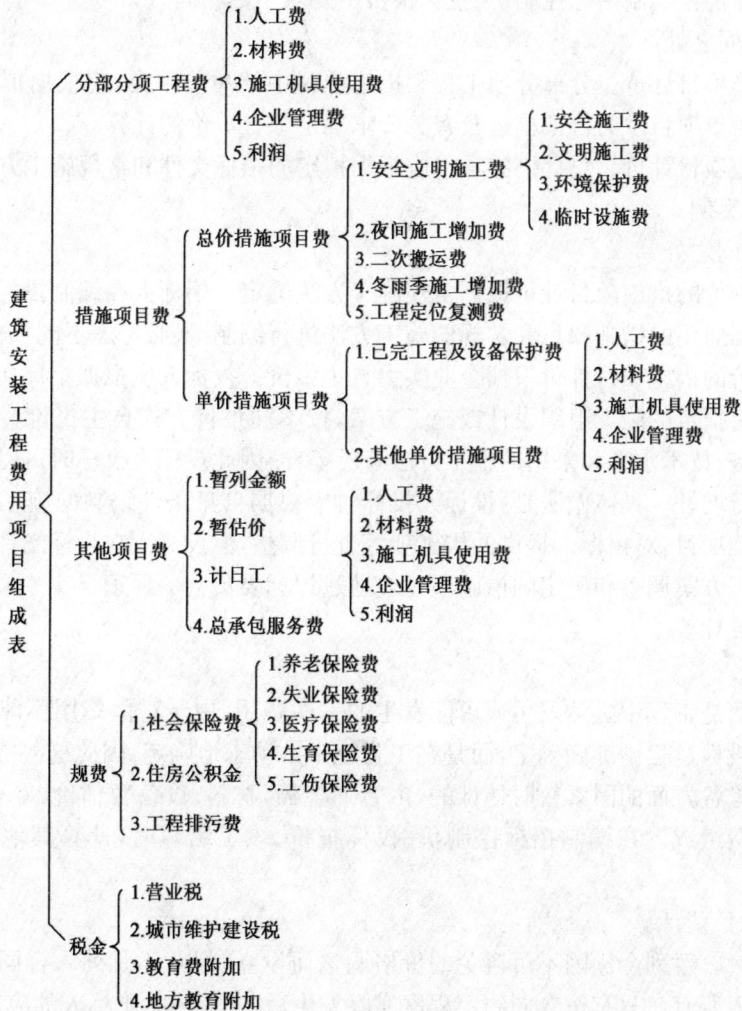

建筑安装工程费用项目组成表

- 分部分项工程费
  - 1.人工费
  - 2.材料费
  - 3.施工机具使用费
  - 4.企业管理费
  - 5.利润
- 措施项目费
  - 总价措施项目费
    - 1.安全文明施工费
      - 1.安全施工费
      - 2.文明施工费
      - 3.环境保护费
      - 4.临时设施费
    - 2.夜间施工增加费
    - 3.二次搬运费
    - 4.冬雨季施工增加费
    - 5.工程定位复测费
  - 单价措施项目费
    - 1.已完工程及设备保护费
      - 1.人工费
      - 2.材料费
      - 3.施工机具使用费
      - 4.企业管理费
      - 5.利润
    - 2.其他单价措施项目费
- 其他项目费
  - 1.暂列金额
  - 2.暂估价
    - 1.人工费
    - 2.材料费
    - 3.施工机具使用费
    - 4.企业管理费
    - 5.利润
  - 3.计日工
  - 4.总承包服务费
- 规费
  - 1.社会保险费
    - 1.养老保险费
    - 2.失业保险费
    - 3.医疗保险费
    - 4.生育保险费
    - 5.工伤保险费
  - 2.住房公积金
  - 3.工程排污费
- 税金
  - 1.营业税
  - 2.城市维护建设税
  - 3.教育费附加
  - 4.地方教育附加

图8-3 工程量清单计价体现下工程造价组成

单位工程造价有两种含义,一是表示招标控制价组成,由发包人或受其委托的工程造价咨询人编制;二是表示投标报价组成,由承包人或受其委托的工程造价咨询人编制。两者造价组成内容是相同的,但造价计算上是有明显区别的。前者按照各地区、各部门颁发的《计价定额》计算,后者可参照《计价定额》或使用企业定额计算。

1)分部分项工程计价

(1)含义

分部分项工程费是构成工程实体的费用,在《计价规范》的分部分项工程量清单与计价表中为分部分项工程量清单项目合价,应按照清单项目工程量乘以综合单价进行计算。

(2)计算公式

$$分部分项工程费＝清单项目工程量×分部分项工程综合单价$$

2)措施项目计价

措施项目计价在编制招标控制价、投标报价中要求不尽相同。

(1)两者相同之处

①单价措施项目计价。分部分项工程和措施项目中的单价项目,应根据拟定的招标文件和招标工程量清单项目中的特征描述及有关要求确定综合单价的计算。

②总价措施项目计价。总计措施项目应根据拟定的招标文件和常规施工方案按照规范的规定计价,详见案例。

(2)两者不同之处

①招标控制价的措施项目计价根据常规施工方法确定。招标人在编制投标控制价中的措施项目时可根据通用的措施项目和常规的施工方法进行编制,不必考虑不同投标人的"个性"。

②投标报价的措施项目计价根据企业实力自主报价。投标人应根据招标文件中的措施项目清单及投标时拟定的施工组织设计或施工方案,按不同报价方式自主报价。由于各投标人拥有的施工设备、技术水平和采用的施工方法有所差异,因此投标人投标时可以对招标人所列的措施项目进行增补。具体做法是:投标人投标时应根据自身条件编制的施工组织设计或施工方案确定措施项目,对招标人提供的措施项目进行调整,但投标人在投标文件中编写的施工组织设计或施工方案调整和确定的措施项目应通过评标委员会的评审。

3)其他项目计价

(1)含义

其他项目费是工程中必然发生或可能发生的一些费用,由于这些费用不能根据发包人提供的图纸在招投标过程中准确确定,而是在工程施工中动态地确定,因此这些费用是发包人在招标文件中考虑各方面的因素暂时估计的,由暂列金额,材料、设备暂估价,专业暂估价,计日工和总包服务费组成。在编制招标控制价、投标报价、竣工结算时,计算其他项目费的要求不同。

(2)其他项目费计算

①暂列金额。暂列金额因不可避免的价格调整而设立,但并不是列入合同价格的暂列金额都属于中标人所有。只有按合同约定程序实际发生后,才能成为中标人的应得金额,纳入合同结算价款,剩余余额仍属于招标人所有。

a.编招标控制价时确定暂列金额。暂列金额可根据工程的复杂程度、设计深度、工程环境条件等特点进行估算,按有关计价规定进行估算确定,一般按分部分项工程费的$10\%\sim15\%$作为参考。

b.编制编投标价时确定暂列金额。暂列金额应按照招标工程量清单中列出的金额填写,不得变动。

c. 编制竣工结算价时确定暂列金额。合同价款中的暂列金额在用于各项价款调整、索赔与现场签证后，若有余额，则余额归发包人，若出现差额，则由发包人补足并反映在相应项目的工程价款中。

②暂估价。材料、工程设备单价应按招标工程量清单中列出的单价计入综合单价。

材料暂估价是指甲方列出暂估的材料单价及使用范围，乙方按照此价格来进行组价，并计入相应清单的综合单价中，其他项目合计中不包含，只是列项。

专业工程暂估价是按项列支的，一般为综合暂估价，包括除规费、税金以外的管理费、利润等。如塑钢门窗、玻璃幕墙、防水等，价格中包含除规费、税金外的所有费用，此费用计入其他项目合计中。

a. 编招标控制价时确定暂估价。材料暂估价应按工程造价管理机构发布的工程造价信息中的材料单价计算，工程造价信息未发布的材料单价，其单价参考市场价格估算。

专业工程暂估价应分不同的专业，按有关计价规定进行估算。

b. 编制编投标价时确定暂估价。暂估价不得变动和更改。暂估价中的材料必须按照招标工程量清单中暂估单价计入相应清单的综合单价中；专业工程暂估价必须按照其他项目清单中列出的金额填写。

c. 编制竣工结算价时确定暂估价。

a) 若暂估价中的材料是招标采购的，其材料单价按中标价在综合单价中调整。若为非招标采购，其单价按发、承包双方最终确认的材料单价在综合单价中调整。

b) 若暂估价中的专业工程是招标分包的，其专业工程分包费按中标价计算。若为非招标分包的，其分包费按发、承包双方与分包人最终结算确认的金额计算。

③计日工。在施工过程中，完成发包人提出的施工图纸以外的零星项目或工作，按合同中约定的综合单价计价。

$$计日工项目费 = 人工费合价 + 材料费合价 + 机械费合价$$
$$= \sum (人工综合单价 \times 数量) + \sum (材料综合单价 \times 数量) +$$
$$\sum (机械综合单价 \times 数量)$$

a. 编招标控制价时确定计日工。计日工包括人工、材料和施工机械。人工单价和机械台班单价应按省级、行业建设主管部门或其授权的工程造价管理机构公布的单价计算；材料应按工程造价管理机构发布的材料单价计算，未发布材料单价的材料，其价格应按市场调查确定的单价计算。计日工表中一定要给出暂定数量，并且需要根据经验，尽可能估算一个比较贴近实际的数量。

b. 编制编投标价时确定计日工。计日工应按照其他项目清单列出的项目和估算的数量，自主确定各项综合单价并计算费用。

c. 编制竣工结算价时确定计日工。计日工的费用应按发包人实际签证确认的数量和合同约定的相应项目综合单价计算。

④总承包服务费：是指总承包人为配合协调发包人进行的工程分包、自行采购的设备、材料进行管理、服务以及施工现场管理、竣工资料汇总整理等服务所需的费用。

a. 编招标控制价时确定总承包服务费。发包人必须在招标文件中说明总包的范围以减少后期不必要的纠纷，规范中列出的参考计算标准如下：

a)招标人仅要求对分包的专业工程进行总承包管理和协调时,按分包的专业工程估算造价的 1.5% 计算;

b)招标人要求对分包的专业工程进行总承包管理和协调并同时要求提供配合服务时,根据招标文件中列出的配合服务内容和提出的要求按分包的专业工程估算造价的 3%～5% 计算;

c)招标人自行供应材料的,按招标人供应材料价值的 1% 计算。

b.编制投标价时确定总承包服务费。总承包服务费应依据招标人在招标文件中列出的分包专业工程内容和供应材料、设备情况,按照招标人提出的协调、配合与服务要求和施工现场管理需要自主确定。

c.编制竣工结算价时确定总承包服务费。总承包服务费应依据合同约定的金额计算,发、承包双方依据合同约定对总承包服务费进行了调整,应按调整后的金额计算。

4)规费项目计价

按照国家和建设主管部门发布的规费计取办法、标准、公式和规定的费率计取。详见第五章。

计算公式:

规费＝(分部分项工程费＋措施项目费＋其他项目费)×规费费率

5)税金项目计价

根据各省市、地区税务部门规定的税率,以不同省市、不同地区的建筑装饰装修工程不含税造价为基数计取。税金与分部分项工程费、措施项目费及其他项目费不同,属于"转嫁税",具有法定性和强制性,由工程承包人必须及时足额交纳给工程所在地的税务部门。详见第五章。

计算公式:

税金＝(分部分项工程费＋措施项目费＋其他项目费＋规费)×综合税率

8.2.2 单项工程费

单项工程费分为单位工程招标控制价和单位工程投标报价两种,前者由发包人编制,后者由承包人编制,单项工程费根据工程具体情况由一个或几个单位工程费汇总而来,汇总表见表8-22。

8.2.3 工程项目费

工程项目费分为单项工程招标控制价和单项工程投标报价,前者由发包人编制,后者由承包人编制,工程项目费根据工程具体情况由一个或几个单项工程费汇总而来,汇总表见表8-23。

8.3 装饰装修工程清单计价编制案例

本节装饰装修工程清单计价以招标控制价编制为例。

8.3.1 分部分项工程量清单与计价表的编制

根据 8.2 节中分部分项工程费计算方法,计算出某酒店工程量清单报价中的部分分部分项工程费,见表 8-11。

分部分项工程量清单与计价表   表 8-11

工程名称:××酒店装饰工程   标段: 第   页共   页

序号	项目编码	项目名称	项目特征描述	计量单位	工程量	综合单价	合价	其中:暂估价
			楼地面工程					
1	020102002001	地面贴 600×600 的陶瓷砖	20mm 厚水泥砂浆找平层,1:3 水泥砂浆结合层,600×600 陶瓷砖	m²	976	174.58	170390.08	
			…					
			墙面工程					
1	020204003001	墙面砂浆粘贴瓷板(152×152)	1:3 水泥砂浆打底抹灰,1:1 水泥砂浆镶贴,152×152 瓷板	m²	349	54.62	19062.38	
2	020506001001	乳胶漆抹灰面3遍	混合砂浆墙面刮腻子两遍,刷格拉丝牌乳胶漆3遍	m²	2367	14.57	34487.19	
			…					
			天棚工程					
1	020302001001	600×600 圆蘑花铝扣板	龙骨嵌入式铝合金方板不上人型,嵌入式铝合金方板 600×600mm	m²	675	172.01	116106.75	
			…					
			本页小计				340046.4	
			合计				340046.4	

8.3.2 措施项目清单与计价表的编制

措施项目清单与计价表的编制内容主要是按照措施项目计价方法计算各项措施项目费后填表。

1)按照国家或省级、行业建设主管部门的规定计价

措施项目费中有些项目应该根据国家或省级、行业建设主管部门的规定,采用费率的方式计取。

【例 8-8】 某酒店招标文件中规定施工方必须文明施工和进行环境保护,某省安全文明施工费的计算方法是以分部分项工程费及施工技术措施费中人工费和机械费之和为基数,乘以5.68%,其他总价措施费费率为0.65%,费率明细见表8-12,已知某投标单位计算的分部分项工程费及施工技术措施费中人工费和机械费合计为208893.287万,试计算该工程措施项

目费。

解 根据已知条件,

安全文明施工费=208893.287×5.68%=11865.14(万元)

其他总价措施费=208893.287×0.65%=1357.81(万元)

措施项目费=11865.14+1357.81=13222.95(万元)

措施项目清单与计价表(一) 表 8-12

工程名称:××酒店装饰工程 　　　　　　　　标段:　　　　　第　页 共　页

项目编码	项目名称	计算基础	费率(%)	金额(万)	调整费率(%)	调整后金额(万)	备注
011707001001	安全文明施工费			11865.14			
1	安全施工费			11865.146			
1.2	装饰工程	装饰装修工程人工费+装饰装修工程机械费	3.22	6726.36			
2	文明施工费,环境保护费			2632.06			
2.2	装饰工程	装饰装修工程人工费+装饰装修工程机械费	1.26	2632.06			
3	临时设施费			2506.72			
3.2	装饰工程	装饰装修工程人工费+装饰装修工程机械费	1.2	2506.72			
011707002001	夜间施工增加费			281.8			
4.2	装饰工程	装饰装修工程人工费+装饰装修工程机械费	0.15	281.8			
011707004001	二次搬运						
011707005001	冬雨季施工增加费			772.91			
6.2	装饰工程	装饰装修工程人工费+装饰装修工程机械费	0.37	772.91			
01B999	工程定位复测费			271.56			
7.2	装饰工程	装饰装修工程人工费+装饰装修工程机械费	0.13	271.56			
合　计				13222.95			

编制人(造价人员): 　　　　　　　　　　　　　复核人(造价工程师):

注:1. "计算基础"中安全文明施工费可为"定额基价"、"定额人工费"或"定额人工费+定额机械费",其他项目可为"定额人工费"或"定额人工费+定额机械费"。

　　2. 按施工方案计算的措施费,若无"计算基础"和"费率"的数值,也可只填"金额"数值,但应在备注栏说明施工方案出处或计算方法。

2) 单价措施项目费计算

措施项目费中有些项目可以通过实体工程量与综合单价的乘积计算获得,如脚手架费、成品保护费等。计算公式:

$$单价措施项目费 = 措施项目工程量 × 措施项目综合单价$$

【例 8-9】 某酒店地面贴英国棕花岗岩 1342.77m²,该地面铺贴完成后依甲方要求进行保护,已知管理费取费基数为人工费与机械费之和,费率为 13.47%,利润取费基数为人工费与机械费之和,费率为 15.8%,试计算其成品保护费用,见表 8-13。

分部分项工程和单价措施项目清单与计价表(二)　　　　表 8-13

工程名称:××酒店装饰工程　　　　　　　　　　标段:　　第　页 共　页

序号	项目编码	项目名称	项目特征描述	计量单位	工程量	金额(元)		
						综合单价	合价	其中:暂估价
		整个项目						
1	011102001001	石材楼地面	麻袋覆盖花岗岩	m²	1342.77	1.49	2000.73	
2	011701006001	满堂脚手架	满堂脚手架基本层 3.6m	m²	270.00	16.57	4473.9	
		措施项目						
							6474.63	
本页小计							6474.63	
合计							6474.63	

注:为计取规费等的使用,可在表中增设"其中:定额人工费"。

解 以某省《消耗量定额》为例,根据已知条件查定额,定额子目为 A23-3(花岗岩、大理石、地砖楼地面成品保护),其中人工费 = 30 元/100m²,材料费 = 110 元/100m²,机械费 = 0 元/100m²。

综合单价 = $[30+110+0+(30+0)×13.47\%+(30+0)×15.8\%]/100 = 1.49(元/m²)$

成品保护费 = $1342.77×1.49 = 2000.73(元)$

【例 8-10】 某酒店室内装修底层室内净高 9m,室内净面积 270m²,已知管理费取费基数为人工费与机械费之和,费率为 13.47%,利润取费基数为人工费与机械费之和,费率为 15.8%,试计算满堂脚手架基本层费用,见表 8-14。

解 以某省《消耗量定额》为例,根据已知条件查定额,定额子目为 A21-8(满堂脚手架基本层 3.6m),其中人工费 = 706.4 元/100m²,材料费 = 609.25 元/100m²,机械费 = 104.44 元/100m² 见表 8-14。

管理费 = $(706.4+104.44)×13.47\% = 109.22(元/100m²)$

利润 = $(706.4+104.44)×15.8\% = 128.11(元/100m²)$

综合单价 = $(706.4+609.25+104.44+109.22+128.11)/100 = 16.57(元/m²)$

满堂脚手架基本层费 = $270.00×16.57 = 4473.9(元)$

8.3.3 其他项目与清单计价表的编制

本案例按照 8.2 节中编制招标控制价的其他项目费方法计算,其他项目费清单与计价各表格如表 8-14～表 8-19 所示。

其他项目清单与计价汇总表　　　　　　　表 8-14

工程名称:××酒店装饰工程　　　　　　　标段:　第　页 共　页

序号	项目名称	计量单位	金额(元)	备注
1	暂列金额	项	268000	明细详见 表 8-15
2	暂估价		300000	
2.1	材料暂估价		—	明细详见 表 8-16
2.2	专业工程暂估价	项	300000	明细详见 表 8-17
3	计日工		9000	明细详见 表 8-18
4	总承包服务费		10000	明细详见 表 8-19
	合计		587000	

注:材料暂估单价进入清单项目综合单价,此处不汇总。

暂列金额明细表　　　　　　　表 8-15

工程名称:××酒店装饰工程　　　　　　　标段:　第　页 共　页

序号	项目名称	计量单位	暂定金额(元)	备注
1	工程量清单中工程量偏差和设计变更	项	100000	
2	政策性调整和材料价格风险	项	100000	
3	其他	项	68000	
	合计		268000	—

注:此表由招标人填写,也可只列暂定金额总额,投标人应将上述暂列金额计入投标总价中。

材料暂估单价表　　　　　　　表 8-16

工程名称:××酒店装饰工程　　　　　　　标段:　第　页 共　页

序号	项目名称	计量单位	单价(元)	备注
1	英国棕花岗岩	m²	480	
	...			

注:1.此表由招标人填写,并在备注栏说明暂估价的材料拟用在哪些清单项目上,投标人应将上述材料暂估单价计入工程量清单综合单价报价中。

　　2.材料包括原材料、燃料、构配件以及按规定应计入建筑安装工程造价的设备。

专业工程暂估价表

表8-17

工程名称:某酒店室内装修 　　　　　　　　　　标段:　　　第　页 共　页

序号	工程名称	工程内容	金额(元)	备注
1	观光电梯	安装	300000	
	合　计		300000	—

注:此表由招标人填写,投标人应将上述专业工程暂估价计入投标总价中。

计 日 工 表

表8-18

工程名称:××酒店装饰工程　　　　　　　　　标段:　　　第　页 共　页

编号	项目名称	单位	暂定数量	综合单价	合价
一	人 工				
1	普工	工日	70	60	4200
2	技工	工日	10	80	800
	人 工 小 计				5000
二	材 料				
1	水泥42.5	t	1.5	571	856
2	中砂	m³	10	83.1	830
	材 料 小 计				1686
三	施工机械				
1	自升式塔式起重机	台班	4	540	2160
2	灰沙搅拌机(400L)	台班	7	22.	154
	施工机械小计				2314
	合　计				9000

注:此表项目名称、数量由招标人填写,编制招标控制价时,单价由招标人按有关计价规定确定;投标时,单价由投标人
　　自主报价,计入投标总价中。

总承包服务费计价表

表8-19

工程名称:××酒店装饰工程　　　　　　　　　标段:　　　第　页 共　页

序号	工程名称	项目价值(元)	服 务 内 容	费率(%)	金额(元)
1	发包人发包专业工程	300000	1.按专业工程承包人的要求提供施工工作面并对施工现场进行统一管理,对竣工资料进行统一整理汇总; 2.为专业工程承包人提供垂直运输机械和焊接电源接入点,并承担垂直运输费和电费	3	9000
2	发包人供应材料	100000	对发包人供应的材料进行验收及保管和使用发放	1	100000
	合　计				100000

注:此表由招标人填写,投标人应将上述专业工程暂估价计入投标总价中。

8.3.4 规费、税金项目清单与计价表的编制

本案例按照 8.2 节中规费、税金的计算方法,根据《建筑安装工程费用项目组成》(建标〔2013〕44 号)文件精神,规费、税金项目清单与计价表的编制参见表 8-20,规费、税金项目费率为某省费用定额中查得。

规费、税金项目清单与计价表　　　　表 8-20

工程名称:××酒店装饰工程　　　　　　　　标段:　第　页　共　页

序号	项目名称	计算基础	费率(%)	金额(元)
1	规费			301032.67
1.1	工程排污费	人工费+机械费	1.15	3700.55
1.2	社会保障费	(1)+(2)+(3)		285908.68
(1)	养老保险费	人工费+机械费	8.55	275128.81
(2)	失业保险费	人工费+机械费	0.85	2735.19
(3)	医疗保险费	人工费+机械费	2.50	8044.68
1.3	住房公积金	人工费+机械费	3.35	10779.87
1.4	危险作业意外伤害保险	人工费+机械费	0.20	643.57
1.5	工程定额测定费	—	—	—
2	税金	分部分项工程费+措施项目费+其他项目费+规费	3.41	131343.93
	合　计			432376.60

注:根据建设部、财政部发布的《建筑安装工程费用组成》(建标〔2003〕206 号)的规定,"计算基础"可为"直接费""人工费"或"人工费+机械费"。

8.3.5 招标控制价的汇总

根据招标人提供的工程量清单编制分部分项工程量清单计价表,措施项目清单计价表、其他项目清单计价表、规费、税金项目清单计价表,计算完毕后,汇总而得到单位工程投标控制价汇总表,再层层汇总,分别得出单项工程招标控制价汇总表和工程项目招标控制总价汇总表。编制单位工程招标控制价汇总表举例如下:

【例 8-11】 已知某酒店装饰装修工程的分部分项工程费为 2681560 元,措施项目费为 282135.48 元,其他项目费为 587000 元,试计算该工程的含税工程总造价。

解　以某省费用定额为例,详细计算见表 8-21。

单位工程招标控制价汇总表　　　　表 8-21

工程名称:××酒店装饰装修工程　　　　　　标段:　第　页　共　页

序号	汇总内容	金额(元)	其中:暂估价(元)
1	分部分项工程	2681560	
2	措施项目	282135.48	
2.1	安全文明施工费	30408.89	

序号	汇 总 内 容	金额(元)	其中:暂估价(元)
3	其他项目	587000	
3.1	暂列金额	268000	
3.2	专业工程暂估价	300000	300000
3.3	计日工	9000	
3.4	总承包服务费	10000	
4	规费	301032.67	
5	税金	131343.93	
招标控制价合计＝1+2+3+4+5		3983072.08	

注:本表适用于单位工程招标控制价或投标报价的汇总,如无单位工程划分,单项工程也使用本表汇总。

【例8-12】 某酒店主楼工程的土建工程造价为 36753681.56 元,装饰工程造价为 3983072.08,水电安装工程造价为 1798672.13 元,试计算该酒店主楼工程的招标控制价,见表 8-22。

单项工程招标控制价/投标报价汇总表　　　　　　　　　　表 8-22

工程名称:××酒店主楼工程　　　　　　　　　　　　　　第　页　共　页

序号	单位工程名称	金额(元)	其中		
			暂估价(元)	安全文明施工费(元)	规费(元)
1	土建工程	36753681.56	300000	149743.45	849834.78
2	装饰工程	3983072.08	300000	30408.89	301032.67
3	水电安装工程	1798672.13	100000	27954.09	175849.34
合　计		42535425.77	500000	208106.43	1326716.79

注:本表适用于单项工程招标控制价或投标报价的汇总。暂估价包括分部分项工程中的暂估价和专业工程暂估价。

【例8-13】 已知某酒店工程项目,主楼工程造价为 42535425.77 元,酒店园林绿化工程造价为 2873421.08 元,试计算该酒店主楼工程的招标控制价,见表 8-23。

工程项目招标控制价/投标报价汇总表　　　　　　　　　　表 8-23

工程名称:××酒店工程项目　　　　　　　　　　　　　　第　页　共　页

序号	单项工程名称	金额(元)	其中		
			暂估价(元)	安全文明施工费(元)	规费(元)
1	酒店主楼工程	42535425.77	500000	208106.43	1326716.79
2	酒店园林绿化工程	2873421.08	1000000	32478.71	28415.37
合　计		45408846.85	1500000	240585.14	1355132.16

注:本表适用于工程项目招标控制价或投标报价的汇总表。

小 知 识

英国 QS(Quantity Surveying)制度下的工程量清单计价

英国传统的建筑工程计价模式下,一般情况下都在招标时附带由业主委托工料测量师(Quantity Surveying)编制的工程量清单,其工程量按照 SMM(Standard Method of Measurement of Building Works)规定进行编制、汇总构成工程量清单。承包商的估价师参照工程量清单进行成本要素分析,根据以前的经验,并收集市场信息资料、分发咨询单、回收相应厂商及分包商报价,对每一分项工程都填入单价,以及单价与工程量相乘后的金额,其中包括人工、材料、机械设备、分包工程、临时工程、管理费和利润。所有分项工程费用之和,再加上开办费、基本费用项目(这里指投标费、保证金、保险、税金等)和指定分包工程费,构成工程总造价,一般也是承包商的投标报价。在施工期间,每个分项工程都要计量实际完成的工程量,并按承包商报价计费。增加的工程需要重新报价,或者按类似的现行单价重新估价。

◀ 课堂练习题 ▶

1. 综合单价中材料费的计算公式是(   )。
   A. ∑(清单项目组价内容工程量/清单项目工程数量×消耗量定额材料含量×材料单价)
   B. ∑消耗量定额材料含量×材料单价
   C. ∑清单项目工程数量×消耗量定额材料含量×材料单价
   D. ∑清单项目组价内容工程量×消耗量定额材料含量×材料单价

2. 综合单价的特性有(   )。
   A. 固定性   B. 可变性   C. 综合性   D. 依存性

3. 综合单价根据分项工程的项目特征、组成内容组价,有以下几种(   )。
   A. 展开面积   B. 直接套用定额组价
   C. 组合定额项目   D. 重新计算

4. 清单计价体系下不属于工程造价组成部分的是(   )。
   A. 分部分项工程费   B. 措施项目费
   C. 规费   D. 利润
   E. 税金

5. 暂估价的费用包括在(   )项目中。
   A. 材料价   B. 综合单价
   C. 其他项目合计   D. 暂列金额
   E. 直接费

◀ 复习思考题 ▶

1. 试简述清单模式下装饰装修工程造价的编制方法及步骤。

2. 什么是综合单价？综合单价的组成是什么？

3. 清单计价模式下工程造价由哪几部分组成？

4. 某酒店标准间客房门为 1.89m²/樘，豪华实木面刷树脂 3 遍漆，门在距酒店 8km 的专用木制品制作车间生产，试根据本地区费用定额确定该清单项目的综合单价。若条件与本地区定额有差异，自行修改。

5. 已知某市区有一酒店工程，直接工程费为 2320000 元，措施费为 113800 元，三类工程，12 层以下，由本地区二级企业施工，试根据本地区费用定额计算清单计价模式下该工程含税工程总造价。若条件与本地区定额有差异，自行修改。

第9章
家庭装饰装修工程预算

【知识要点】

1. 家庭装饰装修工程预算(以下简称家装预算)概述(概况、作用、影响因素、表达形式)。
2. 家装预算的编制(编制依据、编制步骤)。
3. 家装预算的审核(工艺做法审核、工程项目及工程量审核、单价及相关费用审核)。

【学习要求】

1. 了解家装预算的作用,了解建筑装饰装修行业的材料市场,人工工资情况,学习并研究一些专业家装预算的编制方法和表现形式。
2. 熟悉家装预算的编制依据和编制程序。
3. 掌握家装预算的编制方法并具有审核预算的能力。

9.1 家庭装饰装修工程预算概述

9.1.1 家庭装饰装修行业概况

家庭装饰装修是室内装饰业的重要组成部分,是居民住宅(包括新建住宅和原有住宅)室内空间及相关环境进行装饰装修设计、施工及室内用品配套供应、陈设布置,达到一定技术艺术效果的服务体系。

新兴的室内装饰业20世纪80年代初在我国开始起步。人们首先要求有房子可住,有了房子就要求改善居住环境,城镇居民乔迁新居进行家庭装饰装修已成为一股潮流。营造出一个优美、舒适、温馨、和谐的"家"成为一种时尚;老住宅的不断装饰更新也是人们消费结构变化的必然要求;于是,家庭装饰便应运而生,家庭装饰业涉及千家万户,关系到广大人民群众的切身利益,它是人民生活质量提高的表现。广大农村住宅室内装饰更是潜在的巨大市场,其发展势头相当迅猛。

室内装饰业被誉为"永葆青春"的朝阳行业,而包括在室内装饰业的家庭装饰围绕"住"和"家"的消费,更有重要的经济意义和社会意义。

首先，它不仅满足了人们各种基本的使用功能，也达到了人们追求宜居、舒适、个性化生活的需求，充分体现了为人民服务的宗旨。其次，可以带动许多相关行业的发展，为装饰材料和家具、灯具、厨具、陶瓷、玻璃、家电、塑料制品、床上用品、工艺美术品等家庭用品进入千家万户开辟了广阔的前景。第三，家庭装饰也将成为正在兴起的家庭服务业的重要内容，可以容纳大批社会劳动力和管理人员，为就业开辟了新的途径。

一个家庭装饰装修工程（以下简称家装工程）从几千元到几万、几十万、几百万……如此大的跨度，如此巨大的现金流是其他行业无法想象的，同时装饰装修设计和施工因为个性化的客户和不同水平的装修队伍的参与而变得更加复杂，因此该行业的规划和家装工程的合理预算是至关重要的。

9.1.2 家庭装饰装修工程预算的作用

1）家装预算是装饰公司与客户签订家装工程合同的依据

合同是装饰公司和客户双方利益的保障，而家装预算是合同的关键所在，装饰公司和客户在工程施工中能否双赢，除了双方的诚信以外，主要取决于整个家装预算的合理性，因此家装预算是装饰公司与客户签订合同的依据。

2）家装预算是客户给装饰公司支付工程价款的依据

客户根据合同要求在合适的时间支付给装饰公司工程预付款、进度款、结算款都是以家装预算为依据的。

3）家装预算是客户对家装设计、工艺及价格期望值的具体体现

客户对装饰公司设计师提供的设计、工人施工工艺的认可最终表现为家装预算，客户自愿付出自己期望的相应费用购买装饰公司的服务，达到理想的居住效果。

4）家装预算是装饰效果经济性比较的依据

相似的设计方案、相似的装饰效果，由于材料等使用上的不同产生的差异通过家装预算很容易进行比较，很多家庭经过反复推敲和询价，最终都会选择适合自己家庭的性价比较高的装饰设计方案。

5）家装预算是装饰公司整体实力的体现

家装工程是对装饰公司整体实力的考核，在降低装饰装修价格这部分表现尤为突出。很多家装公司力争整合资源，降低成本。比如与家具厂商、材料供应商联合，甚至有些实力雄厚的家装公司还与厂商、供应商联合投资办厂，省掉了很多中间环节，最大限度地为客户节约成本，同时企业自身也有了一定的利润空间，为完善装饰公司的经营规模提供了有力的保障。

9.1.3 影响家庭装饰装修工程预算的主要因素

1）装饰装修工程列项的数量

在家装施工前应首先确定需要装饰的工程内容，如客厅花岗岩地面铺设面积的大小、玄关部分是现场制作还是定做、做多少橱柜、用涂料还是壁纸、吊什么样的顶、选什么样式和价格的灯具、选什么品牌的洁具和铺什么材料的地板等，都是列项应考虑的因素，它直接影响了工程

造价。

2)工程量的计算

根据列项内容,准确计算各分项工程的工程量,尤其注意一些定额中没有而实际又发生的项目的工程量的计算分析,以免影响造价的准确性。

3)装饰工程的难易以及精度要求

装饰工程施工工艺上的难易程度及精度对造价的影响是显而易见的。例如同样铺地板,实木地板与复合地板的人工费是不一样的;不同档次的洁具的安装费用也会有出人,安装3000元一套的洁具与30000元的洁具是不一样的;墙面贴面砖,倒角与不倒角所花费的人工费也相差很大;照明线路,铺设明线和暗线的费用是完全不同的。

4)装饰档次

同样的材料或设备,原装进口产品、合资企业产品同国产的产品在价格上相差悬殊。如同样是卫生洁具,国产的坐便器为 1000~3000 元,而合资的,一般在 5000~8000 元,进口的则至少 1 万元以上,有的甚至超过 3 万元;花岗岩地面,进口的和国产的价格也相差很大,档次越高,造价越高。

为降低装修投资,很多客户在选材时会搭配使用。比如在选用乳胶漆时,墙面可用高档的弹性涂料,而顶面则可用普通的哑光涂料,因此装饰档次是影响造价的关键。

5)材料的市场价格变化

材料费是家装预算中最多的一部分,也是客户最关注的部分,因此在做家装预算时,必须及时了解市场行情,因为不同时期材料价格不同。另外,在质量和价格上要"货比三家",比如生产厂家的直销单位或代理商的材料价格略低于其他门市。

6)施工单位的级别不同,取费标准也有所不同

一般来说,规模越大的公司相对收费也越高,因为公司的各个职能部门划分较细,管理费用、服务费用较一般小公司高,质量也相对较好,所以最终使得装饰工程成本增加。

9.1.4 家庭装饰装修工程预算的表达形式

家装预算是介于定额计价模式和清单计价模式的一种计价形式,更趋向于清单计价,并体现了各个公司自身的市场行为,表达方式多种多样,一般是以表格的形式出现。以下介绍一种作为参考。如表 9-1、表 9-2 所示。

表 9-1

×××室内装饰工程报价清单

时间:2010.2

客户姓名:　　　　　　　　　设计师:　　　　　　　　　电话:

序号	项目名称	材料工艺及说明	合价	综合单价	工程数量	计量单位
一	入户花园					
1	香杉木条扣造型吊顶(清漆)	(1)采用26×37湘杉木方;(2)木方刷防火涂料;(3)20mm厚杉木板面层;(4)面饰油漆、布线、灯具安装等另计;(5)工程量按投影面积计算	501.60	110.0	4.56	m²
2	乳胶漆基层处理	(1)满刮腻子(双飞粉调制)2遍、打磨平整;(2)工程量按实际面积计算(门窗洞减半);(3)不含面层乳胶漆	28.00	14.0	2.00	m²
3	美国大师"PPG"牌乳胶漆(白墙)	(1)不含基层处理;(2)底漆采用美国大师"PPG"牌,面漆采用美国大师"PPG"牌;(3)2色及2色以上增加18%;(4)为色卡标准色,如为电脑调色增加1.5元/m²;(5)不含面层乳胶漆减半	14.00	7.0	2.00	m²
4	平板门鞋柜	(1)采用15～18mm木芯板、合资九夹板,配套白木线条;(2)制作15mm木芯板柜体框架、进口夹板,九夹板背板、18mm木芯板平面柜、白木线条收口,安装柜门,固定、保护;(3)不含柜门拉手等五金材料;(4)工程量按正面投影面积计算	688.38	420.0	1.64	m²
5	贴墙面砖(周长800mm以内)	(1)采用32.5号水泥、黄砂;(2)地面清理、带线、定位、瓷砖选样、泡水、调拌1∶3水泥砂浆铺贴瓷砖、对连、调平、白水泥沟缝、清扫、保护;(3)专用填缝剂勾缝另加3元/m²;(4)施工厚度30mm以内、每增加5mm厚度、增加费用2元/m²;(5)不含主材地砖费用;(6)工程量按实开面积计算	84.00	42.0	2.00	m²
6	地面铺地砖(周长800～2400mm及以内)	(1)采用32.5号水泥、黄砂;(2)地面清理、带线、定位、瓷砖选样、泡水、调拌1∶3水泥砂浆铺贴瓷砖、对连、调平、白水泥沟缝、清扫、保护;(3)专用填缝剂勾缝另加3元/m²;(4)施工厚度30mm以内、每增加5mm厚度、增加费用2元/m²;(5)不含主材地砖费用;(6)工程量按实开面积计算	180.60	42.0	4.30	m²

序号	项目名称	计量单位	工程数量	综合单价	合价	材料工艺及说明
7	清漆	m²	11.94	55.0	656.4525	(1)修补钉眼,刮白腻子,水砂纸打磨;(2)环保聚脂白漆,手刷三底喷二面;(3)成品,半成品保护;(4)木质玻璃门按整门计算,油漆不减玻璃面积;(5)工程量按展开面积计算
				合计:2153.0		
二	客餐厅工程部分					
1	木龙骨石膏板造型顶	m²	26.40	105.0	2772.0	(1)采用26×37木方龙骨,9mm纸面石膏板,局部木芯板;(2)装钉木龙骨,涂刷防火涂料,纸面石膏板罩面,九夹板灯槽;(3)接缝处留缝处理,纸带或纱布封缝由后期工序完成;(4)饰面刮腻子,刷乳胶漆,线条,布灯,灯具安装等另计;(5)工程量按投影面积计算
2	乳胶漆基层处理	m²	132.00	14.0	1848.0	(1)满刮腻子(双飞粉调制)2遍,打磨平整;(2)工程量按实际面积计算(门窗洞减半);(3)不含面层乳胶漆
3	美国大师"PPG"牌乳胶漆(白墙)	m²	132.00	7.0	924.0	(1)不含基层处理;(2)底漆采用美国大师"PPG"牌,面漆采用美国大师"PPG"牌;(3)2色及2色以上增加18%;(4)为色卡标准色,如为电脑调色增加1.5元/m²;(5)工程量按实际面积计算(门窗洞减半)
4	电视背景墙面造型	项	1.00	1500.0	1500.0	按设计图纸(不含不锈钢)
5	酒柜	m²	1.20	320	384.0	(1)采用15~18mm木芯板,含资九夹板,天然饰面板,配套天然实木线条,优质国产烟斗门铰链,局部8mm清玻璃;(2)制作15mm木芯板柜体框架,九夹板柜背板,18mm木芯板平面柜门,粘贴饰面板,实木线条收口,柜上部格板造型,局部安装8mm清玻璃,安装柜门;(3)表面油漆,内饰造型,内饰油漆另计;(4)不含拉手,抽屉轨道材料;(5)工程量按正面投影面积计算
6	吧台台板	m	1.68	550	924.0	(1)制作双层木芯板层板,粘贴饰面板,实木线条收口,合金柱脚;(2)表面油漆,内饰处理另计;(3)无柜斗,抽屉油漆另计材料;(4)工程量按桌面延长米计算

序号	项目名称	计量单位	工程数量	综合单价	合价	材料工艺及说明
7	石膏板封平	m²	2.60	60	156.0	(1)采用26×37湘杉木枋;(2)石膏板单面封平;(3)不含墙面乳胶漆;(4)工程量按展开面积计算
8	清漆	m²	6.00	55.0	330.0	(1)修补钉眼,刮白腻子,水砂纸打磨;(2)环保聚脂白漆,手刷三底喷二面;(3)成品,半成品保护;(4)木质玻璃门按整门计算,不减玻璃面积按展开面积计算
三	主卧室工程部分			合计:8838.0		
1	木龙骨石膏板造型顶	m²	4.50	105.0	472.5	(1)采用26×37木防龙骨,9mm纸面石膏板,局部木芯板;(2)装钉木龙骨,涂刷防火涂料,纸面石膏板罩面,九夹板灯槽处留缝处理,螺钉固定;(3)饰面防锈漆,纸带涂纱布封缝由后期工序完成;(4)饰面刮腻子,刷乳胶漆,布线,线条,灯具安装等另计;(5)工程量按投影面积计算
2	乳胶漆基层处理	m²	67.22	14.0	941.1	(1)满刮腻子(双飞粉调制)2遍,打磨平整;(2)工程量按实际面积计算(门窗洞减半);(3)不含面层乳胶漆
3	美国大师"PPG"牌乳胶漆(白墙)	m²	18.30	7.0	128.1	(1)不含基层处理;(2)底漆采用美国大师"PPG"牌;面漆采用美国大师"PPG"牌;(3)2色及2色以上加18%;(4)为色卡标准色,如为电脑调色增加1.5元/m²;(5)工程量按实际面积计算(门窗洞减半)
4	无门大衣柜	m²	14.80	408.0	6038.4	(1)采用15~18mm木芯板,合资九夹板,天然饰面板,配套天然实木线条;(2)制作18mm木芯柜框架,九夹板柜背板,粘贴饰面板,实木线条收口;(3)含表面油漆,内饰处理;(4)不含拉手,挂衣杆,裤架材料;(5)工程量按正面投影面积计算
5	石膏板封平	m²	2.50	60	150.0	(1)采用26×37湘杉木方;(2)石膏板单面封平;(3)不含墙面乳胶漆;(4)工程量按展开面积计算
6	家具油漆	m²	44.40	55.0	2442	(1)修补钉眼,刮白腻子,水砂纸打磨;(2)环保聚脂白漆,手刷三底喷二面;(3)成品,半成品保护;(4)木质玻璃门按整门计算,不减玻璃面积;(5)工程量按展开面积计算

续上表

序号	项目名称	计量单位	工程数量	综合单价	合价	材料工艺及说明
四	儿童房1工程部分				合计:9699.6	
1	乳胶漆基层处理	m²	40.60	14.0	568.4	(1)满刮腻子(双飞粉调制)2遍,打磨平整;(2)工程量按实际面积计算(门窗洞减半);(3)不含面层乳胶漆
2	美国大师"PPG"牌乳胶漆(白墙)	m²	9.35	7.0	65.5	(1)不含基层处理;(2)面漆采用美国大师"PPG"牌,面漆采用美国大师"PPG"牌,面漆采用色卡标准色,如为电脑调色增加1.5元/m²;(5)工程量按实际面积计算(门窗洞减半)
3	无门大衣柜	m²	3.61	408.0	1472.9	(1)采用15~18mm木芯板,含资九夹板,天然饰面板,配套天然实木线条;(2)制作18mm木芯板柜体框架,九夹板柜背板,粘贴饰面板,实木线条收口;(3)含表面油漆,内饰处理;(4)不含拉手,挂衣杆,裤架等材料;(5)工程量按正面投影面积计算
4	有门大衣柜	m²	1.00	480.0	480.0	(1)采用15~18mm木芯板,含资九夹板,天然饰面板,配套天然实木线条,优质国产烟斗门铰链;(2)制作18mm木芯板柜体框架,九夹板柜背板,18mm木芯板柜门,粘贴饰面板,实木线条收口,安装柜门;(3)含表面油漆,内饰处理另计;(4)不含拉手,实木线条杆,挂衣杆,裤架等材料;(5)工程量按正面投影面积计算
5	家具油漆	m²	16.14	55.0	887.425	(1)修补钉眼,刮白腻子,水砂纸打磨;(2)环保聚脂白漆,手刷三底喷二面,(3)成品,半成品保护;(4)木质玻璃门按整门计算,油漆不减玻璃面积,(5)工程量按展开面积计算
五	儿童房2工程部分				合计:3474.2	
1	乳胶漆基层处理	m²	42.60	14.0	596.4	(1)满刮腻子(双飞粉调制)2遍,打磨平整;(2)工程量按实际面积计算(门窗洞减半);(3)不含面层乳胶漆
2	美国大师"PPG"牌乳胶漆(白墙)	m²	10.28	7.0	72.0	(1)不含基层处理;(2)底漆采用美国大师"PPG"牌,面漆采用美国大师"PPG"牌,面漆采用色卡标准色,如为电脑调色增加1.5元/m²;(5)工程量按实际面积计算(门窗洞减半)

序号	项目名称	计量单位	工程数量	综合单价	合价	材料工艺及说明
3	无门大衣柜	m²	4.40	408.0	1795.2	(1)采用15～18mm木芯板,含资九夹板,天然面板,配套天然实木线条;(2)制作18mm木芯板柜体框架,九夹板柜背板,粘贴饰面板、实木线条收口;(3)含表面油漆,内饰处理;(4)不含拉手、挂衣架、裤架等面材料;(5)工程量按正面投影面积计算
4	有门大衣柜	m²	1.20	480.0	576.0	(1)采用15～18mm木芯板,含资九夹板,天然饰面板,配套天然实木线条,优质国产烟斗门铰链;(2)制作18mm木芯板柜体框架,九夹板柜背板,18mm木芯板平面柜门,粘贴饰面板、实木线条收口;(3)含表面油漆,内饰处理另计;(4)不含拉手、挂衣架等面材料;(5)工程量按正面投影面积计算
5	家具油漆	m²	19.60	55.0	1078	(1)修补钉眼,刮白腻子,水砂纸打磨;(2)环保聚脂白漆,手刷三底喷二面;(3)成品、半成品保护;(4)木质玻璃门按整门计算、油漆不减玻璃面积;(5)工程量按展开面积计算
六	书房工程部分				合计:4117.6	
1	乳胶漆基层处理	m²	41.70	14.0	583.8	(1)满刮腻子(双飞粉调制)2遍,打磨平整;(2)工程量按实际面积计算(门窗洞减半);(3)不含面层乳胶漆
2	美国大师"PPG"牌乳胶漆(白墙)	m²	11.00	7.0	77.0	(1)不含基层处理;(2)底漆采用美国大师"PPG"牌,面漆采用美国大师"PPG"牌;(3)2色及2色以上标准色,如为电脑调色增加18%;(4)为色卡标准色,如为电脑调色增加1.5元/m²;(5)工程量按实际面积计算(门窗洞减半)
3	饰面板台板式写字桌	m	2.70	500.0	1350.0	(1)采用18mm木芯板,天然饰面板,配套天然实木线条,优质国产合金柱脚,优质国产三节抽屉物道;(2)制作双层木芯板书桌,饰面板面板、实木线条收口,安装合金柱脚,制作安装电脑键盘抽屉;(3)表面油漆,内饰处理另计;(4)无柜斗,不含键盘材料;(5)工程量按桌面延长米计算

401

Building Decoration Engineering Budget

第9章　家庭装饰装修工程预算

序号	项目名称	计量单位	工程数量	综合单价	合价	材料工艺及说明
4	饰面板书柜	m²	4.40	320.0	1408.0	(1)采用15~18mm木芯板,含资九夹板,天然饰面板,配套天然实木线条,优质柜体框架,局部8mm清玻璃;(2)制作15mm木芯板柜背板,九夹板背板,18mm木芯板平面柜门,粘贴饰面板,实木线条收口,柜上部格板造型,局部安装8mm清玻璃,安装柜门;(3)表面油漆,内饰油漆另计;(4)不含拉手,抽屉轨道材料;(5)工程量按正面投影面积计算
5	家具油漆	m²	24.85	55.0	1366.75	(1)修补钉眼,刮白腻子,水砂纸打磨,手制三底喷二面;(2)环保聚脂白漆;(3)成品,半成品保护;(4)木质玻璃门按整门计算,油漆不减玻璃面积;(5)工程量按展开面积计算
				合计:4785.6		
七	主卫生间工程部分					
1	地面铺地砖(600mm×600mm~250mm×250mm以内)	m²	3.64	40.0	145.6	(1)不含主材费用;(2)水泥和中粗砂采用1:3水泥砂浆湿铺法施工;(3)勾缝剂勾缝;(4)施工厚度3cm以内,每增增加1cm厚度增加5元/m²;(5)每增增加10cm宽度每边增加5元/m²;(6)含人工费;(7)如为无缝砖另加5元/m²
2	墙面瓷片(450mm×300mm~150mm×150mm以内)	m²	18.65	42.0	783.3	(1)不含主材费用;(2)水泥和中粗砂采用1:3水泥砂浆湿铺法施工;(3)勾缝剂勾缝;(4)施工厚度3cm以内,每增增加1cm厚度增加5元/m²;(5)每增增加10cm宽度每边增加5元/m²;(6)含人工费;(7)如为无缝砖,另加5元
3	地面回填(深度200mm以下)	m²	3.64	40.0	145.6	(1)渣土/黄沙回填,压实;(2)1:2.5水泥砂浆找平;(3)工程量按投影面积计算
4	地面水泥砂浆找平(30mm以内)	m²	3.64	42.0	152.9	(1)采用32.5号水泥,黄砂;(2)1:2.5水泥砂浆抹平,刮槽,养护;(3)施工厚度30mm以内,厚度每增加5mm总价增加4元/m²;(4)工程量按投影面积计算
5	防水处理(墙面,地面)	m²	8.04	42.0	337.7	(1)按防水施工要求清理基层,填堵孔洞,素水泥浆涂刷底面;(2)邻乐牌专业防水按设计要求施工;(3)延墙300mm高,淋浴房淋区内墙300mm高,浴缸墙面高出浴缸上口500mm高,淋浴区区内墙满涂;(4)水泥砂浆地面找平另计;(5)工程量按展开面积计算

序号	项目名称	计量单位	工程数量	综合单价	合价	材料工艺及说明
6	砌体包落水管	根	1.00	85.0	85.0	(1)采用轻质砖,32.5号水泥,黄砂;(2)砌1/4砖墙,单面粉抹1:2水泥砂浆,刮糙,预留检修口;(3)工程量按每根计算
				合计:1650.1		
八	客卫生间工程部分					
1	地面铺地砖(600mm×250mm~600mm×250mm以内)	m²	3.10	40.0	124.0	(1)不含主材费用;(2)水泥和中粗砂采用1:3水泥砂浆湿铺法施工;(3)勾缝剂勾缝;(4)施工厚度3cm以内,每增加1cm厚度增加5元/m²;(5)每增加10cm宽度增加5元/m²;(6)含人工费;(7)如为无缝砖另加5元/m²
2	墙面瓷片(450mm×150mm~300mm×150mm以内)	m²	16.50	42.0	693.0	(1)不含主材费用;(2)水泥和中粗砂采用1:3水泥砂浆湿铺法施工;(3)勾缝剂勾缝;(4)施工厚度3cm以内,每增加1cm厚度增加5元/m²;(5)每增加10cm宽度增加5元/m²;(6)含人工费;(7)如为无缝砖另加5元/m²
3	地面回填(深度200mm以下)	m²	3.10	40.0	124.0	(1)渣土/黄砂回填,压实;(2)1:2.5水泥砂浆抹平;(3)工程量按投影面积计算
4	地面水泥砂浆找平(30mm以内)	m²	3.10	42.0	130.2	(1)采用32.5号水泥,黄砂;(2)1:2.5水泥砂浆抹平,刮槽,养护;(3)施工厚度30mm以内,厚度每增加5mm总价增加4元/m²;(4)工程量按投影面积计算
5	防水处理(墙面、地面)	m²	7.20	42.0	302.4	(1)按防水施工要求清理基层,黄堵孔隙,素水泥浆涂刷底面;(2)邻乐牌专业防水按设计要求施工;(3)延墙300mm高,淋浴房防水淋浴区内墙面满涂;(4)水泥砂浆高出浴缸上口500mm高,淋浴区延展开面积计算;(5)工程量按展开面积计算
6	砌体包落水管	根	1.00	85.0	85.0	(1)采用轻质砖,32.5号水泥,黄砂;(2)砌1/4砖墙,单面粉抹1:2水泥砂浆,刮糙,预留检修口;(3)工程量按每根计算
				合计:1458.6		

续上表

序号	项目名称	计量单位	工程数量	综合单价	合价	材料工艺及说明
九	厨房工程部分					
1	地面铺地砖(600mm×600mm ~ 250mm×250mm以内)	m²	7.53	40.0	301.2	(1)不含主材费用;(2)水泥和中粗砂采用1:3水泥砂浆湿铺法施工;(3)勾缝剂勾缝;(4)施工厚度3cm以内,每增加1cm厚度增加5元/m²;(5)每增加10cm宽度增加5元/m²;(6)含人工费;(7)如为无缝砖另加5元/m²
2	墙面瓷片(450mm×300mm ~ 150mm×150mm以内)	m²	27.65	42.0	1161.3	(1)不含主材费用;(2)水泥和中粗砂采用1:3水泥砂浆湿铺法施工;(3)勾缝剂勾缝;(4)施工厚度3cm以内,每增加1cm厚度增加5元/m²;(5)每增加10cm宽度增加5元/m²;(6)含人工费;(7)如为无缝砖另加5元/m²
3	地面水泥砂浆找平(30mm以内)	m²	7.53	42.0	316.3	(1)采用32.5号水泥、黄砂;(2)1:2.5水泥砂浆抹平、刮平,养护;(3)施工厚度30mm以内,厚度每增加5mm总价增加4元/m²;(4)工程量按投影面积计算
4	防水处理(墙面、地面)	m²	14.90	42.0	625.8	(1)按防水施工要求清理基层、填堵孔道;(2)邻乐牌专业防水按设计要求施工;(3)延墙300mm高,浴缸墙面高出浴缸上口500mm高,淋浴房内墙面满涂;(4)水泥砂浆地面找平另计;(5)工程量按实际展开面积计算
5	砌体包落水管	根	1.00	85.0	85.0	(1)采用轻质砖,32.5号水泥、黄砂;(2)砌1/4砖墙,单面粉抹1:2水泥砂浆,刮糙,预留检修口;(3)工程量按每根计算
				合计:2489.6		
十	阳台工程部分					
1	乳胶漆基层处理	m²	8.00	14.0	112.0	(1)满刮腻子(双飞粉调制)2遍,打磨平整;(2)工程量按实际面积计算(门窗洞减半);(3)不含面层乳胶漆
2	美国大师"PPG"牌乳胶漆(白墙)	m²	8.00	7.0	56.0	(1)不含基层处理;(2)底漆采用美国大师"PPG"牌,面漆采用美国大师"PPG"牌;(3)2色及2色以上增加18%;(4)为白色卡标准色,如为电脑调色增加1.5元/m²;(5)工程量按实际面积计算(门窗洞减半)

序号	项目名称	计量单位	工程数量	综合单价	合价	材料工艺及说明
3	地面铺地砖（600mm×600mm～250mm×250mm以内）	m²	15.80	40.0	632.0	（1）不含主材费用；（2）水泥和中粗砂采用1:3水泥砂浆湿铺法施工；（3）勾缝剂勾缝3cm以内，每增加1cm厚度增加5元/m²；（5）每增加10cm宽度增加5元/m²；（6）含人工费；（7）如为无缝砖另加5元/m²
4	地面水泥砂浆找平（30mm以内）	m²	18.96	42.0	796.3	（1）采用32.5号水泥、黄砂；（2）1:2.5水泥砂浆抹平，刮糙，养护；（3）施工厚度30mm以内，厚度每增加5mm总价增加4元/m²；（4）工程量按投影面积计算
5	防水处理（墙面、地面）	m²	18.96	42.0	796.3	（1）按防水施工要求清理基层，填堵孔隙，素水泥浆涂刷底面；（2）邻乐牌专业防水按设计要求施工；（3）延墙300mm高，浴缸墙面高出浴缸上口500mm高，淋浴区内墙面满涂；（4）水泥砂浆地面找平另计；（5）工程量按开面积计算
		合计：2392.6				
十一	水电改造工程	水电完工后按实际施工数量结算				
1	水电预收款	m²	150.00	85.0	12750.0	按房屋建筑面积收取预收款。武汉二厂电线，弱电为秋叶源，金牛PP-R热水管（最后按实际数量结算）
2	安装进水	m	0.00	38.0	0.00	含人工，高级PP-R管，不含水龙头费；施工前，由客户进行画线预估确认
3	安装强电	m	0.00	18.0	0.00	含人工，打槽，国标单芯铜电线（照明1.5mm²，插座2.5mm²，空调4mm²），PVC管，底合，不含开关、插座、配电箱，安装灯具
4	安装弱电	m	0.00	18.0	0.00	含打槽，PVC管，电话线，电视线，网络线，音响线，人工，不含开关、插座（电视线2.0元/m，网络线2.0元/m，音响线2.0元/m）
5	安装弱电	m	0.00	12.0	0	含打槽，PVC管，人工，不含开关，插座；音响线、网络线、电视线

Building Decoration Engineering Budget

第9章 家庭装饰装修工程预算

续上表

序号	项目名称	计量单位	工程数量	综合单价	合价	材料工艺及说明
6	穿线	m	0.00	12.0	0.00	含打槽,PVC管,穿线人工不含电线,开关,插座,网络线,音响线,电话线等
7	安装排水		0.00		0.00	
8	改4寸排水管	m	0.00	57.0	0.00	含PVC排水管,接头,配件,安装人工(未达1m按1m计,此单价指1m内仅含1个接头,每增加1个接头加15元)
9	改2~2.5寸排水管	m	0.00	36.0	0.00	含PVC排水管,接头,配件,安装人工(未达1m按1m计,此单价指1m内仅含1个接头,每增加1个接头加10元)
				合计:12750.0		
十二	其他					
1	拆除120砖墙(内墙)	m²	6.16	35.0	215.6	(1)按报废标准拆除,人工;(2)垃圾装袋,堆放,不含垃圾外运;(3)工程量按展开面积计算
2	轻质砖墙砌体(120砖墙)	m²	2.80	105.0	294.0	(1)采用轻质标准砖,32.5号水泥,黄砂;(2)1:2水泥沙浆砌墙,养护;(3)工程量按展开面积计算
3	木龙骨双面石膏板墙体	m²	7.83	35.0	274.1	(1)采用26×37木方,9mm纸面石膏板;(2)装钉木龙骨,刷防火涂料,铺装9mm纸面石膏板,钉头防锈处理;(3)接缝处留缝,纸带或纱布挂缝由后期工序完成;(4)面层另计;(5)工程量按展开面积计算
4	木芯板挂钢网粉刷	m²	3.36	110.0	369.6	(1)采用轻质标准砖,32.5号水泥,黄砂;(2)1:2水泥沙浆砌墙,养护;(3)工程量按展开面积计算
5	垃圾清运费	项	1.00	400.0	400.0	(1)运至楼下指定垃圾堆放点,不含垃圾外运;(2)按三楼以内,允许使用电梯编制;(3)若不能使用电梯,三楼以上按50元/层增加
6	材料运输费	项	1.00	400.0	400.0	(1)含公司配送材料到现场的车费;(2)不含业主自购材料的运输费
7	材料搬运费	项	1.00	400.0	400.0	(1)按三楼以内,允许使用电梯编制;(2)若不能使用电梯,三楼以上按50元/层增加;(3)不含业主自购材料

序号	项目名称	计量单位	工程数量	综合单价	合价	材料工艺及说明
8	灯具、洁具等普通项目安装(包干)	项	1.00	400.0	400.0	含人工、辅料,不含相关主材及大型复杂灯具,洁具安装
				合计:2753.3		
1	工程直接费				56562.0	直接费合计
2	设计跟单服务费		164	40/m²		按建筑面积收取
3	工程管理费			10%	5656.2	
	工程总造价				62218.2	

此报价与之前报价变更项目:入户花园减去花台,贴墙砖,马赛克。客餐厅过道减去餐边柜及墙漆,吊顶方案调整减去20m²。主卧室减去储藏柜。阳台减去储藏柜。此报价木柜体产生费用2.8万,水电1.3万,贴砖5000元,贴砖1.3万,乳胶漆及回填,包管、防水,墙体等附属项目总价1.3万。

工程补充说明:
1. 此报价不含物业管理处所收任何费用,此项费用由业主自行承担;
2. 此报价包含所需施工项目施工所需的人工、机械、搬抬材料等,部分材料详见半包材料清单;
3. 施工中如有增加或减少项目,则按实际施工项目结算;
4. 报价中以报价之中未及项目,则按工程增项计算;
5. 工程因无法准确预算,以现场实际施工的数量结算;
6. 本预算不包含所有工艺玻璃、拉手、把手、门锁、油屉锁、小五金、墙地砖、洁具、灯具、瓷片、石材、地板、开关、插座、空开及漏电保护开关等

主材部分:

一、地面材料

序号		单位	数量	单价	合计	备注
1	实木地板	m²	100		0	由客户自行选购品牌
2	厨房地砖	m²	7.53		0	由客户自行选购品牌
3	卫生间地砖	m²	6.74		0	由客户自行选购品牌
4	阳台地砖	m²	15.8		0	由客户自行选购品牌
5	门槛石	m	7.3		0	由客户自行选购品牌
6	大理石窗台	m	7.8		0	由客户自行选购品牌

Building Decoration Engineering Budget

续上表

二、墙面材料					
1	卫生间墙砖	m²	35.2	0	由客户自行选购品牌
2	厨房墙砖	m²	27.65	0	由客户自行选购品牌
3	墙纸	m²	145	0	由客户自行选购品牌
三、顶面材料					
1	卫生间集成吊顶	m²	6.74	0	由客户自行选购品牌
2	厨房集成吊顶	m²	7.53	0	由客户自行选购品牌
四、洁具					
1	洗脸盆（柜式）	个	2	0	由客户自行选购品牌
2	座便器	个	2	0	由客户自行选购品牌
3	地漏	个	3	0	由客户自行选购品牌
4	花洒	个	1	0	由客户自行选购品牌
五、灯具					
1	全房灯具	项	1	0	由客户自行选购品牌
六、开关插座及电控箱					
	开关插座	项	1	0	由客户自行选购品牌
七、五金材料及门					
1	小五金	项	1	0	由客户自行选购品牌
2	原木门	套	6	0	由客户自行选购品牌
3	衣柜铰门	m²	22.8	0	由客户自行选购品牌
4	门锁门吸	套	6	0	由客户自行选购品牌
八	厨方用具				
1	厨房吊柜	m	3	0	由客户自行选购品牌
2	厨房地柜	m	5.8	0	由客户自行选购品牌
3	台面	m	5.8	0	由客户自行选购品牌
4	水槽（含龙头）	套	1	0	由客户自行选购品牌

表 9-2

主 材 费 计 算 表

主 材 部 分

项　目	单位	单价	数量	小计	品　　牌
厨柜	米	1100	4.75	5225	参考市场价格不含消毒柜、碗篮、米箱、垃圾桶（UV板柜门防潮板柜体）
全房实木地板	m²	80	80.36	6428.8	由客户跟我公司进行现场采购 颜色和板型由客户确定
厨房墙砖	m²	60	19.35	1161	广东佛山中标陶瓷 330×450 釉面砖
厨房防滑地砖	m²	60	5.12	307.2	广东佛山"中标陶瓷"300×300 釉面砖
客卫生间墙砖	m²	60	10.775	646.5	广东佛山"中标陶瓷"330×450 釉面砖
客卫生间地砖	m²	60	17.6	1056	广东佛山"中标陶瓷"300×300 釉面砖
主卫生间墙砖	m²	60	10.775	646.5	广东佛山"中标陶瓷"330×450 釉面砖
主卫生间地砖	m²	60	4.28	256.8	广东佛山"中标陶瓷"300×300 釉面砖
卫生间浴室柜	套	1200	2	2400	800×600 玻璃钢台面（含龙头及下水各一套，龙头为"梦隆卫浴"66系列）
淋浴花洒及龙头	套	600	2	1200	"梦隆卫浴"66系列
蹲便器	套	420	1	420	梦隆卫浴
马桶	个	800	1	800	
浴盆	个	2400	1	2400	
五金	套	800	1	800	门锁 3 套，门吸、门合页及门阻各 3 套
开关面板	套	1000	1	1000	IDV 国际电工
大理石	项	1200	1	1200	中国黑大理石

续上表

主 材 部 分

项　目	单位	单价	数量	小计	品　牌
衣柜柜门	m²	200	10.5	2100	1个厚钛镁合金边框,内夹5个厚艺术玻璃或百页板
房间门	樘	1000	3	3000	杭州宝迪油室内免漆门
卫生间门	樘	400	2	800	
三角阀	个	25	8	200	梦隆卫浴
轻管	根	20	8	160	梦隆卫浴
洗菜盆	套	200	1	200	0.8厚不锈钢盆
洗菜盆龙头及下水	套	250	1	250	"梦隆卫浴"66系列
拉手	项	400	1	400	不锈钢或银丝拉手
厨房推拉门	m²	250	3.6	900	1个厚钛镁合金边框,8个厚钢化磨砂玻璃
阳台推拉门	m²	250	3.9	975	
阳台仿古砖	m²	50	11.24	562	广东佛山"中标陶瓷"300×300仿古砖
全房灯	项	2000	1	2000	注明:全房灯具及筒灯,射灯及灯管,一项,2000
造型墙纸	项	800	1	800	
造型艺术玻璃	项	500	1	500	
总计				38795	

9.2　家庭装饰装修工程预算的编制

9.2.1　家庭装饰装修工程预算的编制依据

家装预算的编制依据有施工图纸,现行定额、单价、标准,装饰施工组织设计,预算手册和建筑材料手册,施工合同或协议。

1)家装工程设计图纸

家装工程由于整体规模小,因此设计图纸应包括装饰部分的平面图、立面图、剖面图、大样图、节点图;水景、植物配置等施工图;水电安装施工图等。另外,施工过程中因为设计变更,设计师还会手绘一些草图。

2)装饰效果图

装饰效果图包括整体效果图,即整个房室的效果图;局部效果图,即组成房室每个单位的效果图。效果图作为施工图的辅助图纸,更容易让客户直观地了解装修完成后的家,客户参考效果图确认家装预算。

3)装饰施工组织设计、施工方案

装饰工程施工方案不同,装饰预算的结果也不相同。材料、人工进场时间不同对工程成本也有影响。比如工期紧,施工现场狭小,材料不能一次到位,需要进行二次搬运,都会影响造价。

4)现行定额

现行定额规定了人、料、机的耗用量和分项工程的列项规定及计算方法,是完成家装预算的基本参考资料。

5)建筑材料手册及人工、材料市场信息价格

房屋装修根据工程投资限额与建筑材料标准的不同,预算费用价差极大,所以在装修时要从科学和艺术的角度精心分析、选用合适的材料,并使其合理搭配,才能降低工程成本,同时还应考虑市场用工价格。

6)《建筑装饰装修工程质量验收规范》

根据《建筑装饰装修工程质量验收规范》(GB 50210—2001)可以确定与列项有关的内容,合理报价。

7)施工合同或协议

施工合同或协议往往对编制家装预算给予了具体的规定,比如使用什么定额,采用什么时间的材料信息价格,工程的结算方式等,这些条款都是编制家装预算的基础资料。

9.2.2　家庭装饰装修工程预算的编制方法和步骤

1)收集资料

收集编制家装预算所需要的资料,还要确定所需材料的地点及运输路线,以便计算所需搬运费等。

2)熟悉图纸内容,掌握设计意图

施工图是计算工程量、套用预算定额的主要依据,因此必须认真阅读以下内容:墙柱面的标高和截面尺寸,装饰材料及做法,装饰部位与其构件的连接处理;天棚的骨架,面板的构造;门窗的类型及材料,门窗五金配件型号;油漆、涂料、裱糊等部位及要求;装饰线条的尺寸、部位;灯、镜、柜等物品的尺寸及做法要求,索引的标准图集上的构造做法等,为准确计算工程量做准备。

3)阅读定额说明,计算工程量

在通读熟悉图纸的基础上,先阅读理解定额的总说明、分部分项说明及工程量计算规则,再按照定额的编排顺序或施工顺序,对照图纸的相关内容,选列项目正确计算工程量。

4)确定综合单价

参考定额的分工程基价,并结合公司以往报价和目前市场价格情况确定分项工程综合单价,即报价。

5)计算直接费

将计算出来的工程量,与综合单价相乘,计算出该分项工程的直接费,然后汇总。

6)计算工程总造价

家装预算一般也有两种方法:

(1) 总造价=直接费+综合费

直接费=材料费+设备辅料+运费+人工费

综合费=利润+管理费+税金=直接费×综合系数

综合系数一般为 20% 左右,其中税金约为 3.8%,管理费为 7%~10%。例如:直接费为 3 万元,综合系数为 20%,则总造价=30000+(30000×20%)=36000(元)。

这种方法的总体思路是根据工程直接费(包括材料费、设备辅料、运费、人工费),加上管理费、利润和税金,得到工程总造价。

上述的计算方法属于大公司惯用的"透明报价",一般的装饰公司是采用比较简单的方法,即总造价=材料费+人工费。

(2)包工包料的各分项工程的总和:

$$总造价=\sum 工程量×单价$$

例如:乳胶漆的材料费加人工费为 15 元/m²,需要涂刷的面积为 150m²,则墙面分项工程的价值等于 2250 元,将各分项工程的价值逐一算出,然后相加,其总和就是总造价。

由此可见,很多公司直接将管理费、利润和税金摊在单价里,也有些公司会在此基础上另加管理费和税金。

7)校核

家装预算编制完成后,需要检查各分项工程的列项,看看是否遗漏和重复,对工程量进行校对,检查定额套用是否正确,计算结果是否准确,避免出错。

8)编写编制说明

说明工程规模、编制依据、包工形式、预算中包含和未包含的内容以及注意事项等。

9)填写封面、装订成册、签字盖章

9.3 家庭装饰装修工程预算的审核

9.3.1 工艺做法审核

很多装饰公司给消费者的装修预算书上,只有简单的项目名称、材料品种、价格和数量,而没有关键的工艺做法,因此在审核的时候一定要注意,必须要求设计师在预算书中明确工艺做法,而且对预算书中每个项目的工艺做法做详细说明,因为具体的施工工艺和工序,直接关系到家庭装修的施工质量和造价。没有工艺做法的预算书,存在很多不确定的因素,会给今后的施工和验收带来很多后患,更会让少数不正规的装饰公司偷工减料,影响客户的切身利益,破坏装饰市场的秩序。

9.3.2 工程项目及工程量的审核

详细的预算是与施工图纸相对应的,图纸上所绘制的每项将要发生的工程都会在预算书上体现出来。主要材料的品牌及型号、种类也会在图纸及预算书上标识。另外,一些未在图纸上出现的工程,如墙体拆除、开门洞、线路改造,灯具、洁具的拆安也会在预算书上体现出来,造价员可以根据图纸上的具体尺寸对预算进行核定。

有些装饰公司会故意在装修预算书中多报施工面积,以获得更高的利润。尤其是在墙面这一项上,少数装饰公司会多报涂刷面积。比如目前很多家庭都包门窗套,门窗套周边就不用涂刷了,但有些装饰公司没有将这部分面积扣除,所以在审核时,必须按照实际的面积核算。

9.3.3 单价及相关费用的审核

装修预算书上的单位价格都是加上人工费之后的综合报价,有时要比实际价格高出很多。所以,必须审核组价过程,了解材料选择的品牌和型号、施工的工艺等,才能合理确定单价。

有些公司在装修预算书的最后,会有一些诸如"机械磨损费""现场管理费""税金"和"利润"等项目,这些项目应该仔细琢磨。比如"机械磨损"是装修中必然发生的,"现场管理"则是装饰公司应该做到的,这两项费用其实都已经摊入每个分项工程中去了,不应该再向客户索取。"税金"如果已考虑到单价中,就不应该重复收取,如果单价中没有包括此项费用,就按国家标准收取。将"利润"单独计算,是其他装饰工程报价的计算方式,目前家装公司已经把利润摊入家装工程的每个分项工程中或综合系数中,因此不应该重复计算。

小 知 识

签订家装合同前建议必须要做的几件事:

1. 仔细阅读图纸,尤其是木制作的项目一定要出详图,并明确标明尺寸、材料及工艺做法,避免较大差价。

2. 逛材料市场,对装修和建材有个大致了解。

3.带上施工图,仔细对照所用材料规格、品牌、价格、施工做法,请商家估价,做到心中有数,最后请设计人员估价。

4.对于总报价比较高的项目要多问为什么,并审核项目的必要性及材料品种价格。

5.刷墙和铺砖,要仔细审查图上标明的做法和尺寸,并实地量一下,避免结算增加工程量。

6.水电项目要求专业操作,最好单独施工。水路电路改造要具体,长度要准确,项目做法要详细,以免中途加价。

7.请专业人员进行审核。不过,站在业主的角度上,专业人士也会提出增加环保材料的建议,有可能会增加造价。

8.对装修公司引起的损失要明确赔偿责任,以免后期再增加费用支出。

◀ 课堂练习题 ▶

1.影响家装预算的主要因素是( )。
  A.市场材料价格   B.装修的档次
  C.分项工程的数量   D.工人的施工技术

2.家装工程费的构成有( )。
  A.直接费   B.利润   C.税金   D.管理费

3.家装预算审核包括( )。
  A.工艺做法审核   B.公司资质审核   C.工程量审核   D.单价审核

4.不属于家装预算编制步骤的是( )。
  A.拆除工程   B.收集资料   C.计算工程量   D.设计变更

5.家装预算的编制依据的是( )。
  A.装饰效果图   B.设计说明   C.施工方案   D.人工、材料市场价

◀ 复习思考题 ▶

1.家装预算的作用是什么?

2.影响家装预算的主要因素有哪些?

3.审核家装预算主要从哪几个方面着手?

4.家装饰预算造价是如何计算的?

5.做好家装预算应具备哪些能力?

第 10 章
计算机软件在装饰装修工程中的应用

【知识要点】

1. 计算机软件概述(造价软件概况、发展和类型)。
2. 计算软件在建筑装饰装修工程预算中的应用(计量软件、计价软件应用)。

【学习要求】

1. 了解工程造价软件的发展,了解国内目前使用的工程造价软件的种类。
2. 熟悉造价软件的特点和使用方法。
3. 掌握本地区计量及计价软件的操作,并总结使用技巧。

10.1　计算机软件概述

随着计算机和网络技术的迅速发展,计算机开始较多地参与工程设计、定额编制和工程预算等各项工作。在工程造价管理中,工程造价软件得到了充分的运用与展示,它是我们工程造价人员从事工程造价的重要手段。

10.1.1　国内外工程造价软件发展概况

现在,国内外对工程造价管理都非常重视,但是国内外对计算机在工程造价管理应用的时间上比较接近,主要是国外比较注重工程最终的数据分析和行业的控制与指导。我国应用计算机在工程造价上的管理工作,最早是由我国数学家华罗庚教授在 1973 年提出的。

在国外的造价管理体系上,行业的方向不同导致了软件的发展方向的差异。如英国的BCIS(Building Cost Information Service)是对已完工程的数据分析和利用、PSA(Property Services Agency)是组织和收集各种资料而形成各种投标价格指数,加拿大的 Revay 公司是对造价的控制,特别是它开发的 CT-4 软件,专门对成本与工期进行综合管理。

我国过去是采取"量价合一"的定额计价模式,在工程造价和信息管理方面只是定额套价和计算的简单功能。后来实行"量价分离"的清单计价模式,全国出现了很多造价管理软件,基

Building Decoration Engineering Budget

本上解决了工程造价的系统化、全方位管理。

10.1.2 工程造价软件的发展方向

一个工程项目从开始到结束,需要经过许多过程,从投资估算到竣工决算,以及如何把各个环节的应用软件系统有机地结合,通过无缝接口技术集成于一个项目投资、成本控制、质量控制、进度控制、安全与合同管理、工程信息、材料交易、设备交易的综合管理系统,将是工程造价软件的发展主题。随着建筑信息模型(Building Information Modeling)技术的成熟,通过数字信息仿真模拟建筑物所具有的真实信息,为建筑的全生命周期管理提供平台,并通过网上文件管理协同平台进行日常维护和管理,从而使工程造价管理全过程的虚拟现实、网络信息化与电子化成为可能,这也将使我国工程建设和经济建设的信息化、网络化成为现实。

10.1.3 工程造价软件的类型

1)算量软件

工程量计算是定额计量、工程量清单编制等各项工作的基本,也是工作量较大的,这类软件大多都是以 AutoCAD 为开发平台进行二次开发的,如上海鲁班和清华斯维尔,但是大连北科以及广联达就是自己开发的图形系统,以上软件均有三维算量功能。三维算量功能是以图形系统为基础,通过描绘或直接识别设计电子文档的方式,构建三维模型,再依靠计算机强大的运算和分解能力,将三维模型转化为工程量数据,以真正面向图形的方法,非常直观地解决了工程量的计算及套价,提高了建设工程量计算速度与精确度,把算量工作人员从繁重的计算中解放出来,它彻底改变了算量的工作方法。

2)计价软件

计价软件在全国比较多,如"清单大师——工程量清单计价软件""PKPM 工程量计价软件""必佳软件""鹏业软件""青山软件""宏业软件"等,这些计价软件均采用 Windows 为系统平台,使用高级语言和数据库技术编制的,采用所见即所得的实时计算方式,操作简便、直观,计算准确,输出表格符合有关文件的规定。

3)BIM(建筑信息模型,Building Information Modeling)技术

BIM 的英文全称是 Building Information Modeling,国内较为一致的中文翻译为:建筑信息模型(以下简称"BIM 技术")。BIM 技术是以建筑工程项目的各项相关信息数据作为基础,建立三维建筑模型,通过数字信息仿真模拟建筑物所具有的真实信息。由于国内《建筑信息模型应用统一标准》还在编制阶段,这里暂时引用美国国家 BIM 标准(NBIMS)对 BIM 的定义,定义由三部分组成:

(1)BIM 是一个设施(建设项目)物理和功能特性的数字表达。

(2)BIM 是一个共享的知识资源,是一个分享有关这个设施的信息,为该设施从建设到拆除的全生命周期中的所有决策提供可靠依据的过程。

(3)在项目的不同阶段,不同利益相关方通过在 BIM 中插入、提取、更新和修改信息,以支持和反映其各自职责的协同作业。

BIM 技术在工程造价应用中的价值主要体现在,快速算量,精度提升。利用 BIM 数据库,

通过建立 5D 关联数据库,可以准确快速计算工程量,提升施工预算的精度与效率。由于 BIM 数据库的数据粒度达到构件级,可以快速提供支撑项目各条线管理所需的数据信息,有效提升施工管理效率。BIM 技术能自动识别建筑物构件,计算工程实物量,上海鲁班和清华斯维尔,大连北科以及广联达均在这个方面有部分实现的能力,随着软件研发范围和深度的进一步拓展,功能将更加全面和成熟,应用性将更加的便捷。这些软件在工程投资控制上的原理基本相同,其实现基本按以下原理。

BIM 系统解决方案中包含可计算的建筑信息,借助这些信息,计算机会将模型作为建筑来对待。以墙体为例,墙体"知道"自己的属性以及建筑中其他构件的关系。因此,作为一种由真实材料构成的建筑构件,在制作墙体明细表或计算墙体数量时,它会被包含在内。可计算的建筑信息支持各种建筑设计和施工工作:结构分析、MEP 系统建模、建筑能耗分析、规范管理等。在建筑流程中,成本预算工作也可以从可计算的建筑信息中获益。设计建筑是建筑师的职责,而评估建筑成本则是造价员的工作。通常情况下,建筑师的工作范围不包括材料算量和提供成本信息。这些工作要由造价员来完成。

使用建筑信息模型来替代图纸,所需材料的名称、数量和尺寸都可以在模型中直接生成。在设计出现发变更时,如尺寸缩小,该变更将自动反映到所有相关的施工文档和明细表中,使用的所有材料名称、数量和尺寸也会随之发化,造价员可以根据变更后的建筑信息模型套价,评估风险等。BIM 能够支持所有建筑行业中从设计到施工整个工作流程,建筑信息模型,如 Revit^R Structure,支持结构制造流程。在 BIM 模型的基础上,利用 4D 模拟技术及施工模拟技术,把传统的甘特图,转换为三维的建造模拟过程,可以在施工前做出合理安排,优化施工进度,找出问题并提前协调。提高施工安全管理水平,并提高各专业协调水平。

10.1.4 工程造价软件的基本要求

(1)软件提供的数据输入项目,必须满足国家、省颁发的现行工程造价管理制度的规定。

(2)软件提供给用户的材料、设备价格编码方案,必须符合省造价管理总站审核批准的编码方案的规定。

(3)软件具有必要的规范基础数据输入差错的控制功能。

(4)软件的定额调整、价差、工程造价计算程序等功能必须符合省、市、州建设工程造价管理部门的现行规定。

(5)软件系统内部的定额及基础数据在需要更正时,软件必须提供更正痕迹。

(6)软件具有按规定打印输出各种工程造价文件规范格式及必要的查询功能。

(7)对计算机根据计算生成的各种工程造价历史数据必须保存,软件不得修改。

(8)软件具有防止非指定人员擅自使用的使用权限控制功能。

(9)对存储的磁性介质或其他介质上的程序文件和相应数据文件,软件有必要的保护措施。

(10)软件具有在计算机发生故障或其他原因而引起的数据损坏情况下,利用现有数据恢复到最近状态的功能。

10.2　计算软件在建筑装饰装修工程预算中的应用

10.2.1　算量软件的应用

算量软件发展很快，目前全国已有很多，我们以两款为例进行简单的介绍，具体学习操作根据本地区实际情况确定。

1)广联达算量软件特点简介

(1)专业准确

①复杂结构处理简单。

根据工程特点，GCL2008 提供两种方案解决错层、夹层、跃层等复杂结构工程量的处理。

方案一:"划分区域"——主要处理规则错层结构，可按照图纸特点将图纸分区，然后进行区域、楼层建立，再绘制构件，计算工程量。

方案二:"调整标高"——主要处理局部错层、夹层等结构，可根据图纸将构件绘制后，逐一进行标高调整即可计算工程量。

②报表先进，内容丰富。

GCL2008 中配置了三类报表，每类报表按汇总层次进行逐级细分来统计工程量;其中指标汇总分析系列报表将当前工程的结果进行了汇总分析，从单方混凝土指标表，再到工程综合指标表，我们可以看到本工程的主要指标，并可根据经验迅速分析当前工程的各项主要指标是否合理，从而判断工程量计算结果是否准确。

③工程量表思路清晰。

GCL2008 引入"工程量表"概念，将每个构件所需计算的工程量清晰列出，通过"定义量表"→"选择量表"→"编辑量表"三步为你理清算量思路、还原业务本质。

④三维算法，计算精确。

GCL2008 采用广联达公司自主研发平台、使用真三维扣减技术和算法，在计算精确度上进一步提升;同时对于异形构件、复杂构件工程量的计算更为灵活;GCL2008 内置规则，不仅提供了高精度的按实计算的结果，同时也能按规则进行计算，满足客户实际工程需要。

⑤装修处理专业精确。

GCL2008 房间装修符合装修表思路，通过依附装修构件，处理范围更广、更精确，做法管理更清晰。软件提供两种思路:一种是直接新建房间→新建装修构件→套做法→布置房间，满足老用户操作习惯，另一种是先新建装修构件→套做法→新建房间添加装修构件→布置房间。各类内外装修构件布置更灵活，算量更精确。

⑥规则开放，可控可调。

GCL2008 中内置了一系列计算规则，按照每套规则描述的内容给出了各类构件工程量的计算方法，并进行了开放。做工程时，我们可以通过"计算规则"与"计算设置"这两个功能调整各类构件的计算方法使之符合实际要求。

（2）简单实用

①三维绘图，直观易学。

GCL2008 中构件的绘制和编辑都基于三维视图上进行，我们不仅可以按原有方式在俯视图上绘制构件，还可以在立面图、轴测图上进行绘制。同时，在原有绘图方式的基础上增加了动态输入，结合自动捕捉设置功能，可数倍提升绘图效率。

②基础处理，简单快捷。

GCL2008 在基础处理方面，充分利用数据共享和关联性，高效处理工程量计算。可以直接导入钢筋软件基础构件；基础构件、垫层、土方相互关联自动生成。复杂集水坑直接布置、筏板边坡直接生成、筏板变截面直接编辑。

③参数图形，轻松布置。

GCL2008 提供二十余种参数化图形，可以轻松处理飘窗、老虎窗、楼梯。只需用选择参数化图形，修改参数，直接布置到界面中即可。

④构件图元，修改灵活。

构件图元的修改更为灵活，如"对齐"功能可按需快速调整所有构件图元相对位置；"三点定义斜板"让斜板定义更为简便；"平齐板顶"可以批量调整局部区域构件标高；复杂屋面通过"按现浇板智能布置"一次完成，让算量更轻松。

⑤撤销恢复，预防误操作。

撤销和恢复功能从原有绘图区扩大至软件所有操作界面，不仅可以对于绘图界面的操作进行步骤撤销，还可以对于表格输入、构件定义等编辑界面进行撤销操作，从而避免我们误操作造成的损失。且操作方式也如同 Excel 一样简单方便。

2）筑业四维算量简介

全新概念的图形参数算量软件，该软件工程量钢筋合一，技术上有重大突破。

（1）首创独特的图形参数工程量钢筋自动计算新概念，少画图，甚至不需要画图，就可以自动计算工程量钢筋，不但可以自动计算基础、结构、装饰、房修工程量，还可以自动计算安装，市政、钢结构工程量，与预算有关的所有工程量钢筋都可以自动计算。

（2）首创不需要定义工程量计算规则，就可以自动计算出符合用户需要的工程量，达到一量多算。先画图，后计算，再选工程量计算模板自动套定额。

（3）首创图形参数新概念，用户画好的图形，自动生成参数图标，可以重复使用，下次使用，只需要改变参数，就可以自动生成符合需要的图形，对于近似工程，可以起到事半功倍的效果。

（4）对于画图，软件为用户提供了 100 多种图形编辑方法，可以随心所欲，轻轻松松地画出符合需要的任意图形。

（5）首创工程量钢筋自动计算宏语言，实现透明计算，整个计算过程，用户看得见，摸得着，可以改。因此不存在算不准的情况，可以计算出 100% 符合需要的工程量钢筋。

（6）首创个性化设置，软件的界面，整个计算过程，用户可以根据的爱好自己设置，自己定义，以便提高工作效率。

具体特点如下：

（1）平台概念：瞄准国际最先进软件（如 Auto CAD），秉承筑业"技术领先，精益求精"的宗旨，开发并创新具有自主知识产权的四维图形算量平台，领先国内其他软件，追赶国际一流软件;软件支持二次开发,用户可以通过软件提供的模板功能、图标制作与宏语言功能实现工程量钢筋的自定义计算,自主开发算量图标,满足自定义计算要求。不依附于其他任何绘图软件,使软件具有优异的性价比。

(2)导入 CAD 图档:将设计院的电子文档直接导入本系统,智能识别工程设计图的电子文档,可以高效识别出轴网、柱、梁、墙、板、门窗洞口、柱筋、梁筋、墙筋、板筋等。利用智能识别技术,可以极大地提高用户的工作效率。

(3)编程技术:采用面向对象技术和软件工程规范进行设计编程,因此系统稳定可靠。整个系统只有一个 EXE 程序,便于维护和升级。同时支持 WIN95/98/2000/XP/NT 等种软硬件系统。

(4)层中层概念:即楼层中的"图层"概念,在同一个楼层里面,可以同时画出多个不同标高的图层,彻底解决错层、复式楼层,小别墅等工程计算难的问题。

(5)三维实体显示:逼真的三维立体效果,多视觉缩放,用户可直观地查看和检查各构件相互间的三维空间关系。单构件、多构件三维扣减关系清晰显示,其效果是平面图形算量所无法比拟的。画图时,三维可以同步显示,整体三维显示时,通过快捷键可以任意隐藏和显示构件的图形算量软件。

三维图形显示中,通过双击鼠标,任意确定三维旋转圆点;三维图形可以自动旋转,用户可以自行设置构件的三维显示颜色。

(6)三维钢筋:钢筋三维模拟显示功能,效果逼近现场仿真。钢筋三维显示直观、形象,方便用户检查、校验输入钢筋数据的正确性,同时方便核对钢筋计算结果。三维构件图标可以随意建立,图标库完全开放,任何人都能创建三维构件。

(7)快速钢筋计算:支持钢筋平面标注法和表格录入法计算,定义构件属性时,同时录入配筋信息,图上标注计算钢筋,直观、形象、快捷。初学者可用图标法,形象直观,一目了然;熟练者可用表格法,快速盲打,高效快捷;钢筋算量采用整体抽筋的概念,软件自动判断钢筋断点、延伸、弯折、增减、锚固、搭接等,不同于其他钢筋算量软件是单一构件逐步选择手工判断,极大地提高了算量的效率。

(8)钢筋在图形中的显示:独立构件画上以后,不但本身的工程量可以非常准确地计算出来,钢筋在三维显示时,也非常清楚地显示出来。

(9)独创 3D 布尔运算,完美体现无纸三维审计概念:图形算量软件显示的三维模型,可以按要求切换多种状态,可以显示扣减前的全部构件交叉的模型,也可以显示被扣减后的构件三维模型,还可以显示扣减掉的相交构件模型,所有扣减严格按计算规则进行。每种构件可以通过热键显示或隐藏。对于工程审计人员,将来不再需要一行一行地核对计算式,只要检查三维图形的扣减情况就可得知结果,真所谓工程量计算所见即所得。

(10)算量模板:开放式的图形算量模板管理,方便用户增加定额或图集,自定义工程量计算规则,可以适合全国各地的定额要求和各种特殊情况处理,同时模板中还内置门窗、预制构件、屋面、楼地面等标准图集库。工程文件中的构件属性,通过自定义存档,可以保存到模板,在不同工程中调用,省去了重复定义构件属性过程。通过把工程及经验积累到算量模板,提高工作效率 10 倍以上。

(11)属性共享:可以调用老工程的单个构件的属性定义,也可以调用整个楼层,整个工程的属性定义,节省了大量的定义属性的时间;比如:用户可以把砖混结构、框架结构、框剪结构等的属性写出去,在新工程里面读进来,修改一下属性定义即可。

(12)支持协同作业:楼层的"节点管理"功能,使楼层的复制、粘贴、移动、删除操作有如搭积木似的方便,整个工程可按楼层为单位水平分割由多人分工完成;轴线的"原点定位"功能可将多个单元、裙楼结构、整个小区等的模型进行定点拼接,也即一个项目可按垂直分割同时分配给多个人完成。拼接到一起后汇总计算,三维显示精确无误,彰显团队力量。

(13)画图功能强大:除了提供常规的画法,还提供强大的智能布置功能、22余种捕捉方式、快捷的热键功能,确保建模过程高效、快捷。并使软件具备了娱乐性,让工作变成享受。

(14)门窗的人性化定义:弧形门窗在弧形墙体上三维显示非常美观;门窗的硬定位功能;通过点击右键,输入门窗的宽度,可以迅速画出尺寸有变化的门窗;通过尺寸的变化,轴线交点自动捕捉,可以很快地处理拐角门窗;门窗图集的管理;在门窗属性中定义完所有与门窗有关的项目,画图计算以后,一次计算完成。

(15)多种布置方法:快速布置所有柱子;通过点击右键,系统自动确定所画单个柱子的旋转角度;还可以任意指定参照物,确定多个柱子的旋转角度;可以快速地确定所有类型柱子的边对齐功能,避免了在定义属性时的偏心距和硬定位等的操作。通过右键输入尺寸的功能,交点自动捕捉,可以处理任意形式的暗柱,大大提高画暗柱的速度。快速布置构造柱的功能,可以确定是按轴线、墙、梁的交叉点快速布置出所有构造柱,并且在平面图形上和三维图形上显示出马牙槎的尺寸和靠边情况(两面靠墙还是三面、四面靠墙等情况)。

(16)方便的基础定义:在定义基础的时候,可以把一种基础中的所有构件同时定义出来,画图计算的时候一步到位。

(17)逼真的土方开挖:在定义了条形基础的土方,独立基础的土方或者土方大开挖,三维显示的时候,根据定义的尺寸和放坡系数,开挖情况在三维显示中清楚地显示出来。

(18)多文档操作:可同时打开多个工程文件,工程之间可以任意拖拉、复制、粘贴楼层节点,充分发挥资料共享优势。

(19)多媒体教学:软件及网站提供了内容丰富的多媒体教学课件,并且教学内容不断更新;如果用户哪里不懂,只要观看多媒体教学文件即可得到解决。

(20)多专业算量:可以同时计算建筑、装饰、安装、市政等工程的工程量。

(21)统筹法算量:保留传统、经典的统筹法计算功能,软件算量实现 100%。统筹法算量,在算量软件中计算出来的结果,与套价软件无缝连接,统筹计算公式可以打印出来,在决算的时候,非常轻松。

(22)计算公式自定义:计算公式的列写方式可由用户定义,并可加中文注解,使它符合手工习惯。计算公式及工程图形均可显示和打印输出,便于审核和校对,并满足不同用户的需求。

在定义构件属性时,可以同时把该项目的项目特征等定义修改好,发标时,可以不通过清单套价软件就可以发标,如果还想做标底,把该项目下的工作内容对应的定额子目选中,拖拉到清单套价软件里面,就可以做标底了。

(23)成本核算:成本核算模块,通过图形计算就能了解工程的工程直接费,了解整个工程的直接成本,便于成本核算。

(24)一图多算:根据用户在构件属性设置中录入的清单项目及参与清单组价的定额子目,系统自动计算出清单工程量和定额工程量,做到一图两算。

(25)工程量统计:可按不同楼层统计不同构件的工程量,生成清单工程量明细表和传统地方定额工程量明细表,生成的工程量数据通过"工程量自动套定额"的导入功能,直接用来编制工程量清单及计算投标报价,实现工程造价动态管理。

(26)计算结果准确:严格按照工程量计算规则,进行三维实体精确扣减计算;模板按实际接触面积(现浇构件)、按构件体积(预制构件)分别计算,并对规则中超高的部分进行单独统计。

10.2.2 计价软件的应用

计价软件的应用程序是大同小异的,广联达预算系列软件是当前工程预结算工作中应用最为广泛的软件之一,下面以它的操作程序为例对软件定额计价模式下的使用和清单计价模式下的使用进行简单的介绍。

1)定额计价模式下工程计价

其操作流程如图 10-1 所示。

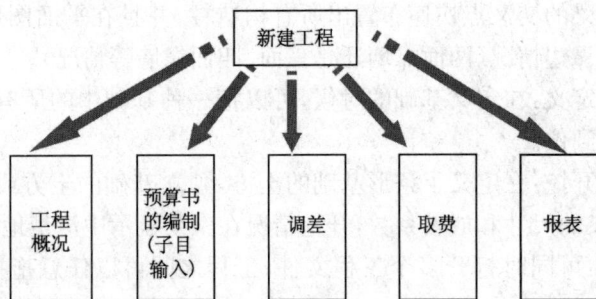

图 10-1　定额计价模式下工程计价的操作流程

(1)软件启动:启动软件后就进入操作主界面,整个界面分为三个版块:菜单和工具按钮板块、工程管理器板块和表格输入板块。

(2)新建工程项目:分为以下四个步骤:

①新建工程;

②选择模板;

③填写工程信息;

④保存工程文件。

(3)预算书的编制

①预算表编制;

②定额子目的输入:直接输入、免章节输入、定额库查询输入、关联子目输入;

③工程量的输入:直接输入、表达式输入、图元公式法;

④定额子目的换算:标准换算、人材机换算、子目乘系数换算、补充子目。

(4)措施项目输入。

①技术措施费;

②组织措施。

(5)材料价差调整。

①直接输入法;

②查询法。

(6)工程取费。

(7)报表输出。

2)清单计价模式下工程计价

其操作流程如图 10-2 所示。

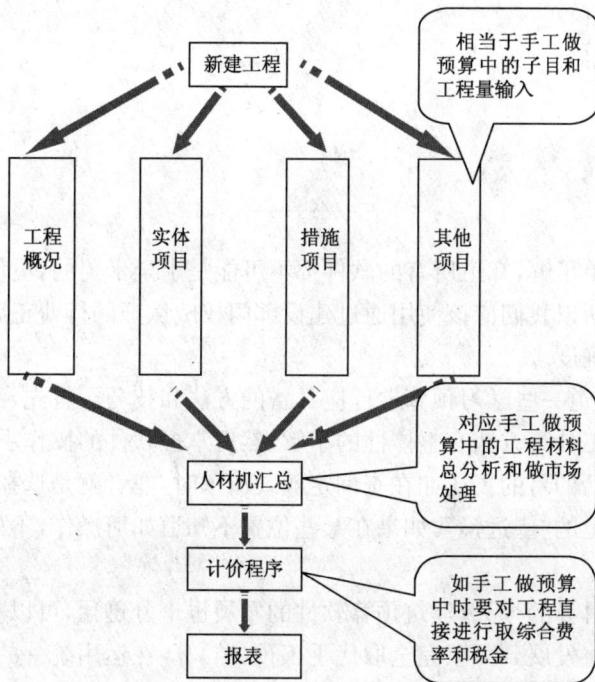

图 10-2　清单计价模式下工程计价的操作流程

(1)新建工程:启动软件后,利用新建向导建立单位工程预算书。

(2)工程概况:填写总说明、预算信息、工程信息、工程特征、计算信息这五项工程信息。

(3)分部分项工程量清单输入。

①进入分部分项工程量清单编制界面

②工程量清单项目输入,有以下两种方法:

a. 查询法;

b. 直接输入法。

③输入项目特征值。

④套用消耗量定额。

⑤输入工程量。

⑥消耗量子目的换算,包括:

a. 标准定额换算;

b. 子目材料换算;

c. 修改原子目人材机的定额含量;

d. 子目的补充。

⑦清单单价构成及计算。

(4)措施项目清单输入。

(5)其他项目清单输入:

①直接输入;

②计日工工作项目。

(6)材料价差调整:

①直接输入法;

②查询法。

(7)计价程序输入。

(8)报表输出。

424

通过对软件的简单了解,知道所有的软件都不可能是十全十美的,更何况还有人为在操作软件时产生的误差。所以我们应该使用通过建设部门权威认证的行业正版软件才能较好地保证我们工程预算的准确度。

另外,我们还要知道一些学习预算软件应具备的方法和技巧。首先,我们要对相关的定额和清单以及工程量手工计算方法有整体性的了解,然后掌握软件的操作手法,经过多次反复的上机便可达到熟能生巧的目的。比如在查询定额或清单时,前者就是选择工具条上的"手电",后者就是选择工具条上的"望远镜",如果在某些位置不知道如何操作,不妨先点鼠标右键看看有没有相应的选择。

在科技发展日新月异的今天,建筑预算软件的发展也十分迅猛,可以想象在不久的将来建筑装饰工程行业软件将发展到可以完全取代手工预(结)算,在运用统一的计价规范、统一的计算规则的情况下,各地区各部门的预(结)算书也应按照统一的标准格式制作,更加规范、完整和合理。

小 知 识

我国的工程造价软件的发展最早是在1973年,我国数学家华罗庚教授的应用数学小分队在沈阳进行了应用计算机编制工程预算的试点,随后,华罗庚教授向当时的国家建委建议在北京设立一台中心计算机负责全国的建筑工程概预算工作的构想。从此,揭开了中国计算机辅助工程概预算的序幕。

◀ **课堂练习题** ▶

1. 我国应用计算机在工程造价上的管理工作,最早是由(   )提出的。

   A. 李四光   B. 杨振宁   C. 李政道   D. 华罗庚

2. 工程造价软件可实现的功能有(   )。

   A. 图形算量   B. 多媒体教学   C. 成本核算   D. 自定义公式

3. 三维图形显示中需(   )。

   A. 单击鼠标   B. 任意确定三维旋转圆点

   C. 不可自行设置构件显示颜色   D. 双击鼠标

4. 工程造价算量软件可以(   )。

   A. 一图多算   B. 统计工程量   C. 报价   D. 多文档操作

5. 广联达软件体现的专业特点是(   )。

   A. 工程量表思路清晰   B. 规则开放,可控可调

   C. 构件图元,修改灵活   D. 装修处理专业精确

◀ **复习思考题** ▶

1. 试述工程造价软件的发展方向。
2. 试述工程造价软件的分类。
3. 试述工程造价软件的基本要求。
4. 根据工程实例,利用算量软件和计价软件上机操作练习。

425

第 11 章
建筑装饰装修工程招投标与报价

1. 建筑装饰装修工程招标投标概述(招标投标的概念,建设项目招标的范围、种类与方式,建设项目施工招标程序,装饰工程投标程序及投标报价的编制)。

2. 建筑装饰装修工程报价案例分析(投标策略的分析、投标报价的几种方法)。

【学习要求】

1. 了解招投标的范围、种类和方式,了解装饰工程报价的一般方法和程序。

2. 熟悉施工招投标的程序。

3. 掌握报价的分析方法和策略,掌握投标文件的编制。

11.1 建筑装饰装修工程招标投标概述

11.1.1 招标投标的概念

建设工程招标是指招标人在发包建设项目之前,以公开招标或邀请招标方式,鼓励潜在的投标人依据招标文件参与竞争,通过评定,从中择优选定得标人的一种经济活动。建设工程投标是工程招标的对称概念,指具有合法资格和能力的投标人根据招标条件,在指定期限内填写标书,提出报价,并等候开标,决定能否中标的经济活动。面对竞争日益激烈的市场,企业如何把握自己在投标报价及答辩签约中的行为,以便在项目的最开始就做好盈利的铺垫和准备,对企业和项目而言都是至关重要的。而在装饰工程投标过程中,投标报价是整个过程的核心,报价过高,则可能因为超出"招标控制价"而丢失中标机会;报价过低,则可能因为低于"合理低价"而废标,或者即使中标,也可能会给企业带来亏本的风险。因此投标单位应针对工程的实际情况,凭借自己的实力,并正确运用投标策略和报价方法来达到中标的目的,从而给企业带来更好的经济效益。

11.1.2 建设项目招标的范围、种类与方式

1)建设项目招标的范围

《中华人民共和国招标投标法》(以下简称《招标投标法》)指出,凡在中华人民共和国境内进行下列工程建设项目,包括项目的勘察、设计、施工、监理以及与工程建设有关的重要设备、材料等的采购,必须进行招标。

(1)大型基础设施、公用事业等关系社会公共利益、公共安全的项目;

(2)全部或者部分使用国有资金投资或国家融资的项目;

(3)使用国际组织或者外国政府贷款、援助资金的项目。

2)建设工程招标的种类

(1)建设工程项目总承包招标;

(2)建设工程勘察招标;

(3)建设工程设计招标;

(4)建设工程施工招标;

(5)建设工程监理招标;

(6)建设工程材料设备招标。

3)建设工程招标的方式

(1)从竞争程度进行分类

从竞争程度进行分类,可以分为公开招标和邀请招标。这是我国《招标投标法》规定的一种主要分类。

①公开招标。是指招标人通过报刊、广播或电视等公共传播媒介介绍、发布招标公告或信息而进行招标,是一种无限制的竞争方式。

②邀请招标。是指招标人以投标邀请书的方式邀请特定的法人或者其他组织投标。招标人采用邀请招标方式的,应当向三个以上具备承担招标项目的能力、资信良好的特定的法人或者其他组织发出投标邀请书。

(2)从招标的范围进行分类

从招标的范围进行分类,可以分为国际招标和国内招标。国际招标是指符合招标文件规定的国内、国外法人或其他组织,单独或联合其他发人或者其他组织参加投标,并按招标文件规定的币种结算的招标活动。国内招标是指符合招标文件规定的国内法人或其他组织,单独或联合其他国内法人或其他组织参加投标,并用人民币结算的招标活动。

(3)从招标的组织形式进行分类

从招标的组织形式进行分类,可以分为招标人自行招标和招标人委托招标机构代理招标。

①招标人自行招标。《招标投标法》规定,招标人具有编制招标文件和组织评标能力,且进行招标项目的相应资金或资金来源已经落实,可以自行办理招标事宜。

②招标人委托招标机构代理招标。自行办理招标事宜的招标人,未经主管部门核准的,招标人应委托招标机构代理招标。

11.1.3 建设项目施工招标程序

1)招标活动的准备工作

项目招标前,招标人应当办理有关的审批手续、确定招标方式以及划分标段等工作。

2)招标公告和投标邀请书的编制与发布

招标公告是指采用公开招标方式的招标人(包括招标代理机构)向所有潜在的投标人发出的一种广泛的通告。投标邀请书是指采用邀请招标方式的招标人,向三个以上具备承担招标项目的能力、资信良好的特定法人或者其他组织发出的参加投标的邀请。

(1)招标公告和投标邀请书的内容

按照《招标投标法》的规定,招标公告与投标邀请书应当载明同样的事项,具体包括以下内容:

①招标人的名称和地址;

②招标项目的性质;

③招标项目的数量;

④招标项目的实施地点;

⑤招标项目的实施时间;

⑥获取招标文件的办法。

(2)公开招标项目招标公告的发布

为了规范招标公告发布行为,保证潜在投标人平等、便捷、准确地获取招标信息,国家发展计划委员会发布的自 2000 年 7 月 1 日起生效实施的《招标公告发布暂行办法》,对强制招标项目招标公告的发布做出了明确的规定。

3)资格预审

资格预审是指招标人在招标开始之前或开始初期,由招标人对申请参加投标的潜在投标人进行资质条件、业绩、信誉、技术、资金等多方面情况进行资格审查。

资格预审的程序是:

(1)发布资格预审通告;

(2)发出资格预审文件;

(3)对潜在投标人资格的审查和评定;

(4)发出预审合格通知书。

4)编制和发售招标文件

(1)招标文件的编制

按照我国《招标投标法》的规定,招标文件应当包括招标项目的技术要求,对投标人资格审查的标准、投标报价要求和评标标准等所有实质性要求和条件以及拟签合同的主要条款。建设项目施工招标文件是由招标人(或其委托的咨询机构)编制,由招标人发布的,既是投标单位编制投标文件的依据,也是招标人与将来中标人签订工程承包合同的基础,招标文件中提出的各项要求,对整个招标工作乃至承包发包双方都有约束力。

(2)招标文件的发售与修改

①招标文件一般发售给通过资格预审、获得投标资格的投标人。

②招标文件的修改。招标人对已发出的招标文件进行必要的澄清或者修改的,应当在招

标文件要求提交投标文件截止时间至少 15 日前,以书面形式通知所有招标文件收受人。

5)勘察现场与召开投标预备会

(1)勘察现场

①招标人组织投标人进行勘察现场的目的在于了解工程场地和周围环境情况,以获取投标人认为有必要的信息。为便于投标人提出问题并得到解答,勘察现场一般安排在投标预备会的前 1~2 天。

②投标人在勘察现场中如有疑问问题,应在投标预备会前以书面形式向招标人提出,但应给招标人留有解答时间。

③招标人应向投标人介绍有关现场的情况。

(2)召开投标预备会

投标预备会目的在于澄清招标文件中的疑问,解答投标人对投标文件和勘查现场中所提出的疑问。投标预备会可安排在发出招标文件 7 日后 28 日内举行。投标预备会结束后,由招标人整理会议记录和解答内容,尽快以书面形式将问题及解答同时发送到所有获得招标文件的投标人。

6)建设项目施工投标

投标文件的编制与递交,投标人应当按照招标文件的要求编制投标文件,投标文件应包括下列内容:

(1)投标函及投标函附录;

(2)法定代表人的身份证明或附有法定代表人身份证明的授权委托书;

(3)联合体协议书(如工程允许采用联合体投标);

(4)投标保证金;

(5)已标价工程量清单;

(6)施工组织设计;

(7)项目管理机构;

(8)拟分包项目情况表;

(9)资格审查资料;

(10)规定的其他资料。

7)开标、评标和定标

在建设项目招投标中,开标、评标和定标是招标程序中极为重要的环节。我国的相关的法规中,对于开标的时间和地点、出席开标会议的一系列规定、开标的顺序以及废标等,对于评标的原则和评标委员会的组建、评标的程序和方法,对于定标的条件与做法,均做出了明确而清晰的规定,选定中标单位后,应在规定的时限内与其完成合同的签订工作。

(11.1.4) **装饰工程投标程序及投标报价的编制**

任何一个施工项目的投标报价都是一项复杂的系统工程,需要周密的思考,统筹安排,并遵循一定的程序。

1)投标报价的前期工作

(1)通过资格预审,获取招标文件;

(2)组织投标报价班子;

(3)研究招标文件;

(4)了解施工现场情况。

根据工程合同和施工图纸深入了解施工现场情况,如装饰现场施工条件、材料运输供应情况、建筑周围环境、装修前土建施工质量对二次装修工程质量的影响及存在的问题等。

2)调查询价

询价是投标报价的基础,它为投标报价提供可靠的依据。询价时特别要注意两个问题,一是产品质量必须可靠,并满足招标文件的有关规定;二是供货方式、时间、地点,有无附加条件和费用。

3)投标报价的编制

投标报价的编制主要是投标人对承建工程所要发生的各种费用的计算。具体讲,投标价是在工程招标发包过程中,与投标人按照招标文件的要求,根据工程特点,并结合自身的施工技术、装备和管理水平,依据有关计价规定自主确定的工程造价,是投标人希望达成工程承包交易的期望价格,它不能高于招标人设定的招标控制价。报价是投标的关键性工作,报价是否合理直接关系到投标的成败。

4)确定投标报价的策略

投标的策略主要体现在报价上,报价运用得好坏,在一定程度上可以决定工程的中标与否,也会影响到装饰装修工程的盈亏。一般有以下几种方法可采用:

(1)免担风险,增大报价

对装饰施工条件差、造价低、自己施工有专长的小型工程,报价可高些。

(2)活口报价

在装饰工程的报价中留下一些活口,表面看报价较低,但在投标报价中附加多项备注,留在施工过程中处理。其结果不是低标而是高标。

(3)多方案报价

由于招标文件不明确或本身有多方案存在,投标单位即可作多方案报价,最后与招标单位协商处理。

(4)薄利保本报价

工程条件好,同时做过同类型工程,目前,本单位任务不饱满,不接任务就会发生窝工,为了争取中标,采取薄利保本策略,按最低的报价水平报价。

(5)亏损报价

该方法是企业在特殊情况下产生的。如某企业为了创牌子,采取先亏后赢的方法,或某些实力雄厚的企业,为了占领开拓某一地区市场,以东补西的做法。

(6)不平衡报价法

不平衡报价法主要是指在同一工程项目中,在总价不变的情况下,对分部分项报价做适当调整,以争取最多的盈利。

5)装饰装修工程报价的分析

当初步报价估算出来之后,必须对其进行多方面的分析与评估,探讨初步报价的赢利和风险,从而做出最终报价的决策。分析的方法可以从以下几方面进行:

(1)报价的静态分析

报价的静态分析是依据本企业长期工程实践中积累的大量经验数据,用类比的方法判断初步报价的合理性。可从以下几个方面进行分析。

①分项统计计算书中的汇总数字,并计算其比例指标,包括:

a.统计同类工程总工程量及各单项工程量;

b.统计材料总价及各主要材料数量和分类总价;

c.统计劳务费总价及主要工人、辅助工人和管理人员的数量;

d.统计临时工程、机械设备使用及购置、模板、脚手架、工具等费用;

e.统计各类管理费汇总数,计算它们占总报价的比重;

f.统计各种潜在利润或隐匿利润;

g.统计分包工程的总价及各分包商的分包价。

②从宏观方面分析报价结构的合理性。

宏观方面,如分析总直接费用和总管理费用的比例关系,劳务费和材料费的比例关系,临时设施和机具设备费用与总直接费用的比例关系,利润、流动资金及其利息与总报价的比例关系,以便判断报价的构成是否合理。

③分析工期与报价的关系。

根据进度计划与报价,计算平均人月产值、人年产值,如果从承包商的实践经验角度判断这一指标过高或者过低,就应当考虑工期的合理性,或考虑所采用定额的合理性。

④分析单位产品价格和用料量的合理性。

参照实施同类工程的经验,如果本工程与可类比的工程有些不可比因素,可以扣除不可比因素后进行分析比较。还可以在当地搜集类似工程的资料,排除某些不可比因素后进行分析对比,以分析本报价的合理性。

⑤对明显不合理的报价构成部分进行微观方面的分析、调整。

重点是从提高工效、改变施工方案、调整工期、压低供应商和分包商的价格、节约管理费用等方面提出可行措施,并修正初步报价。

(2)报价的动态分析

报价的动态分析是假定某些因素发生变化,测算报价的变化幅度,特别是这些变化对工程目标利润的影响。

①延误工期的影响。一般情况下,可以测算工期延长某一段时间,可能会产生费用的种类和数量,如何对此费用弥补。

②物价和工资上涨的影响。通过调整报价计算中材料设备和工资上涨系数,测算其对利润的影响,同时应知道报价中的利润对物价和工资上涨因素的承受能力。

③其他可变因素的影响。如贷款利率的变化、政策法规的变化等的影响。

(3)报价的盈亏分析

初步计算的报价经过上述几方面进一步的分析后,可能需要对某些分项的单价做出必要的调整,然后形成基础标价,再经盈亏分析,提出可能的低标价和高标价,供投标报价决策时选择。盈亏分析包括盈余分析和亏损分析两个方面。

①盈余分析。是从报价组成的各个方面挖掘潜力、节约开支,计算出基础标价可能降低的

数额,即所谓"挖潜盈余",进而算出低标价,包括:

a. 定额和效率:即工、料、机消耗定额以及人、工、机效率分析。

b. 价格分析:即对劳务价格、材料设备价格、施工机械台班价格三方面进行分析。

c. 费用分析:即对管理费、临时设施费、开办费等方面逐项分析。

d. 其他方面:如保证金、保险费、贷款利息、维修费等方面均可逐项复核。

经过上述分析,最后得出总的估计盈余总额,但应考虑到挖潜不可能百分之百实现,故尚需乘以一定的修正系数(一般取 0.5~0.7),据此求出可能的低标价。计算公式为:

低标价=基础标价-(挖潜盈余×修正系数)。

②亏损分析。是针对报价编制过程中,因对未来施工过程中可能出现的不利因素估计不足而引起的费用增加的分析,以及对未来施工过程中可能出现的质量问题和施工延期等因素带来的损失的预测。主要包括:工资,材料,设备价格,质量问题,作价失误,不熟悉当地法规、手续所发生的罚款,自然条件,管理不善造成质量、工作效率等问题,建设单位、监理工程师方面问题,管理费失控。

以上分析估计出的亏损额,同样乘以修正系数(0.5~0.7),并据此求出可能的高标价。即:高标价=基础标价+(估计亏损×修正系数)。

(4)报价的风险分析

报价风险分析就是要对影响报价的风险因素进行评价,对风险的危害程度和发生的概率做出合理的估计,并采取有效对策与措施来避免或减少风险。

11.2 建筑装饰装修工程报价案例分析

建筑装饰工程的项目多,影响的因素广泛,因此,装饰工程报价比较复杂,下面以一个实例来简单分析装饰工程的报价策略。

香港某商务大楼装饰工程,共49层,建筑面积约6万 m²,工程投资巨大,业主采用邀请招标的方式,共分四期招标,(分别为外墙幕墙工程、1~20层、21~40层、41~49层),由香港测量师行编制工程量清单,实行按招标图纸内容总价包干,其中部分工程为暂定数量,此部分结算按实际完成工程量计算。某 A 公司对该装饰工程进行投标。

11.2.1 投标策略的分析

投标策略是指承包商在投标竞争中的系统工作部署及其参与投标竞争的方式和手段,企业在参加工程投标前,应根据招标工程情况和企业自身的实力,组织有关投标人员进行投标策略分析,其中包括企业目前经营状况和自身实力分析、对手分析和机会利益分析等。

1)企业经营状况和实力分析

A 公司是刚晋升的一级总承包企业,有充足的后备力量拓展业务,而目前 A 公司所在的市场区域建筑市场已面临"僧多粥少"的局面,正待开拓外地市场提高市场占有率。而该商务大楼所在地区建设项目多,竞争对手少,且工程造价偏低,对 A 公司有一定的吸引力,能参加该工程的投标既是拓展经营的契机,亦是对 A 公司实力的挑战。

2)对手分析

据了解,参加该项目投标的承包商除 A 公司外都是国内的国有企业,虽然有丰富的施工经验,但对外商尤其是港商投资开发的项目施工经验甚少,在招标会中显示出对该工程的投标报价模式非常陌生,而 A 公司早于 20 世纪 90 年代初期起已参加多个同类模式的投标,并成功地承接了多个港资项目,对同类工程的投标过程相当熟悉,同时在同类工程的施工管理和成本控制上积累了很多宝贵的经验,对参加这次投标有很大优势。

3)业主情况和机会利益分析

该项目的开发商是实力雄厚的知名企业,资金充足,信誉良好,履约情况良好,计划在该商务大楼所在地区开发多个项目,仅此项目拟投资约 7 亿元人民币,如果能够先入为主,为公司创下品牌,这将为承接后续工程和打开新的市场区域创造条件,并将可能会给公司带来不可限量的机会利润。

另外,根据以往参加港商投资项目的投标经验可知,香港投资商非常讲究项目的经济效益,往往在议标过程中要求承包商对总价下浮以达到低价中标的目的。经过以上分析,A 公司决定以成本加合理利润的低价中标策略进行投标报价,并预留一定的下浮空间,待议标后二次报价时让利,给业主心理上造成"大降价"的错觉,并且可以在泄漏标价时,以突然降价的方法,将对手赢个措手不及。

11.2.2 投标报价方法的运用

投标报价方法是依据投标策略选择的,一个成功的投标策略必须运用与之相适应的报价方法才能取得理想的效果。同时,在一个工程投标过程中往往不能只运用一个报价方法,还应结合采用多个报价方法,取长补短,互相呼应。在该工程的投标中我们主要运用了以下两种报价方法。

1)成本分析法报价

由于业主提供的工程量是由香港测量师行所编制的,与国内定额、清单计价模式不尽相同,套用定额或清单计价只能起一定的参考作用,因此我们采用了成本分析法报价。

(1)报价准备

成本分析法报价是建立在预测成本的基础上的,可通过数学公式表达:

$$投标总价 = 总成本 \times (1 + 利润率) \times (1 + 税率)$$

因此必须保证预测成本的准确性,做好充分的报价准备。

首先,必须对招标文件进行了深入研究,将工程量清单、图纸和技术规范结合阅读,检查复核;组织投标人员亲自考察现场,搜集资料包括现场的地形、道路、水电资源等情况;并对当地市场信息进行摸底,其中包括主要材料的市场价格、机械设备的租赁情况及各种工种的人工价格等,为投标报价的合理性提供准确依据。

其次,需分析选择合理的施工方案,不同的施工方案对应不同的工程造价,对投标报价的影响也是相当大的。在该工程的投标中,A 公司向业主推荐板筋采用冷拉变形钢筋代替普通圆钢,此方案得到业主的认可。中标后,虽然 A 公司该项目的报价不高,但节约了一百多吨板钢筋,仅此项目就为 A 公司创造了约 40 万元的工程利润。

(2)成本单价的确定

根据招标文件要求,该项目采用全费用单价进行报价,则成本单价组成包括了直接费、管理费、开办费等。

其中:

$$直接费＝工资＋材料费＋施工机械费$$

工资是根据所搜集的目前市场上各类工种的人工工资确定。

材料费则是根据目前市场上各种材料的市场价格乘以材料消耗量(可根据定额消耗量结合企业的施工经验所得)计算得到。

施工机械费则是各分部工程的机械摊销费,可根据企业定额或参考市场租赁价格所得。

经过以上计算可得出每个分部分项工程的直接成本。而成本单价＝直接成本×(1＋开办费分摊率)×(1＋管理费分摊率),式中的开办费分摊率和管理费分摊率是企业根据所积累的施工经验,结合施工管理水平综合取得的。由公式所得出的成本单价是当前市场的最低成本,投标单价必须高于该成本单价,否则将会造成亏本,而该单价也是中标后成本控制的依据。

(3)投标单价的确定

投标总报价的另一公式为:

$$投标总价＝\sum 投标单价×工程量$$

其中:

$$投标单价＝成本单价×(1＋利润率)×(1＋税率)$$

公式中的利润率是根据投标策略分析所得的预期利润,在此处,利润率是变动的,在保持项目总利润率不变的前提下,对不同的分部工程可采用不同的利润率,而税率则是由政府部门统一规定的,不能随便改变。此外,可适当考虑一定的风险系数组成投标单价。由此计算所得的投标单价是全费用单价,亦是香港投资项目常采用的一种投标报价形式。

2)不平衡报价法

巧妙地结合使用不平衡报价有利于提前资金回笼时间和转移风险,间接赢得经济效益。

(1)提前资金回笼时间

因为该工程付款方式为按工程进度付款,前期资金压力较大,所以在报投标单价时,我们结合采用了不平衡报价法,对前期工程如外墙的幕墙工程,通过调整此部分单价的利润率,适当调高投标单价,而对后期工程如粉刷、室内工程等则适当调低,经过调整后对工程总造价并没有影响,但如工程中标则在一定程度上缓解了因没有工程备料款而产生的前期资金压力紧张问题,加速工程资金回笼,间接赢得了经济效益。

(2)风险转移

对总价包干工程,巧妙运用不平衡报价方法,还有利于提高变更工程的赢利能力,降低风险。如对工程量清单中预测可能会不断增加的项目,可适当提高项目单价,对可能会不断减少的项目,则可适当降低项目单价。在该工程投标中,业主以暂定数量形式,按低装修标准报价,但我们在分析时认为业主有很大的可能会根据目前主流市场要求提高装修标准,因此,低装修标准的报价做了适当上调。工程开工后,业主根据市场调查提高装修标准,由于我们投标时已将低装修标准的报价做了适当上调,巧妙地避免了减少利润的风险。

但采用不平衡报价要认真分析,价格水平高低不能太明显夸张,否则可能会引起业主反感,认为报价不合理,甚至对业主评标产生负面影响,造成废标。

小 知 识

在 FIDIC 中,所谓不平衡报价,就是在总价不变的前提下,将建筑测量(BQ)单里有些单价调得比正常水平高一些,而有些比正常水平低一些。

"早收钱":就是把 BQ 单中先做的工作内容的单价调高,后干的活单价调低,于是资金的周转问题得到解决,还有利息收入,海外叫"头重脚轻"配置法。

"多收钱":就是承包商在报价过程中分析判断某一个项目的实际工程量会增加,则应相应调高单价,而且量增加得越多的项目单价调整幅度越大;同时,对判断为工程量要降低的项目,相应调低单价,从而保证工程实施后获得较好的经济效益。

◀ **课堂练习题** ▶

1. 盈余分析包括( )。

    A. 定额和效率分析 B. 价格分析   C. 亏损分析   D. 费用分析

2. 工程报价的分析包括( )。

    A. 静态分析   B. 动态分析   C. 盈亏分析   D. 风险分析

3. 建设招标从竞争程度进行分类有( )。

    A. 公开招标   B. 招标人委托招标机构代理招标

    C. 自行招标   D. 邀请招标

4. 确定投标报价策略的方法有( )。

    A. 不平衡报价   B. 定额报价   C. 薄利保本报价   D. 清单报价

5. 不平衡报价的目的是( )。

    A. 成本分析   B. 分析对手实力   C. 风险转移   D. 避免物价波动

◀ **复习思考题** ▶

1. 建筑装饰工程报价的程序是什么?
2. 建筑装饰工程报价的方法主要有哪些?
3. 如何进行建筑装饰工程报价的静态分析?
4. 如何进行建筑装饰工程报价的动态分析?
5. 如何进行建筑装饰工程报价的盈亏分析?
6. 如何进行建筑装饰工程报价的风险分析?

第12章
工程结算和竣工决算

【知识要点】

1. 工程结算（概述、结算方式、结算程序、竣工结算）。
2. 竣工决算（含义、作用、内容、编制）。

【学习要求】

1. 了解工程结算的方式，了解竣工结算的作用。
2. 熟悉工程结算的程序。

436

3. 掌握竣工结算和决算的内容和编制。

12.1 工 程 结 算

12.1.1 工程结算概述

1）工程结算的含义

工程价款结算（以下简称工程结算），是指施工企业（承包商）在工程实施过程中，依据承包合同中付款条款的规定和已经完成的工程量，按照规定的程序向建设单位（业主）收取工程价款的一项经济活动。工程建设周期长，耗用资金数额大，为使建筑安装企业在施工中耗用的资金及时得到补偿，需要对工程价款进行中间结算（进度款结算）、年终结算，并且全部工程竣工验收后还应进行竣工结算。

2）工程结算的作用

（1）中间工程结算是工程进度的保障

在施工过程中，工程结算的依据之一就是按照已完成的工程量进行价款结算。随着工程进度的展开，承包人完成的工程量越多，所应结算的工程价款就应越多。所以，根据累计已结算的工程价款占合同总价款的比例，能够近似地反映出工程的进度情况，有利于承包人掌控工程进度，合理组织生产。

（2）工程结算是加速资金周转的重要环节

承包人能够尽快地分阶段收回工程价款,有利于资金的回笼,也有利于偿还债务,降低企业内部运营成本。通过结算加速资金周转,提高资金使用的有效性。

（3）工程结算是考核经济效益的重要指标

对承包人来说,只有如数及时地结清了工程价款,才意味着正常地完成了工程项目,避免了经营风险,才能获得相应的利润,进而得到良好的经济效益。

12.1.2 工程价款主要的结算方式

我国现行建筑安装工程价款结算的主要方式有以下几种。

1）按月结算

即实行旬末或月中预支、月终结算、竣工后清算的方法。跨年度竣工的工程,在年终进行工程盘点,办理年度结算。实行旬末或月中预支、月终结算办法的工程合同,应分期确认合同价款。

我国现行建筑安装工程价款结算中,相当一部分实行按月结算。这种结算办法是以分部分项工程为对象,按月结算（或预支）,待工程竣工后再办理竣工结算。

按分部分项工程结算,便于建设单位根据工程进展情况控制分期拨款额度,也便于承包人的施工消耗及时得到补偿并同时获得合理利润,且能按月考核工程成本的执行情况。

2）竣工后一次结算

建设项目或单项工程全部建筑安装工程建设期在 12 个月以内,或者工程承包价值在 100 万元以下的,可以实行工程价款每月月中预支,竣工后一次结算。实行合同完成后一次结算工程价款办法的工程,实现的收入额为承发包双方结算的合同价款总额。

3）分段结算

即当年开工、当年不能竣工的单项工程或单位工程,按照工程形象进度,划分不同阶段进行结算。分段的划分标准,由各部门或省、自治区、直辖市规定,分段结算可以按月预支工程款。实行按工程形象进度划分不同阶段、分段结算工程价款办法的工程合同,应按合同规定的形象进度,分次确认已完阶段工程的收益。

为简化手续起见,将装饰工程划分为几个形象部位,例如地面工程、墙面工程、顶面工程、室外工程及收尾等,确定各部位完成后付总造价一定百分比的工程款,这样的结算不受月度限制,中小型工程常采用这种办法。

实行竣工后一次结算和分段结算的工程,当年结算的工程款应与分年度完成工程量一致,年终不另清算。

4）目标结款方式

在工程合同中,将承包工程的内容分解成不同的控制界面,以业主验收控制界面为支付工程价款的前提条件。也就是说,将合同中的工程内容分解成为不同的验收单元,当承包人完成单元工程内容并经发包人（或其委托人）验收后,业主支付构成单元工程内容的工程价款。

目标结款方式实质上是运用合同手段、财务手段,对工程的完成情况进行主动控制。目标结款方式中,对控制界面的设定应明确描述,便于量化和质量控制,同时要适应项目资金的供应周期和支付频率。

在目标结算方式下,施工单位要想获得工程价款,必须按照合同约定的质量标准完成界面内的工程内容,要想尽早获得工程价款,施工单位必须充分发挥自己的组织实施能力,在保证质量的前提下,加快施工进度。

5)结算双方约定的其他结算方式

实行预收备料款的工程项目,在承包合同或协议中应明确发包单位(甲方)在开工前拨付给承包单位(乙方)工程备料款的预付数额、预付时间,开工后扣还备料款的起扣点、逐次扣还的比例,以及办理的手续和方法。

按照《建设工程价款结算暂行办法》的规定,在具备施工条件的前提下,发包人应在双方签订合同后的一个月内或不迟于约定的开工日期前的 7 天内,预付工程款,发包人不按约定预付,承包人应在时间到期后 10 天向发包人发出要求预付的通知,发包人收到通知后仍不按要求预付,承包人可以在发出通知 14 天后停止施工,发包人应从约定的应付之日起向承包人支付应付的贷款利息,并承担违约责任。

按照《建筑工程施工合同文本》的规定,备料款的预付时间应不迟于约定的开工日期前 7 天。发包方不按约定预付的,承包方在约定预付时间 7 天后发包方发出要求预付的通知。发包方收到通知后仍不能按要求预付,承包方可在发出通知后 7 天停止施工,发包方应从约定应付之日起向承包方支付应付款的贷款利息,并承担违约责任。

根据以上情况,需要特别说明的是,如在《建筑工程施工合同》中做出了约定,则按约定执行,如合同中没有做出约定,根据法规的解释顺序则按《建设工程价款结算暂行办法》执行。

12.1.3 工程价款结算程序

以下介绍按月结算建筑安装工程价款的一般程序和方法,这种结算办法包括以下几个方面:

1)工程备料款

工程预付款又称为工程备料款,工程备料款是指实行包工包料的工程,承包人需要有一定数量的备料周转金。在工程承包合同条款中,一般要明文规定发包人在开工前拨给承包人一定数额的预付款用于备料,构成施工企业为该承包工程项目储备和准备主要材料、结构构件所需的流动资金。预付款还有动员费的性质,以供进行施工人员的组织、完成临时设施工程等准备工作之用。预付款的有关事项,如数量、支付时间和方式、支付条件、偿(扣)还方式等,应在施工合同条款中予以规定。2013 版《计价规范》规定如下:

①承包人应将预付款专用于合同工程。

②包工包料工程的预付款的支付比例不得低于签约合同价(扣除暂列金额)的 10%,不宜高于签约合同价(扣除暂列金额)的 30%。

③承包人应在签订合同或向发包人提供与预付款等额的预付款保函后向发包人提交预付款支付申请。

④发包人应对在收到支付申请的 7 天内进行核实,向承包人发出预付款支付证书,并在签发支付证书后的 7 天内向承包人支付预付款。

⑤发包人没有按合同约定按时支付预付款的,承包人可催告发包人支付;发包人在付款期

满后的 7 天内仍未支付的,承包人可在付款期满后的第 8 天起暂停施工。发包人应承担由此增加的费用和延误的工期,并向承包人支付合理利润。

⑥预付款应从每一个支付期应支付给承包人的工程进度款中扣回,直到扣回的金额达到合同约定的预付款金额为止。

⑦承包人的预付款保函的担保金额根据预付款扣回的数额相应递减,但在预付款全部扣回之前一直保持有效。发包人应在预付款扣完后的 14 天内将预付款保函退还给承包人。

(1)工程备料款的限额

备料款限额由下列主要因素决定:主要材料(包括外购构件)占施工产值的比重、材料储备期、施工工期。预付备料款数额可按下式计算:

$$预付备料款数额 = \frac{年度承包工程总值 \times 主要材料所占比重}{年度施工日历天数} \times 材料储备天数$$

【例 12-1】 某住宅工程,年度计划完成建筑安装工作量 402 万元,年度施工天数为 350 天,材料费占造价的比重为 60%,材料储备期为 120 天,求工程备料款数额。

解 根据上述公式,工程备料款数额为:
$$402 \times 0.6/350 \times 120 = 82.70(万元)$$

在实际工作中备料款的数额,要根据各工程类型、合同工期、承包方式和材料设备供应方式等不同条件而定。例如,工业项目中钢结构和管道安装占比重较大的工程,其主要材料所占比重比一般安装工程要高,因而备料款数额也要相应提高;工期短的工程比工期长的要高,材料由施工单位自购的比由建设单位供应主要材料的要高。

一般建筑工程不应超过当年建筑工程量(包括水、电、暖、卫)的 30%;安装工程按年安装工程量的 10%,材料占比重较多的安装工程按年计划产值的 15% 左右拨付。

对于只包工(一切材料由建设单位供给)的工程项目,不需预付工程备料款。

(2)工程备料款的扣回

发包人拨付给承包人的备料款属于预支性质,到了工程中后期,随着工程所需主要材料储备的逐渐减少,应以冲抵(此处冲抵指的发包人)工程价款的方式陆续扣回。

在实际工程中,回扣方法是由双方通过合同形式予以约定的,也可针对工程实际情况具体处理。如有些工程工期较短、造价较低,工程备料款就无须分期扣回;有些工期较长,如跨年度工程,其备料款的占用时间很长,根据需要可不扣或少扣,具体扣款方式有:

①在第一笔进度款中扣除。

②结算时一并扣除。

③根据进度款按比例扣除,比如在承包人完成金额累计达到合同总价的 10% 后,由承包人开始向发包人还款,发包人从每次应付给承包人的金额中扣回工程预付款,发包人至少在合同规定的完成工期前 3 个月将工程预付款的总计金额按逐次分摊的办法扣回。当发包人一次付给承包人的金额少于规定扣回的金额时,则本次不予支付,结转到下次合并抵扣后支付。

④在起扣点进行扣除,从每次结算工程价款中按材料比重扣抵工程价款,竣工前全部扣清。

确定工程备料款起扣点的原则:未完工程尚需的主要材料和构件的价值等于工程预付款

时起扣。

工程备料款的起扣点有两种表示方法:一是用累计完成建筑安装工作量的数额表示,称为累计工作量起扣点;二是用累计完成建筑安装工作量与承包工程价款总额的百分比表示,称为工作量百分比起扣点。

a. 按累计工作量确定起扣点时,应以未完工程所需主材及结构构件的价值刚好和备料款相等为原则。工程备料款的起扣点可按下式计算:

$$T = P - \frac{M}{N}$$

式中:T——起扣点,即预付的工程备料款开始扣回时的累计已完成工程量(元);

P——承包工程合同总额(元);

M——工程预付款限额(元);

N——主要材料、构件及设备所占的比重。

【例 12-2】 某工程合同总价 920 万元,预付工程备料款的额度为 25%,材料费占工程造价的比例为 50%,试计算累计工作量起扣点。

解 工程备料款数额:

$$920 \times 25\% = 230(万元)$$

累计工作量起扣点:

$$920 - 230/50\% = 460(万元)$$

b. 按工作量百分比表示的起扣点是承包方完成金额累计达到合同总价的一定比例后,由承包方开始向发包方还款。设起扣点百分比为 λ,则

$$\lambda = T/P \times 100\% \text{ 或 } \lambda = 1 - M/(N \times P) \times 100\%$$

【例 12-3】 某工程合同总价 920 万元,预付的工程备料款的额度为 25%,材料费占工程造价的比例为 50%,试确定百分比起扣点。

解 工程备料款数额:

$$920 \times 25\% = 230(万元)$$

百分比起扣点:

$$\lambda = [1 - 230/(50\% \times 920)] \times 100\% = 50\%$$

即完成合同造价的 50%(即 460 万元 = 920 × 50%)时开始扣还工程备料款。

c. 扣还工程备料款的方式有分次扣还和一次扣还。

【例 12-4】 某工程合同造价 920 万元,工程备料款 230 万元,材料费占工程造价的比例为 50%,工程备料款起扣点是累计完成工作量 460 万元,7 月份累计完成工作量 520 万元,当月完成工作量 120 万元,8 月份累计完成工作量 640 万元。试计算 7 月份和 8 月份月结算时应抵扣的工程备料款数额(6 月份未达起扣点)。

解 第一次扣还为 7 月份应抵扣的数额:

$$(520 - 460) \times 50\% = 30(万元)$$

第二次扣还为 8 月份应抵扣的数额:

$$(640 - 520) \times 50\% = 60(万元)$$

2)中间结算(工程进度款支付)

中间结算实质上就是办理工程进度款的支付。2013 版《计价规范》规定如下:

（1）发承包双方应按照合同约定的时间、程序和方法，根据工程计量结果，办理期中借款结算，支付进度款。

（2）进度款支付周期应与合同约定的工程计量周期一致。

（3）已标价工程量清单中的单价项目，承包人应按工程计量确认的工程量与综合单价计算；综合单价发生调整的，以发承包双方确认调整的综合单价计算进度款。

（4）已标价工程量清单中的总价项目和按照本规范第8.3.2条规定形成的总价合同，承包人应按合同中约定的进度款支付分解，分别列入进度款支付申请中的安全文明施工费和本周期应支付的总价项目的金额中。

（5）发包人提供的甲供材料金额，应按照发包人签约提供的单价和数量从进度款支付中扣除，列入本周起应扣减的金额中。

（6）承包人现场签证和得到发包人确认的索赔金额应列入本周期应增加的金额中。

（7）进度款的支付比例按照合同约定，按期中结算价款总额计，不低于60%，不高于90%。

（8）承包人应在每个计量周期到期后的7天内向发包人提交已完工程进度款支付申请一式四份，详细说明此周期认为有权得到的款额，包括分包人已完工程的价款。支付申请包括下列内容：

①累计已完成的合同价款。

②累计已实际支付的合同价款。

③本周起合计完成的合同价款：

a. 本周期已完成单价项目的金额；

b. 本周期应支付的总价项目的金额；

c. 本周期已完成的计日工价款；

d. 本周期应支付的安全文明施工费；

e. 本周期应增加的金额。

④本周期合计应扣减的金额：

a. 本周期应扣回的预付款；

b. 本周期应扣减的金额。

⑤本周期实际应支付的合同价款。

（9）发包人应在收到承包人进度款支付申请后的14天内，根据计量结果和合同约定对申请内容予以核实，确认后向承包人出具进度款支付证书。若发承包双方对部分清单项目的计量结果出现争议，发包人应对无争议部分的工程计量结果向承包人出具进度款支付证书。

（10）发包人应在签发进度款支付证书后的14天内，按照支付证书列明的金额向承包人支付进度款。

（11）若发包人逾期未签发进度款支付证书，则视为承包人提交的进度款支付申请已被发包人认可，承包人可向发包人发出催告付款的通知。发包人应在收到通知后的14天内，按照承包人支付申请的金额向承包人支付进度款。

（12）发包人未按照本规范规定支付进度款的，承包人可催告发包人支付，并有权获得延迟支付的利息；发包人在付款期满后的7天内仍未支付的，承包人可在付款期满后的第8天起暂停施工。发包人应承担由此增加的费用和延误的工期,向承包人支付合理利润,并应承担违约责任。

(13)发现已签发的任何支付证书有错、漏或重复的数额,发包人有权予以修正,承包人也有权提出修正申请。经发承包双方复核同意修正的,应在本次到期的进度款中支付或扣除。

承包人在工程建设过程中,按逐月(或形象进度,或控制界面等)完成的分部分项工程数量计算各项费用,向建设单位办理中间结算手续。

现行的中间结算办法是,承包人在旬末或月中向建设单位提出预支工程款账单,预支一旬或半月的工程款,月终再提出工程款结算账单和已完工程月报表,收取当月工程价款。按月进行结算,承包人要对现场已施工完毕的工程逐一进行清点,提交已经过监理工程师或甲方现场工程师签证确认后的资料,经建设单位审查后进行结算。

为简化手续,一直以来采用的办法是以承包人提出的统计进度报表为支取工程款的凭证,即通常所称的工程进度款。工程进度款的支付步骤,如图 12-1 所示。

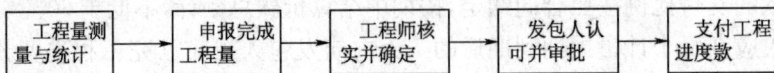

图 12-1　工程进度款支付步骤

3)工程质保金(尾款)的预留

按有关规定,工程造价中应预留出一定的尾款作为质量保修费用(又称保留金、质保金),待工程项目质保期满后付款。

一般质保金的扣除有以下两种方法:

(1)在工程进度款拨付累计金额达到该工程合同额的一定比例(一般为 95%～97%)时,停止支付,预留部分作为质保金。

(2)从发包人向承包人第一次支付的工程进度款开始,在每次承包商应得的工程款中扣留规定的金额作为质保金,直至质保金总额达到规定的限额为止。

质保金的退还一般分为两次进行。当颁发整个工程的移交证书(竣工验收合格)时,将一半质保金退还给承包人;当工程的缺陷责任期(质保期)满时,另一半质保金由工程师(监理人)开具证书付给承包人。

承包人已向发包人出具履约保函或其他保证的,可以不留质保金。

【例 12-5】 某装饰工程承包合同总额为 1200 万元,主要材料及结构件金额占合同总额 62.5%,预付工程备料款额度为 25%,预付款扣款的方法是以未施工工程尚需的主要材料及构件的价值相当于工程预付款数额时起扣,从每次中间结算工程价款中按材料及构件比重抵扣工程价款。保留金为合同总额的 5%。2016 年上半年各月实际完成合同价值如表 12-1 所示。问如何按月结算工程款。

各月完成合同价格(万元)　　　　　　　　　　　　　　表 12-1

月份	二月	三月	四月	五月
完成合同价值	200	500	260	240

解　(1)预付的工程备料款:

$$1200 \times 25\% = 300(万元)$$

（2）求预付的工程备料款的起扣点，即

$$起扣点 = 1200 - \frac{300}{62.5\%} = 1200 - 480 = 720（万元）$$

当累计完成合同价值为720万元后，开始抵扣。

（3）二月份完成合同价值200万元，结算200万元。

（4）三月份完成合同价值500万元，结算500万元，累计结算工程款700万元。

（5）四月份完成合同价值260万元，到四月份累计完成合同价值960万元，超过了预付的工程备料款的起扣点。

四月份应扣回的预付的工程备料款：(960 - 720) × 62.5% = 150（万元）。

四月份结算工程款：260 - 150 = 110（万元），累计结算工程款810万元。

（6）五月份完成合同价值240万元，应扣回预付备料款：240 × 62.5% = 150（万元）；应扣5%的预留款：1200 × 5% = 60（万元）。

五月份结算工程款为：240 - 150 - 60 = 30（万元），累计结算工程款840万元，加上预付备料款300万元，共结算1140万元。预留合同总额的5%作为质保金。

4）竣工结算

竣工结算是承包人将所承包的工程按照合同规定的内容全部完工之后，向发包人进行的最终工程价款结算。在实际工作中，当年开工、当年竣工的工程，只需办理一次性结算。跨年度工程，在年终办理一次年终结算，将未完工程转结到下一年度，此时竣工结算等于各年结算的总和。

（1）竣工结算的作用

①施工单位所承包工程的最终造价被确认，建设单位与施工单位的经济合同关系完结。

②施工单位所承包工程的收入被最终确认，施工单位以此为根据可考核工程实际成本，进行内部经济核算。

③施工单位所承包的装饰工程的工作量和工程实物量被核准认可，所提供的竣工结算资料是建设单位编报竣工决算的依据。

④竣工结算也可作为进行同类工程的经济分析、编制概算定额和概算指标的基础资料。

（2）竣工结算的编制依据

已收到工程竣工报告及工程竣工验收单的工程可以进行工程竣工结算。

（3）竣工结算的准备工作

①了解工程开工时间、竣工时间和施工进度计划、施工组织安排、施工方法等有关内容。

②收集与竣工结算编制工作有关的各种资料，比如竣工验收报告、竣工验收单、施工记录、设计变更等资料。

③掌握在施工过程中的有关文件调整与变化，并注意合同中的具体规定。

④检查工程质量，校核材料供应方式与供应价格。

（4）竣工结算的编制程序

竣工结算的编制程序如图12-2所示。

（5）竣工结算的编制方式

工程竣工结算由承包人根据施工中与原设计图纸产生的变更致使合同工程价款发生的变化，按规定对合同价款进行适当调整。竣工结算意味着承发包双方经济关系的最后完结，是承发包双方的财务账目结清的依据。

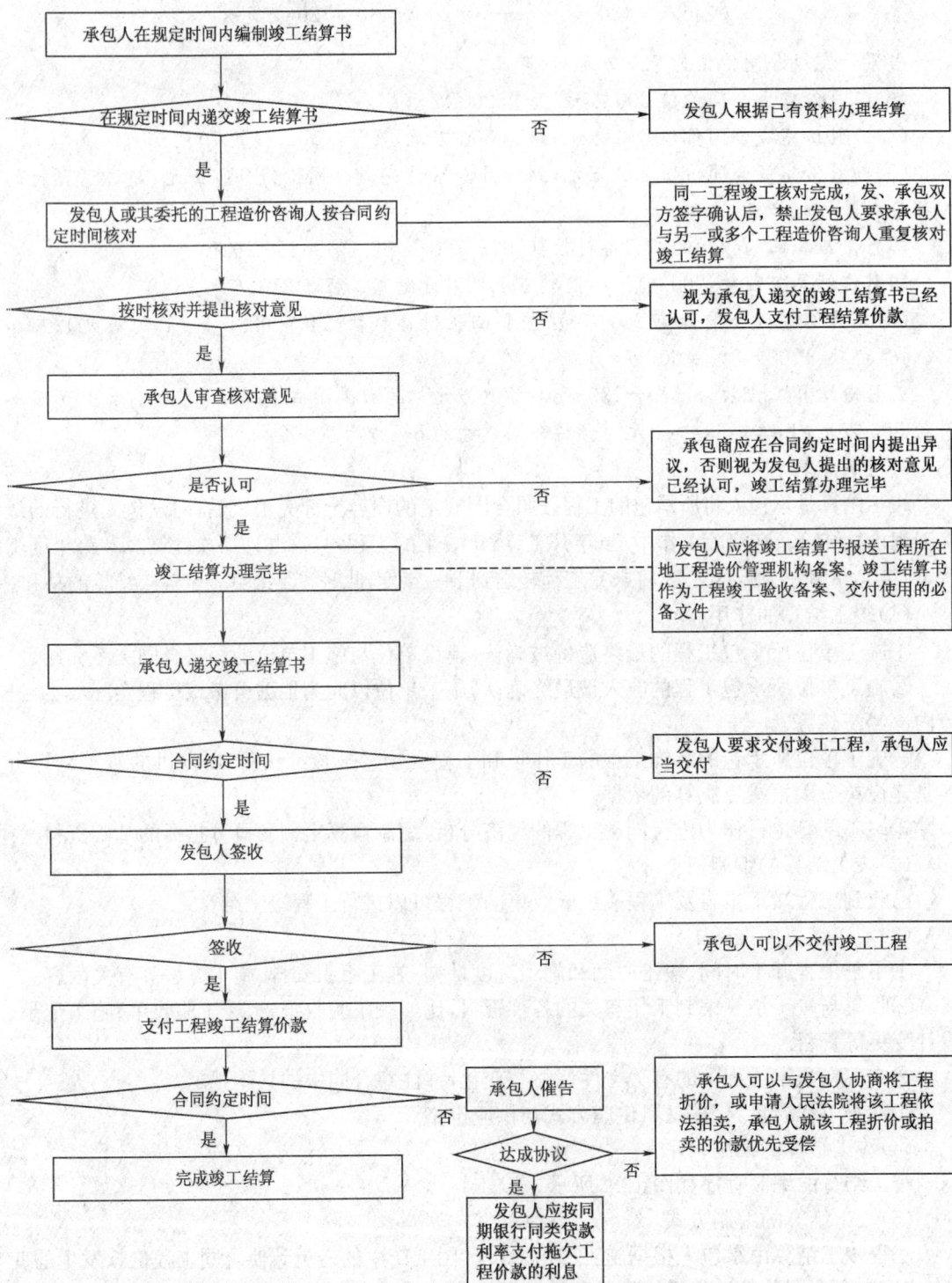

承包人在规定时间内编制竣工结算书

在规定时间内递交竣工结算书 —— 否 —→ 发包人根据已有资料办理结算

是

发包人或其委托的工程造价咨询人按合同约定时间核对

同一工程竣工核对完成,发、承包双方签字确认后,禁止发包人要求承包人与另一或多个工程造价咨询人重复核对竣工结算

按时核对并提出核对意见 —— 否 —→ 视为承包人递交的竣工结算书已经认可,发包人支付工程结算价款

是

承包人审查核对意见

是否认可 —— 否 —→ 承包商应在合同约定时间内提出异议,否则视为发包人提出的核对意见已经认可,竣工结算办理完毕

是

竣工结算办理完毕 - - - - 发包人应将竣工结算书报送工程所在地工程造价管理机构备案。竣工结算书作为工程竣工验收备案、交付使用的必备文件

承包人递交竣工结算书

合同约定时间 —— 否 —→ 发包人要求交付竣工工程,承包人应当交付

是

发包人签收

签收 —— 否 —→ 承包人可以不交付竣工工程

是

支付工程竣工结算价款

合同约定时间 —— 否 —→ 承包人催告 —→ 承包人可以与发包人协商将工程折价,或申请人民法院将该工程依法拍卖,承包人就该工程折价或拍卖的价款优先受偿

是

完成竣工结算

达成协议 —— 否 —→

是

发包人应按同期银行同类贷款利率支付拖欠工程价款的利息

图 12-2　竣工结算的编制程序

在编制竣工结算书时,结算方式随承包的不同而有所差异。目前竣工结算一般采用以下方式:

①预算结算方式

这种方式是把经过审定确认的施工图预算作为竣工结算的基础资料,根据施工过程中发生的不可避免的设计变更、材料代用、施工条件的变化、经济政策的变化引起的原施工图预算中未包括的项目和费用,经建设单位驻现场工程师签证,和原预算一起在工程结算时进行增减调整,并经建设单位核算、签认后,由承发包双方共同办理相关手续及竣工结算,因此这种方式又称为施工图预算加签证的结算方式。

②承包总价结算方式

这种方式的工程承包合同为总价承包合同。工程竣工后,暂扣合同价的 2%～5% 作为质保金,其余工程价款一次结清,在施工过程中所发生的材料代用、主要材料价差、工程量的变化等,如果合同中没有可以调价的条款,一般不予调整。因此,凡按总价承包的工程,一般都列有一项不可预见费用。

③平方米造价包干方式

承发包双方根据一定的工程资料,经协商签订每平方米造价指标的合同,结算时按实际完成的建筑面积汇总结算价款。

④工程量清单结算方式

采用清单招标时,中标人填报的清单分项工程单价是承包合同的组成部分,结算时应根据第六章详细介绍的有关分部分项工程费、措施项目费、其他项目费、规费和税金的结算办法办理竣工结算。

(6)竣工结算的计算公式

竣工结算工程价款＝施工图预算或合同价款＋施工过程中预算或合同价款调整数额－预付及已结算工程价款－质保金

(7)竣工结算的计算内容。

①对施工图中设计变更并已签证的项目进行调整计算。

因设计变更可引起工程量的变化,从而导致人工、材料、施工机具数量的增减,都会引起工程费用的变化。

a.通过分析设计变更资料,调减未实施项目的预算。例如,某营业部正门处原设计有铝合金橱窗,施工时应甲方要求改为全玻固定橱窗,有甲乙双方签证的变更通知书,那么在结算时应扣除原预算中的铝合金橱窗费用。

b.通过分析设计变更资料,调增变更实施项目的预算。上例中的全玻固定橱窗则属于增加项目,应按施工图预算要求,增加全玻固定橱窗费用。

②根据施工合同的有关规定,计算由于政策变化而引起的调整性费用。

在预结算工作中,最常见的一个问题是因为文件规定的不断变化而对预结算编制工作带来的直接影响,如规费费率、税率的变化、材料系数的变化、人工工资标准的变化等。

③计算大型机械进出场费。

一般大型施工机械进退场费结算时按实计取,但招投标工程应按招投标文件和施工合同规定办理。

④计算由于施工方式的改变而引起的费用变化。

预算时按施工组织设计要求,计算有关施工过程费用,但实际施工时,施工情况、施工方式如果产生变化,则有关费用应按合同规定和实际情况进行调整,如施工事故处理等有关费用。另外,因施工方法的改变而引起的材料数量变化,也会引起工程费用的变化等。

12.2 竣 工 决 算

建设项目竣工决算是指建设项目在竣工验收、交付使用阶段,由建设单位编制的反映建设项目从筹建开始到竣工投入使用为止全过程中实际费用的经济文件。竣工决算反映了建设项目实际造价和投资效果,是竣工验收报告的重要组成部分。所有竣工验收的项目,应在办理手续之前,对所有建设项目的财产和物资进行认真清理,及时、正确地编制竣工决算,这对于总结分析建设过程中的经验教训,提高工程造价管理水平,积累技术经济资料等方面有着重要意义。

12.2.1 竣工决算的作用

(1)竣工决算可作为办理工程交付使用,正确核定固定资产价值,考核和分析投资效果的依据。

对完工并已验收的工程项目,及时办理竣工决算及交付手续,可使建设单位对各类固定资产做到心中有数。办理竣工决算后,建设单位可以根据已投入使用的固定资产正确地计算折旧费,合理计算总成本和利润,便于经济核算。

(2)办理竣工决算及工程移交后,建设单位可以全面清理工程项目建设财务,做到工完账清。而且建设单位掌握所有的工程资料(包括工程竣工图等),也便于对地下管线进行维护与管理。

(3)正确编制竣工决算,有利于正确地进行"三算"对比,即设计概算、施工图预算和工程竣工决算的对比。

设计概算是基础。设计单位在进行施工图设计时,应按批准的初步设计和概算进行,不能任意突破。施工图预算和竣工决算,也必须控制在设计概算和工程总概算的范围内。若总概算被突破,又没有批准追加投资时,对超过的部分不得拨款。

12.2.2 竣工决算的内容

建设项目竣工决算应包括建筑工程费用、安装工程费用、设备工器具购置费用和其他费用等。竣工决算由竣工决算报告说明书、竣工决算报表、竣工工程平面示意图、工程造价比较分析四部分组成。大中型建设项目竣工决算报表一般包括竣工工程概况表、竣工财务决算表、建设项目交付使用财产总表及明细表,以及建设项目建成交付使用后的投资效益和交付使用财产明细表。

(1)竣工决算报告说明书

竣工决算报告说明书主要包括以下几个方面:

①建设项目概况；

②会计财务处理、财产物资情况及债权债务的清偿情况；

③资金节余、基建结余资金等的上交分配情况；

④主要技术经济指标的分析、计算情况；

⑤基本建设项目管理及决算中的主要问题、经验及建议；

⑥需要说明的其他事项。

竣工决算报告情况说明书主要反映竣工工程建设结果和经验，是对竣工决算报表进行分析和补充说明的文件，是全面考核分析工程投资与造价的书面总结。

（2）竣工财务决算报表

按我国财政部印发的财基字〔1998〕4号关于《基本建设财务管理苦干规定》的通知、财基字〔1998〕498号《基本建设项目竣工财务决算报表》和《基本建设项目竣工财务决算报表填表说明》的通知，工程项目财务决算报表按大、中型项目和小型项目分别制定。

①大、中型建设项目竣工财务决算报表为：

a. 建设项目竣工财务决算审批表（表12-2）；

建设项目竣工财务决算审批表

表 12-2

建设项目法人（建设单位）		建设性质	
建设项目名称		主管部门	
开户银行意见：			
			（盖章） 年　　月　　日
专员办审批意见：			
			（盖章） 年　　月　　日
主管部门或地方财政部门审批意见：			
			（盖章） 年　　月　　日

b. 大、中型建设项目竣工工程概况表(表12-3);

大、中型建设项目竣工工程概况表 表12-3

建设项目 (单项工程) 名称			建设 地址					项目	概算	实际	主要 指标
主要设计 单位			主要 施工 企业					建筑安装工程			
占地面积	计划	实际	总投资 (万元)	设计		实际		设备、工具器具			
				固定 资产	流动 资产	固定 资产	流动 资产	基建 支出	待摊投资其中: 建设单位管理费		
新增生产 能力	能力(效益) 名称	设计						其他投资			
								待核销基建支出			
建设起、 止时间	设计	从 年 月开工至 年 月 竣工						非经营项目转出投资			
	实际	从 年 月开工至 年 月 竣工						合计			
设计概算 批准文号							主要 材料 消耗	名称	单位	概算	实际
								钢材	t		
								木材	m³		
完成主要 工程量	建筑面积(m²)		设备(台、套、t)					水泥	t		
	设计	实际	设计		实际		主要 技术 经济 指标				
收尾工程	工程内容	投资额	完成时间								

c. 大、中型建设项目竣工财务决算表(表12-4);

大、中型建设项目竣工财务决算表 表12-4

资金来源	金额	资金占用	金额	补充资料
一、基建拨款		一、基本建设支出		1.基建投资借款期末余额
1.预算拨款		1.交付使用资产		
2.基建基金拨款		2.在建工程		2.应收生产单位投资借款期末余额
3.进口设备转账拨款		3.带核销基建支出		
4.器材转账拨款		4.非经营项目转出投资		3.基建结余资金
5.煤代油专用基金拨款		二、应收生产单位投资借款		
6.自筹资金拨款		三、拨款所属投资借款		
7.其他拨款		四、器材		
二、项目资本金		其中:待处理器材损失		

资金来源	金额	资金占用	金额	补充资料
1.国家资本		五、货币资金		
2.法人资本		六、预付及应收款		
3.个人资本		七、油价证券		
三、项目资本公积金		八、固定资产		
四、基建借款		固定资产原值		
五、上级拨入投资借款		减：累计折旧		
六、企业债券资金		固定资产净值		
七、待冲基建支出		固定资产清理		
八、应付款		待处理固定资产损失		
九、未交款				
1.未交税金				
2.未交基建收入				
3.未交基建包干结余				
4.未交其他款				
十、上级拨入资金				
十一、留成收入				
合计		合计		

d. 大、中型建设项目交付使用资产总表(表12-5)；

大、中型建设项目交付使用资产总表 表12-5

单项工程项目名称	总计	固定资产					流动资产	无形资产	其他资产
		建筑工程	安装工程	设备	其他	合计			
1	2	3	4	5	6	7	8	9	10

支付单位盖章　　年　月　日　　　　　　　　接收单位盖章　　年　月　日

e. 建设项目交付使用资产明细表(表 12-6)。

建设项目交付使用资产明细表　　　　　　　　表 12-6

单位工程项目名称	建筑工程			设备、工具、器具、家具					流动资产		无形资产		其他资产	
	结构	面积(m²)	价值(元)	规格型号	单位	数量	价值(元)	设备安装费(元)	名称	价值(元)	名称	价值(元)	名称	价值(元)
合计														

支付单位盖章　　年　月　日　　　　　　　　　接收单位盖章　　年　月　日

②小型建设项目财务决算报表为:

a. 建设项目竣工财务决算审批表(表 12-2);

b. 小型建设项目竣工财务决算总表(表 12-7);

c. 建设项目交付使用资产明细表(表 12-6)。

竣工财务决算报表是以表格的形式反映出资金来源与资金运用情况。交付使用的工程项目中固定资产的详细内容,不同类型的固定资产,应相应设计不同形式的表格表示。如设备安装可用交付使用财产名称、规格型号、数量、概算、实际设备投资、基建投资等项来表示。

小型建设项目竣工财务决算总表　　　　　　　　表 12-7

假设项目名称			建设地址				资金来源		资金运用	
初步设计概算批准文号							项目	金额(元)	项目	金额(元)
占地面积	计划	实际	总投资(万元)	计划		实际		一、基建拨款其中:预算拨款		一、交付使用资产	
				固定资产	流动资产	固定资产	流动资产			二、带核销基建支出	
								二、项目资本		三、非经营项目转出投资	
								三、项目资本公积金			
新增生产能力	能力(效益)名称	设计		实际			四、基建借款		四、应收身缠单位投资借款	
							五、上级拨入借款			

建设起止时间	计划	从　　年　　月开工 至　　年　　月竣工			六、企业债券资金	五、拨付所属投资借款	
	实际	从　　年　　月开工 至　　年　　月竣工			七、代冲基建支出	六、器材	
基建支出	项目		概算（元）	实际（元）	八、应付款	七、货币资金	
	建筑安装工程					八、预付及应收款	
	设备、工具、器具				九、未付款 其中：未交基建收入 　　未交包干收入	九、有价证券	
	待摊投资其中：建设单位管理费					十、原有固定资产	
	其他投资				十、上级拨入资金		
	带核销基建支出				十一、留成收入		
	非经营项目转出投资						
	合计				合计	合计	

③工程项目竣工图。

工程项目竣工图是真实地记录各种地上地下建筑物、构筑物等情况的技术文件，是工程进行交工验收、维护改建和扩建的依据，是国家的重要技术档案。国家规定：各项新建、扩建、改建的基本建设工程，特别是基础、地下建筑、管线、结构、井巷、峒室、桥梁、隧道、港口、水坝以及设备安装等隐蔽部位都要编制竣工图。

④工程造价对比分析。

在竣工决算报告中，必须对控制工程造价所采用的措施、效果及其动态的变化，进行认真的比较分析，总结经验教训。工程造价比较分析应侧重主要实物工程量和主要材料消耗量。

12.2.3 竣工决算的编制

1）收集、整理、分析原始资料

从工程开始就按编制依据的要求，收集、整理有关资料，主要包括建设项目档案资料：如设计文件、概预算文件、上级批文、施工记录、工程结算等，必须归集整理，另外财务处理、财产物资的盘点核算及债权债务的清偿也应做到账表相符。

2）对照工程变动情况，重新核实各单位工程、单项工程造价

将竣工资料与原始设计文件进行对比，必要时可实地测量，确认实际变更情况；根据经审定的施工单位竣工结算的原始资料，按照有关规定，对原预算进行增减调整，重新核定工程造价。

451

Building Decoration Engineering Budget

3)填写基建支出和占用项目

经审定的待摊投资、其他投资、待核销基建支出和非经营项目的转出投资,按照国家规定严格划分和核定后,分别计入相应的基建支出(占用)栏目内。

4)编制竣工决算报告说明书

编制竣工决算报告说明书主要考虑以下内容:

(1)对工程总的评价

①进度。主要说明开工和竣工时间,对照合理工期和要求工期,说明工程进度是提前还是延期。

②质量。要根据竣工验收委员会或质量监督部门的验收评定,对工程质量进行说明。

③安全。根据施工记录,对有无设备和人身事故进行说明。

④造价。应对照概算造价,说明节约还是超支,用金额和百分比进行分析说明。

(2)各项财务和技术经济指标的分析

①概算执行情况分析。根据实际投资完成额与概算进行对比分析。

②新增生产能力的效益分析。说明交付使用财产占总投资额的比例、固定资产占交付使用财产的比例、递延资产占投资总数的比例,分析有机构成和成果。

(3)基本建设投资包干情况的分析。说明投资包干数、实际支用数和节约额、投资包干节余的有机构成和包干节余的分配情况。

(4)财务分析。列出历年的资金来源和资金占用情况。

(5)工程建设的经验教训及有待解决的问题。

(6)需要说明的其他事项。

5)编制竣工决算报表

竣工决算报表共有9个,按大、中、小型建设项目分别制定,包括建设项目竣工工程概况表、建设项目竣工财务决算总表、建设项目竣工财务决算明细表、交付使用固定资产明细表、交付使用流动资产明细表、交付使用无形资产明细表,另外还有递延资产明细表、建设项目工程造价执行情况分析表、待摊投资明细表。

6)编制工程项目竣工图

为确保竣工图质量,必须在施工过程中(不能在竣工后)及时做好隐蔽工程检查记录,整理好设计变更文件。其具体要求是:

(1)凡按施工图施工没有任何变动的,由施工企业在原施工图上加盖"竣工图"标志后,即作为竣工图。

(2)凡在施工过程中变动不大的,由施工企业在原施工图(必须是新蓝图)上注明修改的部分,并附设计变更通知单和施工说明,加盖"竣工图"标志后,作为竣工图。

(3)凡在施工过程中变动较大,且不宜在原施工图上修改补充者,应重新绘制改变后的竣工图,并附有关记录和说明,加盖"竣工图"标志,作为竣工图。

(4)为了满足竣工验收和竣工决算需要,还应绘制能反映竣工工程全部内容的工程设计平面示意图。

7)进行工程造价比较分析

批准的概、预算是考核建设工程造价的依据,在分析时可将决算报表中所提供的实际数据和相关资料与之对比,分析竣工项目总造价和单方造价是节约还是超支,以考核竣工项目总投资控制的水平,在对比的基础上总结先进经验,找出落后的原因,提出改进措施。同时,分别将建筑安装工程费、设备工器具费和其他工程费用逐一与竣工决算的实际工程造价对比分析,找出节约和超支的具体内容和原因。在实际工作中,侧重分析以下内容:

(1)主要实物工程量。

主要实物工程量的增减,必然使竣工决算造价随之增减。

要认真对比分析和审查建设项目的建设规模、结构、标准、工程范围等,分析其是否遵循批准的设计文件规定,其中有关变更是否按照规定的程序办理,对造价的影响如何。另外,对实物工程量出入较大的项目,还必须查明原因。

(2)主要材料消耗量。

在建筑安装工程投资中,材料费一般占人工费、材料费、施工机具费合计的60%~80%。因此,考核分析材料消耗量是重点。依据竣工决算表中所列三大材料实际超概算的消耗量,查清哪一环节超出量最大,并查明超额消耗的原因。

(3)建设单位管理费、建筑安装工程措施费和施工企业管理费、利润等。

对比竣工决算报表和批准的概、预算中所列的建设单位管理费,确定节约或超支数额,并查明原因。

建筑安装工程措施费和施工企业管理费、利润等费用的取费标准,均有统一规定。要按照有关规定,查明是否多列或少列取费项目,有无重计、漏计和多计的现象,分析增减的原因。

8)清理、装订好竣工图和竣工决算文件,按国家规定上报审批

竣工决算在上报主管部门的同时,还应抄送有关设计单位和开户银行。竣工决算文件中竣工图必须清理、装订好,其他内容应完整、核对准确、真实且可靠。

小 知 识

核对竣工结算的时间规定如下:

合同中对核对竣工结算时间没有约定或约定不明的,按表12-8规定时间进行核对并提出核对意见。

核对施工结算的时间规定 表12-8

序号	工程竣工结算书金额	核 对 时 间
1	500 万元以下	从接到竣工结算报告书之日起 20 天
2	500 万~2000 万元	从接到竣工结算书之日起 30 天
3	2000 万~5000 万元	从接到竣工结算书之日起 45 天
4	5000 万元以上	从接到竣工结算书之日起 60 天

建设项目竣工总结算在最后一个单项工程竣工结算核对确认后 15 天内汇总,送发包人后 30 天内核对完成。

◀ **课堂练习题** ▶

1. 控制拟建项目工程造价的最高限额的是(　　)。
   A. 合同价　　　　　　　　　　　B. 投资估算
   C. 竣工决算　　　　　　　　　　D. 初步设计总概算

2. 竣工决算是反映建设项目(　　)的文件,是竣工验收报告的重要组成部分。
   A. 结算价　　　　B. 实际造价　　　　C. 投资效果　　　　D. 合同价

3. 竣工决算的主要内容有(　　)。
   A. 竣工财务决算说明书,竣工财务决算报表,工程竣工图,工程造价比较分析
   B. 竣工决算计算书,竣工决算报表,财务决算表
   C. 竣工决算计算书,财务决算表,竣工工程平面图,竣工决算报表
   D. 竣工决算报表,竣工决算计算书,财务决算表,工程造价比较分析

4. 以下属于竣工验收的依据有(　　)。
   A. 批准的可行性研究报告　　　　B. 批准的初步设计或扩大初步设计
   C. 批准的施工图设计　　　　　　D. 招标标底、承包合同等
   E. 财务报表分析

5. 工程结算由(　　)编制,竣工决算由(　　)编制。
   A. 建设单位　　　　B. 施工单位　　　　C. 投资商　　　　D. 生产班组

◀ **复习思考题** ▶

1. 每个工程项目都要编制工程结算吗? 为什么?
2. 工程结算是由什么单位编制的? 什么时间编制? 怎样编制?
3. 工程决算与工程结算有什么区别?
4. 工程竣工决算造价分析侧重分析哪些内容?
5. 编制竣工决算报告说明书时对工程总的评价包含哪些方面?

参考文献

[1] 中华人民共和国国家标准.GB 50500—2013　建设工程工程量清单计价规范[S].北京：中国计划出版社,2013.

[2] 中华人民共和国国家标准.GB 50854—2013　房屋建筑与装饰工程计量规范[S].北京：中国计划出版社,2013.

[3] 中华人民共和国国家标准.GB/T 50353—2013　建筑工程建筑面积计算规范[S].北京：中国计划出版社,2013.

[4] 中华人民共和国行业标准.TY 01-31—2015　房屋建筑与装饰工程消耗量定额[S].北京：中国计划出版社,2015.

[5] 湖北省建筑工程标准定额管理总站.湖北省房屋建筑与装饰工程消耗量定额及单位估价表[S].武汉：长江出版社,2013.

[6] 湖北省建筑工程标准定额管理总站.湖北省建筑安装工程费用定额[S].武汉：长江出版社,2013.

[7] 湖北省建筑工程标准定额管理总站.湖北省建设工程计价定额标准说明[S].武汉：长江出版社,2013.

高职高专土建类专业系列教材图书目录

序号	书号 978-7-114-	书 名	著译者	定价(元)
1	16619-8	钢结构构造与识图(第 2 版)	马瑞强	48.00
2	13913-0	新平法识图与钢筋计算(第二版)	肖明和	43.00
3	16618-1	建筑工程计量与计价(第 4 版)	蒋晓燕	58.00
4	08462-1	建筑工程施工图实例图集	蒋晓燕	38.00
5	18358-4	建筑材料与检测(第 4 版)	宋岩丽	52.00
6	12637-6	建筑法规(第三版)	马文婷、隋灵灵	42.00
7	10018-5	建筑法规学习指导	隋灵灵	28.00
8	14863-7	建筑识图与构造	董罗燕	42.00
9	13098-4	建筑识图与构造技能训练手册(第二版)	金梅珍	38.00
10	12663-5	地基与基础(第三版)	王秀兰	38.00
11	12644-4	建筑工程质量与安全管理	程红艳	36.00
12	12920-9	建设工程监理概论(第三版)	杨峰俊	35.00
13	13880-5	建筑工程技术资料管理(第三版)	李媛	40.00
14	13672-6	建筑装饰装修工程预算(第三版)	吴锐	43.00
15	13558-3	建筑装饰装修工程预算习题集与实训指导(第三版)	吴锐	30.00
16	13648-1	园林绿化工程预算	吴锐	38.00
17	13979-6	建筑构造与识图(第三版)	张艳芳	48.00
18	13687-0	建筑构造与识图习题与实训(第三版)	张艳芳	26.00
19	13311-4	建筑工程预算(第三版)	王晓薇	38.00
20	13157-8	建筑工程预算实训指导书与习题集(第三版)	程颖 罗淑兰	25.00
21	13220-9	建筑结构(第二版)	盛一芳 刘敏	52.00
22	08947-3	建筑工程 CAD(第二版)	张小平	36.00
23	09269-5	建筑施工技术(第二版)	危道军	49.00
24	10863-1	工程测量	王晓平	39.00
25	09684-6	建筑工程质量事故分析与处理(第二版)	余斌	39.00
26	18305-8	Python 土力学与基础工程计算	马瑞强	68.00